Hans Benker

Mathematische Optimierung mit Computeralgebrasystemen

Springer-Verlag Berlin Heidelberg GmbH

Mathematische Optimierung mit Computeralgebrasystemen

Einführung für Ingenieure, Naturwissenschaflter und Wirtschaftswissenschaftler unter Anwendung von MATHEMATICA, MAPLE, MATHCAD, MATLAB und EXCEL

Mit 21 Abbildungen

Professor Hans Benker
Martin-Luther-Universität Halle-Wittenberg
Institut für Optimierung und Stochastik
FB Mathematik und Informatik
Theodor-Lieser-Str. 5
06120 Halle

Bibliografische Information der Deutschen Bibliothek
Die Deutsche Bibliothek verzeichnet diese Publikation in der Deutschen Nationalbliografie;
detaillierte bibliografische Daten sind im Internet über <http://dnb.ddb.de> abrufbar.

ISBN 978-3-642-62902-0   ISBN 978-3-642-55736-1 (eBook)
DOI 10.1007/978-3-642-55736-1

Vorwort

Im vorliegenden Buch geben wir eine *Einführung* in die *mathematische Optimierung* für Ingenieure, Natur- und Wirtschaftswissenschaftler. Wir behandeln die Problematik der *linearen, nichtlinearen* und *vektoriellen Optimierung,* wobei auch Spezialfälle wie *quadratische, parametrische* und *diskrete Optimierung* betrachtet werden. Des weiteren wird der Gegenstand der *Spieltheorie* und *dynamischen Optimierung* skizziert.

Neben der *Einführung* in die *mathematische Optimierung* liegt ein *zweiter Schwerpunkt* des *Buches* auf der Umsetzung der zu lösenden Optimierungsaufgaben in die Sprache der Computeralgebrasysteme MAPLE, MATHEMATICA, MATHCAD und MATLAB und des Tabellenkalkulationsprogramms EXCEL und der Interpretation der von ihnen gelieferten Ergebnisse. Des weiteren ziehen wir bei der Anwendung der Computeralgebrasysteme *Zusatzprogramme* zur *Optimierung* heran. Dies ist ein Unterschied zu vielen Lehrbüchern der Optimierung, die keine konkreten Berechnungen mittels Computer anbieten.

Wir zeigen im vorliegenden Buch, daß sich MAPLE, MATHEMATICA, MATHCAD, MATLAB und EXCEL zur Lösung von Grundaufgaben der mathematischen Optimierung anwenden lassen und bezeichnen sie im weiteren als *Systeme.*

Dabei benutzen wir die aktuellen Versionen von MAPLE (Version 8), MATHEMATICA (Version 4.2), MATHCAD (Version 2001i Professional), MATLAB (Version 6.5, Release 13) und EXCEL (Version 2002) für Personalcomputer (PCs) unter WINDOWS. Mit dem im Buch gegebenen Hinweisen ist ein Anwender auch in der Lage, Optimierungsaufgaben mit zukünftigen Versionen der Systeme und von Zusatzpaketen zur Optimierung zu lösen, da die enthaltenen Neuerungen ausführlich in den Hilfeseiten der Systeme erklärt werden.

MAPLE, MATHEMATICA, MATHCAD und MATLAB werden bevorzugt von Ingenieuren und Naturwissenschaftlern aber auch von Wirtschaftswissenschaftlern zur Lösung anfallender mathematischer Aufgaben mit dem Computer verwendet. Das liegt hauptsächlich daran, daß diese Programmsysteme

* im Rahmen der Computeralgebra exakte mathematische Berechnungen durchführen können.

* hervorragende Fähigkeiten bei numerischen Rechnungen besitzen und Programmiersprachen enthalten, in denen als Vorteil sämtliche vordefinierten Funktionen einsetzbar sind.

* durch Zusatzprogramme erweitert werden, mit deren Hilfe man zahlreiche mathematische Aufgaben aus Technik, Natur- und Wirtschaftswissenschaften lösen kann.

Mit dem *Tabellenkalkulationsprogramm* EXCEL lassen sich ebenfalls Aufgaben aus der Mathematik lösen, so u.a. auch Optimierungsaufgaben. Dies ist jedoch vielen Anwendern nicht bekannt.

Wir haben EXCEL auch deshalb aufgenommen, da es auf zahlreichen Computern im Rahmen des OFFICE-PAKETS von MICROSOFT installiert ist, so daß der Anwender erste Erfahrungen sammeln kann, eher er auf die Computeralgebrasysteme MAPLE, MATHEMATICA, MATHCAD und MATLAB zurückgreift.

Es gibt *spezielle Programmsysteme* wie z.B. EASY-OPT, LINDO, LINGO und Programme aus der NAG-Bibliothek, die ausschließlich zur Lösung von Aufgaben der Optimierung erstellt wurden. In vielen Anwendungen sind aber nicht nur Aufgaben aus der Optimierung zu lösen, so daß sich hier die Anwendung eines universellen Programmsystems wie MAPLE, MATHEMATICA, MATHCAD, MATLAB empfiehlt. Da diese Systeme Zusatzprogramme zur Optimierung zur Verfügung stellen, kann man mit ihnen auch anfallende Grundaufgaben aus der Optimierung lösen. Dies hat den Vorteil, daß man sich nicht zusätzlich in ein spezielles Optimierungsprogramm einarbeiten muß, sondern im vertrauten Rahmen von MAPLE, MATHEMATICA, MATHCAD, MATLAB arbeiten kann. Das vorliegende Buch soll dem Anwender hierbei helfen, wobei wir zusätzlich das Tabellenkalkulationsprogramm EXCEL mit in die Betrachtungen einbeziehen.

Obwohl im Buch die Anwendung des Computers im Vordergrund steht, wird die mathematische Theorie der Optimierung soweit dargestellt, wie es für den Anwender erforderlich ist. Dies bedeutet, daß wir auf Beweise verzichten, aber dafür notwendige Formeln, Sätze und Methoden an Beispielen erläutern. Diese Beispiele werden mit MAPLE, MATHEMATICA, MATHCAD, MATLAB und EXCEL gelöst und zeigen dem Anwender Möglichkeiten und Grenzen bei der Anwendung dieser Systeme auf.

Des weiteren wird im Anhang des Buches die *Handhabung* der *Systeme* MAPLE, MATHEMATICA, MATHCAD, MATLAB und EXCEL behandelt, so daß der Anwender in der Lage ist, diese Systeme ohne Schwierigkeiten einzusetzen.

Das vorliegende Buch ist so gestaltet, daß es eine *Einführung* in die *mathematische Optimierung* für *Studenten, Dozenten, Professoren* und *Praktiker* aus *Technik, Natur-* und *Wirtschaftswissenschaften* liefert und zusätzlich die Lösung von Optimierungsaufgaben mittels der Systeme MAPLE, MATHEMATICA, MATHCAD, MATLAB und EXCEL erläutert.

Die Systeme MAPLE, MATHEMATICA, MATHCAD, MATLAB und EXCEL gibt es für verschiedene Computerplattformen, so u.a. für IBM-kompatible Personalcomputer (kurz: PCs), Workstations und Großcomputer unter UNIX und APPLE-Computer.

Wir benutzen im Buch die Versionen der Systeme für PCs, die unter WINDOWS laufen. Da sich der Aufbau der Benutzeroberfläche und die vordefinierten Funktionen/Kommandos der Systeme für einzelne Computertypen nur unwesentlich unterscheiden, kann das Buch auch bei anderen Computerplattformen herangezogen werden.

Abschließend möchte ich mich bei allen *bedanken*, die mich bei der Realisierung des vorliegenden Buchprojekts unterstützten:

- Bei Frau Hestermann-Beyerle, Frau Lempe und Frau Maas vom Springer-Verlag Heidelberg und Berlin für die Aufnahme des Buchvorschlags in das Verlagsprogramm und die gute Zusammenarbeit bei der Erarbeitung des Manuskripts.

- Bei Herrn Dr. J. Schattman von WATERLOO MAPLE INC. in Waterloo (Kanada) für die kostenlose Bereitstellung der neuen Version 8 des Computeralgebrasystems MAPLE und der Beta-Version des Power Tool *Nonlinear Programming*.

- Bei Frau Diane Ashfield von MathSoft in Bagshot (Großbritannien) für die kostenlose Bereitstellung der neuesten Version 2001i von MATHCAD und der benötigten Elektronischen Bücher.

- Bei Frau Naomi Fernandes von MathWorks in Nattick (USA) für die kostenlose Bereitstellung der neuesten Version 6.5 von MATLAB und der benötigten Toolboxen.

- Bei meinen Kollegen Prof. Göpfert, Prof. Dietrich, Prof. Seeländer und Frau Prof. Tammer, die einzelne Kapitel des Buches kritisch gelesen und zahlreiche Hinweise gegeben haben.

- Bei meiner Gattin Doris, die großes Verständnis für meine Arbeit an den Abenden und Wochenenden aufgebracht hat.

- Bei meiner Tochter Uta, die das Manuskript kritisch gelesen und die Reproduktionsvorlage auf dem Computer erstellt hat.

Über Fragen, Hinweise, Anregungen und Verbesserungsvorschläge würde sich der Autor freuen. Sie können an die folgende E-Mail-Adresse gesendet werden:

benker@mathematik.uni-halle.de

Merseburg, Herbst 2002   Hans Benker

Inhaltsverzeichnis

X

1 Einleitung

Die Begriffe *minimal, maximal, optimal, Minimum, Maximum* und *Optimum* trifft man im täglichen Sprachgebrauch häufig an, ohne Gedanken über ihre exakte Bedeutung anzustellen. Man verwendet sie, wenn es sich um kleine oder große Werte handelt. So findet man in Reden und Zeitungsartikeln auch Steigerungen der Worte minimal, maximal und optimal, die jedoch keinen Sinn ergeben. Eine exakte Definition dieser Begriffe wird in der mathematischen Optimierung gegeben, die Gegenstand dieses Buches ist.

Bei Problemen in Technik, Natur- und Wirtschaftswissenschaften werden häufig maximale Ergebnisse unter minimalem Aufwand gesucht. Deshalb gewinnt die *Optimierung* sowohl für Wirtschaftswissenschaftler als auch für Ingenieure und Naturwissenschaftler zunehmend an Bedeutung.

Optimierungsaufgaben (Minimierungs- bzw. Maximierungsaufgaben) sind in der Praxis dadurch gekennzeichnet, daß für ein Kriterium (*Optimierungskriterium*) einen kleinster (minimaler) bzw. größter (maximaler) Wert zu bestimmen ist, wobei gewisse *Beschränkungen* zu berücksichtigen sind.

♦

Das Gebiet der Mathematik, das sich mit Optimierungsaufgaben beschäftigt, heißt *mathematische Optimierung* oder kurz *Optimierung*. Im englischen Sprachraum spricht man von *mathematical programming*. Als Übersetzung verwendet man im Deutschen manchmal die Bezeichnung *mathematische Programmierung*. Diese Bezeichnung ist aber nicht sehr glücklich, da Programmierung für Computer in einem anderen Zusammenhang verwendet wird.

Die *mathematische Optimierung* gewinnt zunehmend an Bedeutung, da sie Lösungsmöglichkeiten für zahlreiche praktische Optimierungsaufgaben anbietet.

Aufgaben der *mathematischen Optimierung* haben folgende allgemeine *Struktur:*

* Das *Optimierungskriterium*, das man meistens als *Zielfunktion* bezeichnet, wird durch eine mathematische Funktion bzw. ein Funktional dargestellt. Diese Zielfunktion ist zu *minimieren* oder *maximieren*, d.h., es ist ihr kleinster Wert (*Minimum*) oder größter Wert (*Maximum*) zu berechnen. Man spricht von *optimieren* bzw. der Bestimmung eines *Optimums*

oder *Extremums*, wenn nur der Sachverhalt ausgedrückt und nicht zwischen Minimum und Maximum unterschieden wird.

* Zusätzlich sind gewisse *Beschränkungen* für die auftretenden Variablen zu berücksichtigen, die man meistens als *Nebenbedingungen* bezeichnet. Diese Nebenbedingungen werden mathematisch durch Gleichungen und Ungleichungen dargestellt.

♦

Je nach Art der verwendeten Funktionen/Funktionale in der Zielfunktion und den Nebenbedingungen ergeben sich verschiedene Lösungsmethoden und -theorien. Deshalb unterteilt sich die mathematische Optimierung in eine Reihe von Gebieten, die in Abhängigkeit vom betrachteten mathematischen Modell spezielle Methoden entwickeln.
Das Kap.7 des vorliegenden Buches stellt wichtige Gebiete der mathematischen Optimierung vor.

♦

Die *Lösung* praktischer *Optimierungsaufgaben* vollzieht sich in *zwei Schritten*:

I. Zuerst muß für eine *praktische Optimierungsaufgabe* ein *mathematisches Modell* aufgestellt werden. Dies ist Aufgabe der Spezialisten des betreffenden Fachgebiets, die die Variablen und die Zielfunktion festlegen und die Gleichungen und Ungleichungen der Nebenbedingungen aufstellen. Im Rahmen des Buches werden konkrete Optimierungsmodelle für einfache praktische Aufgabenstellungen gegeben. Weitere Hinweise zur mathematischen Modellierung von Optimierungsaufgaben findet man in [37, 47, 76].

II. Wenn das mathematische Optimierungsmodell vorliegt, tritt die *mathematische Optimierung* in Aktion, um Lösungen zu bestimmen. Dies bildet den Gegenstand des vorliegenden Buches, wobei zusätzlich die Anwendung von Computern besprochen wird. Damit ist ein Anwender in der Lage, vorliegende Optimierungsaufgaben zu verstehen und mittels MAPLE, MATHEMATICA, MATHCAD, MATLAB bzw. EXCEL auf dem Computer zu lösen.

♦

Das vorliegende Buch teilt sich in *zwei Schwerpunkte* auf und besteht aus drei Teilen:

* Teil I (umfaßt die Kap.2–6):

Hier werden mathematische Gebiete kurz behandelt, die man für die betrachteten Optimierungsaufgaben benötigt. Des weiteren findet man im Kap.4 eine Einführung in die grafischen Fähigkeiten der verwendeten

Programmsysteme MAPLE, MATHEMATICA, MATHCAD, MATLAB und EXCEL, da man aus Grafiken für einfache Optimierungsaufgaben Eigenschaften ablesen kann.

- Teil II (umfaßt die Kap.7–19):

  In diesem *Hauptteil* werden eine *Einführung* in wichtige Gebiete der *mathematischen Optimierung* gegeben und anfallende *Grundaufgaben* mittels MAPLE, MATHEMATICA, MATHCAD, MATLAB und EXCEL auf dem *Computer gelöst*. Dies bildet die *zwei Schwerpunkte* des Buches:

  * Ein *erster Schwerpunkt* des Buches liegt in der *Einführung* in die *mathematischen Optimierung*. Wir behandeln die Problematik der *linearen, nichtlinearen* und *vektoriellen Optimierung*, wobei auch Spezialfälle wie *quadratische, parametrische* und *diskrete Optimierung* betrachtet werden. Des weiteren wird der Gegenstand der *Spieltheorie* und *dynamischen Optimierung* skizziert.

    Um den Rahmen des Buches nicht zu sprengen, können wir nicht näher auf Optimierungsaufgaben in Funktionenräumen (u.a. Variationsrechnung und optimale Steuerung) eingehen. Wir haben uns auch deshalb auf Aufgaben der linearen, nichtlinearen und vektoriellen Optimierung beschränkt, weil hierfür die Anwendung von MAPLE, MATHEMATICA, MATHCAD, MATLAB und EXCEL schon weit entwickelt ist, während ihre Anwendung für Aufgaben der Variationsrechnung und optimalen Steuerung noch in den Anfängen steckt. Wir stellen die Grundlagen (Theorie und Numerik) der behandelten Optimierungsaufgaben soweit dar, wie es für den Anwender erforderlich ist. Dies bedeutet, daß wir auf Beweise verzichten, aber dafür notwendige Formeln, Sätze und Methoden an Beispielen erläutern.

  * Ein *zweiter Schwerpunkt* des Buches liegt in der *Anwendung* von MAPLE, MATHEMATICA, MATHCAD, MATLAB und EXCEL, um Grundaufgaben der Optimierung aus Technik, Natur- und Wirtschaftswissenschaften mittels Computer zu lösen. Dabei gehören MAPLE, MATHEMATICA, MATHCAD und MATLAB zur Klasse der *Computeralgebra-* und *Mathematik-Programmsysteme*, während EXCEL ein *Tabellenkalkulationsprogramm* ist. Im weiteren werden wir alle als *Systeme* bezeichnen.

    Das bedeutet, daß wir die Umsetzung der zu lösenden Aufgaben aus der mathematischen Optimierung in die Sprache der Systeme MAPLE, MATHEMATICA, MATHCAD, MATLAB und EXCEL beschreiben und gelieferte Ergebnisse interpretieren. Zahlreiche Beispiele werden mit den Systemen gelöst, um dem Anwender Möglichkeiten und Grenzen bei ihrer Anwendung aufzuzeigen.

Dies ist ein Unterschied zu vielen Lehrbüchern der mathematischen Optimierung, die zwar numerische Verfahren beschreiben, aber auf die Problematik des konkreten Einsatzes von Computern verzichten. Der im vorliegenden Buch beschrittene Weg bietet den Vorteil, daß ein Anwender einen Algorithmus für eine zu lösende Optimierungsaufgabe nicht programmieren muß, sondern mittels der im Buch beschriebenen Vorgehensweisen die Systeme MAPLE, MATHEMATICA, MATHCAD, MATLAB und EXCEL ohne Schwierigkeiten einsetzen kann.

- Teil III (Anhang)

  Hier wird eine *Einführung* in die Handhabung und Eigenschaften der Systeme MAPLE, MATHEMATICA, MATHCAD, MATLAB und EXCEL gegeben. Mit den hier gegebenen Hinweisen und den in den Systemen integrierten Hilfen kann auch ein Einsteiger die Systeme problemlos einsetzen.

☞

Wir verwenden im Buch die aktuellen Versionen MAPLE 8, MATHEMATICA 4.2, MATHCAD 2001i Professional, MATLAB 6.5 Release 13 und EXCEL 2002. Des weiteren setzen wir bei der Anwendung dieser Systeme vorhandene *Zusatzprogramme* zur *Optimierung* ein (siehe Abschn.1.2.1 und Anhang).

♦

☞

Die Systeme MAPLE, MATHEMATICA, MATHCAD, MATLAB und EXCEL existieren für verschiedene Computerplattformen, so u.a. für IBM-kompatible Personalcomputer (kurz: PCs), Workstations und Großcomputer unter UNIX und APPLE-Computer.
Wir verwenden im Buch die Versionen für PCs, die unter WINDOWS laufen. Da sich der Aufbau der Benutzeroberfläche und die vordefinierten Funktionen/Kommandos der Systeme für die einzelnen Computertypen nur unwesentlich unterscheiden, kann das Buch auch bei anderen Computerplattformen herangezogen werden.

♦

1.1 Optimierung in Technik-, Natur- und Wirtschaftswissenschaften

Methoden der *mathematischen Optimierung* gewinnen bei vielen Aufgabenstellungen in den Wirtschaftswissenschaften aber auch in Technik und Naturwissenschaften an Bedeutung. Das wird dadurch begründet, daß man z.B. in vielen Bereichen mit minimalem Aufwand maximale Ergebnisse erzielen möchte. So treten Optimierungsaufgaben bei zahlreichen Produktionsprozessen und technischen Prozessen auf. In den Naturwissenschaften trifft man ebenfalls Optimierungsaufgaben an. So lassen sich z.B. gewisse Phänomene in den Naturwissenschaften (Physik) aus Optimalitätsbedingungen herleiten. In Biologie und Landwirtschaft entstehen Optimierungsaufgaben z.B. bei der Zusammenstellung von Futtermischungen und beim Einfluß von Düngemitteln auf die Ernteerträge.

Deshalb ist es erforderlich, daß sich Ingenieure, Natur- und Wirtschaftswissenschaftler mit mathematischer Optimierung beschäftigen, um sie zur Lösung anfallender Aufgaben erfolgreich einsetzen zu können. Das vorliegende Buch soll dem Anwender hierbei helfen, indem es neben einer Einführung in die mathematische Optimierung als weiteren Schwerpunkt die Lösung von Optimierungsaufgaben mittels Computer unter Verwendung der Systeme MAPLE, MATHEMATICA, MATHCAD, MATLAB und EXCEL zum Inhalt hat.

1.2 Optimierung mit dem Computer

Eine effektive Berechnung praktischer Aufgabenstellungen der Optimierung ist ohne Computer i.allg. nicht möglich. Deswegen werden schon seit längerer Zeit *Computerprogramme* (*Programmsysteme/Softwaresysteme*) zur *Optimierung* entwickelt, wofür sich *zwei Richtungen* abzeichnen:

* Einerseits werden vorhandene universelle *Computeralgebra-* und *Mathematiksysteme* durch *Zusatzprogramme* zur *Optimierung* erweitert, deren Anwendung wir im vorliegenden Buch betrachten.

* Andererseits werden *spezielle Programmsysteme* zur *Optimierung* erstellt, wie z.B. CONOPT, EASY-OPT, GLOBT, LINDO, LINGO, MINOPT, MINOS, NOP, NUMERICA, OPL und Programme aus der NAG-Bibliothek, die der numerischen Lösung von Anwendungsaufgaben dienen. Ausführlichere Informationen über derartige Programmsysteme findet man in [1, 37, 47] und im Internet (siehe Kap.19).

Da in Ingenieur- und Wirtschaftsmathematik nicht nur Aufgaben aus der Optimierung zu berechnen sind, empfiehlt sich die Anwendung universeller Computeralgebrasysteme. Sie stellen Zusatzprogramme für die mathematische Optimierung zur Verfügung, so daß man mit ihnen viele Optimierungsaufgaben lösen kann. Das vorliegende Buch wird dies ausführlich illustrieren.

Mit dem *Tabellenkalkulationsprogramm* EXCEL lassen sich ebenfalls Aufgaben aus der Mathematik und speziell der Optimierung berechnen. Dies ist jedoch vielen Anwendern nicht bekannt.

Wir haben EXCEL auch deshalb aufgenommen, da es auf zahlreichen Computern im Rahmen des OFFICE-Programmpakets von MICROSOFT installiert ist, so daß der Anwender erste Erfahrungen sammeln kann, eher er die

Computeralgebrasysteme MAPLE, MATHEMATICA, MATHCAD oder MAT-
LAB einsetzt.

1.2.1 Anwendung von Computeralgebrasystemen

Im vorliegenden Buch illustrieren wir, daß sich die Computeralgebrasysteme
MAPLE, MATHEMATICA, MATHCAD und MATLAB zur Lösung von Anwendungsaufgaben der Optimierung heranziehen lassen, die in Technik, Natur-
und Wirtschaftswissenschaften auftreten. Dazu stellen die Systeme *Zusatzprogramme* zur *Optimierung* zur Verfügung, die in den einzelnen Systemen
folgende Bezeichnung haben:

* MAPLE besitzt das *Power Tool* **Nonlinear Programming**.

* MATHEMATICA besitzt das *Package* **Global Optimization**.

* MATHCAD besitzt das *Extension Pack* (*Electronic Book*) **Numerical Recipes** und **Solve and Optimization**

* MATLAB besitzt die *Toolbox* **Optimization**.

Diese Zusatzprogramme müssen jedoch bis auf MAPLE extra gekauft werden.

☞

Die Systeme MAPLE, MATHEMATICA, MATHCAD und MATLAB werden von
Ingenieuren und *Naturwissenschaftlern* bevorzugt zur Lösung anfallender
mathematischer Aufgaben auf dem Computer verwendet. Sie finden jedoch
auch in den *Wirtschaftswissenschaften* Anwendung. Das liegt hauptsächlich
daran, daß

* die Systeme exakte Rechnungen im Rahmen der Computeralgebra und
numerische Rechnungen durchführen können.
Während MAPLE und MATHEMATICA zu wichtigen Vertretern der Computeralgebrasysteme gehören, waren MATHCAD und MATLAB zu Be-
ginn ihrer Entwicklung reine Systeme für numerische Rechnungen. In die
neueren Versionen von MATHCAD und MATLAB wurde in Lizenz eine
Minimalvariante des Symbolprozessors von MAPLE aufgenommen, so
daß mit ihnen ebenfalls exakte Rechnungen im Rahmen der Computeralgebra möglich sind. Da in neuere Versionen von MAPLE und MATHE-
MATICA numerische Methoden aufgenommen wurden, können alle vier
Systeme sowohl exakte als auch numerische mathematische Rechnungen
durchführen.

* in den Systemen Programmiersprachen enthalten sind. Diese besitzen
den Vorteil, daß sämtliche vordefinierten Funktionen der Systeme ange-
wendet werden können.

* für die Systeme eine Vielzahl von Zusatzprogrammen existiert, mit deren Hilfe man zahlreiche Aufgaben aus Technik, Natur- und Wirtschaftswissenschaften lösen kann. Diese Zusatzprogramme werden in MATHEMATICA als *Packages*, in MAPLE als *Power Tools*, in MATHCAD als *Electronic Books/Extension Packs* (*Elektronische Bücher/Erweiterungspakete*) und in MATLAB als *Toolboxen* bezeichnet.

♦

☞

Während es für MATHCAD eine deutschsprachige Version gibt, sind die Elektronischen Bücher nur in Englisch verfügbar. Bei MAPLE, MATHEMATICA und MATLAB gibt es nur englischsprachige Versionen. Deshalb sollte der Anwender einige Englischkenntnisse besitzen. MATHEMATICA besitzt neuerdings eine deutschsprachige Benutzeroberfläche, die extra gekauft werden muß.

Wir können im Anhang nicht alle Einzelheiten der verwendeten Systeme beschreiben. Bei eventuell auftretenden Unklarheiten kann der Anwender z.B. die Bücher [98, 99, 100, 102] des Autors und die in den Systemen integrierten Hilfefunktionen konsultieren.

♦

1.2.2 Anwendung von EXCEL

Das *Tabellenkalkulationsprogramm* EXCEL kennt eine Reihe *mathematischer Funktionen*, so u.a. alle elementaren Funktionen und Funktionen zur Finanzmathematik und Statistik. *Gleichungen*, *Ungleichungen* und Aufgaben der *linearen* und *nichtlinearen Optimierung* lassen sich ebenfalls mit EXCEL lösen, wenn der SOLVER vorhanden ist, d.h., der SOLVER bei der Installation von EXCEL mit installiert wurde. Der SOLVER ist ein Zusatzprogramm für EXCEL und wird als *Add In* bezeichnet. Er wird von der Firma FRONTLINE SYSTEMS entwickelt und ist in seiner Standardform auf der Installations-CD von EXCEL enthalten. Es gibt von dieser Firma eine Weiterentwicklung unter dem Namen PREMIUM-SOLVER, den man z.B. in dem Buch [127] findet.

1.3 Hinweise zur Benutzung des Buches

Abschließend geben wir noch einige Hinweise zur Benutzung des vorliegenden Buches:

* Neben den Überschriften werden Zusatzpakete (Elektronic Books, Packages, Power Tools, Toolboxes), Befehle, Funktionen, Kommandos und Menüs der Systeme im *Fettdruck* dargestellt. Dies gilt auch für die Kennzeichnung von Vektoren und Matrizen.

- Programm-, Datei- und Verzeichnisnamen und die Namen von Software-systemen (Programmen) werden in *Großbuchstaben* dargestellt.

- Abbildungen, Beispiele, Sätze und Definitionen werden in jedem Kapitel von 1 beginnend *durchnumeriert*, wobei die Kapitelnummer vorange-stellt wird. So bezeichnen z.B. Abb.4.2, Beisp.5.11, Satz 3.1 und Def.2.1 die Abbildung 2 aus Kapitel 4 bzw. das Beispiel 11 aus Kapitel 5 bzw. den Satz 1 aus Kapitel 3 bzw. die Definition 1 aus Kapitel 2.
  Beispiele, Sätze und Definitionen werden mit dem Symbol

  ♦

  beendet.

- Wichtige *Hinweise* und *Erläuterungen* werden durch das vorangehende Symbol

  gekennzeichnet und mit dem Symbol

  ♦

  beendet.

- Wichtige *Begriffe* und *Bezeichnungen* werden *kursiv* geschrieben. Dies gilt auch für Anzeigen und Fehlermeldungen der Systeme im Arbeitsfens-ter.

- Einzelne Menüs einer Menüfolge werden in den Systemen mittels eines Pfeils ⇒ getrennt, der gleichzeitig für einen Mausklick steht.

- Wenn wir die Anwendung von MAPLE, MATHEMATICA, MATHCAD, MATLAB und EXCEL zur Lösung von Aufgaben erklären, so schließen wir zur Unterscheidung die entsprechenden Ausführungen in die be-schrifteten Pfeile

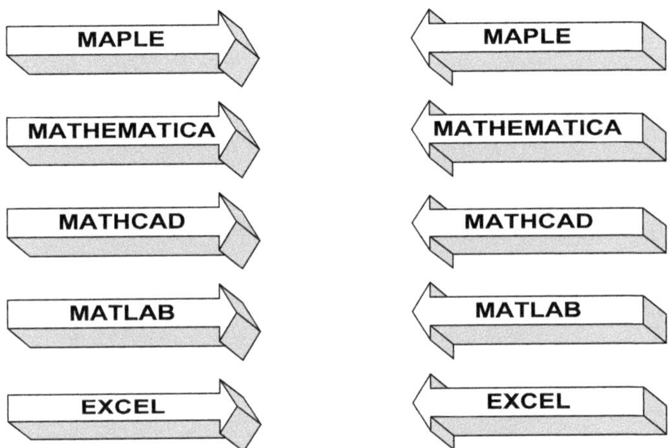

ein. Das gleiche gilt auch bei den Beispielen.

2 Konvexe Mengen

Die *Konvexität* von *Mengen* und *Funktionen* spielt in der mathematischen Optimierung eine große Rolle. Sind Zielfunktion und Nebenbedingungen konvex, so spricht man von Aufgaben der *konvexen Optimierung*. Hierfür sind Theorie und numerische Methoden weit entwickelt, so daß sich konvexe Optimierungsaufgaben effektiv berechnen lassen.

Durch die Nebenbedingungen einer Optimierungsaufgabe werden Mengen zulässiger Punkte festgelegt, die auf Konvexität zu überprüfen sind.

Die Konvexität von Mengen bildet die Voraussetzung zur Definition konvexer Funktionen. Deshalb geben wir in den folgenden beiden Abschn.2.1 und 2.2 Definition und Eigenschaften konvexer Mengen, während wir konvexe Funktionen im Abschn.3.6 besprechen.

2.1 Einführung

Im Rahmen unseres Buches benötigen wir *konvexe Mengen* im n-dimensionalen Raum R^n, d.h., im Raum der n-Tupel reeller Zahlen (Punkte mit n Koordinaten bzw. Vektoren mit n Komponenten). Wir werden die Elemente des Raumes R^n meistens als *Punkte* bezeichnen. Wir sprechen aber gelegentlich auch von *Vektoren*, da der Raum R^n ein endlichdimensionaler (n-dimensionaler) linearer Vektorraum ist.

Definition 2.1:

Eine *Menge* M eines Raumes heißt *konvex*, wenn für beliebige Punkte

$\mathbf{x} \in M$ und $\mathbf{y} \in M$

und eine beliebige reelle Zahl $\lambda \in (0,1)$ folgendes gilt:

$$\lambda \cdot \mathbf{x} + (1 - \lambda) \cdot \mathbf{y} \in M$$

◆

☞

Der Ausdruck

$$\lambda \cdot \mathbf{x} + (1 - \lambda) \cdot \mathbf{y}$$

den man für $\lambda \in (0,1)$ als *Konvexkombination* der Punkte $\mathbf{x}$ und $\mathbf{y}$ bezeichnet, liefert die Verbindungsgerade zwischen den Punkten $\mathbf{x}$ und $\mathbf{y}$, wenn λ alle Werte des Intervalls $(0,1)$ durchläuft. Dies kann man sich in der Ebene, d.h. im Raum

$$R^2$$

einfach grafisch veranschaulichen. Grafische Darstellungen konvexer und nichtkonvexer Mengen in der Ebene findet man in Abb.2.1 und 2.2.

◆

Bei der Untersuchung einer Menge M auf Konvexität ist zu beachten, daß die Verbindungsgerade beliebiger Punkte **x** und **y** aus M wieder zu M gehören muß. Es ist wichtig, daß dies für beliebige Punkte gilt, da man auch in nichtkonvexen Mengen gewisse Punkte findet, deren Verbindungsgerade zur Menge gehört.

◆

Definition 2.2:

Seien n Punkte

$$x^1 , x^2 , \ldots , x^n$$

einer Menge M gegeben. Dann heißt eine Linearkombination

$$\lambda_1 \cdot x^1 + \lambda_2 \cdot x^2 + \ldots + \lambda_n \cdot x^n$$

mit reellen Zahlen

$$\lambda_i \geq 0 \qquad (i = 1 , 2 , \ldots , n)$$

für die gilt

$$\lambda_1 + \lambda_2 + \ldots + \lambda_n = 1$$

Konvexkombination dieser n Punkte. Für konvexe Mengen M läßt sich beweisen, daß die Konvexkombination beliebiger n Punkte von M wieder zu M gehört. Als *Spezialfall* bildet

$$\lambda \cdot \mathbf{x} + (1 - \lambda) \cdot \mathbf{y} \qquad \text{mit } \lambda \in (0,1)$$

eine *Konvexkombination* der beiden Punkte $\mathbf{x} \in M$ und $\mathbf{y} \in M$. Dies wurde zur Definition der Konvexität verwendet.

◆

Für konvexe Mengen benötigt man in der Optimierung den Begriff des Extremalpunktes, der in der folgenden Definition gegeben wird.

Definition 2.3:

Ein Punkt $\mathbf{z} \in M$ heißt *Extremalpunkt* der konvexen Menge M, wenn er sich nicht als Konvexkombination zweier von **z** verschiedener Punkte **x** und **y** ($\mathbf{x} \neq \mathbf{y}$) aus M darstellen läßt, d.h., es existieren keine Punkte **x** und **y** in M, so daß

$$z = \lambda \cdot \mathbf{x} + (1 - \lambda) \cdot \mathbf{y}$$

für ein $\lambda \in (0,1)$ gilt.

◆

Man kann sich überlegen, daß jeder *Extremalpunkt* einer konvexen Menge ein *Randpunkt* sein muß, so daß offene konvexe Mengen keine Extremalpunkte besitzen.

◆

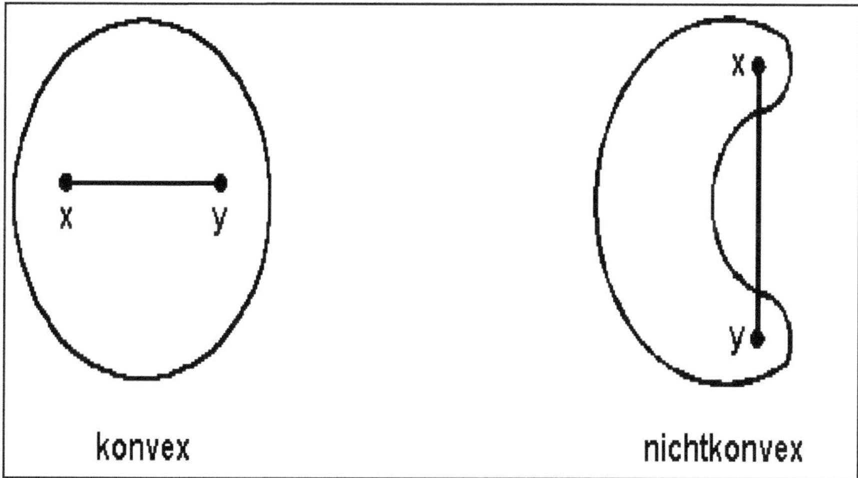

Abb.2.1. Beispiel für konvexe und nichtkonvexe Menge

Es ist nicht immer einfach, die Konvexität einer vorliegenden Menge nachzuweisen. In der Optimierung trifft man meistens Mengen an, die durch Ungleichungen beschrieben werden. Derartige Mengen betrachten wir im folgenden Beispiel.

Beispiel 2.1:

a) In der linearen und quadratischen Optimierung treten Nebenbedingungen auf, die sich durch *lineare Ungleichungen* der folgenden Form beschreiben lassen:

$$a_{11} \cdot x_1 + \cdots + a_{1n} \cdot x_n \leq b_1$$

$$a_{21} \cdot x_1 + \cdots + a_{2n} \cdot x_n \leq b_2 \qquad (m \geq 1, n \geq 1)$$

$$\vdots \qquad\qquad \vdots$$

$$a_{m1} \cdot x_1 + \cdots + a_{mn} \cdot x_n \leq b_m$$

Diese lauten in Matrixschreibweise

$$\mathbf{A} \cdot \mathbf{x} \leq \mathbf{b}$$

wobei die Vektoren $\mathbf{x} \in R^n$ und $\mathbf{b} \in R^m$ und die m×n Matrix $\mathbf{A}$ (d.h. mit m Zeilen und n Spalten) die Gestalt

$$\mathbf{x} = \begin{pmatrix} x_1 \\ x_2 \\ \vdots \\ x_n \end{pmatrix} \qquad \mathbf{b} = \begin{pmatrix} b_1 \\ b_2 \\ \vdots \\ b_m \end{pmatrix} \qquad \mathbf{A} = \begin{pmatrix} a_{11} & a_{12} & \cdots & a_{1n} \\ a_{21} & a_{22} & \cdots & a_{2n} \\ \vdots & \vdots & \vdots & \vdots \\ a_{m1} & a_{m2} & \cdots & a_{mn} \end{pmatrix}$$

haben und

* die Matrix $\mathbf{A}$ vom Typ (m,n) als Koeffizientenmatrix,

* der Vektor $\mathbf{x}$ als Vektor der Unbekannten,

* der Vektor $\mathbf{b}$ als Vektor der rechten Seiten

bezeichnet werden. Falls lineare Ungleichungen nicht die gegebene Form besitzen, so lassen sie sich durch einfache Umformungen hierauf zurückführen (siehe Abschn.10.1).

Sämtliche Punkte

$$\mathbf{x} \in R^n$$

die der Ungleichung

$$\mathbf{A} \cdot \mathbf{x} \leq \mathbf{b}$$

genügen, bilden eine Menge M, die sich in folgender Mengenschreibweise darstellt:

$$M = \{\, \mathbf{x} \in R^n\ /\ \mathbf{A} \cdot \mathbf{x} \leq \mathbf{b}\, \}$$

Für diese Menge M läßt sich die *Konvexität* einfach nachweisen, wenn man die Eigenschaften von Matrizen heranzieht:

Aus $\mathbf{x} \in M$ und $\mathbf{y} \in M$ folgt

$$\mathbf{A} \cdot \mathbf{x} \leq \mathbf{b} \quad \text{bzw.} \quad \mathbf{A} \cdot \mathbf{y} \leq \mathbf{b}$$

Deshalb ergibt sich

$$\mathbf{A} \cdot (\, \lambda \cdot \mathbf{x} + (1{-}\lambda) \cdot \mathbf{y}\,) = \lambda \cdot \mathbf{A} \cdot \mathbf{x} + (1{-}\lambda) \cdot \mathbf{A} \cdot \mathbf{y} \leq$$

$$\lambda \cdot \mathbf{b} + (1{-}\lambda) \cdot \mathbf{b} = \mathbf{b}$$

so daß

$$\lambda \cdot \mathbf{x} + (1{-}\lambda) \cdot \mathbf{y} \in M$$

für beliebige reelle Zahlen $\lambda \in (0,1)$ gilt. Damit ist die Konvexität der Menge M bewiesen.

Konvexe Mengen M der Gestalt

$$M = \{\, \mathbf{x} \in \mathrm{R}^n \; / \; \mathbf{A} \cdot \mathbf{x} \le \mathbf{b} \,\}$$

heißen (konvexe) *Polyeder*. Ist ein Polyeder zusätzlich beschränkt, so wird es als *Polytop* bezeichnet.

♦

Bei (*konvexen*) *Polyedern* als Spezialfall konvexer Mengen werden die *Extremalpunkte* als *Eckpunkte* bezeichnet. Des weiteren spielen bei Polyedern *Kanten* und *Seitenflächen* eine Rolle, die wir nicht exakt definieren wollen (siehe [10, 41]), sondern nur im folgenden Beisp.c1) in der Ebene illustrieren. In zwei- und dreidimensionalen Räumen kann man Ecken, Kanten und Seitenflächen anschaulich grafisch darstellen. Eckpunkte spielen in der linearen Optimierung eine fundamentale Rolle, da in diesen Punkten Minima bzw. Maxima der Zielfunktion angenommen werden (siehe Kap.10).

b) In der linearen und quadratischen Optimierung verwendet man die Nebenbedingungen statt in Ungleichungsform

$$\mathbf{A} \cdot \mathbf{x} \le \mathbf{b}$$

die wir im Beisp.a) betrachtet haben, auch in folgender Gleichungsform

$$\mathbf{A} \cdot \mathbf{x} = \mathbf{b}$$

mit der Nicht-Negativitätsbedingung

$$\mathbf{x} \ge \mathbf{0}$$

Dies stellt keine Einschränkung der Allgemeinheit dar, da man beide Formen durch Einführung sogenannter *Schlupfvariabler* ineinander überführen kann (siehe Beisp.c2 und Abschn.10.1).
Damit sind Mengen der Form

$$M = \{\, \mathbf{x} \in \mathrm{R}^n \; / \; \mathbf{A} \cdot \mathbf{x} = \mathbf{b} \,,\, \mathbf{x} \ge \mathbf{0} \,\}$$

ebenfalls Polyeder, deren Konvexität analog zu Beisp.a) bewiesen wird. Die Form mit Gleichungsnebenbedingungen wird in der linearen Optimierung häufig zur Herleitung der Simplexmethode verwendet.

c) Illustrieren wir die Problematik von Polyedern (Polytopen) aus Beisp.a) und b) mittels des folgenden konkreten Ungleichungssystem im Raum R^2:

$$x_1 + x_2 \leq 4$$
$$-x_1 - 2 \cdot x_2 \leq 2$$
$$-x_1 + x_2 \leq 2$$
$$x_1 - x_2 \leq 3$$

c1) Das durch diese Ungleichungen bestimmte Polyeder (Polytop) M läßt sich in der Ebene *grafisch darstellen*, indem man die gegebenen Ungleichungen als Gleichungen schreibt und die so entstandenen Geraden zeichnet. Dies ergibt den Rand des Polyeders. So kann man dieses Polyeder M z.B. mittels MATLAB grafisch darstellen (siehe Abb. 2.2), indem man folgendes in das Arbeitsfenster eingibt:

>> syms x **; ezplot** (−x + 4 , [−4,4])

>> hold on

>> ezplot (−x/2 − 1 , [−4,4])

>> hold on

>> ezplot (x + 2 , [−4,4])

>> hold on

>> ezplot (x − 3 , [−4,4])

Man erkennt, daß das Polyeder M vier Extremalpunkte (Eckpunkte) A, B, C und D besitzt. Des weiteren hat es vier Kanten

$$\overrightarrow{AB}, \overrightarrow{BC}, \overrightarrow{CD}, \overrightarrow{DA}$$

die Verbindungsgeraden der vier Extremalpunkte sind.

c2) Mittels nichtnegativer Schlupfvariablen

$$x_3, x_4, x_5, x_6$$

läßt sich das betrachtete lineare Ungleichungssystem

$$x_1 + x_2 \leq 4$$
$$-x_1 - 2 \cdot x_2 \leq 2$$
$$-x_1 + x_2 \leq 2$$
$$x_1 - x_2 \leq 3$$

in das äquivalente lineare Gleichungssystem

$$x_1 + x_2 \quad + x_3 \qquad\qquad = 4$$

$$-x_1 - 2 \cdot x_2 \qquad + x_4 \qquad\qquad = 2$$

$$-x_1 + x_2 \qquad\qquad + x_5 \qquad = 2$$

$$x_1 - x_2 \qquad\qquad\qquad + x_6 \quad = 3$$

überführen, wobei jedoch zusätzlich Nicht-Negativitätsbedingungen

$$x_i \geq 0 \qquad (i = 3 , 4 , 5 , 6)$$

für die Schlupfvariablen zu berücksichtigen sind. Man erkauft sich Gleichungsnebenbedingungen, indem man zusätzliche Variablen einführt, die nicht negativ werden dürfen, d.h., es bleiben für diese Variablen Ungleichungen bestehen.

d) In der nichtlinearen Optimierung treten Nebenbedingungen auf, die sich durch Ungleichungen der folgenden Form beschreiben lassen:

$$g_1(x_1, x_2, ..., x_n) \leq 0$$

$$g_2(x_1, x_2, ..., x_n) \leq 0 \qquad\qquad (m \geq 1 , n \geq 1)$$

$$\vdots \qquad \vdots$$

$$g_m(x_1, x_2, ..., x_n) \leq 0$$

wobei die Funktionen

$$g_i(\mathbf{x}) = g_i(x_1, x_2, ..., x_n) \qquad (i = 1 , 2 , ... , m)$$

beliebig sein können. Sämtliche Punkte $\mathbf{x}$, die diesen Ungleichungen genügen, bilden eine Menge M, die sich in folgender Mengenschreibweise darstellt:

$$M = \{ \mathbf{x} \in R^n \, / \, g_i(\mathbf{x}) \leq 0 , i = 1, 2, ... , m \}$$

Sind alle Funktionen $g_i(\mathbf{x})$ konvex, so läßt sich für diese Menge M die Konvexität einfach nachweisen, wenn man die Eigenschaften konvexer Funktionen (siehe Abschn.3.6) heranzieht. Diesen Nachweis überlassen wir dem Leser.

♦

Die gegebene Definition konvexer Mengen ist für beliebige lineare Räume anwendbar. Es gibt lediglich Unterschiede bei einigen Eigenschaften, die nur in endlichdimensionalen und nicht in unendlichdimensionalen Räumen gelten.

◆

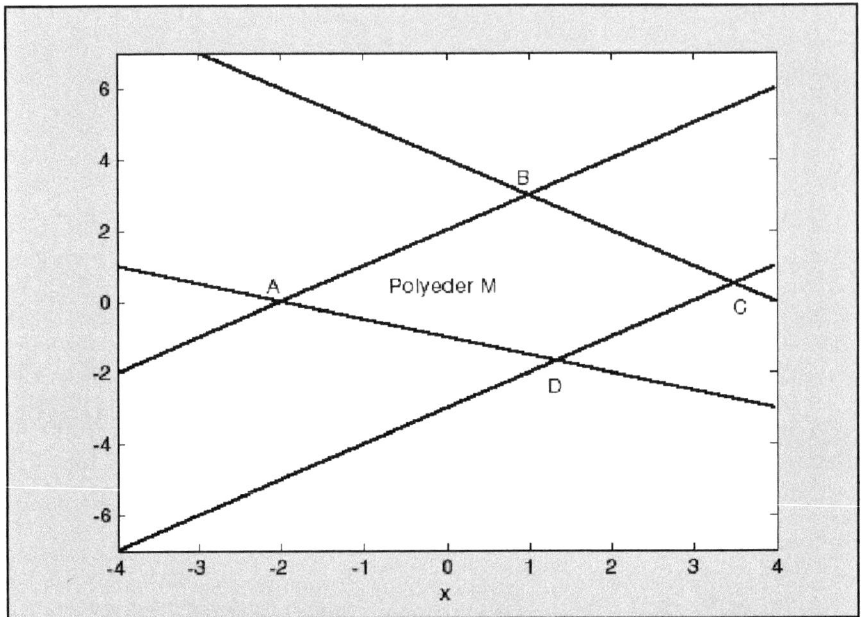

Abb.2.2. Grafische Darstellung des konvexen Polyeders M mit den Eckpunkten A, B, C und D aus Beisp.2.1c mittels MATLAB

2.2 Eigenschaften

Im folgenden betrachten wir zwei wichtige *Eigenschaften konvexer Mengen*, die wir im Rahmen der Optimierung benötigen. Dabei beschränken wir uns auf Mengen in endlichdimensionalen Räumen (R^n):

1. Der *Durchschnitt* endlich vieler konvexer Mengen ist wieder konvex, d.h., für

$$M = \bigcap_{k=1}^{r} M_k$$

gilt, daß M konvex ist, wenn die Mengen M_k konvex sind.

2. Jeder Punkt $\mathbf{x}$ einer abgeschlossenen, beschränkten konvexen Menge M mit endlicher Anzahl von *Eckpunkten*

$$\mathbf{x}^k \qquad\qquad (k = 1 , \dots , r)$$

läßt sich als *Konvexkombination* dieser *Eckpunkte* darstellen, d.h., es gilt

$$\mathbf{x} = \sum_{k=1}^{r} \lambda_k \cdot \mathbf{x}^k \quad \text{mit} \quad \lambda_k \geq 0 \quad \text{und} \quad \sum_{k=1}^{r} \lambda_k = 1$$

Beispiel 2.2:

Die Konvexität von Polyedern (siehe Beisp.2.1a) läßt sich auch mit der Eigenschaft 1. beweisen:

Durch eine Ungleichung der Form

$$a_{k1} \cdot x_1 + \cdots + a_{kn} \cdot x_n \leq b_k$$

wird ein Halbraum im Raum R^n beschrieben, der offensichtlich konvex ist. Aus der linearen Algebra ist bekannt, daß dieser Halbraum durch die Hyperebene

$$a_{k1} \cdot x_1 + \cdots + a_{kn} \cdot x_n = b_k$$

begrenzt wird.

Durch das Ungleichungssystem

$$a_{11} \cdot x_1 + \cdots + a_{1n} \cdot x_n \leq b_1$$

$$a_{21} \cdot x_1 + \cdots + a_{2n} \cdot x_n \leq b_2 \qquad (\, m \geq 1 \,, n \geq 1 \,)$$

$$\vdots \qquad\qquad \vdots$$

$$a_{m1} \cdot x_1 + \cdots + a_{mn} \cdot x_n \leq b_m$$

aus Beisp.2.1a wird im Falle der Lösbarkeit ein Polyeder M im Raum R^n erzeugt, das sich als Durchschnitt der durch die einzelnen Ungleichungen erzeugten m Halbräume ergibt. Damit ist das Polyeder M aufgrund der Eigenschaft 1. konvex.

♦

3 Funktionen

3.1 Einführung

Funktionen spielen in Aufgaben aus Technik, Natur- und Wirtschaftswissenschaften eine fundamentale Rolle. Dies gilt ebenfalls für die Optimierung.
In den Systemen MAPLE, MATHEMATICA, MATHCAD, MATLAB und EXCEL sind eine Vielzahl von *Funktionen vordefiniert*, die die Arbeit wesentlich erleichtern. Man spricht hier auch von *Built-In-Funktionen*. Dabei unterscheidet man zwischen allgemeinen und mathematischen Funktionen, auf die wir in den folgenden Abschn.3.2 und 3.3 eingehen.
In den weiteren Abschn.3.4–3.6 betrachten wir für mathematische Funktionen die Differentiation, die Definition von Minimum und Maximum und die Konvexität, da wir dies in der Optimierung benötigen.

Falls man zur Berechnung einer Aufgabe eine Funktion benötigt, die in den Systemen MAPLE, MATHEMATICA, MATHCAD, MATLAB oder EXCEL nicht vordefiniert ist, so bieten die Systeme die Möglichkeit, diese Funktion zu definieren. Die hierfür erforderliche Vorgehensweise betrachten wir im Abschn.3.7.

♦

Einen *Überblick* über sämtliche in den Systemen MAPLE, MATHEMATICA, MATHCAD, MATLAB und EXCEL *vordefinierten Funktionen* erhält man folgendermaßen:

In der Hilfe von MAPLE findet man ausführliche Informationen zu allen vordefinierten Funktionen. So kann man z.B. die Menüfolge

Help ⇒ Glossary

aktivieren und sich in dem erscheinenden Hilfefenster die gesuchten Funktionen anzeigen und erklären lassen.

Eine vordefinierte Funktion wird im Arbeitsfenster an der durch einen Kursor markierten Zeile mittels Tastatur oder unter Verwendung der Paletten eingegeben.

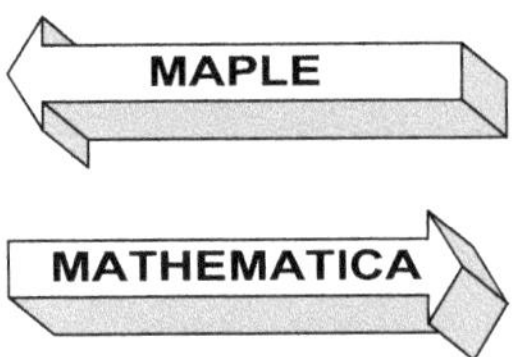

In der Hilfe von MATHEMATICA findet man ausführliche Informationen zu allen vordefinierten Funktionen. Dies kann man durch Aktivierung der Menüfolge

Help ⇒ Built-in Functions...

erreichen. In dem erscheinenden Hilfefenster (Help Browser) lassen sich Informationen zu allen Funktionen anzeigen.

Eine vordefinierte Funktion wird in eine Zeile des Arbeitsfenster mittels Tastatur oder unter Verwendung der Paletten eingegeben.

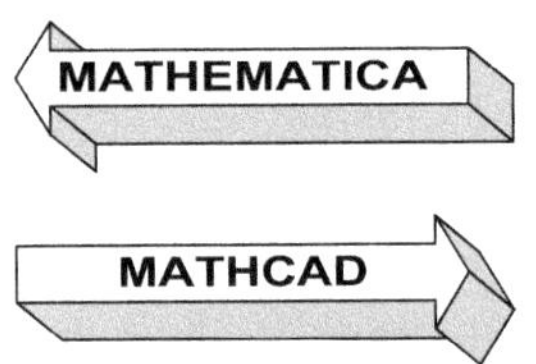

Die in MATHCAD vordefinierten Funktionen sind aus der Dialogbox

Insert Function
(deutsche Version: **Funktion einfügen**)

ersichtlich, die auf zwei Arten geöffnet werden kann:

* mittels der Menüfolge

   Insert ⇒ Function ...
   (deutsche Version: **Einfügen ⇒ Funktion ...**)

* durch Anklicken des Symbols

   in der Symbolleiste.

Eine vordefinierte Funktion kann man im Arbeitsfenster an der durch den Kursor markierten Stelle auf zwei verschiedene Arten eingeben:

I. Direkte Eingabe mittels Tastatur.

II. Einfügen durch Mausklick auf die gewünschte Funktion in der Dialogbox

Insert Function
(deutsche Version: **Funktion einfügen**)

Dem Anwender wird empfohlen, die Methode II. zu verwenden, da man
hier neben der Schreibweise der Funktion zusätzlich eine kurze Erläuterung
erhält.

◆

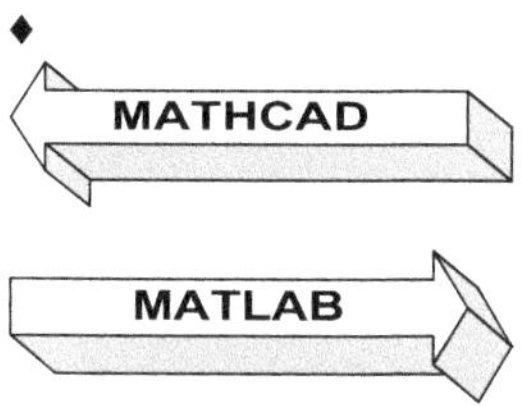

Alle in MATLAB vordefinierten Funktionenklassen werden bei Eingabe des
Kommandos **help** im Kommandofenster angezeigt. Möchte man Informationen zu einzelnen Funktionen einer Funktionsklasse erhalten, so gibt man
zuerst

help *Name der Funktionsklasse*

ein und erhält eine Auflistung aller Funktionen dieser Klasse. Danach kann
man durch Eingabe eines der folgenden Kommandos

*   **help** *Funktionsname*

*   **type** *Funktionsname*

*   **helpwin** *Funktionsname*

Informationen zu einer speziellen vordefinierten Funktion erhalten.
Die Eingabe einer vordefinierten Funktion in die durch einen Kursor ge-
kennzeichnete aktuelle Zeile des Kommandofensters geschieht mittels Tastatur.

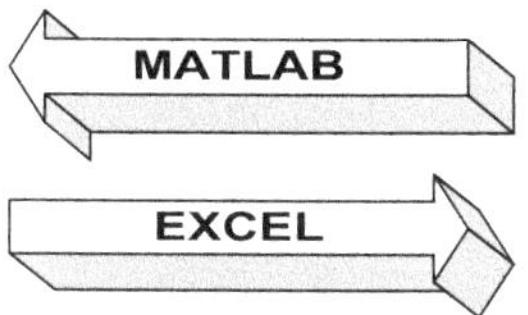

Durch Aufruf der Hilfe von EXCEL erhält man Informationen zu allen vordefinierten Funktionen. Dies geschieht durch Aktivierung der Menüfolge

? ⇒ Microsoft Excel-Hilfe

In dem erscheinenden Hilfefenster werden die gesuchten Funktionen angezeigt und erklärt.

Die Eingabe einer vordefinierten Funktion in eine freie Zelle der aktuellen Tabelle geschieht mittels Tastatur.

Weiterhin ist in den Systemen bei der Verwendung vordefinierter Funktionen zu beachten, daß die

* *Argumente* der Funktionen bis auf MATHEMATICA in runde Klammern einzuschließen sind. Bei MATHEMATICA sind eckige Klammern zu verwenden.

* *Berechnung* von *Funktionswerten* in MAPLE, MATHEMATICA, MATHCAD und MATLAB sowohl *exakt* als auch *numerisch* erfolgen kann, während EXCEL nur *numerisch* rechnet.

♦

3.2 Allgemeine Funktionen

Die Systeme MAPLE, MATHEMATICA, MATHCAD, MATLAB und EXCEL enthalten zahlreiche *allgemeine Funktionen*, von denen wir im Verlaufe des Buches einige kennenlernen. Zu diesen Funktionen gehören z.B. Sortierfunktionen und Ein- und Ausgabefunktionen.

3.3 Mathematische Funktionen

Bei den mathematischen Funktionen spielen die elementaren mathematischen Funktionen (siehe Abschn.3.3.1) die dominierende Rolle, da sie in vielen Anwendungen auftreten.

Informationen über alle in den Systemen MAPLE, MATHEMATICA, MATHCAD, MATLAB und EXCEL vordefinierten mathematischen Funktionen erhält man aus den Hilfen der Systeme, wie im Abschn.3.1 beschrieben ist.

♦

3.3.1 Elementare und höhere mathematische Funktionen

In den Systemen MAPLE, MATHEMATICA, MATHCAD, MATLAB und EXCEL sind die *elementaren* und einige *höhere mathematische Funktionen vordefiniert*:

* *elementare mathematische Funktionen*

Hierzu zählen Potenz-, Logarithmus- und Exponentialfunktionen, trigonometrische und hyperbolische Funktionen und ihre inverse Funktionen (Umkehrfunktionen), die alle in MAPLE, MATHEMATICA, MATHCAD, MATLAB und EXCEL vordefiniert sind.

Einige Systeme können auch mit elementaren mathematischen Funktionen rechnen, die von komplexen Variablen abhängen.

* *höhere mathematische Funktionen*

Hiervon kennen MAPLE, MATHEMATICA, MATHCAD, MATLAB und EXCEL u.a. die Besselfunktionen.

3.3.2 Weitere mathematische Funktionen

Die Systeme kennen zahlreiche Funktionen zur Berechnung mathematischer Aufgaben, die wir ebenfalls als mathematische Funktionen bezeichnen. Hierzu zählen z.B.

* Statistische Funktionen

* Matrixfunktionen

* Rundungsfunktionen

* Funktionen zur Differentiation und Integration

* Funktionen zur Gleichungslösung

von denen wir einige im Rahmen des Buches kennenlernen.

3.4 Differentiation

Für die Berechnung der *Ableitungen* einer differenzierbaren Funktion, die sich aus elementaren Funktionen (siehe Abschn.3.3.1) zusammensetzt, läßt sich ein endlicher Algorithmus angeben. Dieser Algorithmus beruht auf den Ableitungen für elementare Funktionen und den Differentiationsregeln:

* Produktregel

* Quotientenregel

* Kettenregel

die wir als bekannt voraussetzen.

Damit läßt sich die *Differentiation* in endlich vielen Schritten durchführen (endlicher Algorithmus), so daß die Systeme MAPLE, MATHEMATICA, MATHCAD und MATLAB Ableitungen von Funktionen im Rahmen der Computeralgebra exakt berechnen können. Das betrifft Ableitungen

* $f'(x)$, $f''(x)$,..., $f^{(n)}(x)$, ...

für Funktionen

$$f(x)$$

einer Variablen x,

- $$f_{x_1} = \frac{\partial f}{\partial x_1} \;,\; f_{x_1 x_1} = \frac{\partial^2 f}{\partial x_1^2} \;,\; f_{x_1 x_2} = \frac{\partial^2 f}{\partial x_1 \partial x_2} \;,\; \dots$$

für Funktionen

$$f(x_1, x_2, \dots, x_n)$$

von n Variablen

$$x_1, x_2, \dots, x_n$$

Da man zur Aufstellung von Optimalitätsbedingungen die Differentiation von Funktionen benötigt, erklären wir im folgenden die hierfür erforderliche Vorgehensweise in den Systemen MAPLE, MATHEMATICA, MATHCAD und MATLAB:

MAPLE kann Ableitungen mittels der vordefinierten Differentiationsfunktion **diff** berechnen. Damit ergeben sich zur Berechnung partieller Ableitungen für Funktionen

$$f(x_1, x_2, \dots, x_n)$$

von n Variablen

$$x_1, x_2, \dots, x_n$$

folgende Möglichkeiten:

- > **diff** (f (x1 , x2 , ... , xn) , xk\$m) ;

  zur Berechnung der m-ten partiellen Ableitung der Funktion f bzgl. der Variablen

  $$x_k$$

  Falls man Ableitungen erster Ordnung berechnen möchte, kann man das Argument xk\$m bei **diff** durch xk ersetzen.

- > **diff** (f (x1 , x2 , ... , xn) , xi\$n , xk\$m) ;

  zur Berechnung der gemischten partiellen Ableitung n+m ter Ordnung

  $$\frac{\partial^{n+m}}{\partial x_i^{\,n} \partial x_k^{\,m}} \, f(x_1, x_2, \dots, x_n)$$

  der Funktion f bzgl. der *Variablen*

$$x_i \quad \text{und} \quad x_k$$

In den neueren Versionen von MAPLE kann man die Differentiation auch mittels der Operatoren der **Expression Palette** ausführen, die mittels der Menüfolge

View $\Rightarrow$ **Palettes** $\Rightarrow$ **Expression Palette**

aufgerufen wird. Da hierbei keinerlei Probleme auftreten, überlassen wir dies dem Leser.

◆

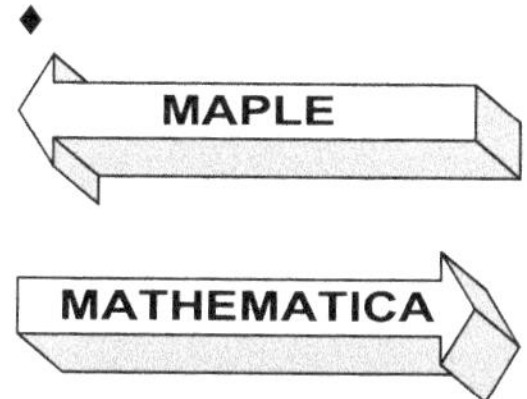

MATHEMATICA kann Ableitungen mittels der vordefinierten Differentiationsfunktion **D** oder Differentiationsoperatoren berechnen. Damit ergeben sich zur Berechnung von partiellen Ableitungen für Funktionen

$$f(x_1, x_2, \ldots, x_n)$$

von n Variablen

$$x_1, x_2, \ldots, x_n$$

folgende Möglichkeiten:

- m-te partielle Ableitung der Funktion f bzgl. der Variablen

    $$x_k$$

    lassen sich mittels einer der folgenden Vorgehensweisen berechnen:

    * Anwendung der Differentiationsfunktion **D**

        D [f [x1 , x2 , ... , xn] , { xk , m }]

        Falls man Ableitungen erster Ordnung berechnen möchte, kann man

        D [f [x1 , x2 , ... , xn] , xk]

        schreiben.

    * Verwendung einer der Paletten

        $\Rightarrow$ **BasicCalculations**

        die durch die Menüfolge

        File $\Rightarrow$ **Palettes** $\Rightarrow$ **BasicCalculations** $\Rightarrow$ **Calculus** $\Rightarrow$ **Common Operations**

$\Rightarrow$ **BasicInput**

die durch die Menüfolge

File $\Rightarrow$ Palettes $\Rightarrow$ BasicInput

aufgerufen werden.

Man wählt in der erscheinenden Palette den Differentiationsoperator

aus, der wie folgt ausgefüllt wird

$$\partial_{\{xk,m\}} f[x1, x2,...,xn]$$

- Gemischte partielle Ableitungen n+m ter Ordnung

$$\frac{\partial^{n+m}}{\partial x_i^{\,n} \partial x_k^{\,m}} \, f(x_1, x_2,..., x_n)$$

der Funktion f bzgl. der Variablen

$$x_i \quad \text{und} \quad x_k$$

können mittels einer der folgenden beiden Operationen berechnet werden:

* Anwendung der Differentiationsfunktion **D**

  D [f [x1 , x2 , ... , xn] , { xi , n } , { xk , m }]

* Verwendung des Differentiationsoperators

aus der Palette **Common Operations** oder **BasicInput**, der wie folgt ausgefüllt wird

$$\partial_{\{xi,n\},\{xk,m\}} f[x1,x2,...,xn]$$

MATHCAD berechnet Ableitungen folgendermaßen:

- Partielle Ableitungen erster Ordnung einer Funktion nach einer Variablen:

Nach der Aktivierung des Differentiationsoperators

aus der Operatorpalette Nr.5 mittels Mausklick werden in dem erscheinenden Symbol

$$\frac{d}{d\,\blacksquare}\blacksquare$$

die beiden Platzhalter wie folgt ausfüllt:

$$\frac{d}{dx_k}\,f(x_1, x_2, ..., x_n)$$

wenn man die Funktion

$$f(x_1, x_2, ..., x_n)$$

nach der Variablen

$$x_k$$

differenzieren möchte.

- Partielle Ableitungen höherer Ordnung einer Funktion nach einer Variablen:

Unter Verwendung des Differentiationsoperators

aus der Operatorpalette Nr.5 lassen sich Ableitungen m-ter Ordnung (m = 1, 2, 3, ...) einer Funktion direkt berechnen, indem man die Platzhalter des erscheinenden Symbols

$$\frac{d^{\blacksquare}}{d\,\blacksquare^{\blacksquare}}\blacksquare$$

folgendermaßen ausfüllt

$$\frac{d^m}{dx_k{}^m}\,f(x_1, x_2, ..., x_n)$$

wenn man die Funktion

$$f(x_1, x_2, \ldots, x_n)$$

nach der Variablen

$$x_k$$

m-mal differenzieren möchte.

- Bei gemischten partiellen Ableitungen müssen die Operatoren geschachtelt werden. So berechnet sich z.B. die gemischte partielle Ableitung n+m ter Ordnung

$$\frac{\partial^{n+m}}{\partial x_i^{\,n}\, \partial x_k^{\,m}}\; f(x_1, x_2, \ldots, x_n)$$

der Funktion f bzgl. der Variablen

$$x_i \quad \text{und} \quad x_k$$

folgendermaßen:

$$\frac{d^n}{dx_i^{\,n}}\frac{d^m}{dx_k^{\,m}}\; f(x_1, x_2, \ldots, x_n)$$

Bei den gegebenen Methoden wird die exakte Berechnung nach Markierung des gesamten Ausdrucks mit einer Bearbeitungslinie durch die Eingabe des *symbolischen Gleichheitszeichens* → (siehe Anhang B.1) und abschließender Betätigung der Eingabetaste ⏎ ausgelöst.

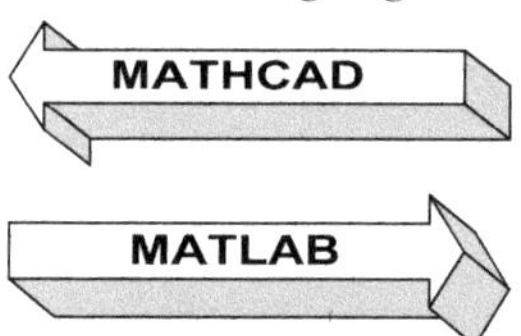

Wenn die Toolbox **Symbolic Math** installiert ist, berechnet MATLAB Ableitungen mit der vordefinierten Differentiationsfunktion **diff** folgendermaßen:

- m-te partielle Ableitung bzgl. der Variablen

  $$x_k$$

  für Funktionen

  $$f(x_1, x_2, \ldots, x_n)$$

  von n Variablen

  $$x_1, x_2, \ldots, x_n$$

  mittels

>> **syms** x1 x2 ... xn ; **diff** (f (x1 , x2 ,..., xn) , xk , m)

bzw.

>> **diff** (' f (x1 , x2 , ... , xn) ' , ' xk ' , m)

* gemischte partielle Ableitungen werden durch Schachtelung von **diff** berechnet, so z.B. die Ableitung n+m ter Ordnung

$$\frac{\partial^{n+m}}{\partial x_i^{\ n} \partial x_k^{\ m}} \ f (x_1, x_2 ,..., x_n)$$

der Funktion f bzgl. der Variablen

x_i und x_k

mittels

>> **syms** x1 x2 ... xn ; **diff** (**diff** (f (x1 , x2 , ... , xn) , xi , n) , xk , m)

bzw.

>> **diff** (**diff** (' f (x1 , x2 , ... , xn) ' , ' xi ' , n) , ' xk ' , m)

Das Kommando

syms

dient in MATLAB zur Kennzeichnung von symbolischen Variablen. Ohne
Verwendung von **syms** sind symbolische Funktionsausdrücke und Variable
als Zeichenketten einzugeben.

♦

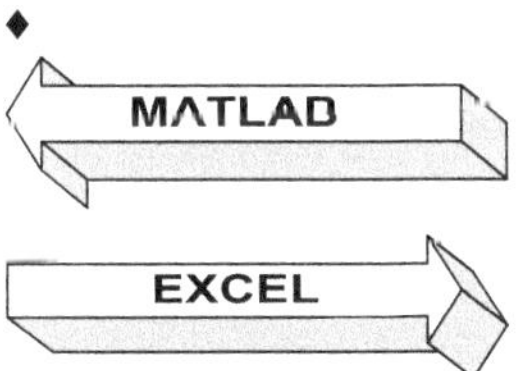

In EXCEL lassen sich keine exakten Berechnungen im Rahmen der Computeralgebra durchführen. Deshalb ist die exakte Differentiation hier nicht
durchführbar.

Illustrieren wir die Berechnung von Ableitungen in den Systemen im folgenden Beispiel.

Beispiel 3.1:

Berechnen wir für die Funktion

$$f(x,y) = x^y$$

mittels MAPLE, MATHEMATICA, MATHCAD und MATLAB die gemischte partielle Ableitung

$$\frac{\partial^3}{\partial x\,\partial y^2}\, f(x,y)$$

um die Vorgehensweise in den einzelnen Systemen zu illustrieren:

Wir verwenden die vordefinierte Differentiationsfunktion **diff** in der Form

> **diff** (x^y , x , y$2) ;

mit dem Ergebnis

$$\frac{x^y \ln(x)^2\, y}{x} + \frac{2\,x^y \ln(x)}{x}$$

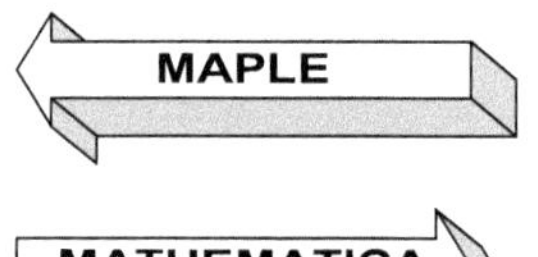

Wir können die vordefinierte Differentiationsfunktion **D** in der Form

D [x^y , x , { y , 2 }]

mit dem Ergebnis

$$2\,x^{-1+y}\, \mathrm{Log}\,[x] + x^{-1+y}\, y\, \mathrm{Log}\,[x]^2$$

oder den Differentiationsoperator

$$\partial_{x\,,\,\{y,2\}}\ x^y$$

mit dem Ergebnis

$$2\,x^{-1+y}\, \mathrm{Log}\,[x] + x^{-1+y}\, y\, \mathrm{Log}\,[x]^2$$

anwenden.

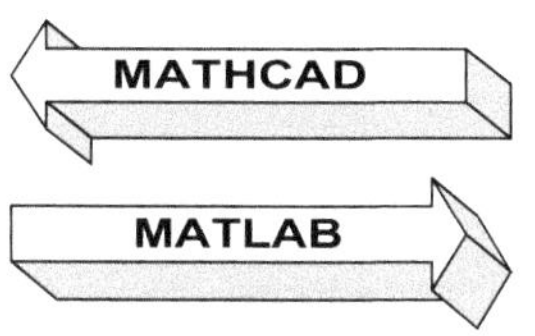

Wir schachteln die Differentiationsoperatoren aus der Operatorpalette Nr.5

$$\frac{d}{dx}\frac{d^2}{dy^2}x^y \;\to\; x^y\cdot\frac{y}{x}\cdot\ln(x)^2 + 2\cdot x^y\cdot\frac{\ln(x)}{x}$$

Wir verwenden die vordefinierte Differentiationsfunktion **diff** in der geschachtelten Form

>> **syms** x y ; **diff** (**diff** (x^y , y , 2) , x)

ans =

x^y * y/x * log (x)^2 + 2 * x^y * log (x)/x

♦

3.5 Minimum und Maximum

Unter dem *Minimum* und *Maximum* einer *Funktion*

$$z - f(x_1, x_2, \ldots, x_n)$$

von n Variablen

$$x_1,\ x_2, \ldots,\ x_n$$

versteht man anschaulich einen kleinsten bzw. größten Wert dieser Funktion. Man spricht von einem *Extremum* oder *Optimum* der Funktion, wenn man die Problematik allgemein betrachtet, d.h., nicht zwischen Minimum und Maximum unterscheidet.
Indem wir die n Variablen

$$x_1,\ x_2, \ldots,\ x_n$$

als Komponenten des Spaltenvektors **x** schreiben, d.h.

$$\mathbf{x} = \begin{pmatrix} x_1 \\ x_2 \\ \vdots \\ x_n \end{pmatrix}$$

können wir im weiteren die einfache Funktionsschreibweise

$$z = f(\mathbf{x})$$

für eine Funktion von n Variablen verwenden.

In der Mathematik muß die gegebene anschauliche Deutung eines Minimums/Maximums konkretisiert, d.h. exakt definiert werden. Dies geschieht in der folgenden Definition.

Definition 3.1:

Wir betrachten eine Funktion $f(\mathbf{x})$ von n Variablen über einem beliebigen nichtleeren (offenen oder abgeschlossenen) Bereich B des n dimensionalen Euklidischen Raumes R^n. Man unterscheidet zwischen *lokalen* und *globalen* *Extrema/Optima* (*Minima/Maxima*) der Funktion $f(\mathbf{x})$ über dem Bereich B, die folgendermaßen definiert sind:

- Die Funktion $f(\mathbf{x})$ hat über dem Bereich $B \subset R^n$ ein *lokales* (*relatives*) *Extremum/Optimum* im Punkt

  $$\mathbf{x}^0$$

  wenn

  $$f(\mathbf{x}) \geq f(\mathbf{x}^0) \qquad \text{für ein } \textit{lokales Minimum}$$

  bzw.

  $$f(\mathbf{x}) \leq f(\mathbf{x}^0) \qquad \text{für ein } \textit{lokales Maximum}$$

  in einer Umgebung

  $$U(\mathbf{x}^0) = U_\varepsilon(\mathbf{x}^0) \cap B$$

  des Punktes $\mathbf{x}^0$ gelten.

- Die Funktion $f(\mathbf{x})$ hat über dem Bereich $B \subset R^n$ ein *globales* (*absolutes*) *Extremum/Optimum* im Punkt

  $$\mathbf{x}^0$$

  wenn

  $$f(\mathbf{x}) \geq f(\mathbf{x}^0) \qquad \text{für ein } \textit{globales Minimum}$$

  bzw.

  $$f(\mathbf{x}) \leq f(\mathbf{x}^0) \qquad \text{für ein } \textit{globales Maximum}$$

$\forall\ \mathbf{x} \in B$ gelten, d.h. für alle Punkte des Bereichs B.

Offensichtlich ist nach der gegebenen Definition ein globaler Optimalpunkt auch gleichzeitig ein lokaler, während die Umkehrung nicht gelten muß. Nach der gegebenen Definition können lokale Optima auch auf dem Rand eines abgeschlossenen Bereichs B liegen, da wir als Umgebung

$$U(\mathbf{x}^0)$$

den Durchschnitt

$$U_\varepsilon(\mathbf{x}^0)\cap B$$

nehmen. Falls man nur die ε–Umgebung

$$U_\varepsilon(\mathbf{x}^0)$$

verwendet, können lokale Optima nicht auf dem Rand von B auftreten.

♦

Den Punkt

$$\mathbf{x}^0$$

in dem die Funktion $f(\mathbf{x})$ ein (lokales oder globales) Optimum/Extremum (Minimum oder Maximum) annimmt, bezeichnet man als (lokalen oder globalen) *Extremalpunkt/Optimalpunkt* (*Minimalpunkt* oder *Maximalpunkt*) und den optimalen Funktionswert (Optimum)

$$f(\mathbf{x}^0)$$

als *Extremalwert/Extremwert/Optimalwert* (*Minimalwert* oder *Maximalwert*).

♦

Der *Unterschied* zwischen einem *lokalen* und *globalen* Optimalpunkt
$$\mathbf{x}^0$$
einer Funktion $f(\mathbf{x})$ über einem Bereich B besteht darin, daß man ihn entweder nur bzgl. einer Umgebung

$$U(\mathbf{x}^0)\ =\ U_\varepsilon(\mathbf{x}^0)\cap B$$

(d.h. *lokal*) oder bzgl. des gesamten Bereichs B (d.h. global) betrachtet, wobei wir unter der ε-Umgebung ($\varepsilon > 0$)

$$U_\varepsilon(\mathbf{x}^0)$$

die Kugel

$$U_\varepsilon(\mathbf{x}^0)\ =\ \left\{\, x\in R^n\ :\ \left\|x - x^0\right\| < \varepsilon \,\right\}$$

mit dem Radius ε verstehen, als Norm $\|..\|$ die Euklidische verwenden und ε beliebig klein sein kann. ♦

Da eine stetige Funktion über einem abgeschlossenen und beschränkten Bereich B nach dem *Satz von Weierstrass* (siehe Abschn.7.1.2) mindestens einen globalen Minimal- und Maximalpunkt besitzt, kann man diese ermitteln, indem man alle lokalen Minimal- bzw. Maximalpunkte bestimmt und hiervon den mit dem kleinsten bzw. größten Funktionswert nimmt. Diese Vorgehensweise ist aber nur von theoretischem Interesse, da sie sich in den meisten Optimierungsaufgaben nicht durchführen läßt, wie im Verlaufe des Buches illustriert wird.

♦

Bei *Extremalaufgaben* (siehe Kap.8 und 9) betrachtet man *lokale Extrema/ Optima*, während man in der *linearen* und *nichtlinearen Optimierung* (siehe Kap.10 und 11) i.allg. *globale Extrema/Optima* bestimmt. Hiervon hängt auch die Vorgehensweise bei der Aufstellung von Optimalitätsbedingungen ab, wie wir in den entsprechenden Kapiteln sehen werden.

♦

Illustrieren wir im folgenden den Unterschied zwischen lokalen und globalen Extrema/Optima am Beispiel einer Funktion $f(x)$ einer Variablen x.

Beispiel 3.2:

Betrachten wir die Funktion

$$f(x) = -x^4 + 4 \cdot x^2 + x + 3$$

im abgeschlossenen Intervall [−2,2] und bestimmen hier die lokalen und globalen Optima/Extrema (d.h. Minima und Maxima). Aus der mittels MATLAB durch

>> **syms** x ; **ezplot** (−x^4 + 4*x^2 + x + 3 , [−2.5 , 2.5])

erzeugten Grafik der Funktion (siehe Abb.3.1) sind folgende Minima und Maxima im Intervall

[−2,2]

ersichtlich:

x1: globales Minimum
x2: lokales Maximum
x3: lokales Minimum
x4: lokales Maximum, das gleichzeitig globales Maximum ist.

Nach der gegebenen Def.3.1 sind die Randpunkte x=−2 und x=2 ebenfalls lokale Minima.

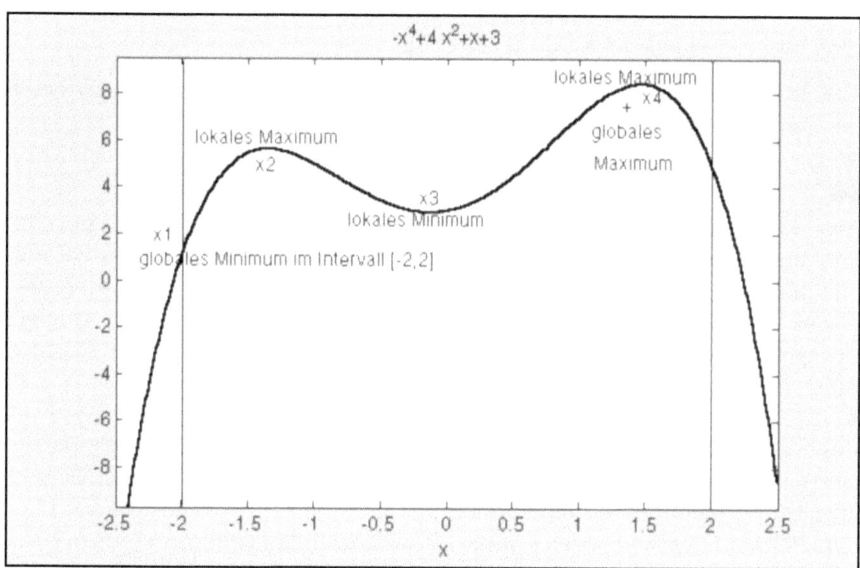

Abb.3.1. Grafische Darstellung der Funktion aus Beisp.3.2 mittels MATLAB

3.6 Konvexe Funktionen

Konvexe Funktionen spielen in der mathematischen Optimierung eine wesentliche Rolle, da sich im Falle der Konvexität effektive Lösungsmethoden herleiten lassen.

Wenn Zielfunktion und Funktionen der Nebenbedingungen konvex sind, so spricht man von einer Aufgabe der *konvexen Optimierung*.

Aufgrund der zentralen Bedeutung der Konvexität in der Optimierung geben wir im folgenden Abschn.3.6.1 die Definition konvexer Funktionen und betrachten im Abschn.3.6.2 wesentliche Eigenschaften. Im anschließenden Abschn.3.6.3 stellen wir zwei konkrete konvexe Funktionen vor, die in der Optimierung häufig auftreten.

3.6.1 Definition

Konvexe Funktionen sind folgendermaßen definiert.

Definition 3.2:

Eine auf einer konvexen Teilmenge B des Raumes R^n definierte Funktion $f(\mathbf{x})$ heißt *konvex*, wenn für alle

$$\mathbf{x}^1, \mathbf{x}^2 \in B$$

und alle reelle Zahlen λ zwischen 0 und 1 (d.h. $\lambda \in (0,1)$) folgendes gilt:

$$f(\lambda \cdot \mathbf{x}^1 + (1-\lambda) \cdot \mathbf{x}^2) \;\le\; \lambda \cdot f(\mathbf{x}^1) + (1-\lambda) \cdot f(\mathbf{x}^2)$$

Tritt in der Ungleichung das strenge Ungleichheitszeichen < auf, so heißt die Funktion *streng (strikt) konvex*.

♦

Aus der Definition konvexer Funktionen ist ersichtlich, daß sie nur für Funktionen möglich ist, die auf konvexen Mengen definiert sind. Da wir nur Minimierungsaufgaben betrachten, gehen wir nicht näher auf *konkave Funktionen* ein. Bei der Definition konkaver Funktionen muß in der Ungleichung aus Def.3.2 nur $\le$ durch $\ge$ ersetzt werden, d.h., wenn $f(\mathbf{x})$ konkav ist, so ist $-f(\mathbf{x})$ konvex.

♦

Das Nachprüfen der Konvexität einer vorliegenden Funktion mittels der in Def.3.2 gegebenen Ungleichung ist nicht immer einfach. Für Spezialfälle wie lineare und quadratische Funktionen läßt sich diese Ungleichung jedoch erfolgreich zum Nachweis der Konvexität heranziehen (siehe Abschn.3.6.3).

Man hat hinreichende Bedingungen entwickelt, mit denen man die Konvexität einer gegebenen Funktion nachprüfen kann. Eine wichtige geben wir im folgenden Satz.

Satz 3.1:

Wenn die n-reihige *Hesse-Matrix*

$$\mathbf{H}(\mathbf{x}) = D^2 f(\mathbf{x}) = \left(d_{ik}\right)$$

mit den Elementen

$$d_{ik} \;=\; \frac{\partial^2}{\partial x_i\, \partial x_k} f(\mathbf{x}) \qquad\qquad (i=1,\ldots,n\,;\,k=1,\ldots,n)$$

einer zweimal stetig differenzierbaren Funktion

$$z = f(\mathbf{x}) = f(x_1, x_2, \ldots, x_n)$$

von n Variablen für alle $\mathbf{x}$ aus einer konvexen Menge B (streng) *positiv definit* ist, so ist diese *Funktion* auf B (streng) *konvex*.

♦

Die Elemente der n-reihigen Hesse-Matrix $\mathbf{H}(\mathbf{x})$ bilden sich aus allen partiellen Ableitungen zweiter Ordnung der Funktion $f(\mathbf{x})$. Diese lassen sich mit den Differentiationsfunktionen der Systeme einfach berechnen. Dagegen läßt sich die positive Definitheit dieser quadratischen Matrix für großes n nicht einfach nachweisen, wie aus der linearen Algebra bekannt ist. Für ein hinreichendes Kriterium benötigt man alle Eigenwerte der Hesse-Matrix.

Damit ist Satz 3.1 nur für kleine Werte von n praktisch anwendbar, d.h. für Funktionen mit wenigen Variablen.

♦

Beispiel 3.3:

a) Betrachten wir die Funktion

$$f(x) = x^4 + 4 \cdot x^2 + x + 3$$

als Beispiel einer konvexen Funktion. Die Konvexität dieser Funktion ist anschaulich aus der mittels MATLAB erstellten Grafik (siehe Abb.3.2) zu ersehen. Den analytischen Beweis der Konvexität überlassen wir dem Leser.

b) Betrachten wir die Funktion

$$f(x) = -x^4 + 4 \cdot x^2 + x + 3$$

als Beispiel einer nichtkonvexen Funktion. Aus der mittels MATLAB erstellten Grafik (siehe Abb.3.1) ist anschaulich zu sehen, daß diese Funktion nicht konvex sein kann.

♦

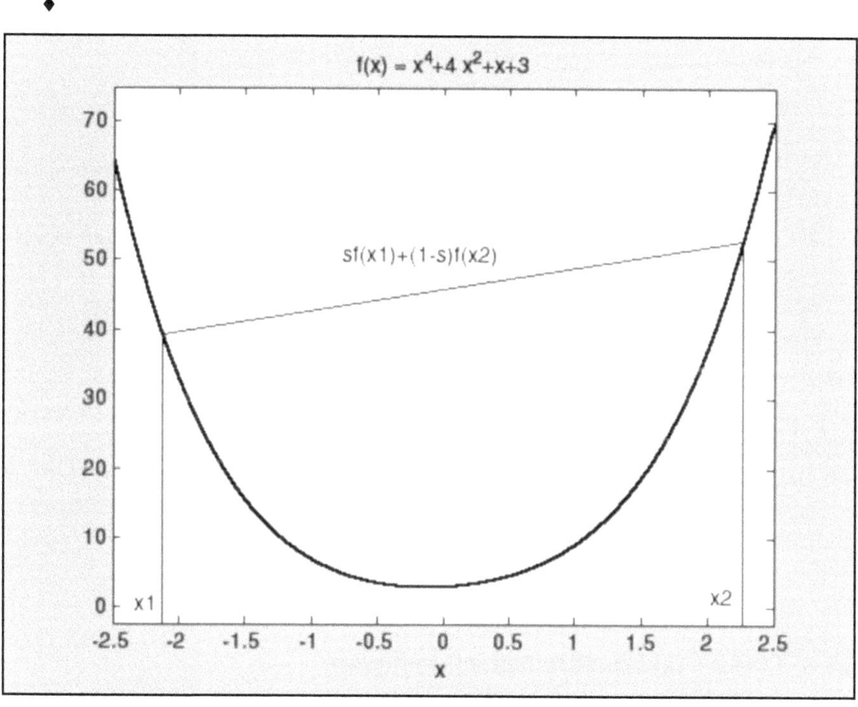

Abb.3.2. Grafische Darstellung der konvexen Funktion aus Beisp.3.3a mittels MATLAB

3.6.2 Eigenschaften

Konvexe Funktionen besitzen eine Reihe von *Eigenschaften,* von denen wir im folgenden für die Optimierung wichtige aufzählen:

* Die Summe konvexer Funktionen ist wieder konvex.

* Bei differenzierbaren konvexen Funktionen $f(x)$ einer Variablen x liegt die Tangente in einem Punkt x^0 immer unterhalb der Funktionskurve. Analytisch ausgedrückt, ist in allen Punkten die folgende Ungleichung erfüllt:

$$f(x) \geq f(x^0) + f'(x^0) \cdot (x - x^0)$$

Diese Ungleichung läßt sich auf differenzierbare konvexe Funktionen von n Variablen verallgemeinern und hat hier folgende Form:

$$f(\mathbf{x}) \geq f(\mathbf{x}^0) + \mathbf{grad}\, f(\mathbf{x}^0) \cdot (\mathbf{x} - \mathbf{x}^0)$$

* Jeder *lokale Minimalpunkt* einer konvexen Funktion über einem konvexen Bereich ist auch *globaler Minimalpunkt.*

* Der durch Ungleichungen beschriebene *Bereich*

$$B = \{\, \mathbf{x} \in R^n \,/\, g_i(\mathbf{x}) \leq 0\,,\, i = 1,\, 2,\, \dots ,\, m \,\}$$

ist *konvex,* wenn alle Funktionen

$$g_i(\mathbf{x})$$

der Ungleichungen konvex sind (siehe Beisp.2.1d). Diese Aussage benötigt man in der konvexen Optimierung (siehe Abschn.11.4.5). Der Beweis läßt sich einfach durch Anwendung der Definition konvexer Funktionen führen.

☞

Die Konvexität einer Funktion stellt eine starke Forderung dar. Deshalb werden Verallgemeinerungen der Konvexität intensiv untersucht, um Eigenschaften konvexer Funktionen auch unter schwächeren Voraussetzungen zu erhalten. Zu erwähnen sind hier die *Quasikonvexität* und die *Pseudokonvexität.* Den interessierten Leser verweisen wir diesbezüglich auf die Literatur (siehe [21]).

♦

3.6.3 Lineare und quadratische Funktionen

Betrachten wir zwei Funktionenklassen, bei denen sich die Konvexität einfach nachweisen läßt:

• Allgemeine *lineare* (affin-lineare)*Funktionen* $f(\mathbf{x})$ der Form

$$f(\mathbf{x}) = \mathbf{c}^T \cdot \mathbf{x} + d = \sum_{i=1}^{n} c_i \cdot x_i + d$$

$$= c_1 \cdot x_1 + c_2 \cdot x_2 + \dots + c_n \cdot x_n + d$$

die in der linearen Optimierung auftreten, sind für beliebe Konstantenvektoren

$$\mathbf{c} = \begin{pmatrix} c_1 \\ c_2 \\ \vdots \\ c_n \end{pmatrix}$$

und beliebige Konstanten

d

konvex. Dies läßt sich einfach unter Anwendung von Def.3.1 nachprüfen. Sie sind auch konkav. Diese Nachweise überlassen wir dem Leser.

- *Quadratische Funktionen* $f(\mathbf{x})$ der Form (in Matrixschreibweise)

$$f(\mathbf{x}) = \mathbf{x}^T \cdot \mathbf{D} \cdot \mathbf{x} + \mathbf{c}^T \cdot \mathbf{x} + d$$

müssen nicht konvex sein. Ihre (strenge) Konvexität läßt sich für den Spezialfall nachweisen, daß die symmetrische Matrix $\mathbf{D}$ vom Typ (n,n)

$$\mathbf{D} = \begin{pmatrix} d_{11} & d_{12} & \dots & d_{1n} \\ d_{21} & d_{22} & \dots & d_{2n} \\ \vdots & \vdots & \dots & \vdots \\ d_{n1} & d_{n2} & \dots & d_{nn} \end{pmatrix}$$

(streng) positiv definit ist. Ein hinreichendes Kriterium hierfür ist, daß die Eigenwerte von $\mathbf{D}$ positiv bzw. nicht negativ sind.

Man sieht, daß sich eine beliebige quadratische Funktion der Gestalt

$$f(x_1, x_2, \dots, x_n) = \sum_{i=1}^{n} \sum_{k=1}^{n} a_{ik} \cdot x_i \cdot x_k + \sum_{i=1}^{n} c_i \cdot x_i + d$$

stets in der gegebenen Matrixschreibweise mit einer symmetrischen Matrix $\mathbf{D}$ darstellen läßt, indem man

$$d_{ik} = \frac{1}{2} \cdot (a_{ik} + a_{ki})$$

setzt (siehe auch Kap.12).

Lineare (linear-affine)Funktionen sind offensichtlich ein Spezialfall quadratischer Funktionen (für $\mathbf{D} = 0$).

♦

3.7 Definition von Funktionen

Obwohl MAPLE, MATHEMATICA, MATHCAD und MATLAB eine Vielzahl von Funktionen kennen, ist es für ein effektives Arbeiten erforderlich, weitere Funktionen zu definieren.
Betrachten wir zwei charakteristische Fälle, bei denen eine *Funktionsdefinition* zu empfehlen ist:

* Wenn man im Verlaufe einer Arbeitssitzung Formeln oder Ausdrücke öfters anwenden möchte, die nicht in den Systemen vordefiniert sind.

* Wenn man als Ergebnis einer Rechnung (z.B. Differentiation oder Integration einer Funktion) Ausdrücke erhält, die in weiteren Rechnungen benötigt werden.

Derartige Funktionsdefinitionen haben den Vorteil, daß man bei weiteren Rechnungen nur die gewählte Funktionsbezeichnung verwendet, anstatt den gesamten Ausdruck eingeben zu müssen.

♦

Bei der *Definition* von *Funktionen* ist in MAPLE, MATHEMATICA, MATHCAD und MATLAB zu beachten, daß

* bei Funktionsnamen zwischen Groß- und Kleinschreibung unterschieden wird.

* nicht Namen vordefinierter Funktionen verwendet werden, da diese dann nicht mehr verfügbar sind.

♦

Im folgenden fassen wir die Vorgehensweisen bei Funktionsdefinitionen in den Systemen MAPLE, MATHEMATICA, MATHCAD und MATLAB zusammen:

MAPLE weist einen Ausdruck

A(x1 , ... , xn)

mit n Variablen

x1 , ... , xn

mittels

> g := (x1 , ... , xn) → A(x1 , ... , xn) ;

der Funktion

g(x1 , ... , xn)

zu, wobei der Pfeil
→
durch − und > einzugeben ist.

MATHEMATICA weist einen Funktionsausdruck

A(x1,..., xn)

mit n Variablen

x1 , ... , xn

mittels

f [x1_ , ... , xn_] := A (x1 , ... , xn)

der Funktion

f [x1 , ... , xn]

zu.
Statt des Zuweisungsoperators := kann (muß in gewissen Fällen) = verwendet werden.
Bei MATHEMATICA ist im Unterschied zu anderen Systemen zu beachten, daß

* bei den Funktionen die Argumente in *eckige Klammern* einzuschließen
  sind,

* in der Definitionsgleichung bei den unabhängigen Variablen ein Unterstrich zu schreiben ist. Bei der weiteren Verwendung der definierten
  Funktionen entfällt dann dieser Unterstrich.

Ein Ausdruck

$$A(x_1, x_2, ..., x_n)$$

wird durch Eingabe von

$$f(x_1, x_2, ..., x_n) := A(x_1, x_2, ..., x_n)$$

der Funktion f zugewiesen, wobei in MATHCAD indizierte Variable möglich sind.

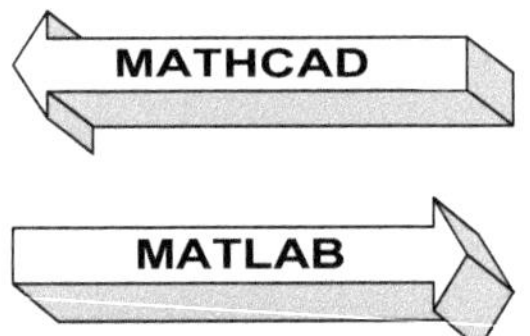

Die Definition von Funktionen geschieht in MATLAB in Form von Funktionsdateien (M-Dateien). Diese Art von Dateien besprechen wir ausführlicher im Anhang B.2, so daß wir uns im folgenden auf eine Zusammenfassung beschränken:

Die Definition einer Funktion

F (x1 , ... , xn)

für einen Funktionsausdruck

A (x1 , ... , xn)

kann mittels der Funktionsdatei (M-Datei)

F.M

geschehen, die die Gestalt

function z = F (x1 , x2 , ... , xn)

z = A (x1 , x2 , ... , xn) **;**

hat, wobei diese Datei F.M mit einem *Texteditor* als ASCII-Datei zu schreiben ist und anschließend auf Festplatte oder Diskette abgespeichert wird.

Möchte man eine mittels einer Funktionsdatei (M-Datei) F.M definierte Funktion F verwenden, so muß man MATLAB vorher mittels des Kommandos

cd

den Pfad des Verzeichnis mitteilen, in dem sich die zugehörige Funktionsdatei F.M befindet. Wurde die Datei z.B. auf der Festplatte C im Verzeichnis MATLAB gespeichert, so ist vor Verwendung der definierten Funktion F das folgende Kommando einzugeben:

cd C:\MATLAB

♦

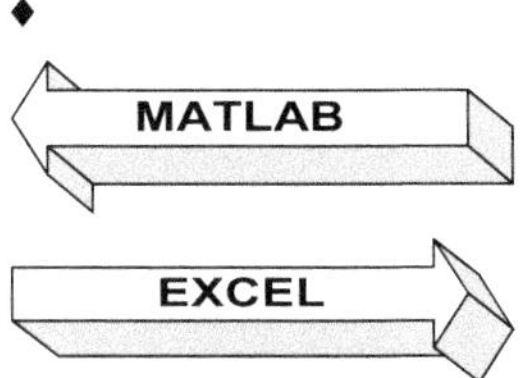

In EXCEL kann man unter Verwendung der Programmiersprache VISUAL BASIC Funktionen definieren. Hierauf wollen wir jedoch nicht eingehen. Möchte man innerhalb einer Arbeitssitzung (Tabelle) eine Funktion verwenden, so gibt man den Funktionsausdruck in eine Zelle als Formel ein, d.h. durch Voranstellen des Gleichheitszeichens =. Benötigt man diese Funktion in weiteren Zellen, so kann man sie einfach auf die übliche Weise kopieren.

☞

Falls sich eine zu definierende Funktion aus mehreren analytischen Ausdrücken zusammensetzt, wie z.B.

$$f(x_1, x_2, ..., x_n) = \begin{cases} A_1(x_1, x_2, ..., x_n) & \text{wenn } (x_1, x_2, ..., x_n) \in D_1 \\ A_2(x_1, x_2, ..., x_n) & \text{wenn } (x_1, x_2, ..., x_n) \in D_2 \\ A_3(x_1, x_2, ..., x_n) & \text{wenn } (x_1, x_2, ..., x_n) \in D_3 \end{cases}$$

so kann die Definition in MAPLE, MATHEMATICA, MATHCAD und MATLAB unter Verwendung der Programmiermöglichkeiten (Verzweigungen) geschehen (siehe Anhang D)

♦

Im folgenden Beispiel illustrieren wir die Vorgehensweise bei der Definition von Funktionen.

Beispiel 3.4:

a) Der Funktionsausdruck

$$x \cdot y + \sin(x + y)$$

kann mittels MAPLE, MATHEMATICA, MATHCAD und MATLAB folgendermaßen einer Funktion

F(x , y)

zugewiesen werden:

Man gibt in das Arbeitsfenster folgendes ein:

> F := (x , y) → x * y + sin (x + y) ;

Man gibt in das Arbeitsfenster folgendes ein:

F [x_ , y_] = x*y + Sin [x + y]

Man gibt in das Arbeitsfenster folgendes ein:

F(x , y) := x * y + sin (x + y)

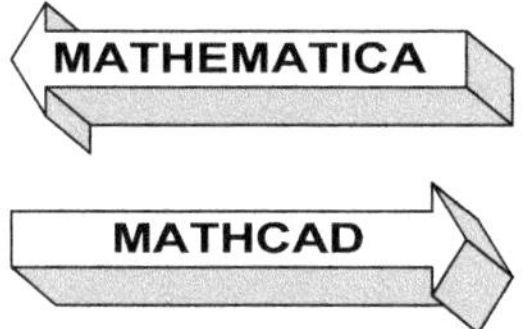

Man schreibt die folgende *Funktionsdatei* (M-Datei) F.M

function z = F(x , y)

z = x * y + sin (x + y) ;

Wenn man diese Funktion F(x , y) im Verlauf einer Arbeitssitzung von
MATLAB verwenden möchte, so muß man MATLAB vorher im Arbeits-

fenster den Pfad der Funktionsdatei F.M mittels **cd** mitteilen (siehe Anhang B.2).

b) Die Polynomfunktion

$$f(x) = 1 + x^2 + x^3$$

kann mittels MAPLE, MATHEMATICA, MATHCAD und MATLAB folgendermaßen einer Funktion $f(x)$ bzw. $F(x)$ zugewiesen werden:

Man gibt in das Arbeitsfenster folgendes ein:

> f := x → 1 + x^2 + x^3 ;

Man gibt in das Arbeitsfenster folgendes ein:

f [x_] = 1 + x^2 + x^3

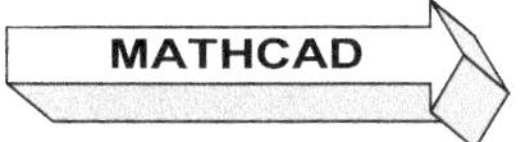

Man gibt in das Arbeitsfenster folgendes ein:

$$f(x) := 1 + x^2 + x^3$$

Man schreibt die folgende *Funktionsdatei* (M-Datei) F.M

function y = F(x)

y = 1 + x.^2 + x.^3 ;

in der man zweckmäßigerweise den Operator .^ für die elementweise Potenzierung verwendet, so daß man mit dieser Funktion auch Werte für einen Vektor **x** berechnen kann.

♦

4 Grafische Darstellungen

Mit den in den Systemen MAPLE, MATHEMATICA, MATHCAD, MATLAB und EXCEL vordefinierten *Grafikfunktionen* kann man u.a.

* *Kurven* in der Ebene R^2 (*ebene Kurven*)

* *Kurven* im Raum R^3 (*Raumkurven*)

* *Flächen* im Raum R^3

grafisch darstellen. Derartige grafische Darstellungen benötigt man auch in der mathematischen Optimierung, da sich aus Grafiken bereits Eigenschaften ablesen lassen. Dies gilt allerdings nur für den Fall, daß maximal zwei unabhängige Variable auftreten.

Wir können im Rahmen des vorliegenden Buches von den umfangreichen Grafikmöglichkeiten der Systeme nur Standardmethoden behandeln. Wir empfehlen deshalb dem Anwender, mit den Systemen zu experimentieren, um ihre Grafikfähigkeiten ausführlich kennenzulernen. Dazu können weitere Informationen und Hinweise aus den in den Systemen integrierten Hilfen erhalten werden.

4.1 Kurven

Zur *grafischen Darstellung* ebener und räumlicher *Kurven* bieten die Systeme MAPLE, MATHEMATICA, MATHCAD, MATLAB und EXCEL eine Reihe von vordefinierten Funktionen, von denen wir im folgenden wesentliche kennenlernen:

4.1.1 Ebene Kurven

Ebene Kurven lassen sich durch Funktionen auf verschiedene Arten beschreiben:

* Wird eine ebene Kurve durch eine Funktion

  $f(x)$

  beschrieben, so bezeichnet man sie als *Funktionskurve* oder *Graph* der Funktion $f(x)$. Dies wird als *explizite Darstellung* bezeichnet.

* Eine ebene Kurve kann in *Parameterdarstellung*

$x = x(t), y = y(t)$

mit den *Parameterfunktionen* $x(t)$ und $y(t)$ vorliegen, wobei der Parameter t i.allg. Werte aus einem Intervall annimmt, so z.B. $t \in [t1,t2]$.

- Wird eine ebene Kurve durch eine Funktion $F(x,y)$ in der Form

  $F(x,y) = 0$

  beschrieben, so bezeichnet man dies als *implizite Darstellung.*

Ist eine ebene Kurve in einer dieser Darstellungen gegeben, so sind in den Systemen folgende Schritte zur grafischen Darstellung erforderlich:

MAPLE zeichnet mittels der Grafikfunktion **plot** in der Form

* > **plot** ($f(x)$, x=a..b , y=c..d , *Optionen*) **;**

den Graphen der Funktion $y=f(x)$ im Intervall

$a \le x \le b , c \le y \le d$

Betreffs der *Optionen* wird auf das Benutzerhandbuch oder die integrierte Hilfe verwiesen. Die *Optionen* können weggelassen werden.
Sollen die Graphen mehrerer Funktionen $f(x)$, $g(x)$, ... im gleichen Koordinatensystem gezeichnet werden, so müssen sie in **plot** als *Menge*

$\{ f(x), g(x), ... \}$

eingegeben werden.

* > **plot** ([$x(t), y(t)$, t = t1..t2] , x = a..b , y = c..d) **;**

eine in Parameterdarstellung gegebene Kurve im Bereich

$a \le x \le b , c \le y \le d$

wobei der Parameter t das Intervall [t1,t2] durchläuft.

MAPLE zeichnet mittels der Grafikfunktion

> **implicitplot** ($F(x,y)$ = 0 , x = a..b , y = c..d) **;**

Kurven , die im Bereich $a \le x \le b , c \le y \le d$ in impliziter Darstellung $F(x,y) = 0$ vorliegen, wenn vorher das grafische Zusatzpaket **plots** mittels

> **with** (plots) **;**

geladen wurde.

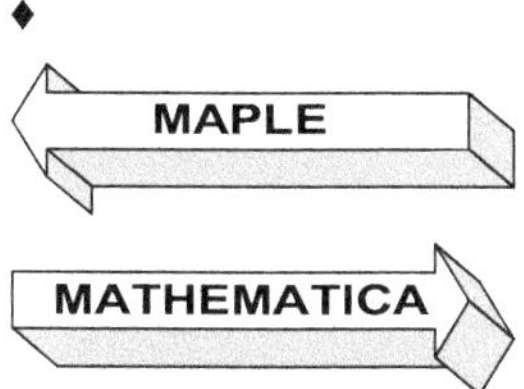

Nach Eingabe der entsprechenden Grafikfunktion wird die grafische Darstellung durch Drücken der Eingabetaste ⏎ ausgelöst und die Kurve erscheint in einem Grafikfenster.

♦

MATHEMATICA zeichnet mittels der Grafikfunktionen **Plot** bzw. **ParametricPlot** in der Form:

* **Plot** [f (x) , { x , a , b }]

    den Graph der Funktion f (x) im Intervall

    a ≤ x ≤ b.

    Sollen die Graphen mehrerer Funktionen f (x), g (x), ... im gleichen Koordinatensystem gezeichnet werden, so müssen sie in **Plot** als Liste

    { f (x), g (x), ... }

    eingegeben werden.

* **ParametricPlot** [{ x[t] , y[t] } , { t , t1 , t2 }]

    eine in Parameterdarstellung gegebene Kurve im Parameterbereich

    t1 ≤ t ≤ t2

MATHEMATICA zeichnet mittels der Grafikfunktion

ImplicitPlot [F (x , y) == 0 , { x , a , b } , { y , c , d }]

Kurven , die im Bereich a ≤ x ≤ b , c ≤ y ≤ d in impliziter Darstellung F (x , y) = 0 vorliegen, wenn vorher das grafische Zusatzpaket zur Zeichnung von Kurven in impliziter Darstellung mittels

<< **Graphics`ImplicitPlot`**

geladen wurde.

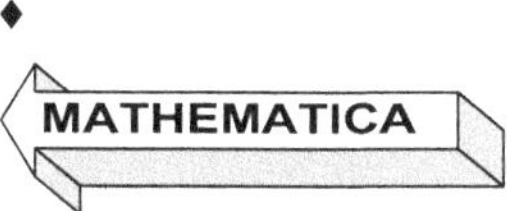

Nach Eingabe der entsprechenden Grafikfunktion wird die grafische Darstellung durch Drücken von ⇧ ⏎ ausgelöst.

♦

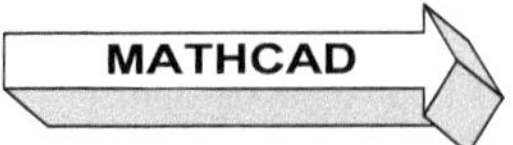

In MATHCAD sind folgende Schritte zur grafischen Darstellung ebener Kurven erforderlich (siehe auch Abb.4.1):

I.   Zuerst erzeugt man durch Anklicken des Grafikoperators

in der Operatorpalette Nr.2 im Arbeitsfenster an der durch den Kursor bestimmten Stelle ein Grafikfenster.

II. Danach sind in diesem Grafikfenster

*   in den mittleren Platzhalter der x-Achse

    x bzw. bei Parameterdarstellung x (t)

*   in den mittleren Platzhalter der y-Achse

    f (x) bzw. bei Parameterdarstellung y (t)

einzutragen, wenn diese Funktionen vorher definiert wurden. Ansonsten sind die konkreten Funktionsausdrücke zu schreiben.
Möchte man mehrere Funktionen im gleichen Grafikfenster darstellen, so sind diese durch Komma getrennt einzutragen (siehe Abb.4.1).
Die restlichen (äußeren) Platzhalter des Grafikfensters dienen zur Festlegung des Maßstabs (Achsenskalierung). Trägt man hier keine Werte ein, so wählt sie MATHCAD.

III. Anschließend kann über dem Grafikfenster unter Verwendung des Operators

aus der Operatorpalette Nr.3 der gewünschte

x-Bereich (Definitionsbereich, z.B. a $\leq$ x $\leq$ b)

oder

t-Bereich (Definitionsbereich, z.B. t1 $\leq$ t $\leq$ t2)

in der Form

x := a , a + Δx .. b   (Schrittweite Δx)

bzw.

t := t1 , t1 + Δt .. t2   (Schrittweite Δt)

eingegeben, d.h. x bzw. t als Bereichsvariable (siehe Anhang B) definiert werden. Falls man x bzw. t nicht als Bereichsvariable definiert, erzeugt MATHCAD einen Quick-Plot für den x-Bereich bzw. t-Bereich

[–10,10]

IV. Abschließend zeichnet MATHCAD die Kurve durch einen Mausklick außerhalb des Grafikfensters oder durch Drücken der Eingabetaste ⏎.

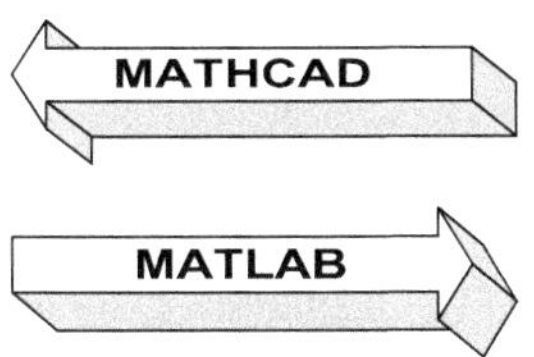

In MATLAB ist folgende Vorgehensweise zur grafischen Darstellung ebener
Kurven erforderlich:

* Bei Anwendung der Grafikfunktion

   plot

   müssen zuerst die Koordinaten

   (x_i , y_i) $i = 1 , ... , n$

   der zu zeichnenden Punkte der Kurve berechnet und den Vektoren **x**
   bzw. **y** zugeordnet werden. Anschließend zeichnet

   >> **plot** (x , y)

   die Kurve in das Grafikfenster, indem sie die durch die Komponenten
   der *Vektoren* **x** und **y** gegebenen Punkte durch Geradenstücke verbin-
   det. Es ist offensichtlich, daß die Kurvendarstellung besser wird, wenn
   man die Anzahl n der zu zeichnenden Punkte erhöht.
   Bei Anwendung der Grafikfunktion **plot** ist es zweckmäßig, die Vektoren **x** und **y** folgendermaßen zu erzeugen:

   $\Rightarrow$ Bei Beschreibung durch eine Funktion $f (x)$:

      >> $x = a : \Delta x : b ; y = f (x)$;

   $\Rightarrow$ Bei Parameterdarstellung

      >> $t = t1 : \Delta t : t2 ; x = x (t) ; y = y (t)$;

   Man kann durch die Wahl hinreichend kleiner Schrittweiten Δx bzw. Δt
   die Qualität der von MATLAB erstellten Grafik beeinflussen. Die Funktionen $f (x)$, $x (t)$ und $y (t)$ müssen aus vordefinierten Funktionen bestehen bzw. als Funktionsdateien (siehe Anhang B.2) vorliegen. Bei beiden Formen ist zu beachten, daß die Operationszeichen für elementweise Operationen zu verwenden sind, d.h., es ist ein Punkt vor die Operationszeichen zu schreiben.

* Die Grafikfunktion **ezplot** zeichnet mittels

   >> **syms** x ; **ezplot** $(f (x) , [a , b])$

den Graphen der Funktion

$f(x)$

im Intervall $a \leq x \leq b$ in das Grafikfenster. Hierzu muß die Toolbox **Symbolic Math** installiert sein. Das Kommando **syms** dient zur Kennzeichnung der symbolischen Variablen x.

* Mit **ezplot** lassen sich auch Kurven zeichnen, die in impliziter Darstellung $F(x,y) = 0$ gegeben sind und zwar

$\Rightarrow$ für $a \leq x \leq b$ und $a \leq y \leq b$ mittels

    >> **syms** x y ; **ezplot** (F(x,y) , [a , b])

$\Rightarrow$ für $a \leq x \leq b$ und $c \leq y \leq d$ mittels

    >> **syms** x y ; **ezplot** (F(x,y) , [a , b , c , d])

Das Kommando **syms** dient zur Kennzeichnung der symbolischen Variablen x und y.

Nach Eingabe der entsprechenden Grafikfunktion wird die grafische Darstellung durch Drücken der Eingabetaste [↵] ausgelöst und die Kurve erscheint in einem gesonderten Grafikfenster.

♦

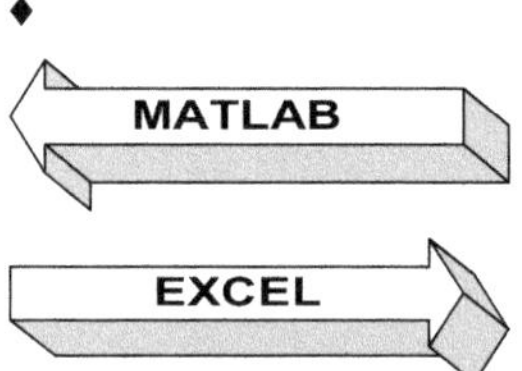

Die Graphen der Funktionen $f(x)$, $g(x)$, ... werden erhalten, wenn man in der aktuellen Tabelle

I. eine Spalte mit den x-Werten ausfüllt,

II. in die danebenliegende Spalten die zugehörigen Funktionswerte $f(x)$, $g(x)$, ... einträgt,

III. die mit Funktionswerten ausgefüllten Spalten markiert und das Symbol des Diagrammassistenten

in der Symbolleiste anklickt,

IV. In der erscheinenden Dialogbox des Diagrammassistenten, wird als Diagrammtyp Linie gekennzeichnet und der erste Diagrammuntertyp gewählt. Durch Anklicken von **Weiter** kommt man zum Schritt 2, in dem die Kurven angezeigt werden. Im Schritt 3 lassen sich die Achsen be-

schriften und im Schritt 4 kann man festlegen, wo die Grafik eingefügt
werden soll.

Die Erzeugung der Punktepaare kann man wesentlich vereinfachen, wenn
man gleichabständige x-Werte verwendet. Man gibt die ersten beiden x-
Werte ein, markiert beide und zieht sie am Ausfüllkästchen (an der rechten
unteren Ecke der zweiten Zelle) nach unten. Danach aktiviert man die Menüfolge

Einfügen $\Rightarrow$ Namen $\Rightarrow$ Definieren...

und schreibt in die erscheinende Dialogbox als Namen x, d.h., man definiert die erzeugten Werte als x-Werte. Anschließend trägt man in die erste
Zelle der danebenliegenden Spalte den Funktionsausdruck f (x) als Formel
ein. Danach wird diese Zelle markiert und am Ausfüllkästchen nach unten
gezogen. Damit hat man für die x-Werte die entsprechenden Funktionswerte erzeugt. Möchte man weitere Funktionen g (x) , ... zeichnen, so
werden diese Werte in den Spalten neben f (x) analog erzeugt. Diese Vorgehensweise ist im Beisp.4.1 und Abb.4.2 illustriert.

♦

4.1.2 Raumkurven

Raumkurven lassen sich durch eine *Parameterdarstellung* der Form

x = x (t) , y = y (t) , z = z (t)

mit den *Parameterfunktionen* x (t) , y (t) und z (t) beschreiben, wobei
der Parameter t i.allg. Werte aus einem Intervall annimmt, so z.B. t $\in$ [t1,t2].
Ihre *grafische Darstellung* mittels der Systeme MAPLE, MATHEMATICA,
MATHCAD und MATLAB kann folgendermaßen geschehen:

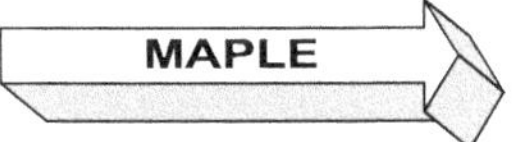

MAPLE zeichnet mittels der Grafikfunktion

> **spacecurve** ([x (t) , y (t) , z (t) , t=t1..t2], x=a..b , y=c..d , z=e..f) **;**

im Bereich

a $\leq$ x $\leq$ b , c $\leq$ y $\leq$ d , e $\leq$ z $\leq$ f

eine in Parameterdarstellung gegebene Raumkurve, wobei der Parameter t
das Intervall [t1,t2] durchläuft. Zur Anwendung muß vorher das grafische
Zusatzpaket **plots** mittels

> **with** (plots) ;

geladen werden.

Nach Eingabe der Grafikfunktion wird die grafische Darstellung durch Drücken der Eingabetaste ⏎ ausgelöst und die Kurve erscheint in einem Grafikfenster.

♦

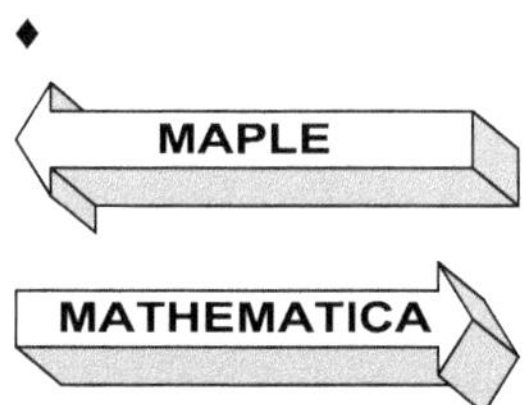

MATHEMATICA zeichnet mittels der Grafikfunktion

ParametricPlot3D [{ x (t) , y (t) , z (t) } , { t , t1 , t2 }]

eine in Parameterdarstellung gegebene Raumkurve, wobei der Parameter t das Intervall [t1,t2] durchläuft.

Nach Eingabe der Grafikfunktion wird die grafische Darstellung durch Drücken der Eingabetaste ⏎ ausgelöst.

♦

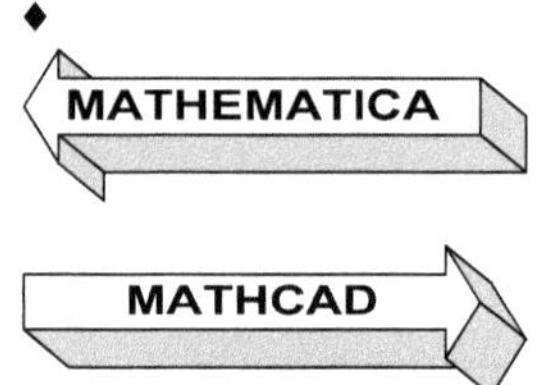

In MATHCAD ist folgende Vorgehensweise erforderlich:

I. Zuerst wird durch Anklicken des Grafikoperators

in der Operatorpalette Nr.2 ein *Grafikfenster* im Arbeitsfenster an der durch den Kursor bestimmten Stelle erzeugt.

II. Danach werden oberhalb des Grafikfensters im Arbeitsfenster die konkreten Parameterfunktionen definiert, d.h.

   x (t) := ...   y (t) := ...   z (t) := ...

Der Parameter t kann wie bei ebenen Kurven als Bereichsvariable definiert werden.

III. Anschließend sind in das Grafikfenster in den unteren Platzhalter die Namen der Parameterfunktionen in der Form

(x , y , z)

einzutragen.

IV. Abschließend erhält man die gewünschte Raumkurve durch einen Mausklick außerhalb des Grafikfensters oder durch Drücken der Eingabetaste ⏎.

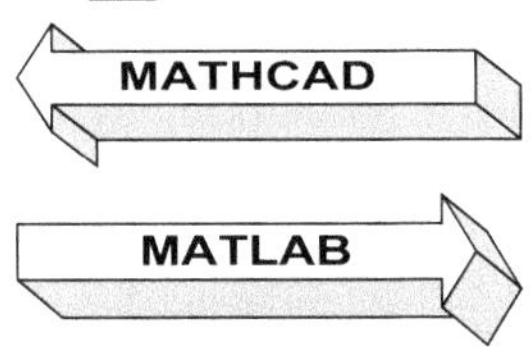

In MATLAB können Raumkurven auf folgende zwei Arten dargestellt werden:

* Die Grafikfunktion **ezplot3** zeichnet im Grafikfenster mittels

  >> **syms** t ; **ezplot3** (x (t) , y (t) , z (t) , [t1 , t2])

  eine in Parameterdarstellung vorliegende Raumkurve, wobei der Parameter t das Intervall

  $t1 \leq t \leq t2$

  durchläuft. Hierzu muß die Toolbox **Symbolic Math** installiert sein. Das Kommando **syms** dient zur Kennzeichnung der symbolischen Variablen t.

* Bei der Anwendung der Grafikfunktion

  plot3

  müssen analog wie bei ebenen Kurven zuerst die Koordinaten

  (x_i , y_i , z_i) $i = 1 , ... , n$

  der zu zeichnenden Punkte der Raumkurve berechnet und den Vektoren **x** , **y** bzw. **z** zugeordnet werden. Anschließend zeichnet

  >> **plot3** (x , y , z)

  die Raumkurve in das Grafikfenster, indem die durch die Komponenten der Vektoren **x** , **y** und **z** gegebenen Punkte durch Geradenstücke verbunden werden.
  Die Kurvendarstellung wird hier besser, wenn man die Anzahl n der zu zeichnenden Punkte erhöht.

Nach Eingabe der entsprechenden Grafikfunktion wird die grafische Darstellung durch Drücken der Eingabetaste ⏎ ausgelöst und die Kurve erscheint in einem gesonderten Grafikfenster.

♦

Es wird darauf hingewiesen, daß

* die Grafikfunktion **ezplot3** in MATLAB nur zur Verfügung stehen, wenn die Toolbox **Symbolic Math** installiert ist. Zusätzlich müssen bei ihrer Anwendung die symbolischen Variablen mittels des Kommandos **syms** gekennzeichnet werden.

* bei der Erzeugung der Vektoren **x** , **y** , **z** für die Grafikfunktion **plot3** müssen die erforderlichen Rechenoperationen elementweise durchgeführt werden, d.h., es ist ein Punkt vor die Operationszeichen zu schreiben.

    ♦

Mit den Grafikfunktionen **plot** und **plot3** können mehrere Kurven im gleichen Koordinatensystem in ein Grafikfenster gezeichnet werden, wenn für jede Kurve die Vektoren für die Kurvenpunkte berechnet werden. Abschließend ist die Grafikfunktion in der Form

plot (x , y , u , v , ...)   bzw.   **plot3** (x , y , z , u , v , w , ...)

einzugeben.

Möchte man mit den Grafikfunktionen **ezplot** und **ezplot3** mehrere Kurven im gleichen Koordinatensystem eines Grafikfensters darstellen, so ist zwischen jeder Aktivierung das Kommando

hold on

aufzurufen.

♦

Beispiel 4.1:

Illustrieren wir das Vorgehen zur Darstellung ebener Kurven in den einzelnen Systemen, indem wir die Parabel

$$y = f (x) = x^2 - 1$$

und die Gerade

$$y = g (x) = x + 1$$

im Intervall [−2,2] in ein Koordinatensystem zeichnen. Dafür ist folgende Vorgehensweise erforderlich:

Anwendung der Grafikfunktion **plot** in der Form:

> **plot** ([x^2 − 1 , x + 1] , x = −2 .. 2) ;

Die Vorgehensweise ist aus Abb.4.1 ersichtlich.

Anwendung der Grafikfunktion **Plot** in der Form:

Plot [{ x^2 − 1 , x + 1 } , { x , −2 , 2 })

Anwendung der Grafikfunktion **ezplot** in der Form:

>> **syms** x ; **ezplot** (x^2 − 1 , [−2 , 2])

>> **hold on**

>> **ezplot** (x + 1 , [−2 , 2])

Wir schreiben in der ersten Zeile der aktuellen Tabelle in die erste Zelle A1 x, in die zweite Zelle A2 die Gleichung der Parabel und in die dritte Zelle A3 die Gleichung der Geraden. Dies dient aber nur zur Information. Danach gehen wir folgendermaßen vor:

I. Zuerst erzeugen wir die x-Werte aus dem Intervall [−2,2], indem wir in die zweite Zelle A2 der ersten Spalte A den x-Wert −2 und in die dritte Zelle A3 den x-Wert −1,8 eintragen, wodurch die Schrittweite 0,2 festgelegt wird. Danach markieren wir beide Zellen und ziehen sie mit gedrückter Maustaste am Ausfüllkästchen nach unten, bis der Wert 2 mit der Schrittweite 0,2 erreicht ist (siehe Abb.4.2). Anschließend markieren wir alle erzeugten x-Werte und definieren hierfür mittels der Menüfolge

Einfügen ⇒ Namen ⇒ Definieren...

in der erscheinenden Dialogbox den Namen x.

II. Anschließend werden in die neben x liegenden zwei Spalten B und C in die jeweils zweite Zelle B2 und C2 die Funktionen der Parabel bzw. der Geraden als Formel

$= x^2 − 1$ bzw. $= x + 1$

eingetragen. Danach wird jeweils eine Zelle markiert und am Ausfüllkästchen entsprechend der x-Werte nach unten gezogen (siehe Abb.4.2), d.h., die Funktionswerte werden für die x-Werte im Intervall [−2,2] mit der Schrittweite 0,2 berechnet.

III. Abschließend werden die beiden mit den Funktionswerten ausgefüllten Spalten B und C markiert und das Symbol des Diagrammassistenten

in der Symbolleiste angeklickt. Durch Anklicken von **Weiter** löst man einen Durchlauf des Diagrammassistenten aus, in dessen Dialogboxen man die Einzelheiten der Darstellung festlegen kann. Hierbei ist wichtig, daß man im ersten Schritt als Diagrammtyp Linie und den ersten Diagrammuntertyp wählt.
Das Ergebnis dieser Vorgehensweise in den Schritten I. bis III. ist in Abb.4.2 zu sehen.

♦

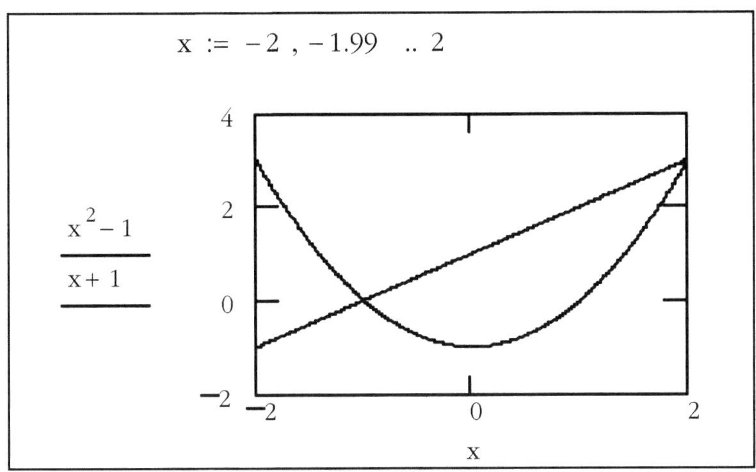

Abb.4.1. Grafische Darstellung der Funktionen aus Beisp.4.1 mittels MATHCAD

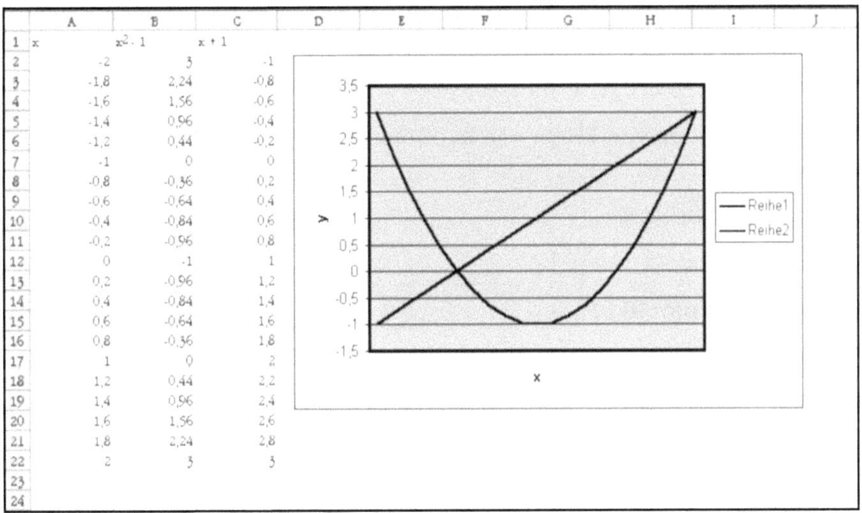

	A	B	C	D	E	F	G	H	I	J
1	x	$x^2 - 1$	x + 1							
2	-2	3	-1							
3	-1,8	2,24	-0,8							
4	-1,6	1,56	-0,6							
5	-1,4	0,96	-0,4							
6	-1,2	0,44	-0,2							
7	-1	0	0							
8	-0,8	-0,36	0,2							
9	-0,6	-0,64	0,4							
10	-0,4	-0,84	0,6							
11	-0,2	-0,96	0,8							
12	0	-1	1							
13	0,2	-0,96	1,2							
14	0,4	-0,84	1,4							
15	0,6	-0,64	1,6							
16	0,8	-0,36	1,8							
17	1	0	2							
18	1,2	0,44	2,2							
19	1,4	0,96	2,4							
20	1,6	1,56	2,6							
21	1,8	2,24	2,8							
22	2	3	3							
23										
24										

Abb.4.2. Grafische Darstellung der Funktionen aus Beisp.4.1 mittels EXCEL

4.2 Flächen

Flächen im *dreidimensionalen Raum* können in einem Kartesischen Koordinatensystem durch eine der folgenden Formen beschrieben werden:

- Beschreibung für $(x,y) \in D$ (Definitionsbereich).

    * in *expliziter Darstellung* mittels einer Funktionen $f(x,y)$ von zwei Variablen.

* in *impliziter Darstellung* mittels einer Gleichung der Form

  $F(x,y,z) = 0$

  wobei die Funktion $F(x,y,z)$ von den drei Variablen (x,y,z) abhängt.

* Beschreibung durch eine *Parameterdarstellung*

  $x = x(u,v)$, $y = y(u,v)$, $z = z(u,v)$

  mit dem Definitionsbereich

  $a \leq u \leq b$, $c \leq v \leq d$

  für die *Parameter* u und v.

Zur *grafischen Darstellung* von *Flächen* bieten die *Systeme* MAPLE, MATHEMATICA, MATHCAD, MATLAB und EXCEL u.a. folgende Möglichkeiten:

MAPLE stellt zur grafischen Darstellung von Flächen folgende Grafikfunktionen bereit :

* > **plot3d** $(f(x,y)$, $x = a \mathbin{..} b$, $y = c \mathbin{..} d$) ;

  zur Zeichnung von Flächen in expliziter Darstellung

  $f(x,y)$

  über dem Rechteck

  $a \leq x \leq b$, $c \leq y \leq d$

* > **implicitplot3d** $(F(x,y,z) = 0$, $x = a \mathbin{..} b$, $y = c \mathbin{..} d$, $z = e \mathbin{..} f$) ;

  zur Zeichnung von Flächen in impliziter Form

  $F(x,y,z) = 0$

  im Bereich

  $a \leq x \leq b$, $c \leq y \leq d$, $e \leq z \leq f$

  Dazu muß allerdings vorher das grafische Zusatzpaket **plots** mittels

  > **with** (plots) ;

  geladen werden.

* > **plot3d** $(\,[x(u,v),\ y(u,v),\ z(u,v)]$, $u = a \mathbin{..} b$, $v = c \mathbin{..} d$) ;

  zur Zeichnung von Flächen in Parameterdarstellung

  $x = x(u,v)$, $y = y(u,v)$, $z = z(u,v)$

  wobei für die Parameter u und v gilt:

  $a \leq u \leq b$, $c \leq v \leq d$

Nach Eingabe der entsprechenden Grafikfunktion wird die grafische Darstellung durch Drücken der Eingabetaste ⏎ ausgelöst und die Fläche erscheint in einem gesonderten Grafikfenster.

◆

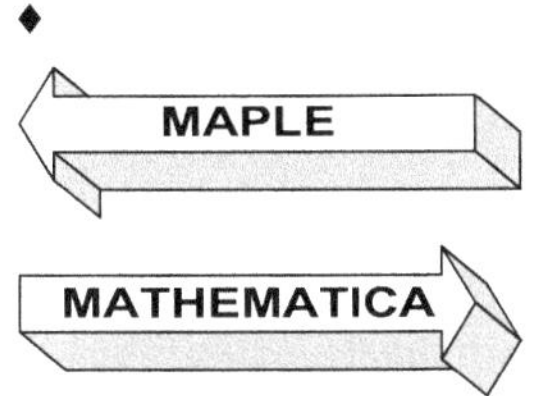

MATHEMATICA stellt zur grafischen Darstellung von Flächen folgende Grafikfunktionen bereit :

* **Plot3D** $[\,f(x,y)\,,\{\,x\,,\,a\,,\,b\,\}\,,\{\,y\,,\,c\,,\,d\,\}\,]$

    zur Zeichnung von Flächen in expliziter Darstellung

    $f(x,y)$

    über dem Rechteck $a \le x \le b$, $c \le y \le d$

* **ParametricPlot3D**$[\,\{\,x(u,v)\,,\,y(u,v)\,,\,z(u,v)\,\}\,,\{\,u,\,a,\,b\,\}\,,\{\,v,\,c,\,d\,\}\,]$

    zur Zeichnung von Flächen in Parameterdarstellung

    $x = x(u,v)$, $y = y(u,v)$, $z = z(u,v)$

    wobei für die Parameter u und v gilt:

    $a \le u \le b$, $c \le v \le d$

Nach Eingabe der entsprechenden Grafikfunktion wird die grafische Darstellung durch Drücken der Eingabetaste ⏎ ausgelöst.

◆

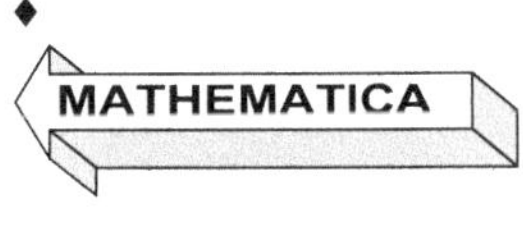

In MATHCAD ist zur grafischen Darstellung von Flächen folgende Vorgehensweise erforderlich (siehe auch Beisp.4.2 und Abb.4.3):

* Zur Zeichnung von Flächen in expliziter Darstellung mittels der Funktion

    $f(x,y)$

    kann man in MATHCAD folgendermaßen vorgehen:

    I. Zuerst wird die zu zeichnende Funktion mittels

$$f(x,y) := \dots\dots$$

im Arbeitsfenster definiert.

II. Danach wird durch Anklicken von

in der Operatorpalette Nr.2 ein Grafikfenster geöffnet, in dessen unteren Platzhalter man die Bezeichnung f der definierten Funktion einträgt.

III. Abschließend zeichnet MATHCAD die gewünschte Fläche durch einen Mausklick außerhalb des Grafikfensters oder durch Drücken der Eingabetaste ⏎.

*   Liegt die Fläche in Parameterdarstellung

$$x = x(u,v)\ ,\ y = y(u,v)\ ,\ z = z(u,v)$$

vor, so gestaltet sich die grafische Darstellung wie eben geschildert. Man muß nur statt der Funktion f die drei Funktionen x , y und z

$$x(u,v) := \dots.\ y(u,v) := \dots.\ z(u,v) := \dots.$$

im Arbeitsfenster definieren und diese in der Form

$$(\,x\,,\,y\,,\,z\,)$$

in den Platzhalter des Grafikfensters eintragen.

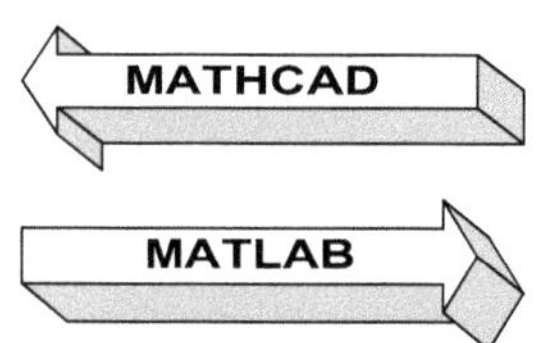

In MATLAB ist zur grafischen Darstellung von Flächen folgende Vorgehensweise erforderlich:

*   Wenn eine durch die Funktion

$$f(x,y)$$

beschriebene Fläche über dem Rechteck

$$[\,a\,,\,b\,] \times [\,c\,,\,d\,]$$

zu zeichnen ist, kann dies durch die Grafikfunktion

⇒ **mesh**

folgendermaßen geschehen:

`>> [ x , y ] = `**`meshgrid`**` ( a : Δx : b , c : Δy : d ) ; z = f ( x , y ) ;`

`>> `**`mesh`**` ( x , y , z )`

Hier wird mittels **meshgrid** ein Gitter für den Definitionsbereich in der xy-Ebene erzeugt, über dem die Funktionswerte der Funktion $f(x,y)$ berechnet werden. Aus diesen Funktionswerten konstruiert dann MATLAB die gesuchte grafische Darstellung der Fläche.

Deshalb sind für konkrete grafische Darstellungen die Grenzen a , b , c und d des Definitionsbereichs (Rechteck) und die Schrittweiten Δx und Δy für die Berechnung der Flächenpunkte durch konkrete Zahlenwerte und die Funktion $f(x,y)$ durch den konkreten Ausdruck zu ersetzen. Die Funktion $f(x,y)$ kann auch als Funktionsdatei vorliegen. Beim Funktionsausdruck $f(x,y)$ ist zu beachten, daß die Operationszeichen für elementweise Operationen geschrieben werden, weil **x** und **y** Vektoren darstellen.

$\Rightarrow$ **ezsurf**

folgendermaßen geschehen:

>> **syms** x y **; ezsurf** (f (x,y) , [a , b , c , d])

Diese Grafikfunktion ist nur anwendbar, wenn die Toolbox **Symbolic Math** installiert ist. Das Kommando **syms** dient zur Kennzeichnung der symbolischen Variablen x, y (siehe Beisp.4.2).

* Wenn eine durch die Parameterdarstellung

x = x (u,v) , y = y (u,v) , z = z (u,v)

mit dem Definitionsbereich

$a \leq u \leq b$, $c \leq v \leq d$

gegebene Fläche zu zeichnen ist, kann dies durch die Grafikfunktion

$\Rightarrow$ **mesh** folgendermaßen geschehen:

>> [u , v] = **meshgrid** (a : Δu : b , c : Δv : d) ;

>> x = x (u,v) ; y = y (u,v) ; z = z (u,v) ;

>> **mesh** (x , y , z)

Hier wird mittels **meshgrid** ein Gitter für den Definitionsbereich der Parameter u und v erzeugt, über dem die Funktionswerte der Funktionen x (u,v) , y (u,v) und z (u,v) berechnet werden. Aus diesen Funktionswerten konstruiert dann MATLAB die gesuchte grafische Darstellung der Fläche.

Deshalb sind für konkrete grafische Darstellungen die Grenzen a , b , c und d des Definitionsbereichs (Rechteck) und die Schrittweiten Δu und Δv für die Berechnung der Flächenpunkte durch konkrete Zahlenwerte und die Funktionen x (u,v) , y (u,v) und z (u,v) durch konkrete Ausdrücke zu ersetzen. Die Funktionen können auch als Funktionsdateien vorliegen. Bei den Funktionsausdrücken x (u,v) ,

$y(u,v)$ und $z(u,v)$ ist zu beachten, daß die Operationszeichen für elementweise Operationen verwendet werden, weil **u** und **v** Vektoren darstellen.

$\Rightarrow$ **ezsurf** folgendermaßen geschehen:

>> **syms** u v ; **ezsurf** (x(u,v) , y(u,v) , z(u,v),[a , b , c , d])

Diese Grafikfunktion ist nur anwendbar, wenn die Toolbox **Symbolic Math** installiert ist. Das Kommando **syms** dient zur Kennzeichnung der symbolischen Variablen u, v.

☞

Nach Eingabe der entsprechenden Grafikfunktion wird die grafische Darstellung durch Drücken der Eingabetaste ⏎ ausgelöst und die Fläche erscheint in einem gesonderten Grafikfenster.

◆

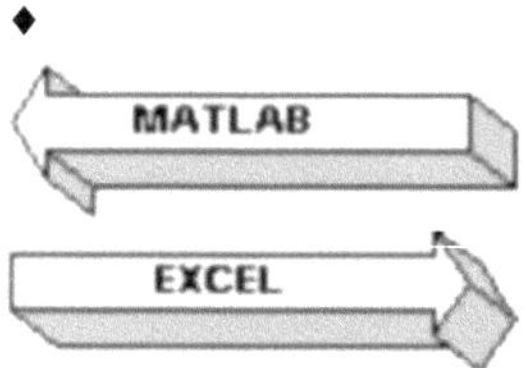

EXCEL kann ebenfalls durch Funktionen $f(x,y)$ beschriebene Flächen grafisch darstellen. Dazu ist folgende Vorgehensweise erforderlich:

I. Zuerst werden die gleichabständigen x- und y-Werte senkrecht bzw. waagerecht unter Verwendung des Ausfüllkästchens in eine Tabelle eingetragen.

II. Danach werden für diese beiden Bereiche analog wie bei Funktionen einer Variablen die Namen x bzw. y definiert (siehe Abschn.4.1.1).

III. Anschließend wird eine Matrix erzeugt, deren einzelne Matrixelemente von den Funktionswerten der zu zeichnenden Funktion $f(x,y)$ in den gegebenen x- und y-Werten gebildet werden. Dies wird erreicht, indem man in die erste freie Zelle dieser Matrix den zu zeichnenden Funktionsausdruck als Formel einträgt und diesen wiederum durch Ziehen des Ausfüllkästchens auf die gesamte erste Spalte und dann auf alle weiteren Spalten überträgt.

IV. Abschließend löst man einen Durchlauf des Diagrammassistenten durch Anklicken von

aus, wählt als Diagrammtyp Oberfläche und verwendet den ersten Diagrammuntertyp. Durch Anklicken von **Weiter** kann man noch Beschriftungen vornehmen.

Die genaue Vorgehensweise bei der grafischen Darstellung von Flächen mittels EXCEL zeigt sich in Beisp.4.2 und Abb.4.4.

Illustrieren wir die grafische Darstellung von Flächen mittels der Systeme im folgenden Beispiel.

Beispiel 4.2:

Zeichnen wir die durch die Funktion

$$f(x, y) = x^2 + y^2$$

beschriebene Fläche (Rotationsparaboloid) mittels MAPLE, MATHEMATICA, MATHCAD, MATLAB und EXCEL über dem Quadrat $[-2,2] \times [-2,2]$:

Anwendung der Grafikfunktion **plot3d** in der Form:

> **plot3d** (x^2 + y^2 , x = –2 .. 2 , y = –2 .. 2) ;

Anwendung der Grafikfunktion **Plot3D** in der Form:

Plot3D [x^2 + y^2 , { x , –2 , 2 } , { y , –2 , 2 }]

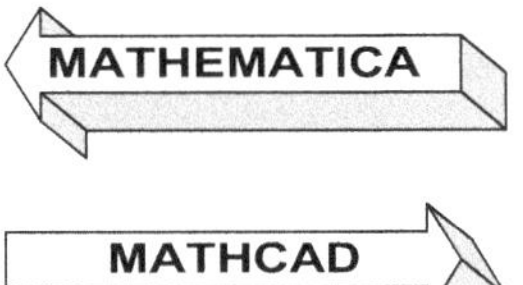

Aus Abb.4.3 ist ersichtlich, daß man in MATHCAD zuerst die Funktion

$$f(x,y) := x^2 + y^2$$

definieren muß und danach im aufgerufenen Grafikfenster in den unteren
Platzhalter die Bezeichnung f der Funktion einträgt. Ein Mausklick außerhalb des Fensters liefert die Grafik.

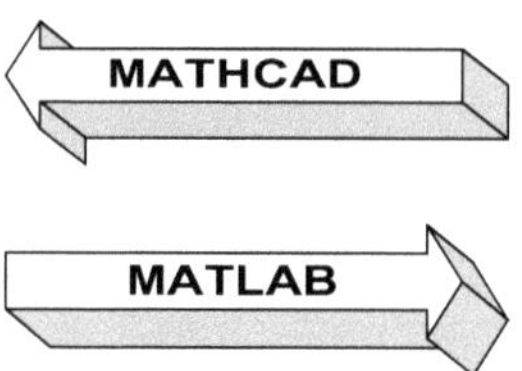

Wenn die Toolbox **Symbolic Math** installiert ist, zeichnet MATLAB die Grafik mittels der vordefinierten Grafikfunktion **ezsurf** durch Eingabe von:

>> **syms** x y ; **ezsurf** (x^2 + y^2 , [−2 , 2 , −2 , 2])

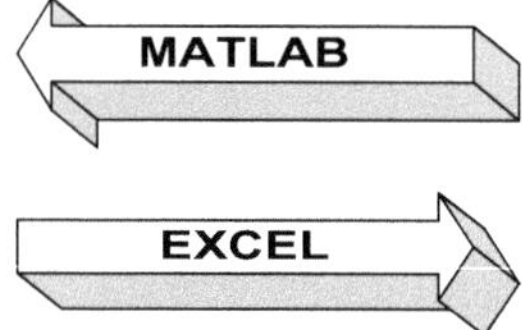

Die Vorgehensweise ist aus Abb.4.4 ersichtlich:

I. Zuerst erzeugen wir wie beschrieben in

  * Spalte A ab Zeile 2 die x-Werte von −2 bis 2 mit der Schrittweite 0,2
  * Zeile 1 ab Spalte B die y-Werte von −2 bis 2 mit der Schrittweite 0,2

  und definieren dafür die Namen x bzw. y

II. Danach tragen wir in die Zelle B2 die Funktion als Formel ein, d.h.

  = x^2 + y^2

  und erzeugen wie beschrieben die Matrix der Funktionswerte.

III. Abschließend rufen wir den Diagrammassistenten auf, wählen als Diagrammtyp Oberfläche und verwenden den ersten Diagrammuntertyp.
  Durch Anklicken von **Weiter** können wir noch Beschriftungen vornehmen.

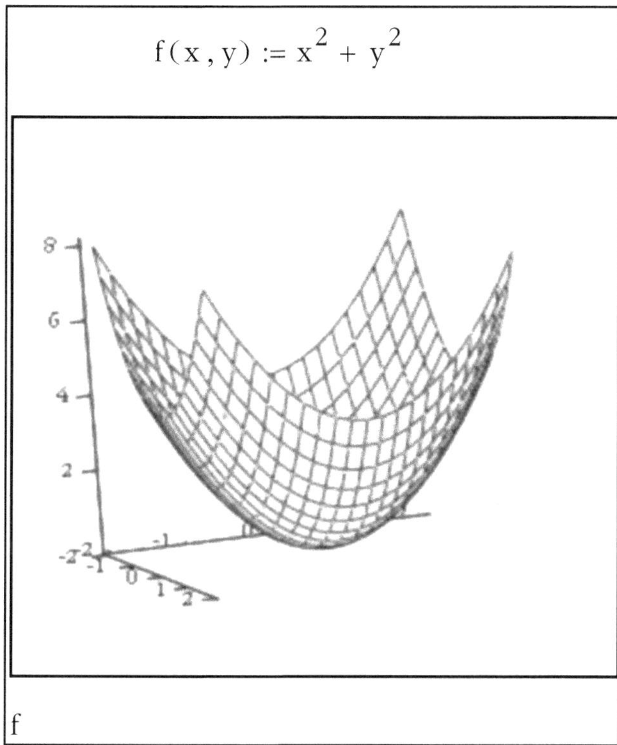

$$f(x,y) := x^2 + y^2$$

Abb.4.3. Grafische Darstellung des Paraboloiden
aus Beisp.4.2 mittels MATHCAD

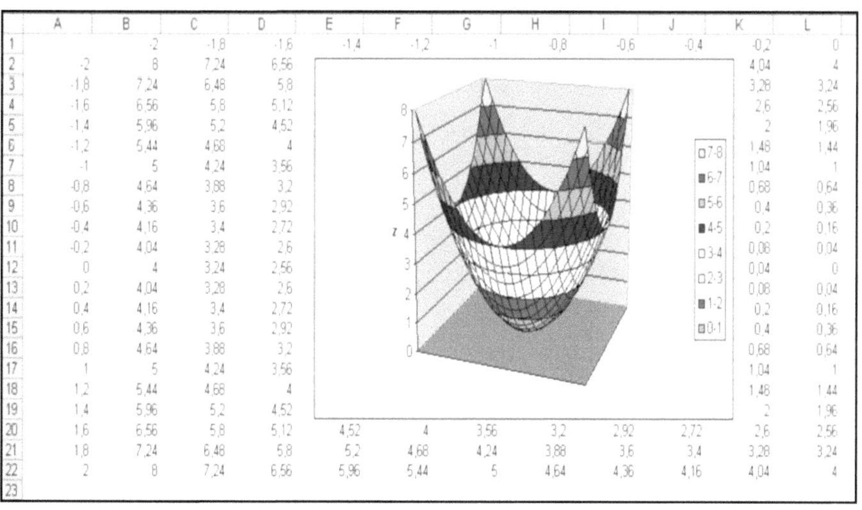

	A	B	C	D	E	F	G	H	I	J	K	L
1		-2	-1,8	-1,6	-1,4	-1,2	-1	-0,8	-0,6	-0,4	-0,2	0
2	-2	8	7,24	6,56							4,04	4
3	-1,8	7,24	6,48	5,8							3,28	3,24
4	-1,6	6,56	5,8	5,12							2,6	2,56
5	-1,4	5,96	5,2	4,52							2	1,96
6	-1,2	5,44	4,68	4							1,48	1,44
7	-1	5	4,24	3,56							1,04	1
8	-0,8	4,64	3,88	3,2							0,68	0,64
9	-0,6	4,36	3,6	2,92							0,4	0,36
10	-0,4	4,16	3,4	2,72							0,2	0,16
11	-0,2	4,04	3,28	2,6							0,08	0,04
12	0	4	3,24	2,56							0,04	0
13	0,2	4,04	3,28	2,6							0,08	0,04
14	0,4	4,16	3,4	2,72							0,2	0,16
15	0,6	4,36	3,6	2,92							0,4	0,36
16	0,8	4,64	3,88	3,2							0,68	0,64
17	1	5	4,24	3,56							1,04	1
18	1,2	5,44	4,68	4							1,48	1,44
19	1,4	5,96	5,2	4,52							2	1,96
20	1,6	6,56	5,8	5,12	4,52	4	3,56	3,2	2,92	2,72	2,6	2,56
21	1,8	7,24	6,48	5,8	5,2	4,68	4,24	3,88	3,6	3,4	3,28	3,24
22	2	8	7,24	6,56	5,96	5,44	5	4,64	4,36	4,16	4,04	4
23												

Abb.4.4. Grafische Darstellung des Paraboloiden aus Beisp.4.2 mittels EXCEL

5 Matrizen

Matrizen spielen sowohl in den Wirtschaftswissenschaften als auch in Technik und Naturwissenschaften eine fundamentale Rolle. Man benötigt sie ebenfalls in der mathematischen Optimierung, wie wir im Verlaufe des Buches sehen.

Deshalb geben wir im folgenden im Abschn.5.1 einige Hinweise zu Matrizen und betrachten im Abschn.5.2 die Anwendung der Systeme MAPLE, MATHEMATICA, MATHCAD, MATLAB und EXCEL zur Durchführung von Rechenoperationen mit Matrizen.

Wir können im Rahmen des Buches nicht auf die umfangreiche Theorie für Matrizen eingehen, so daß wir Grundkenntnisse aus der linearen Algebra voraussetzen.

5.1 Einführung

Wir betrachten allgemein m×n Matrizen, d.h. Matrizen vom Typ (m,n) mit m Zeilen und n Spalten. Diese haben die Gestalt

$$
\begin{pmatrix}
a_{11} & a_{12} & \cdots & a_{1n} \\
a_{21} & a_{22} & \cdots & a_{2n} \\
\vdots & \vdots & \cdots & \vdots \\
a_{m1} & a_{m2} & \cdots & a_{mn}
\end{pmatrix}
$$

wobei die Elemente

$$a_{ik}$$

bei unseren Anwendungen hauptsächlich reelle Zahlen sind. Üblicherweise bezeichnet man diese Matrix mit dem Buchstaben **A**, da die Elemente durch kleine Buchstaben a dargestellt sind.

Vektoren sind *Sonderfälle* von *Matrizen*, da

* *Zeilenvektoren*

  Matrizen vom Typ (1,n) sind, d.h., sie haben die Form

  $$(a_1 , a_2 ,..., a_n)$$

* *Spaltenvektoren*

Matrizen vom Typ (m,1) sind, d.h., sie haben die Form

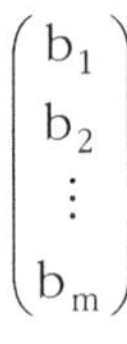

$$\begin{pmatrix} b_1 \\ b_2 \\ \vdots \\ b_m \end{pmatrix}$$

♦

Wir schließen uns der üblichen Bezeichnungsweise an und stellen Matrizen durch Großbuchstaben **A** , **B** , ... im Fettdruck und Vektoren durch Kleinbuchstaben **a** , **b** , ... im Fettdruck dar.

♦

In MAPLE, MATHEMATICA, MATHCAD und MATLAB werden Vektoren und Matrizen unter dem Oberbegriff *Listen* oder *Felder* geführt.

♦

5.2 Anwendung von Computeralgebrasystemen und EXCEL

Bevor man in den Systemen mit Vektoren und Matrizen rechnen kann, müssen sie in ihr Arbeitsfenster eingegeben werden. Für diese Eingabe stellen die Systeme MAPLE, MATHEMATICA, MATHCAD, MATLAB und EXCEL zwei Möglichkeiten zur Verfügung:

* Einlesen von einem Datenträgern z.B. Festplatte, Diskette, CD-ROM,

* Eingabe mittels Tastatur,

die wir in den folgenden Abschn.5.2.1 und 5.2.2 kurz besprechen. Zusätzlich betrachten wir im Abschn.5.2.3 den Zugriff auf Matrixelemente innerhalb der einzelnen Systeme.
Wie die verschiedenen Rechenoperationen für Matrizen mit den einzelnen Systemen durchgeführt werden können, behandeln wir im Abschn.5.2.4.

Es empfiehlt sich, Matrizen bei der Arbeit mit den Systemen MAPLE, MATHEMATICA, MATHCAD, MATLAB und EXCEL Matrixnamen (z.B. A, B, ...) zuzuweisen, die dann bei weiteren Rechnungen verwendet werden können.

♦

5.2.1 Lesen und Schreiben

Die Systeme können Daten (Zahlen) von beliebigen Datenträgern lesen und Vektoren und Matrizen zuweisen, wie wir im folgenden beschreiben. Dies ist auch für die Optimierung wichtig, da häufig Zahlen für die Koeffizienten der Zielfunktion und Nebenbedingungen aus Messungen vorliegen, die eingelesen werden müssen.

Wir setzen dabei voraus, daß sich die einzulesenden Zahlen in Dateien (Zahlendateien) befinden, die strukturiert sind, d.h. eine Matrixstruktur mit Zeilen und Spalten besitzen.

♦

Die Systeme können auch Daten (Zahlen), die sich in Vektoren und Matrizen befinden, auf Datenträger (Diskette, Festplatte,...) schreiben. Da wir dies im Rahmen des Buches nicht benötigen, gehen wir hierauf nicht ausführlicher ein.

♦

Zum *Lesen* von *Zahlendateien* ist in den Systemen folgende Vorgehensweise erforderlich:

MAPLE besitzt die Funktion **readdata** zum Einlesen von Dateien, die im ASCII-Format vorliegen:

> **readdata** (*" Dateiname "*, *Format* , n) ;

liest die strukturierte Zahlendatei, deren Name als *"Dateiname"* mit zugehörigem Pfad eingetragen ist und die n Spalten besitzt. Die betreffende Datei muß im reinen ASCII-Format vorliegen und die enthaltenen Zahlen müssen durch Trennzeichen/Separatoren (Leerzeichen oder Zeilenumbrüche) voneinander getrennt sein. Kommas und Semikolons sind hier als Trennzeichen nicht erlaubt:

* Im Argument *Format* kann man die Zahlenart *float* (Dezimalzahl) oder *integer* (ganze Zahl) der Datei angeben. Fehlt die Option, so werden die eingelesenen Zahlen als Dezimalzahlen (mit Dezimalpunkt) dargestellt. Des weiteren werden Dateien mit Zeichenketten eingelesen, wenn *string* im Argument Format steht.

* Fehlt im Argument von **readdata** die Anzahl n der Spalten, so wird nur die erste Spalte eingelesen.

* Wenn sich z.B. die zu lesende Zahlendatei mit zwei Spalten DATEN.TXT auf Diskette im Laufwerk A befindet, so ist folgendes einzugeben:

> **readdata** ("A:\DATEN.TXT ", float , 2) ;

Das *Schreiben* geschieht analog mit der Funktion **writedata**. So schreibt man z.B. eine zweireihige Matrix **B** auf eine Diskette im Laufwerk A in die Datei DATEN.TXT auf folgende Art:

B := [[1 , 2] , [3 , 4]] ;

> **writedata** (" A:\DATEN.TXT " , B , integer) ;

♦

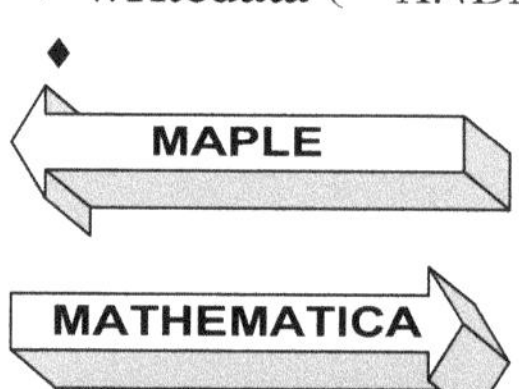

MATHEMATICA besitzt die Funktion **ReadList** zum Einlesen von ASCII–Dateien:

ReadList [*"Dateiname"* , *Number* , *Optionen*]

liest die strukturierte Zahlendatei, deren Name als *"Dateiname"* einzutragen ist:

* Die betreffende Datei muß im reinen ASCII-Format vorliegen und die enthaltenen Zahlen müssen durch Trennzeichen/Separatoren (Leerzeichen oder Zeilenumbrüche) voneinander getrennt sein. Kommas und Semikolons sind als Trennzeichen nicht erlaubt.

* Das Argument *Number* muß unbedingt angegeben werden, damit MATHEMATICA erkennt, daß es sich um eine Zahlendatei handelt.

* Im Argument *Optionen* kann man mittels *RecordLists–>True* das zeilenweise Einlesen (d.h. als Matrix) der Datei veranlassen. Fehlt diese *Option*, so wird die Matrixstruktur der einzulesenden Datei nicht beibehalten. Die eingelesenen Zahlen werden alle nacheinander in einem Vektor (Liste) angeordnet.

* Wenn sich die zu lesende Datei nicht im Hauptverzeichnis von MATHEMATICA befindet, muß im Argument *"Dateiname "* der komplette Pfad angegeben werden. So liest z.B.

  "A:\DATEN.ASC"

  die Zahlendatei DATEN.ASC von der Diskette im Laufwerk A.

Das *Schreiben* geschieht analog mit der Funktion **Write**. So schreibt man z.B. eine zweireihige Matrix **B** in die Datei DATEN.TXT auf eine Diskette im Laufwerk A auf folgende Art:

$B := \{\{1,2\},\{3,4\}\}$

Write [**OpenWrite** [" A:\DATEN.TXT "] , B]

◆

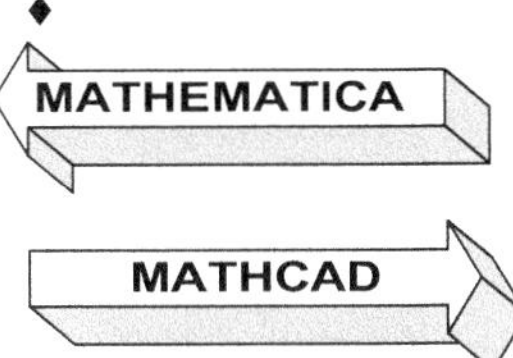

Zum Lesen von Zahlendateien stehen in MATHCAD folgende zwei Möglichkeiten zur Verfügung:

- Verwendung der Menüfolge

  Insert ⇒ Component...
  (deutsche Version: **Einfügen ⇒ Komponente...**)

  wobei in dem erscheinenden Komponentenassistenten (englisch: Component Wizard) in der

  * ersten Seite

    File Read or Write
    (deutsche Version: **Datei lesen/schreiben**)

    anzuklicken

  * zweiten Seite

    Read from a file
    (deutsche Version: **Daten aus einer Datei lesen**)

    anzuklicken

  * dritten Seite

    das Dateiformat

    (für ASCII-Dateien: **Text Files**, deutsche Version: **Textdateien**)

    bei

    File Format
    (deutsche Version: **Dateiformat**)

    und der Pfad der Datei (z.B. **A:**\DATEN.TXT) einzutragen

  sind.

  In das abschließend im Arbeitsfenster erscheinende Symbol ist in den freien Platzhalter der Name für die Variable/Matrix einzutragen, der die eingelesene Datei zugewiesen werden soll.

- Verwendung der Eingabefunktion (Lesefunktionen) **READPRN** in folgender Form:

READPRN (DATEN)
(deutsche Version: **PRNLESEN**)

liest die Datei DATEN in eine Matrix.

Für DATEN ist der vollständige Pfad der Datei als Zeichenkette zu schreiben:

Soll z.B. die Datei DATEN.TXT von Diskette im Laufwerk A gelesen und einer Matrix **B** zugewiesen werden, so ist

B := **READPRN** (″ A:\ DATEN.TXT ″)

einzugeben.

♦

Beide Lesemöglichkeiten werden in MATHCAD mit einem Mausklick außerhalb des Ausdrucks oder Betätigung der Eingabetaste ⏎ ausgelöst.

♦

Beim Einlesen ist zu beachten, daß bei der Anzeige mit Indizes (Standardeinstellung von MATHCAD) die eingelesenen Werte als rollende Ausgabetabelle angezeigt werden, wenn die Datei mehr als neun Zeilen oder Spalten besitzt.

♦

Für das *Schreiben* ist die Vorgehensweise analog zum Lesen. Man muß nur im Komponentenassistenten *schreiben* einstellen bzw. die Schreibfunktion

WRITEPRN (″ A:\ DATEN.TXT ″) := B
(deutsche Version: **PRNSCHREIBEN**)

verwenden, wenn man z.B. die im Arbeitsfenster befindliche Matrix **B** in die Datei DATEN.TXT auf Diskette im Laufwerk A schreiben möchte.

♦

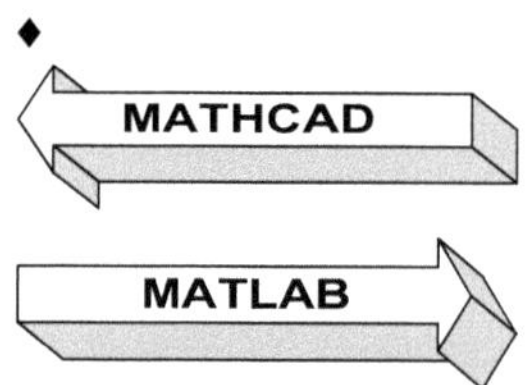

MATLAB kann Zahlendateien lesen, die im ASCII-Format vorliegen. Um zu kennzeichnen, daß es sich um ASCII-Dateien handelt, geben wir das Attribut −ascii ein. Dieses Attribut kann weggelassen werden, da ASCII-Dateien immer erkannt werden. Zum Lesen stellt MATLAB das Kommando

load

zur Verfügung. So wird die auf Diskette im Laufwerk A in Matrixform befindliche ASCII-Datei (Zahlendatei) DATEN.TXT von MATLAB mittels

>> **load** A:\DATEN.TXT −ascii

gelesen. Die so gelesene Datei wird dem Feld DATEN zugewiesen und läßt sich nach Eingabe des Dateinamens DATEN im Arbeitsfenster anzeigen.

Das *Schreiben* geschieht analog mit dem Kommando **save**. So schreibt man z.B. eine zweireihige Matrix **B** in die Datei DATEN.TXT auf eine Diskette im Laufwerk A auf folgende Art:

>> B = [1 2 ; 3 4]

>> **save** A:\DATEN.TXT B −ascii

♦

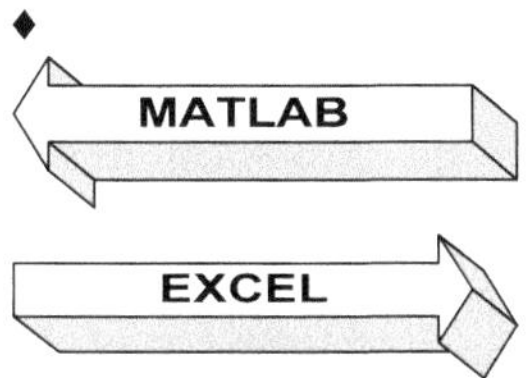

EXCEL kann Zahlendateien lesen, die im ASCII-Format vorliegen und aus Zahlen bestehen, die durch Trennzeichen (Kommas, Leerzeichen oder Zeilenumbrüche) voneinander getrennt sind. Dafür sind zum Einlesen einer Datei DATEN.DAT folgende Schritte erforderlich:

I. Durch Aktivierung der Menüfolge

Datei ⇒ Öffnen...

erscheint eine Dialogbox, in der das entsprechende Laufwerk, der Dateiname DATEN.DAT und der Dateityp (z.B. Alle Dateien) eingetragen werden.

II. In dem anschließend erscheinenden *Textassistenten* werden

* im Schritt 1 von 3 *Getrennt* angeklickt und im *Dateiursprung* DOS oder Windows eingestellt,

* im Schritt 2 von 3 die zwischen den Zahlen verwendeten *Trennzeichen* (Tabulator, Semikolon, Leerzeichen oder Komma) angekreuzt,

* im Schritt 3 von 3 der *Datentyp* für jede Spalte (Standard) angekreuzt.

III. Abschließend erscheint in der aktuellen Tabelle die eingelesene Datei in einer Zeile bzw. in zusammenhängenden Zellen.

5.2.2 Eingabe mittels Tastatur

Im folgenden behandeln wir Möglichkeiten, die die Systeme MAPLE, MA-
THEMATICA, MATHCAD, MATLAB und EXCEL bei der Eingabe von Matrizen in das Arbeitsfenster mittels Tastatur bieten:

MAPLE bietet die Eingabe einer Matrix **A** vom Typ (m,n) in das Arbeitsfenster mittels der Funktion **array** in der Form

$$> A := \mathbf{array}\,(\,[\,[\,a_{11},...,a_{1n}\,]\,]\,,\,...\,,\,[\,a_{m1},...,a_{mn}\,]\,]\,)\,;$$

wobei die Elemente als geschachtelte Liste (Liste der Zeilenvektoren) in das
Argument von **array** zu schreiben sind. Falls man die Funktion **array**
wegläßt, wird die Matrix nicht in Matrixform sondern als Liste dargestellt.

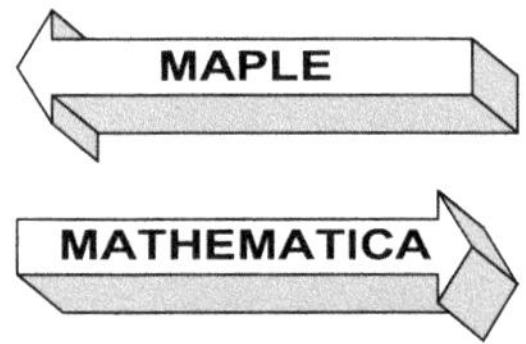

MATHEMATICA bietet für die Eingabe einer Matrix **A** vom Typ (m,n) in das
Arbeitsfenster folgende zwei Möglichkeiten:

* Direkte Eingabe als geschachtelte Liste (Liste der Zeilenvektoren)

    $$A = \{\,\{\,a_{11},...,a_{1n}\,\}\,,\,...\,,\,\{\,a_{m1},...,a_{mn}\,\}\,\}$$

* Eingabe unter Verwendung des Matrixsymbols

    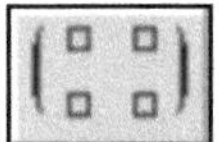

    aus der Palette

    **File ⇒ Palettes ⇒ BasicCalculations ⇒ Lists and Matrices ⇒ Crea-
ting Lists and Matrices**

    wobei die Anzahl der Zeilen und Spalten mittels der Tastenkombination
    ⌞Strg⌟⌞↵⌟ bzw. ⌞Strg⌟⌞,⌟ eingestellt wird.
    Bei dieser Vorgehensweise wird die eingegebene Matrix ebenfalls als Lis-
te gespeichert.

Für die Eingabe einer Matrix **A** in das Arbeitsfenster bietet MATHCAD folgende zwei Möglichkeiten:

*   Eingabe für Matrizen mit maximal 10 Zeilen und Spalten:

    Zuerst gibt man die Zuweisung

    A :=

    in das Arbeitsfenster ein. Danach aktiviert man die *Menüfolge*

    Insert ⇒ Matrix...
    (deutsche Version: **Einfügen ⇒ Matrix...**)

    o d e r

    klickt den Matrixoperator

    in der Operatorpalette Nr.3 an und trägt in die erscheinende Dialogbox

    Insert Matrix
    (deutsche Version: **Matrix einfügen**)

    bei

    Rows:
    (deutsche Version: **Zeilen**)

    die Anzahl der Zeilen und bei

    Colums:
    (deutsche Version: **Spalten**)

    die Anzahl der Spalten der Matrix ein. Abschließend erscheint durch Anklicken des Knopfes (Buttons)

    Insert
    (deutsche Version: **Einfügen**)

    im Arbeitsfenster an der durch den Kursor bestimmten Stelle nach A:= eine Matrix der Gestalt (z.B. vom Typ (5, 6)):

$$A := \begin{pmatrix} \bullet & \bullet & \bullet & \bullet & \bullet & \bullet \\ \bullet & \bullet & \bullet & \bullet & \bullet & \bullet \\ \bullet & \bullet & \bullet & \bullet & \bullet & \bullet \\ \bullet & \bullet & \bullet & \bullet & \bullet & \bullet \\ \bullet & \bullet & \bullet & \bullet & \bullet & \bullet \end{pmatrix}$$

    in deren Platzhalter die konkreten Elemente (Zahlen)

a_{ik} (in MATHCAD wird die Bezeichnung $A_{i,k}$ verwendet)

der Matrix **A** mittels Tastatur einzugeben sind, wobei zwischen den Platzhaltern mittels Mausklick oder Tabulatortaste ⌷ gewechselt werden kann.

* Eingabe für Matrizen mit mehr als 10 Zeilen und Spalten:

Die Menüfolge

Insert ⇒ Component ⇒ Input Table
(deutsche Version: **Einfügen ⇒ Komponente ⇒ Eingabetabelle**)

läßt im Arbeitsfenster eine Tabelle mit einem Platzhalter erscheinen. In den Platzhalter ist die Bezeichnung der Matrix einzutragen. Die Anzahl der Zeilen und Spalten der Tabelle können durch Verschieben mit gedrückter Maustaste oder durch die Kursortasten eingestellt werden. Abschließend werden in die Tabelle die Elemente der Matrix eingetragen.

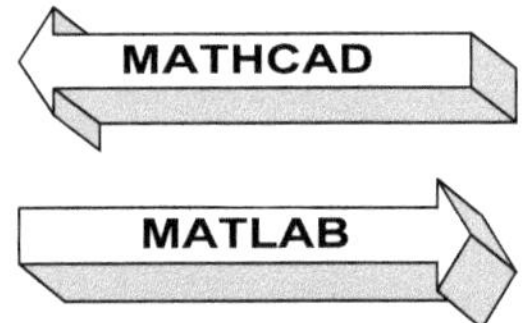

MATLAB gestattet die Eingabe einer Matrix **A** vom *Typ* (m,n) in das Kommandofenster (Arbeitsfenster) auf folgende zwei Arten:

I. $\;\gg A = [\,a_{11}\,a_{12}\,...\,a_{1n}\,;\,a_{21}\,a_{22}\,...\,a_{2n}\,;\,...\,;\,a_{m1}\,a_{m2}\,...\,a_{mn}\,]$

II. $\;\gg A = [\,a_{11},\,a_{12}\,,...\,,a_{1n}\,;\,a_{21},\,a_{22}\,,...\,,a_{2n}\,;\,...\,;\,a_{m1}\,,a_{m2}\,,...,\,a_{mn}\,]$

Man sieht, daß die Zeilen der Matrix durch Semikolon getrennt werden müssen, während die einzelnen Elemente der Zeilen (Zeilenelemente) durch Leerzeichen (I.) oder Komma (II.) zu trennen sind. Es ist weiterhin zu beachten, daß bei n Spalten in jeder Zeile der Matrix genau n Elemente stehen müssen.

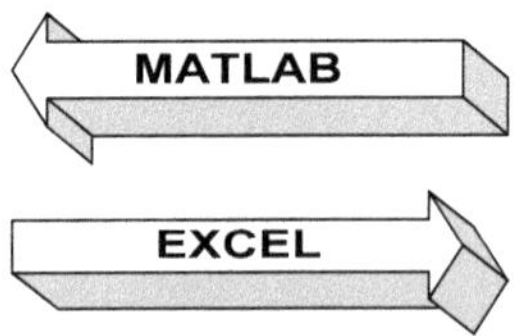

Da die *Tabelle* als wichtigstes Blattformat einer EXCEL-Arbeitsmappe bereits eine Aufteilung in Zeilen und Spalten (d.h. *Matrixformat*) besitzt, bereitet die Eingabe von Matrizen keine Schwierigkeiten. Man braucht nur einen zusammenhängenden rechteckigen Bereich von freien Zellen der aktuellen Tabelle mit den Elementen der einzugebenden Matrix auszufüllen. Der eingegebenen Matrix kann eine Bezeichnung (z.B. **A**) durch Aktivierung der Menüfolge

Einfügen $\Rightarrow$ Name $\Rightarrow$ Definieren...

in der erscheinenden Dialogbox zugewiesen werden, nachdem der entsprechende Bereich durch Überstreichen mit gedrückter Maustaste markiert wurde.

5.2.3 Zugriff auf Matrixelemente

Im folgenden beschreiben wir die Vorgehensweise in den Systemen MAPLE, MATHEMATICA, MATHCAD, MATLAB und EXCEL, um auf einzelne Elemente einer im Arbeitsfenster befindlichen (definierten) Matrix zuzugreifen.

Auf das Element der i-ten Zeile und k-ten Spalte einer im Arbeitsfenster von MAPLE befindlichen Matrix **A** wird mit

> A [i , k] ;

zugegriffen.

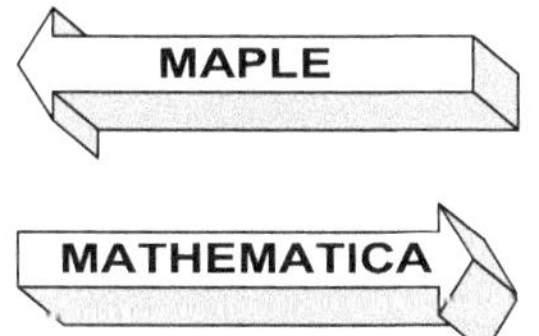

Auf das Element der i-ten Zeile und k-ten Spalte einer im Arbeitsfenster von MATHEMATICA befindlichen Matrix **A** wird mit

A [[i , k]]

zugegriffen.

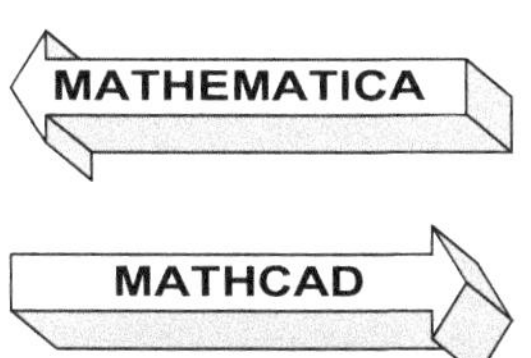

Auf das Element der i-ten Zeile und k-ten Spalte einer im Arbeitsfenster von MATHCAD befindlichen Matrix **A** wird mit

$$A_{i,k} \quad \text{oder} \quad A_{(i,k)}$$

zugegriffen, wobei die beiden Indizes durch Komma zu trennen und mittels des Operators

aus der Operatorpalette Nr.3 zu erzeugen sind (die Indizes können zusätzlich in Klammern eingeschlossen werden), d.h., es sind Feldindizes zu verwenden.

◆

In MATHCAD muß man bei Rechnungen mit Vektoren und Matrizen zusätzlich berücksichtigen, daß bei der Indizierung der Komponenten bzw. Elemente in der Standardeinstellung immer mit 0 begonnen wird. In der Mathematik wird die Indizierung im allgemeinen mit dem Startindex 1 begonnen. Deshalb bietet MATHCAD die Möglichkeit, mittels der Menüfolge

Math ⇒ Options...
(deutsche Version: **Rechnen ⇒ Optionen...**)

in der erscheinenden Dialogbox

Math Options
(deutsche Version: **Rechenoptionen**)

bei

Built-In Variables
(deutsche Version: **Vordefinierte Variablen**)

in dem Feld

Array Origin
(deutsche Version: **Startindex**)

für die vordefinierte Variable **ORIGIN** den Startwert 0 durch 1 zu ersetzen.

◆

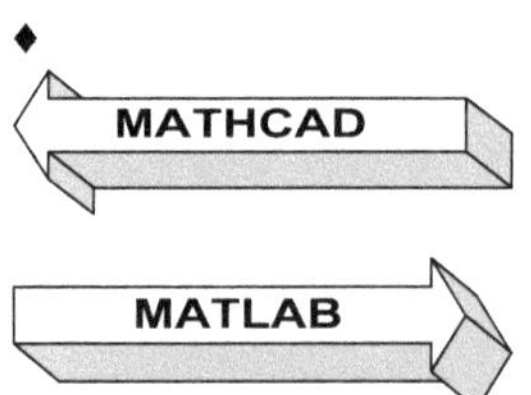

Auf das Element der i-ten Zeile und k-ten Spalte einer im Kommandofenster (Arbeitsfenster) von MATLAB befindlichen Matrix **A** wird mittels

$$\gg A\,(\,i\,,\,k\,)$$

zugegriffen.

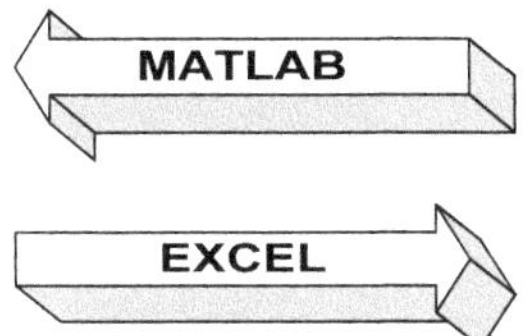

In EXCEL wird auf ein Element einer in der Tabelle definierten Matrix durch
Angabe des Buchstabens der Spalte und der Nummer der Zeile zugegriffen.
So erhält man z.B. das Element in der B-ten Spalte und dritten Zeile mittels
B3.

5.2.4 Rechenoperationen

Im folgenden betrachten wir die bekannten Rechenoperationen für Matrizen, bei denen man folgendes berücksichtigen muß:

*   *Addition* (*Subtraktion*) $\mathbf{A} \pm \mathbf{B}$

    ist nur möglich, wenn die Matrizen $\mathbf{A}$ und $\mathbf{B}$ den gleichen Typ (m,n) be-
    sitzen.

*   *Multiplikation* $\mathbf{A} \cdot \mathbf{B}$

    ist nur möglich, wenn die Matrizen $\mathbf{A}$ und $\mathbf{B}$ verkettet sind, d.h., $\mathbf{A}$ muß
    genauso viele Spalten haben, wie $\mathbf{B}$ Zeilen besitzt.

*   *Bildung* der *Inversen*

    ist nur für quadratische nichtsinguläre Matrizen möglich.

Aus praktischen Gründen weist man Matrizen vor den durchzuführenden
Rechenoperationen große Buchstaben $\mathbf{A}$, $\mathbf{B}$, $\mathbf{C}$, … als Matrixnamen zu und
führt mit diesen die entsprechenden Operationen durch.
Dem Ergebnis einer derartigen Rechenoperation kann wieder ein neuer
Matrixname zugewiesen werden.

◆

Während die Addition, Multiplikation und Transponierung auch für größere
Matrizen problemlos in den Systemen durchführbar sind, stößt man bei der
Berechnung von Determinanten und Inversen einer n-reihigen quadratischen Matrix für großes n schnell auf Schwierigkeiten, da Rechenaufwand
und Speicherbedarf stark anwachsen.

◆

Betrachten wir im folgenden die Vorgehensweise bei der Durchführung von *Rechenoperationen* für *Matrizen* im Rahmen der Systeme MAPLE, MATHEMATICA, MATHCAD, MATLAB und EXCEL:

- *Addition* und *Multiplikation*

  zweier im Arbeitsfenster der Systeme definierter Matrizen **A** und **B** geschieht folgendermaßen:

MAPLE führt im Arbeitsfenster

* die Addition mittels Eingabe von

> **evalm** (A + B) ;

* die Multiplikation mittels Eingabe von

> **evalm** (A &* B) ;

und abschließender Betätigung der Eingabetaste ⏎ durch.

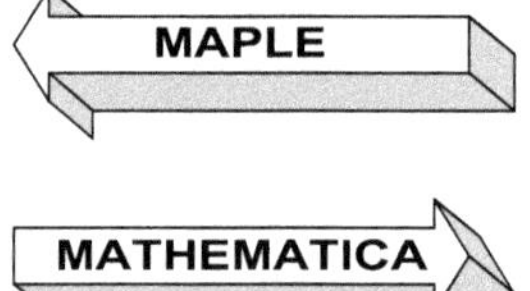

MATHEMATICA führt im Arbeitsfenster

* die Addition mittels Eingabe von

  A + B

* die Multiplikation mittels Eingabe von

  A . B

und abschließender Betätigung von ⇧ ⏎ durch.

Bei der Matrizenmultiplikation ist bei MATHEMATICA zu beachten, daß nicht das übliche Multiplikationszeichen *, sondern der Punkt . zu verwenden ist.

♦

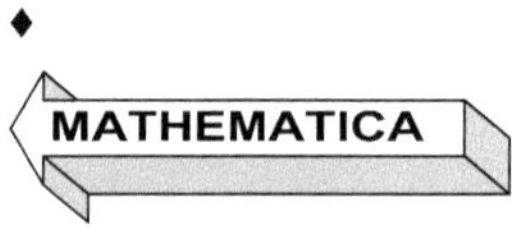

Man gibt

A + B   bzw.   A * B

in das Arbeitsfenster ein und löst die exakte oder numerische Berechnung durch Eingabe des symbolischen → bzw. numerischen Gleichheitszeichens = und abschließender Betätigung der Eingabetaste ⏎ aus.

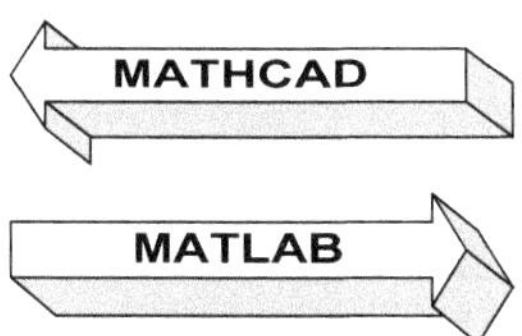

Man gibt

A + B   bzw.   A * B

in das Kommandofenster (Arbeitsfenster) ein und löst die Berechnung durch Betätigung der Eingabetaste ⏎ aus.

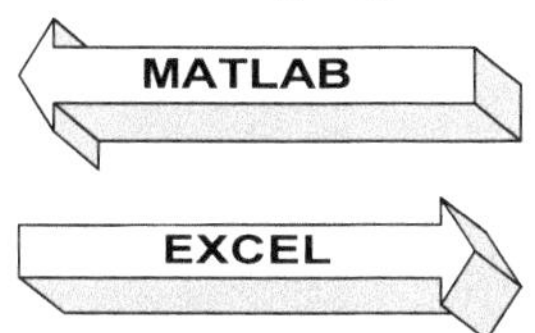

Die Addition und Multiplikation zweier in der aktuellen Tabelle befindlicher Matrizen, für die die Bezeichnung **A** bzw. **B** definiert wurde, geschieht folgendermaßen:

* Addition:

  I. Markierung eines Ergebnisbereichs in der aktuellen Tabelle für die Ergebnismatrix durch Überstreichen mit gedrückter Maustaste,

  II. Eingabe von

  = A + B

  (d.h. als Formel) in die erste Zelle dieses Ergebnisbereichs,

  III. Die Betätigung der Tastenkombination Strg⇧⏎ löst die Berechnung aus, wobei der Ausdruck von EXCEL in geschweifte Klammern gesetzt wird, d.h.

  { = A + B }

* Multiplikation:

Für die Multiplikation von Matrizen stellt EXCEL die Funktion

MMULT (A ; B)

zur Verfügung, für deren Anwendung folgende Schritte erforderlich sind:

I. Markierung eines zusammenhängenden freien Bereichs (Ergebnisbereichs) in der Tabelle für die Ergebnismatrix durch Überstreichen mit gedrückter Maustaste.

II. Eingabe von

= **MMULT** (A ; B)

(d.h. als Formel) in die erste Zelle des Ergebnisbereichs.

III. Die Betätigung der Tastenkombination [Strg][⇧][↵] löst die Berechnung aus, wobei der Ausdruck von EXCEL in geschweifte Klammern gesetzt wird, d.h.

{ = **MMULT** (A ; B) }

- *Transponieren*

  Das Vertauschen von Zeilen und Spalten einer im Arbeitsfenster der Systeme definierten Matrix **A** geschieht folgendermaßen:

MAPLE berechnet die Transponierte der Matrix **A** durch die Funktion

> **transpose** (A) ;

und abschließender Betätigung der Eingabetaste [↵], wobei vorher mittels

> **with** (linalg) ;

das Zusatzpaket **linalg** zur linearen Algebra geladen werden muß.

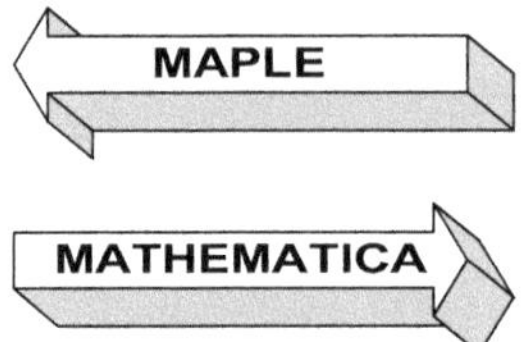

MATHEMATICA berechnet die Transponierte der Matrix **A** mittels der Funktion

Transpose [A]

und abschließender Betätigung von ⇧ ↵ .

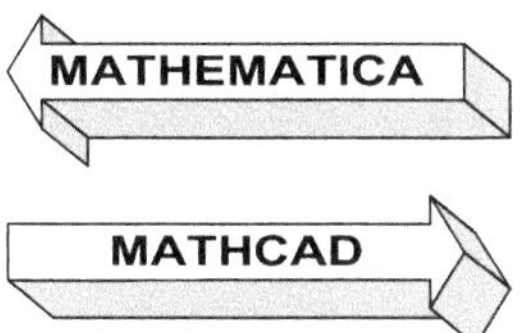

Nach Anklicken des Operators

aus der Operatorpalette Nr.3 erscheint an der gewünschten Stelle im Arbeitsfenster das Symbol

in dessen Platzhalter **A** eingetragen wird, wobei **A** vorher die entsprechende Matrix zugewiesen wurde. Statt **A** kann hier die Matrix auch direkt eingegeben werden. Danach wird der gesamte Ausdruck mit einer Bearbeitungslinie markiert. Abschließend liefern die Eingabe des symbolischen → bzw. numerischen Gleichheitszeichens = mit abschließender Betätigung der Eingabetaste ↵ die transponierte Matrix.

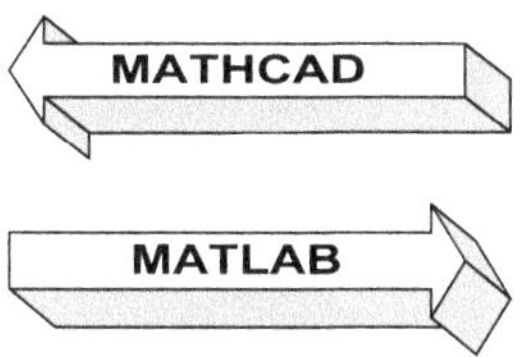

Das Transponieren einer Matrix **A** geschieht in MATLAB durch Eingabe von

>> **A**'

und abschließender Betätigung der Eingabetaste ↵ .

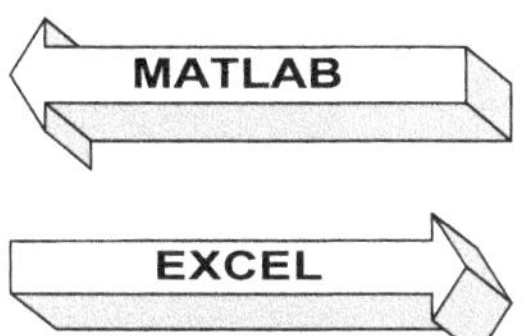

Die Berechnung der Transponierten einer in der aktuellen Tabelle befindlichen Matrix, für die die Bezeichnung **A** definiert wurde, geschieht in folgenden Schritten:

I.   Markierung eines zusammenhängenden freien Bereichs (Ergebnisbereichs) der Tabelle für die Ergebnismatrix durch Überstreichen mit gedrückter Maustaste.

II. Eingabe der Funktion **MTRANS** (A) als Formel, d.h.

  = MTRANS (A)

  in die erste Zelle des Ergebnisbereichs.

III. Die Betätigung der Tastenkombination [Strg][⇧][↵] löst die Berechnung der Inversen aus, wobei der Ausdruck von EXCEL in geschweifte Klammern gesetzt wird, d.h.

  { **= MTRANS** (A) }

- Die *Berechnung* der *Inversen*

  $$\mathbf{A}^{-1}$$

  einer im Arbeitsfenster definierten Matrix **A** ist nur für quadratische (n-reihige) Matrizen möglich, wobei zusätzlich det $\mathbf{A} \neq 0$ gelten muß, d.h. **A** muß nichtsingulär sein.
  Die *Berechnung* der *Inversen* geschieht in den *Systemen folgendermaßen:*

MAPLE berechnet die Inverse der Matrix **A** durch Eingabe der Funktion

> **inverse** (A) ;

und abschließender Betätigung der Eingabetaste [↵].

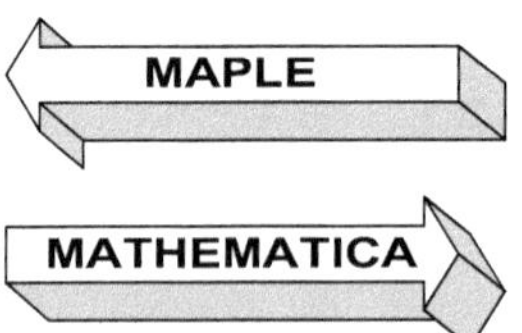

MATHEMATICA berechnet die Inverse der Matrix **A** durch Eingabe der Funktion

Inverse [A]

und abschließender Betätigung von [⇧][↵].

Nach Eingabe von

$$A^{-1}$$

kann die exakte Berechnung durch Eingabe des symbolischen Gleichheitszeichens $\rightarrow$ und die numerische Berechnung durch Eingabe des numerischen Gleichheitszeichens = mit abschließender Betätigung der Eingabetaste ⏎ geschehen.

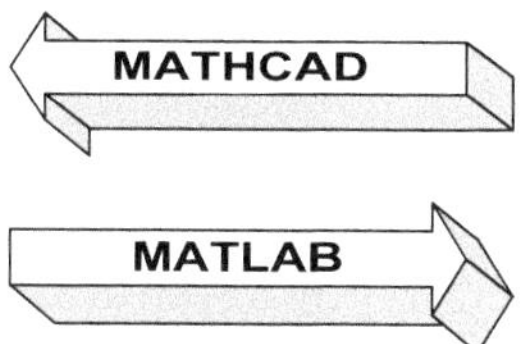

MATLAB berechnet die Inverse einer Matrix **A** durch Eingabe der Funktion:

>> **inv** (A)

und abschließender Betätigung der Eingabetaste ⏎.

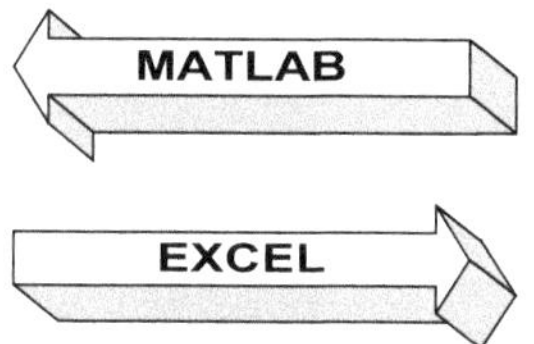

Die Berechnung der Inversen einer in der aktuellen Tabelle befindlichen Matrix, der die Bezeichnung **A** zugewiesen wurde, geschieht in folgenden Schritten:

I.　Markierung eines zusammenhängenden freien Bereichs (Ergebnisbereichs) der Tabelle für die Ergebnismatrix durch Überstreichen mit gedrückter Maustaste.

II.　Eingabe der Funktion **MINV** (A) als Formel, d.h.

　= MINV (A)

in die erste Zelle des Ergebnisbereichs.

III.　Die Betätigung der Tastenkombination ⟨Strg⟩⟨⇧⟩⟨⏎⟩ löst die Berechnung der Inversen aus, wobei der Ausdruck von EXCEL in geschweifte Klammern gesetzt wird, d.h.

$$\{ = \mathbf{MINV} \ (\ A \ ) \}$$

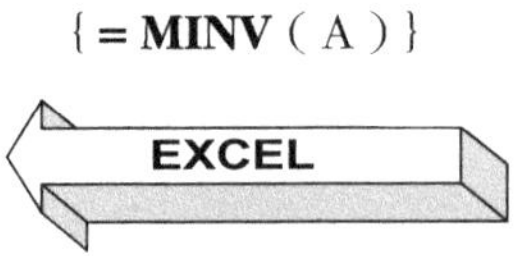

- Die *Berechnung* der *Determinante*

$$\begin{vmatrix} a_{11} & a_{12} & \dots & a_{1n} \\ a_{21} & a_{22} & \dots & a_{2n} \\ \vdots & \vdots & \dots & \vdots \\ a_{n1} & a_{n2} & \dots & a_{nn} \end{vmatrix}$$

einer im Arbeitsfenster der Systeme definierten quadratischen Matrix

$$\mathbf{A} \ = \ \begin{pmatrix} a_{11} & a_{12} & \dots & a_{1n} \\ a_{21} & a_{22} & \dots & a_{2n} \\ \vdots & \vdots & \dots & \vdots \\ a_{n1} & a_{n2} & \dots & a_{nn} \end{pmatrix}$$

geschieht folgendermaßen:

MAPLE berechnet nach dem Laden des Pakets zur linearen Algebra mittels

> **with** (linalg) **;**

die Determinante der Matrix **A** durch Eingabe der Funktion

> **det** (A) **;**

und abschließender Betätigung der Eingabetaste ⏎.

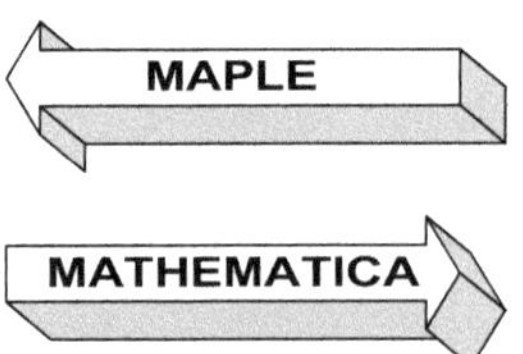

MATHEMATICA berechnet die Determinante der Matrix **A** durch Eingabe der Funktion

Det [A]

und abschließender Betätigung von ⟨⇧⟩⟨↵⟩.

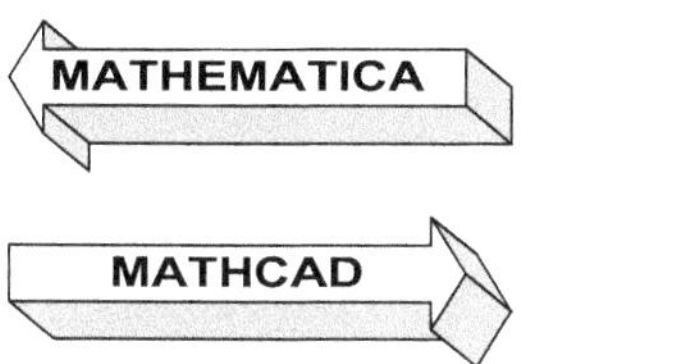

Dargestellt wird die Determinante der Matrix **A** in MATHCAD mit dem Betragsoperator

aus der Operatorpalette Nr.3. d.h. in der Form

| A |

Die exakte oder numerische Berechnung einer so im Arbeitsfenster ge-bildeten Determinante kann nach Markierung mit einer Bearbeitungslinie durch Eingabe des symbolischen → bzw. numerischen Gleichheitszei-chens = mit abschließender Betätigung der Eingabetaste ⟨↵⟩ geschehen.

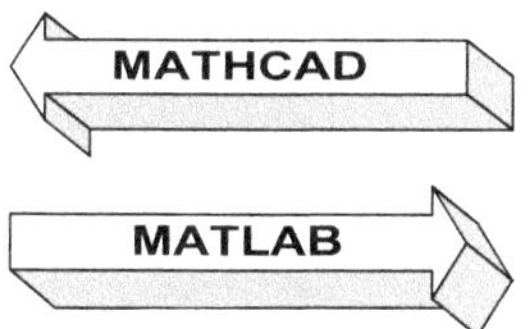

MATLAB berechnet die Determinante der Matrix **A** numerisch mit der vordefinierten Funktion **det** folgendermaßen:

>> **det** (A)

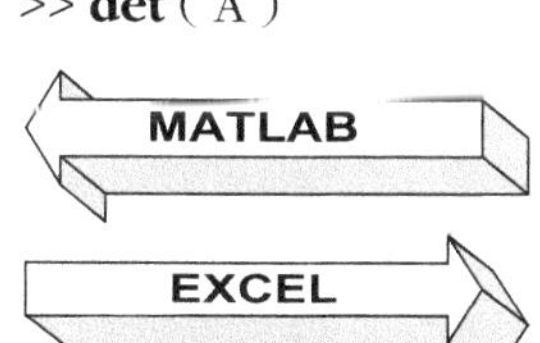

Zur Berechnung der Determinante einer Matrix **A** steht die Funktion **MDET** (A) zur Verfügung, wobei A der Name für eine in der aktuellen Tabelle definierten Matrix ist.

Für die Durchführung der Berechnung sind folgende Schritte erforder-lich:

I. Eingabe der Funktion als Formel in eine freie Zelle der Tabelle, d.h. in der Form

   = **MDET** (A)

II. Die Betätigung der Tastenkombination ⟨Strg⟩⟨⇧⟩⟨↵⟩ löst die Berechnung aus, wobei der Ausdruck von EXCEL in geschweifte Klammern
gesetzt wird, d.h.

{ = **MDET** (A) }

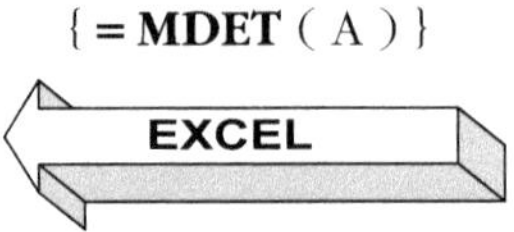

6 Gleichungen und Ungleichungen

6.1 Einführung

Das Lösen von *Gleichungssystemen* bzw. *Ungleichungssystemen* mit m Gleichungen bzw. Ungleichungen und n Variablen (Unbekannten) der *allgemeinen Form*

$$u_1(x_1,...,x_n) \; = \; (\leq) \; 0$$
$$\vdots$$
$$u_m(x_1,...,x_n) = (\leq) \; 0$$

spielt in vielen Anwendungen aus Technik, Natur- und Wirtschaftswissenschaften eine große Rolle. Dabei können beliebige Funktionen

$$u_1(x_1,...,x_n) \; , \; ... \; , \; u_m(x_1,...,x_n)$$

von n Variablen auftreten. Man spricht von einem *Gleichungssystem*, wenn nur Gleichungen auftreten. Sobald eine Ungleichung vorkommt, liegt ein *Ungleichungssystem* vor.

Lösungen von Gleichungen/Ungleichungen werden in der mathematischen Optimierung häufig benötigt, da Nebenbedingungen und Optimalitätsbedingungen in Form von Gleichungen und Ungleichungen vorliegen.

Die *Lösungstheorie* für Gleichungen/Ungleichungen unterscheidet zwischen linearen und nichtlinearen Gleichungen/Ungleichungen. Während für lineare Gleichungen/Ungleichungen eine umfassende Theorie und endliche Algorithmen zur exakten Lösungsberechnung existieren, ist dies bei nichtlinearen Gleichungen/Ungleichungen nicht der Fall, wie wir im Abschn.6.4 sehen.

6.2 Lineare Gleichungen

Lineare Gleichungen stellen einen Spezialfall der in Abschn.6.1 gegebenen allgemeinen Form dar. Hier sind alle Funktionen linear. Ein allgemeines *lineares Gleichungssystem* mit m *Gleichungen* und n *Variablen (Unbekannten)*

$x_1, \dots, x_n$

schreibt sich in der Form

$$a_{11} \cdot x_1 + \cdots + a_{1n} \cdot x_n = b_1$$

$$a_{21} \cdot x_1 + \cdots + a_{2n} \cdot x_n = b_2 \qquad\qquad (\, m \geq 1 \,,\, n \geq 1 \,)$$

$$\vdots \qquad\qquad\qquad \vdots$$

$$a_{m1} \cdot x_1 + \cdots + a_{mn} \cdot x_n = b_m$$

und lautet in *Matrixschreibweise*

$$\mathbf{A} \cdot \mathbf{x} = \mathbf{b}$$

wobei

$$* \quad \mathbf{A} = \begin{pmatrix} a_{11} & a_{12} & \cdots & a_{1n} \\ a_{21} & a_{22} & \cdots & a_{2n} \\ \vdots & \vdots & \vdots & \vdots \\ a_{m1} & a_{m2} & \cdots & a_{mn} \end{pmatrix} \quad \text{die } \textit{Koeffizientenmatrix} \text{ vom Typ (m,n)}$$

$$* \quad \mathbf{x} = \begin{pmatrix} x_1 \\ x_2 \\ \vdots \\ x_n \end{pmatrix} \quad \text{den Vektor der n Variablen (Unbekannten)}$$

$$* \quad \mathbf{b} = \begin{pmatrix} b_1 \\ b_2 \\ \vdots \\ b_m \end{pmatrix} \quad \text{den Vektor der rechten Seiten}$$

bezeichnen. Dabei können m und n beliebige positive ganze Zahlen sein.

Für die Lösungstheorie benötigt man die um den Vektor der rechten Seiten *erweiterte Koeffizientenmatrix* $(\,\mathbf{A} \mid \mathbf{b}\,)$, die vom Typ (m,n+1) ist und die wir in der folgenden Form schreiben:

$$(\,\mathbf{A} \mid \mathbf{b}\,) = \left(\begin{array}{cccc|c} a_{11} & a_{12} & \cdots & a_{1n} & b_1 \\ a_{21} & a_{22} & \cdots & a_{2n} & b_2 \\ \vdots & \vdots & \vdots & \vdots & \vdots \\ a_{m1} & a_{m2} & \cdots & a_{mn} & b_m \end{array} \right)$$

Da lineare Gleichungssysteme in jedem Grundkurs der Mathematik im Rahmen der linearen Algebra behandelt werden, gehen wir in den folgenden beiden Abschnitten nur kurz auf diese Problematik ein und verweisen den Anwender bei eventuellen Unklarheiten auf Lehrbücher der linearen Algebra.

6.2.1 Eigenschaften

Für lineare Gleichungssysteme

$$\mathbf{A} \cdot \mathbf{x} = \mathbf{b}$$

gibt es eine umfassende *Lösungstheorie*, aus der wir im folgenden nur einige wesentliche Fakten angeben:

- In Abhängigkeit von der Koeffizientenmatrix $\mathbf{A}$ vom Typ (m,n) und der erweiterten Koeffizientenmatrix ($\mathbf{A}$ | $\mathbf{b}$) vom Typ (m,n+1) ergeben sich *Bedingungen* für die *Lösbarkeit:*

  * Es existiert *genau eine Lösung* $\mathbf{x}$,

    wenn Rang ($\mathbf{A}$) = Rang (($\mathbf{A}$ | $\mathbf{b}$)) = n gilt.

  * Es existiert *keine Lösung* $\mathbf{x}$,

    wenn Rang ($\mathbf{A}$) < Rang (($\mathbf{A}$ | $\mathbf{b}$)) gilt, d.h., hier widersprechen sich Gleichungen.

  * Es existieren *beliebig viele Lösungen* $\mathbf{x}$,

    wenn Rang ($\mathbf{A}$) = Rang (($\mathbf{A}$ | $\mathbf{b}$)) = r < n gilt.

  Diese Aussagen gelten für beliebige Anzahlen m und n von Gleichungen bzw. Variablen. In praktischen Anwendungen liegt häufig der Fall vor, daß $m \leq n$ gilt, d.h., es sind höchstens so viele Gleichungen wie Variable gegeben.

- Im Falle der Lösbarkeit werden Algorithmen bereitgestellt, die Lösungen in einer endlichen Anzahl von Schritten liefern.
  Ein universeller Lösungsalgorithmus für lineare Gleichungssysteme ist der bekannte *Gaußsche Algorithmus,* dessen Grundprinzip darin besteht, die erweiterte Koeffizientenmatrix durch einfache Umformungen der Zeilen auf eine Dreiecksgestalt zu bringen, aus der die Lösungen im Falle der Lösbarkeit einfach zu erhalten sind.

- Der folgende *Alternativsatz* wird geliefert:

  Entweder das Gleichungssystem

  $$\mathbf{A} \cdot \mathbf{x} = \mathbf{b}$$

oder das Gleichungssystem

$$\mathbf{A}^{\mathrm{T}} \cdot \mathbf{z} = 0 \, , \, \mathbf{b}^{\mathrm{T}} \cdot \mathbf{z} = 1$$

haben eine Lösung. Diese Aussage, daß genau eins von zwei Gleichungssystemen eine Lösung besitzt, ist typisch für Alternativsätze.

Die Anwendung der Systeme MAPLE, MATHEMATICA, MATHCAD, MATLAB und EXCEL zur Berechnung von Lösungen linearer Gleichungssysteme wird im Abschn.6.5 (Beisp.6.2) illustriert.

♦

6.2.2 Basislösungen

Da für die lineare Optimierung die Begriffe *Basis, Basisvariable, Nichtbasisvariable* und *Basislösung* eines *linearen Gleichungssystem* wichtig sind, geben wir eine kurze Einführung.

Betrachten wir den Fall, daß der Rang der Koeffizientenmatrix $\mathbf{A}$ vom Typ (m,n) gleich m ist, so daß $m \leq n$ gelten muß. Damit ist das zugehörige lineare Gleichungssystem

$$\mathbf{A} \cdot \mathbf{x} = \mathbf{b}$$

für beliebige Vektoren $\mathbf{b}$ der rechten Seite lösbar (siehe Abschn.6.2.1). Unter dieser Voraussetzung existieren m linear unabhängige Spaltenvektoren der Matrix $\mathbf{A}$, die man als *Basis* von $\mathbf{A}$ bezeichnet. Wenn man die Indizes dieser Spaltenvektoren kennt, so können die Spalten der Matrix $\mathbf{A}$ und die Variablen derart umnumeriert werden, daß die letzten m Spaltenvektoren von $\mathbf{A}$ unabhängig sind. Diese werden in der Matrix

$$\mathbf{A}_{\mathrm{B}}$$

zusammengefaßt, die man als *Basismatrix* bezeichnet. Die unter der Voraussetzung m<n übrigbleibenden n–m Spaltenvektoren faßt man in der Matrix

$$\mathbf{A}_{\mathrm{N}}$$

zusammen, die als *Nichtbasismatrix* bezeichnet wird. Damit kann man die Matrix $\mathbf{A}$ in der folgenden Form schreiben:

$$\mathbf{A} = (\, \mathbf{A}_{\mathrm{N}} \, | \, \mathbf{A}_{\mathrm{B}} \,)$$

Die zur Basis gehörenden m Variablen heißen *Basisvariablen* und werden im Vektor

$$\mathbf{x}_{\mathrm{B}}$$

zusammengefaßt. Die restlichen n–m Variablen heißen *Nichtbasisvariablen* und befinden sich im Vektor

$$\mathbf{x}_{\mathrm{N}}$$

Damit kann man den Variablenvektor $\mathbf{x}$ in folgender Form schreiben:

$$\mathbf{x} = \begin{pmatrix} \mathbf{x}_N \\ \mathbf{x}_B \end{pmatrix}$$

Für m < n hat man mehr Variable als Gleichungen. Man spricht hier von einem unterbestimmten Gleichungssystem, daß beliebig viele Lösungen besitzt, die man folgendermaßen charakterisieren kann:

* Es können n–m Variable frei gewählt werden, z.B. die Nichtbasisvariablen.

* Die Nichtbasisvariablen bestimmen für jede Wahl die m Basisvariablen eindeutig.

* Setzt man alle n–m Nichtbasisvariablen gleich 0, so heißt die zugehörige eindeutige Lösung des zu $\mathbf{A}$ gehörenden linearen Gleichungssystems

  $$\mathbf{A} \cdot \mathbf{x} = \mathbf{b}$$

  Basislösung des Gleichungssystems.

* Als allgemeine Lösung bezeichnet man die Lösungsdarstellung, aus der sich alle möglichen Lösungen ergeben. Die *allgemeine Lösung* des *linearen Gleichungssystems*

  $$\mathbf{A} \cdot \mathbf{x} = (\, \mathbf{A}_N \,|\, \mathbf{A}_B \,) \cdot \begin{pmatrix} \mathbf{x}_N \\ \mathbf{x}_B \end{pmatrix} = \mathbf{A}_N \cdot \mathbf{x}_N + \mathbf{A}_B \cdot \mathbf{x}_B = \mathbf{b}$$

  schreibt sich bei Verwendung von Basis- und Nichtbasisvariablen durch einfache Umformung in der folgenden Form:

  $$\mathbf{x}_B = \mathbf{A}_B^{-1} \cdot \mathbf{b} - \mathbf{A}_B^{-1} \cdot \mathbf{A}_N \cdot \mathbf{x}_N$$

  da die Matrix $\mathbf{A}_B$ regulär ist und folglich eine Inverse besitzt. Mit dieser Darstellung wird die Aussage bestätigt, daß durch Vorgabe der frei wählbaren Nichtbasisvariablen $\mathbf{x}_N$ die Basisvariablen $\mathbf{x}_B$ eindeutig bestimmt sind, so daß sich die *Basislösung* für $\mathbf{x}_N = 0$ aus

  $$\mathbf{x}_B = \mathbf{A}_B^{-1} \cdot \mathbf{b}$$

  ergibt.

6.3 Lineare Ungleichungen

Lineare Ungleichungen stellen einen Spezialfall der in Abschn.6.1 gegebenen allgemeinen Form von Ungleichungen dar. Hier sind alle Funktionen linear. Ein allgemeines *lineares Ungleichungssystem* mit m *Ungleichungen* und n *Variablen* (*Unbekannten*)

$$x_1, \ldots, x_n$$

schreibt sich in der Form

$$a_{11} \cdot x_1 + \cdots + a_{1n} \cdot x_n \leq b_1$$

$$a_{21} \cdot x_1 + \cdots + a_{2n} \cdot x_n \leq b_2 \qquad (\, m \geq 1 \, , \, n \geq 1 \,)$$

$$\vdots \qquad\qquad \vdots$$

$$a_{m1} \cdot x_1 + \cdots + a_{mn} \cdot x_n \leq b_m$$

d.h., man muß beim linearen Gleichungssystem aus Abschn.6.2 nur die Gleichheitszeichen durch Ungleichheitszeichen ersetzen. Es lautet in *Matrixschreibweise*

$$\mathbf{A} \cdot \mathbf{x} \leq \mathbf{b}$$

wobei $\mathbf{A}$, $\mathbf{x}$ und $\mathbf{b}$ die gleiche Bedeutung wie bei linearen Gleichungssystemen haben (siehe Abschn.6.2).

☞

Lineare Ungleichungssysteme spielen eine wichtige Rolle in der linearen und quadratischen Optimierung, in denen die Nebenbedingungen aus ihnen gebildet werden.

♦

6.3.1 Eigenschaften

Im Abschn.2.2 haben wir bereits eine wichtige Eigenschaft linearer Ungleichungssysteme kennengelernt: Sie beschreiben eine konvexe Menge, die man als Polyeder bezeichnet. Dieses Polyeder ergibt sich als Durchschnitt der durch die einzelnen m Ungleichungen erzeugten Halbräume, wobei wir im weiteren immer voraussetzen, daß dieser Durchschnitt nicht leer ist. Wir setzen also für unsere Anwendungen in der Optimierung voraus, daß sich die Ungleichungen nicht widersprechen, so daß ihre Lösungsmenge (Polyeder) nichtleer ist. Diese Voraussetzung ist wichtig, da die Optimierung über leeren Mengen offensichtlich keinen Sinn ergibt.
Eine weitere Eigenschaft liefert ein Alternativsatz, den wir im folgenden Abschnitt formulieren.

6.3.2 Alternativsätze

Im Abschn.6.2.1 haben wir bereits einen Alternativsatz für lineare Gleichungssysteme kennengelernt.
Für *lineare Ungleichungssysteme* existieren eine Reihe von *Alternativsätzen*, die Aussagen darüber liefern, daß eins von zwei Ungleichungssystemen lösbar ist. Derartige Sätze benötigt man in der linearen Optimierung.
Als wichtigen Alternativsatz geben wir im folgenden das *Lemma* von *Farkas/Minkowski*, aus dem sich weitere Alternativsätze herleiten lassen:

Entweder das lineare Ungleichungssystem

$$\mathbf{A} \cdot \mathbf{x} = \mathbf{b} \ , \quad \mathbf{x} \geq \mathbf{0}$$

oder das lineare Ungleichungssystem

$$\mathbf{A}^{\mathrm{T}} \cdot \mathbf{z} \leq \mathbf{0} \ , \ \mathbf{b}^{\mathrm{T}} \cdot \mathbf{z} = 1$$

haben eine Lösung.

6.4 Nichtlineare Gleichungen und Ungleichungen

Nichtlineare Gleichungssysteme bzw. *Ungleichungssysteme* mit m Gleichungen bzw. Ungleichungen und n Variablen (Unbekannten) haben folgende allgemeine Form

$$u_1(x_1,...,x_n) \ = \ (\leq) \ 0$$

$$\vdots$$

$$u_m(x_1,...,x_n) = (\leq) \ 0$$

wobei beliebige Funktionen

$$u_1(x_1,...,x_n) \ , \ ... \ , \ u_m(x_1,...,x_n)$$

von n Variablen auftreten können und im Unterschied zu linearen Systemen mindestens eine Gleichung/Ungleichung nichtlinear sein muß. Man spricht dabei von einem *Gleichungssystem*, wenn nur Gleichungen auftreten. Sobald eine Ungleichung vorkommt, liegt ein *Ungleichungssystem* vor.

☞

Offensichtlich sind lineare Gleichungssysteme/Ungleichungssysteme Spezialfälle nichtlinearer Gleichungssysteme/Ungleichungssysteme. Bei diesen sind alle Funktionen linear. Die Lösungstheorie für lineare Gleichungssysteme/Ungleichungssysteme ist aber nicht auf nichtlineare Gleichungssysteme/Ungleichungssysteme übertragbar. Für nichtlineare Gleichungssysteme/Ungleichungssysteme existiert keine universelle Lösungstheorie. Es sind nur für Spezialfälle (z.B. für Polynomgleichungen) Lösungsformeln bzw. endliche Lösungsalgorithmen vorhanden.
Deshalb ist man bei nichtlinearen Gleichungssystemen/Ungleichungssystemen in den meisten Fällen auf *numerische Methoden* (*Näherungsmethoden*) angewiesen. Hierbei spielen *Iterationsmethoden* (z.B. *Newton-Methoden* – siehe Beisp.6.1) eine wichtige Rolle. Sie

* liefern *Näherungswerte* für die *Lösungen*.

* benötigen als *Startwert* einen *Schätzwert* für die *Lösung*. Dieser Schätzwert wird im Falle der Konvergenz verbessert.

* müssen *nicht konvergieren*, d.h., sie liefern nicht immer ein Ergebnis (wie z.B. *Newton-Methoden*), auch wenn der *Startwert* nahe bei einer *Lösung* liegt.

♦

Beispiel 6.1:

Da *Newton-Methoden* auch zur numerischen Berechnung von Extremwerten herangezogen werden, geben wir im folgenden ihre klassische Iterationsformel zur numerischen Berechnung von Lösungen für eine nichtlineare Gleichung

$$u(x) = 0$$

mit einer Variablen (Unbekannten) x. Eine Lösung dieser Gleichung kann man als Nullstelle der Funktion u(x) interpretieren. Bekannterweise erhält man die klassische Newton-Methode hierfür, wenn man in einem Punkt x^k an die Funktionskurve von u(x) die Tangente y(x) mit der Gleichung

$$y(x) = u(x^k) + u'(x^k) \cdot (x - x^k)$$

legt und deren Nullstelle als neue Näherung x^{k+1} verwendet. Die einzelnen *Iterationen* ergeben sich damit in der *Form*

$$x^{k+1} = x^k - \frac{u(x^k)}{u'(x^k)} \qquad\qquad k = 1, 2, \ldots$$

d.h., die *Newton-Methode* ist nur anwendbar, wenn folgendes gilt:

* ein Startwert x^1 ist gegeben,

* die Funktion u(x) ist stetig differenzierbar,

* $u'(x^k) \neq 0$

Leider konvergiert diese Methode nicht immer gegen eine Lösung der Gleichung u(x)=0. Bezüglich Konvergenz und Konvergenzgeschwindigkeit der Newton-Methode sei auf die Literatur verwiesen. Wir geben nur das folgende *hinreichende Konvergenzkriterium:*

Ein hinreichendes Kriterium für die *Konvergenz* der *Newton-Methode* gegen eine Lösung der Gleichung u(x)=0 ist gegeben, wenn in einer *Umgebung* der zu berechnenden einfachen Nullstelle der Funktion u(x) (Lösung der Gleichung u(x)=0) und auch für den Startwert x^1 folgende Bedingung gilt:

$$\left| \frac{u(x) \cdot u''(x)}{(u'(x))^2} \right| < 1$$

Man sieht daraus, daß die *Newton-Methode* eine *lokale Methode* ist und für dieses hinreichende Kriterium gefordert werden muß, daß die Funktion u(x) zweimal stetig differenzierbar ist. ♦

Wir haben im Beisp.6.1 nur die klassische Form der Newton-Methode gegeben. Da Methoden zur Lösung von Gleichungen einen Forschungsschwerpunkt der numerischen Mathematik darstellen, existieren weitere Methoden, an deren Verbesserung gearbeitet wird. Auf die umfangreiche Problematik zur Berechnung von Lösungen nichtlinearer Gleichungs- und Ungleichungssysteme können wir im Rahmen des Buches nicht eingehen und verweisen diesbezüglich auf die Literatur.

◆

6.5   Anwendung von Computeralgebrasystemen und EXCEL

Die Systeme MAPLE, MATHEMATICA, MATHCAD, MATLAB und EXCEL besitzen bis auf EXCEL *vordefinierte Funktionen* sowohl zur exakten als auch numerischen (näherungsweisen) *Berechnung* von *Lösungen* von *Gleichungssystemen*. EXCEL kann Gleichungssysteme (auch lineare) nur numerisch lösen.

Deshalb sollte man bei den Computeralgebrasystemen zuerst die exakte Berechnung versuchen. Erst wenn diese versagt, kann man zur numerischen Berechnung übergehen.

Eine Schwierigkeit besteht bei der Anwendung numerischer Methoden darin, daß meistens wie z.B. bei Newton-Methoden als Startwerte Schätzwerte für die Lösung erforderlich sind.

Die Wahl der Startwerte für eine numerische Methode ist nicht immer einfach, da die Konvergenz des Verfahrens davon abhängen kann. Bei einer Gleichung

$$u(x) = 0$$

mit einer Variablen (Unbekannten) x kann man die Suche eines Startwerts erleichtern, wenn man die Funktion u(x) grafisch darstellt und hieraus Näherungswerte für die Nullstellen abliest.

Dem Anwender wird empfohlen, verschiedene Startwerte bei der Nutzung der Systeme zur Berechnung von Lösungen zu verwenden und zusätzlich eine Probe durchzuführen, die sich ebenfalls problemlos mittels der Systeme durchführen läßt.

◆

Für *Ungleichungen* stellen MAPLE, MATHEMATICA, MATHCAD und EXCEL Funktionen zur Berechnung von Lösungen zur Verfügung. Dabei können MAPLE und MATHEMATICA Ungleichungen nur exakt lösen, wie wir im folgenden sehen. Bei einer Ungleichung

$u(x) \leq 0$

mit einer Funktion u(x) einer Variablen x kann man sich in allen Systemen zusätzlich helfen, indem man die Funktion u(x) grafisch darstellt und die Nullstellen bestimmt. Damit lassen sich bei stetigen Funktionen u(x) alle Lösungen der Ungleichung angeben.

♦

Im folgenden illustrieren wir die exakte bzw. numerische Berechnung von Lösungen allgemeiner Gleichungs- und Ungleichungssysteme im Rahmen der Systeme MAPLE, MATHEMATICA, MATHCAD, MATLAB und EXCEL. Wir geben nur Standardmethoden, die für unsere Betrachtungen ausreichen, d.h., wir betrachten in den Systemen nur Lösungsfunktionen, die für beliebige Gleichungen anwendbar sind und gehen nicht auf speziell für lineare Gleichungssysteme vorhandene Lösungsfunktionen ein. Für eine umfassendere Darstellung wird auf die Bücher [98, 99] des Autors verwiesen. Wir verwenden im folgenden für Gleichungssysteme mit m Gleichungen und n Unbekannten die Darstellung:

u1 (x1 , ... , xn) = 0

$$\vdots$$

um (x1 , ... , xn) = 0

da nicht alle Systeme im Arbeitsfenster indizierte Variable zulassen.

MAPLE besitzt zur exakten Lösung eines Gleichungssystems die vordefinierte Funktion

solve

die folgendermaßen anzuwenden ist:

> **solve** ({ u1(x1 , ... , xn) = 0 , ... , un(x1 , ... , xn) = 0 } ,

　　　{ x1 , ... , xn }) **;**

d.h., die Eingabe der Gleichungen und Variablen muß in Mengenschreibweise erfolgen. Falls die exakte Berechnung keine Ergebnis liefert, steht die Funktion

fsolve

zur Verfügung, die numerisch rechnet und folgendermaßen anzuwenden ist:

> **fsolve** ({ u1(x1 , ... , xn) = 0 , ... , un(x1 , ... , xn) = 0 } ,

　　　{ x1 , ... , xn }) **;**

Man sieht, daß die Funktion **fsolve** ohne Startwerte auskommt.

Die exakte Lösung von Ungleichungen kann in MAPLE mittels der Funktion **solve** erfolgen (siehe Beisp. 6.2c). Zur numerischen Lösung existieren in MAPLE keine Funktionen.

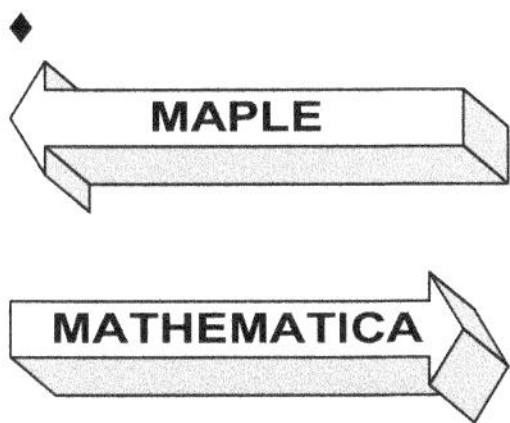

MATHEMATICA besitzt zur exakten Lösung eines beliebigen Gleichungssystems die vordefinierte Funktion **Solve**, die folgendermaßen anzuwenden ist:

Solve [{ u1(x1 , ... , xn) == 0 , ... , un(x1 , ... , xn) == 0 } , { x1, ... , xn }]

wobei die Eingabe der Gleichungen und Variablen als Liste erfolgen muß und für die Gleichheit zwei Gleichheitszeichen == zu verwenden sind.
Falls die exakte Berechnung keine Ergebnis liefert, stehen die Funktionen **NSolve** und **FindRoot** zur Verfügung, die numerisch rechnen und folgendermaßen einzugeben sind:

* **NSolve** ist analog wie **Solve** anzuwenden:

  NSolve[{ u1(x1 , ... , xn) == 0 , ... , un(x1 , ... , xn) == 0 } ,

  { x1, ... , xn }]

  Man sieht, daß **NSolve** ohne Startwerte auskommt.

* Bei **FindRoot** sind zur numerischen Berechnung von Nullstellen Startwerte s1, s2, ..., sn für die Variablen x1 , ... , xn erforderlich, so daß folgendes einzugeben ist:

  FindRoot[{ u1(x1 , ... , xn)== 0 , ... , un(x1 , ... , xn) == 0 } ,

  { x1 , s1 } , ... , { xn , sn }]

Während **NSolve** Polynomgleichungen numerisch löst, kann **FindRoot** zur numerischen Lösung beliebiger Gleichungen eingesetzt werden (siehe Beisp.6.2b).

MATHEMATICA besitzt das Zusatzpaket (Package) **InequalitySolve** zur exakten Lösung von Ungleichungen, das mittels

<< Algebra`InequalitySolve`

geladen wird. Danach ist die Funktion **InequalitySolve** verfügbar, die folgendermaßen einzugeben ist:

InequalitySolve [{ u1 (x1 , … , xn) <= 0 , … , un (x1 , … , xn) <= 0 } ,

{ x1, … , xn }]

wobei die Ungleichungen und Variablen analog wie bei **Solve** als Liste zu schreiben sind (siehe Beisp.6.2c).

♦

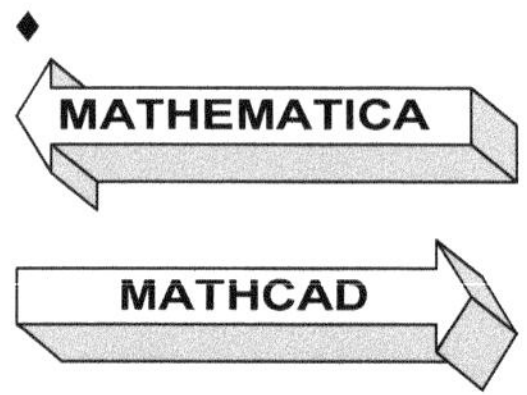

MATHCAD stellt u.a. folgende Methoden zur Lösung von Gleichungssystemen zur Verfügungen:

- Eine effektive Lösungsmethode von MATHCAD zur exakten Berechnung von Lösungen vollzieht sich in folgenden Schritten:

  * Man gibt das Kommando

    given
    (deutsche Version: **Vorgabe**)

    in das Arbeitsfenster ein. Dabei ist zu beachten, daß dies im Rechenmodus geschehen muß.

  * Darunter ist anschließend das Gleichungssystem einzutragen. Dabei muß das Gleichheitszeichen in den einzelnen Gleichungen unter Verwendung des Gleichheitsoperators

    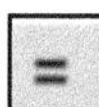

    aus der Operatorpalette Nr.6 eingegeben werden.

  * Unter dem Gleichungssystem ist die Funktion

    find (x1 , … , xn)
    (deutsche Version: **Suchen**)

    ebenfalls im Rechenmodus einzugeben, wobei im Argument die Variablen (durch Komma getrennt) erscheinen müssen, nach denen aufgelöst werden soll. Der durch **given** und **find** begrenzte Bereich wird als *Lösungsblock* bezeichnet. Man kann auch **Given** und **Find** mit großen Anfangsbuchstaben verwenden.

* Die Eingabe des symbolischen Gleichheitszeichens $\rightarrow$ nach **find** und abschließende Betätigung der Eingabetaste $\boxed{\leftarrow}$ liefern das exakte Ergebnis, falls das Gleichungssystem lösbar ist. Man kann das berechnete Ergebnis mittels der Zuweisung

$$\mathbf{x} := \mathbf{find}\,(x1\,,\,\ldots\,,\,xn) \rightarrow$$

einem *Lösungsvektor* **x** zuweisen.

• Die numerische Berechnung von Lösungen geschieht folgendermaßen: Die Vorgehensweise gestaltet sich bis auf zwei Ausnahmen analog zur beschriebenen exakten Lösung mittels **given** und **find**:

* Zuweisung von Startwerten an alle Variablen vor **given** (deutsche Version: **Vorgabe**)

* Nach **find** (deutsche Version: **Suchen**) muß das numerische Gleichheitszeichen = statt des symbolischen $\rightarrow$ eingegeben werden.

• Eine weitere effektive Lösungsmethode zur exakten Berechnung von Lösungen verwendet das Schlüsselwort **solve**:

* Man aktiviert das *Schlüsselwort*
  solve
  (deutsche Version: **auflösen**)
  durch Anklicken des Operators

  in der Operatorpalette Nr.9 der Rechenpalette

* Danach schreibt man in das erscheinende Symbol

  $$\blacksquare \ \text{solve}\,,\,\blacksquare \ \rightarrow$$

  in den linken Platzhalter das zu lösende Gleichungssystem und in den rechten Platzhalter die unbekannten Variablen, wobei diese jeweils als Komponenten eines Vektors einzugeben sind (siehe Beisp. 6.2a).
  Das Gleichheitszeichen in den einzelnen Gleichungen muß ebenfalls mit dem Gleichheitsoperator aus der Operatorpalette Nr.6 eingegeben werden.
  Man kann das berechnete Ergebnis mittels der Zuweisung

  $$x := \blacksquare \ \text{solve}\,,\,\blacksquare \ \rightarrow$$

einem *Lösungsvektor* **x** zuweisen.

* Die Eingabe des symbolischen Gleichheitszeichens → und die abschließende Betätigung der Eingabetaste ⏎ liefern das exakte Ergebnis, falls das Gleichungssystem lösbar ist.

• Wenn ein Gleichungssystem *keine* reellen *Lösungen* besitzt, kann die vordefinierte Numerikfunktion

minerr (x1 , ... , xn)
(deutsche Version: **Minfehl**)

anstatt von

find (x1 , ... , xn)
(deutsche Version: **Suchen**)

angewandt werden.
minerr minimiert die Quadratsumme aus den linken Seiten der Gleichungen des gegebenen Systems, d.h.

$$\sum_{i=1}^{m} u_i^2(x_1,..., x_n) \rightarrow \underset{x_1,x_2,...,x_n}{\text{Minimum}}$$

und bestimmt damit eine reelle *Lösung im verallgemeinerten Sinne* (siehe Kap.13).

Die Lösung von Ungleichungen kann in MATHCAD mit den Funktionen zur Lösung von Gleichungen versucht werden (siehe Beisp.6.2c).
♦

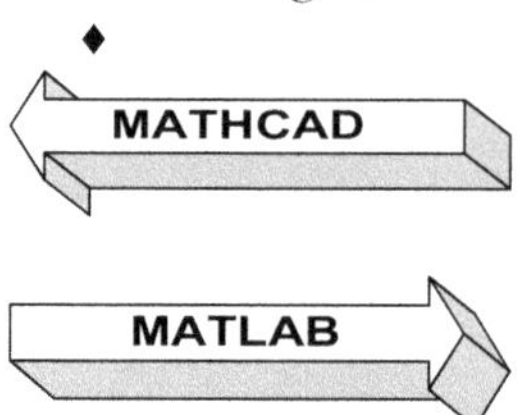

Zur exakten bzw. numerischen Berechnung von Lösungen eines gegebenen Gleichungssystems wird die Funktion **solve** angeboten, die folgendermaßen anzuwenden ist:

>> [x1 , ... , xn] = **solve** (' u1(x1,...,xn) = 0 , ... , um(x1,...,xn) = 0 ' ,

' x1 , ... , xn ')

d.h., die Gleichungen und Variablen sind als Zeichenketten einzugeben.

Falls MATLAB für das gegebene System keine exakten Lösungen findet, wird numerisch gerechnet. Wenn eine Lösung berechnet wurde, so weist sie MATLAB den verwendeten Variablen (Unbekannten) x1 , ... , xn zu.

☞

Zur Lösung von Ungleichungen wurden in MATLAB keine Funktionen gefunden.

♦

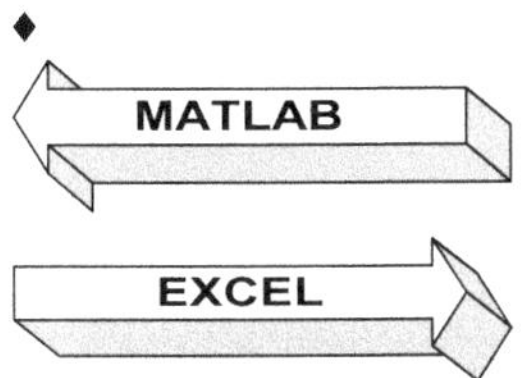

Im einzelnen ist bei der Lösung von (linearen und nichtlinearen) Gleichungen und Ungleichungen folgende *Vorgehensweise* erforderlich, wobei wir alle Gleichungen/Ungleichungen zur Vereinheitlichung auf die Form (Normalform) bringen, daß auf der rechten Seite Null steht:

I.   Zuerst tragen wir in zusammenhängende Zellen einer Zeile der aktuellen Tabelle die *Namen* der *Variablen (Unbekannten)* ein und darunter ihre *Startwerte* für das von EXCEL verwendete numerische Lösungsverfahren. Anschließend *markieren* wir diese *Zellen* durch Überstreichen mit gedrückter Maustaste und aktivieren die Menüfolge

Einfügen ⇒ Name ⇒ Erstellen...

und klicken in der erscheinenden Dialogbox

Namen erstellen aus oberster Zeile

an. Damit erhalten die Variablen die gegebenen Namen und ihnen werden die Startwerte zugewiesen. Es ist zu beachten, daß Variablennamen der Form x1, x2, ... in EXCEL nicht verwendet werden sollten, da sie mit Zelladressen verwechselt werden können.

II. Wir wählen eine freie Zelle der Tabelle und tragen hier die *linke Seite* der *ersten Gleichung/Ungleichung* als Formel ein. Analog werden in weitere leere Zellen die *linken Seiten* der *restlichen Gleichungen/Ungleichungen* des Systems als Formeln eingetragen.

III. Abschließend wird der SOLVER von EXCEL mittels der Menüfolge

Extras ⇒ Solver...

aufgerufen und die erscheinende *Dialogbox* (siehe Beisp.6.2) folgendermaßen *ausgefüllt*:

*   Bei *Zielzelle* wird der Inhalt gelöscht und *Wert* angeklickt.

* Bei *Veränderbare Zellen* sind die Zellen der Startwerte der Variablen einzutragen.
Dies kann geschehen, indem man die entsprechenden Zellen mit gedrückter Maustaste überstreicht.

* Bei *Nebenbedingungen* sind durch Anklicken von *Hinzufügen* in der erscheinenden Dialogbox die zu lösenden Gleichungen/Ungleichungen einzutragen, indem man die entsprechenden Zellen mit gedrückter Maustaste überstreicht.

IV. Das *Ergebnis* wird durch Anklicken von *Lösen* in der Dialogbox des SOLVERS erhalten und kann im *Antwortbericht* angesehen werden.

Die beschriebene Vorgehensweise wird im Beisp.6.2 illustriert.

Beispiel 6.2:

Verwenden wir MAPLE, MATHEMATICA, MATHCAD, MATLAB und EXCEL, um ein lineares und nichtlineares Gleichungssystem und eine Ungleichung zu lösen:

a) Bestimmen wir die eindeutige Lösung

(1/3 , 1/7)

des linearen Gleichungssystems

$$x_1 + x_2 = \frac{10}{21}$$

$$x_1 - x_2 = \frac{4}{21}$$

mittels der Systeme:

Anwendung der Funktion **solve** zur exakten Lösung:

> **solve** ({ x1 + x2 = 10/21 , x1 − x2 = 4/21 } , { x1 , x2 }) ;

$$\{ x2 = \frac{1}{7} , x1 = \frac{1}{3} \}$$

Anwendung der Funktion **Solve** zur exakten Lösung:

Solve [{ x1 + x2 == 10/21 , x1 − x2 == 4/21 } , { x1 , x2 }]

$$\left\{\left\{x1 \to \frac{1}{3} \, , \, x2 \to \frac{1}{7}\right\}\right\}$$

Wenden wir beide gegebenen Methoden zur exakten Lösung an:

* Anwendung des Schlüsselworts **solve** aus der Operatorpalette Nr.9:

$$\begin{pmatrix} x_1 + x_2 = \dfrac{10}{21} \\[2mm] x_1 - x_2 = \dfrac{4}{21} \end{pmatrix} \text{solve} \, , \begin{pmatrix} x_1 \\ x_2 \end{pmatrix} \to \begin{pmatrix} \dfrac{1}{3} & \dfrac{1}{7} \end{pmatrix}$$

* Anwendung von **given** und **find**:

given

$$x_1 + x_2 = \frac{10}{21}$$

$$x_1 - x_2 = \frac{4}{21}$$

$$\mathbf{find}\,(x_1 , x_2) \to \begin{pmatrix} \dfrac{1}{3} \\[2mm] \dfrac{1}{7} \end{pmatrix}$$

Anwendung der Funktion **solve** zur exakten Lösung:

>> [x1 , x2] = **solve** ('x1 + x2 = 10/21 , x1 − x2 = 4/21' , 'x1 , x2')

x1 =

1/3

 x2 =

1/7

In EXCEL sind folgende Schritte erforderlich:

I. Zuerst bezeichnen wir die beiden Variablen mit x und y und tragen diese in zwei nebeneinanderliegende freie Zellen (A1:B1) der aktuellen Tabelle ein. In die darunterliegenden freien Zellen (A2:B2) tragen wir Startwerte ein, wobei wir x=0 und y=0 gewählt haben. Danach umrahmen wir diese vier Zellen mit gedrückter Maustaste und aktivieren die Menüfolge

Einfügen ⇒ Name ⇒ Erstellen...

wobei wir in der erscheinenden Dialogbox

Name erstellen aus Oberster Zeile

anklicken. Damit werden den Variablen

(x , y)

die Startwerte

(0 , 0)

zugewiesen.

II. Anschließend werden die beiden Gleichungen als Formeln folgendermaßen in die zwei Zellen A4 und A5 eingetragen:

= x + y − 10/21

= x − y − 4/21

Das Ergebnis der Schritte I. und II. ist aus folgendem Ausschnitt der Tabelle ersichtlich, wobei in den Zellen A4 und A5 der beiden Gleichungen die Zahlenwerte zu sehen sind, die sich für die Startwerte

x=0 und y=0

ergeben:

	A	B	C
1	x	y	
2	0	0	
3			
4	-0,47619048		
5	-0,19047619		
6			

III. Danach wird der SOLVER mittels der Menüfolge

  Extras ⇒ Solver...

aufgerufen und die erscheinende Dialogbox ausgefüllt, wobei die Einträge in *Veränderbare Zellen* (Startwerte) durch Überstreichen der entsprechenden Zellen mit gedrückter Maustaste erzielt werden können und die Nebenbedingungen durch Anklicken von Hinzufügen in der erscheinenden Dialogbox auf die gleiche Art erstellt werden.
Das Ergebnis der Eintragungen der SOLVER-Parameter ist aus folgender Abbildung ersichtlich:

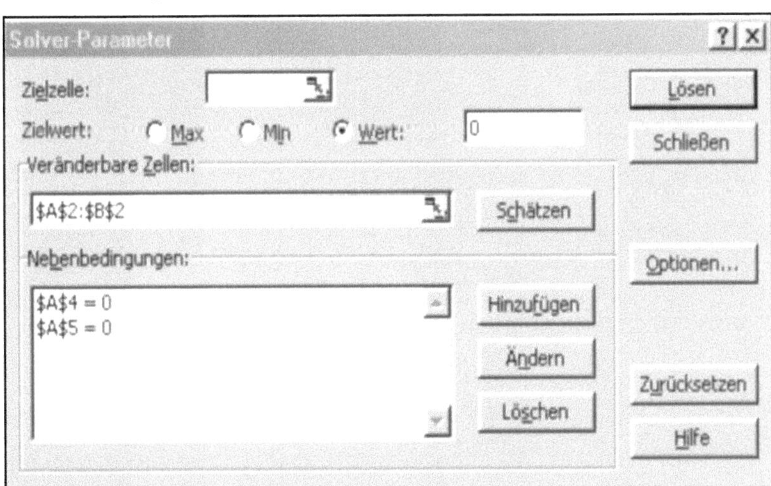

IV. Abschließend wird die Rechnung des SOLVERS durch Anklicken von *Lösen* ausgelöst. Die Lösung

(0,33333333 , 0,14285714)

wird bei erfolgreicher Rechnung in den Zellen der Startwerte angezeigt, wie aus der folgenden Abbildung ersichtlich ist:

Bei erfolgreicher Rechnung muß in den Zellen (A4:A5) für die Gleichungen Null stehen, da die berechnete Lösung natürlich diese Gleichungen erfüllen muß.
Zusätzlich kann man sich noch einen *Antwortbericht* ansehen.

EXCEL

b) Bestimmen wir mittels der Systeme numerisch eine Lösung des folgenden nichtlinearen Gleichungssystems

$$\sin x_1 + x_2^2 = \frac{10}{21}$$

$$x_1^3 - \ln x_2 = \frac{4}{21}$$

für das die Systeme keine exakte Lösung finden:

Anwendung der Funktion **fsolve** zur numerischen Lösung:

> **fsolve** ({ **sin**(x1) + x2^2 = 10/21 , x1^3 − **log**(x2) = 4/21 } , {x1,x2}) ;

{ x2 = .8201922338 , x1 = −.1978123600 }

Anwendung der Funktion **FindRoot** zur numerischen Lösung mit den Startwerten x1=0 und x2=1:

FindRoot [{ **Sin** [x1] + x2^2 ==10/21 , x1^3 − **Log** [x2] == 4/21 } ,

{ x1 , 0 } , { x2 , 1 }]

{ x1 → − 0.197812 , x2 → 0.820192 }

Da wir nichts über die Lösung wissen, verwenden wir die willkürlichen Startwerte (1,2):

$$x_1 := 1 \qquad x_2 := 2$$

Given

$$\sin(x_1) + x_2^{\,2} = \frac{10}{21}$$

$$x_1^{\,3} - \ln(x_2) = \frac{4}{21}$$

$$\mathrm{Find}(x_1 , x_2) - \begin{pmatrix} -0.198 \\ 0.82 \end{pmatrix}$$

Bestimmen wir eine numerische Lösung des nichtlinearen Gleichungssystems mittels der Funktion **solve**:

```
>> [x1,x2] = solve( 'sin(x1)+x2^2=10/21 , x1^3−log(x2)=4/21' , 'x1 , x2' )
```

x1 =

−.1978

x2 =

.820

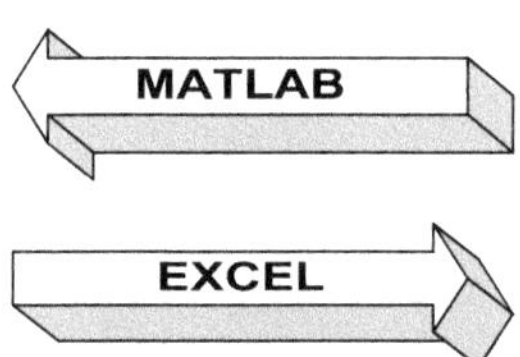

Die Vorgehensweise ist in EXCEL analog zu Beisp.a). Man muß nur anstatt der linearen die nichtlinearen Gleichungen eingeben.
EXCEL berechnet für die Startwerte (1,2) die gleiche Näherungslösung wie die Computeralgebrasysteme, wie aus dem folgenden Tabellenausschnitt ersichtlich ist:

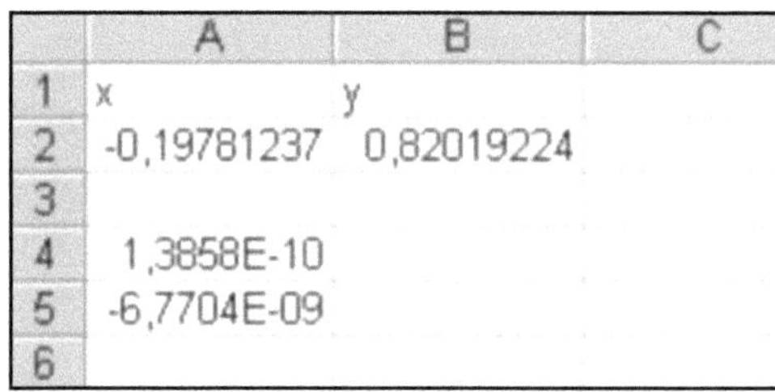

	A	B	C
1	x	y	
2	-0,19781237	0,82019224	
3			
4	1,3858E-10		
5	-6,7704E-09		
6			

c) Bestimmen wir die Lösungen

$$-\frac{3}{2} \le x \le \frac{3}{2}$$

der Ungleichung

$$|\,x - 1\,| + |\,x + 1\,| \le 3$$

mittels der Systeme:

MAPLE liefert die exakte Lösung mittels der Funktion **solve**:

> **solve** (**abs** (x − 1) + **abs** (x + 1) <= 3 , x) ;

$$\text{RealRange}\left(\frac{-3}{2}, \frac{3}{2}\right)$$

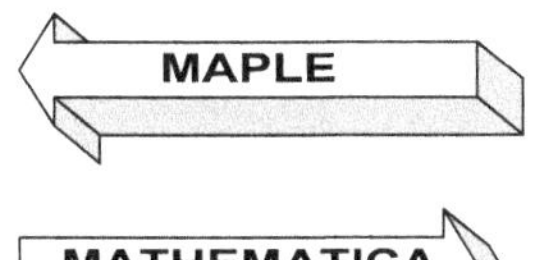

Nach dem Laden des Zusatzpakets **InequalitySolve** zur exakten Lösung von Ungleichungen mittels

<<**Algebra`InequalitySolve`**

stellt MATHEMATICA die Funktion **InequalitySolve** zur Verfügung, die die Lösung liefert:

InequalitySolve [**Abs** [x − 1] + **Abs** [x + 1] ≤ 3 , x]

$$-\frac{3}{2} \le x \le \frac{3}{2}$$

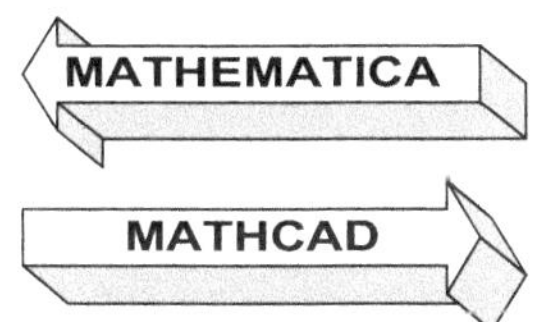

MATHCAD findet mittels **given** und **find** nicht den gesamten Lösungsbereich, sondern nur eine numerische Lösung, z.B. für den Startwert x=1:

x := 1

given

$$|x - 1| + |x + 1| \le 3$$

find (x) = 1

Mittels der Menüfolge

Symbolics ⇒ Variable ⇒ Solve

wird der gesamte Lösungsbereich gefunden:

$$|x-1| + |x+1| \leq 3 \qquad \text{msgMapleSolve} \qquad \begin{pmatrix} x \leq \dfrac{3}{2} \\[2ex] \dfrac{-3}{2} \leq x \end{pmatrix}$$

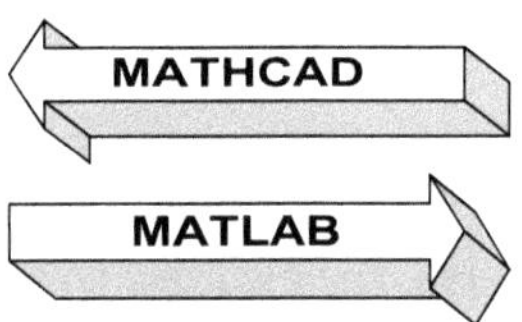

In MATLAB wurden keine Funktionen zur Lösung von Ungleichungen gefunden.

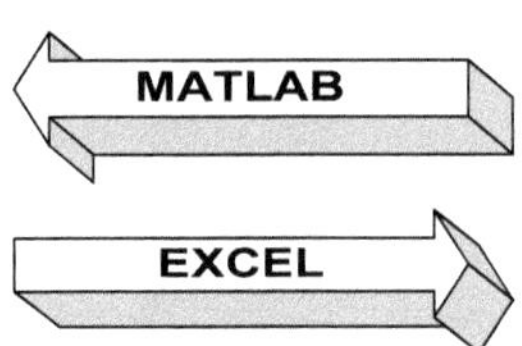

EXCEL kann nicht den gesamten Lösungsbereich berechnen, sondern nur einzelne Lösungen.

Die Vorgehensweise ist analog zur Lösung von Gleichungen. Für den Startwert x=1 wurde die Lösung 1 gefunden:

	A	B
1	x	
2	1	
3		
4	-1	
5		

7 Mathematische Optimierung - Kurzübersicht

7.1 Einführung

Die *allgemeine Aufgabenstellung* der *mathematischen Optimierung* haben wir bereits im Kap.1 kennengelernt:

* Es ist eine *Funktion* (*Zielfunktion/Optimierungskriterium*) zu *minimieren* oder *maximieren*, d.h., es ist ein kleinster Wert (Minimum) oder größter Wert (Maximum) einer Funktion zu berechnen.
  Man spricht anstelle von *Minimierung* und *Maximierung* auch von *Optimierung* bzw. der Bestimmung eines *Extremums* oder *Optimums*, wenn man die Problematik allgemein betrachtet und nicht zwischen Minimum und Maximum unterscheidet.

* Zusätzlich können für die Variablen gewisse *Beschränkungen* vorliegen, die meistens in Form von Gleichungen und Ungleichungen gegeben sind. Treten keine auf, so spricht man von Aufgaben ohne Beschränkungen. In der mathematischen Optimierung bezeichnet man derartige Beschränkungen meistens als Nebenbedingungen und spricht von *Optimierungsaufgaben* mit oder ohne *Nebenbedingungen*. Weiterhin werden die Bezeichnungen *unrestringierte* bzw. *restringierte Optimierungsaufgaben* verwendet.

In den verwendeten mathematischen Modellen für Optimierungsaufgaben werden die Zielfunktion durch mathematische Funktionen bzw. Funktionale und die Nebenbedingungen durch Gleichungen und Ungleichungen beschrieben. Der durch die Nebenbedingungen bestimmte Bereich wird als *zulässiger Bereich* bezeichnet.
Je nach Art der verwendeten Funktionen/Funktionale ergeben sich verschiedene Lösungsmethoden und Lösungstheorien. Deshalb unterteilt sich die mathematische Optimierung in eine Reihe von Gebieten, die in Abhängigkeit vom betrachteten Modell spezielle Methoden entwickeln. In den folgenden Abschn.7.2–7.12 werden wichtige Gebiete der Optimierung vorgestellt.
Im Rahmen des vorliegenden Buches befassen wir uns hauptsächlich mit Aufgaben der *linearen*, *nichtlinearen* und *vektoriellen Optimierung*, die grundlegende Gebiete der mathematischen Optimierung bilden. Zusätzlich

werden Spezialfälle wie *quadratische, parametrische* und *diskrete Optimierung* betrachtet und die Problematik der *Spieltheorie* und *dynamischen Optimierung* skizziert.

♦

☞

In den einzelnen Gebieten der *mathematischen Optimierung* werden folgende *Fragestellungen* untersucht:

- *Existenz* einer *Lösung*, d.h. Existenz eines Minimums oder Maximums (siehe Abschn.7.1.2).

- *Eindeutigkeit* der *Lösung*, d.h., gibt es genau einen Punkt, in dem die Zielfunktion ein Minimum oder Maximum annimmt (siehe Abschn.7.1.2).

- Aufstellung von *Optimalitätsbedingungen*, d.h. notwendige bzw. hinreichende Bedingungen für die Optimalität eines Punktes (siehe Abschn. 7.1.3).

- Entwicklung von *Lösungsmethoden* (siehe Abschn.7.1.4).

- *Untersuchung* der *optimalen Lösung* einer Optimierungsaufgabe auf Reaktionen gegenüber *Änderungen* in *Zielfunktion* und/oder *Nebenbedingungen*. Dies bezeichnet man als *Stabilitätsbetrachtung* bzw. *Sensitivitätsanalyse* (siehe Abschn.7.1.5).

♦

7.1.1 Optimum (Minimum und Maximum)

Der Inhalt der mathematischen Optimierung besteht in der *Bestimmung* von *Minima* und *Maxima*. Wie bereits erwähnt, werden Minima und Maxima unter dem Oberbegriff *Extremum* (*extremale Lösung*) oder *Optimum* (*optimale Lösung*) zusammengefaßt, wenn man die Problematik allgemein betrachtet. Dabei verwendet man bei Extremalaufgaben und in der Variationsrechnung meistens die Bezeichnung Extremum, während man in der linearen und nichtlinearen Optimierung und optimalen Steuerung vom Optimum spricht. Im folgenden schließen wir uns dieser Bezeichnungsweise an.

Während bei Extremalaufgaben und in der Variationsrechnung i.allg. lokale Extrema/Optima bestimmt werden (siehe Kap.8, 9 und Abschn.7.11), ermittelt man bei Aufgaben der linearen und nichtlinearen Optimierung und optimalen Steuerung globale (siehe Kap.10, 11 und Abschn.7.12).

Die mathematische Definition von lokalen und globalen Extrema/Optima haben wir für Funktionen im Abschn.3.5 kennengelernt. Diese Definition ist bei allen Optimierungsaufgaben anwendbar, deren Optimierungskriterium (Zielfunktion) durch eine Funktion bzw. Funktional gegeben ist.

Bei Aufgaben der *Vektoroptimierung* muß der Begriff des Extremums/Optimums verallgemeinert werden (siehe Abschn.7.7 und Kap.16).

7.1.2 Existenz und Eindeutigkeit eines Optimums

Bei einer gegebenen mathematischen Optimierungsaufgabe ist es von Interesse, ob überhaupt ein Optimum (Minimum oder Maximum) existiert, da man bei Nichtexistenz eines Optimums die Aufgabe nicht weiter zu untersuchen braucht. Es gibt zwei wesentliche *Gründe* für die *Nichtexistenz* eines *Optimums:*

I. Bei der Aufstellung des mathematischen Modells für die Optimierungsaufgabe haben sich Fehler eingeschlichen:

 * Der durch die Nebenbedingungen bestimmte *zulässige Bereich* ist *leer*, d.h. es wurden sich widersprechende Nebenbedingungen formuliert.

 * Der durch die Nebenbedingungen bestimmte *zulässige Bereich* ist *unbeschränkt.* Hier hängt die Existenz eines Optimums von der Gestalt der Zielfunktion ab.

 * Die *Zielfunktion* ist auf dem *zulässigen Bereich* unbeschränkt.

II. Die praktische Aufgabenstellung, für die das mathematische Modell erstellt wurde, besitzt keine optimalen Lösungen. Diese Problematik muß der entsprechende Fachmann erkennen.

Um bei einem konkreten mathematischen Optimierungsmodell über die *Existenz* eines *Optimums* entscheiden zu können, ist der folgende Satz hilfreich.

Satz 7.1:

Für Optimierungsaufgaben in endlichdimensionalen Räumen wird die Existenz von Minima und Maxima durch den *Satz* von *Weierstrass* gegeben:
Wenn eine stetige Funktion auf einem nichtleeren, abgeschlossenen und beschränkten Bereich B des n-dimensionalen Raumes R^n definiert ist, dann existieren Punkte aus B, in denen die Funktion ihr Optimum (Minimum oder Maximum) annimmt.

◆

Von den Voraussetzungen des Satzes 7.1 sind die Stetigkeit der Zielfunktion und die Abgeschlossenheit des zulässigen Bereichs i.allg. einfach nachzuprüfen. Dagegen ist es schwieriger zu erkennen, ob der zulässige Bereich nichtleer und beschränkt ist.

◆

Bei Optimierungsaufgaben in unendlichdimensionalen Räumen (Variationsrechnung und optimale Steuerung) reichen die in Satz 7.1 gegebenen Voraussetzungen für die Existenz eines Optimums nicht aus. Hier sind zusätzliche Voraussetzungen erforderlich. Da wir derartige Aufgaben nicht betrachten, verweisen wir diesbezüglich auf die Literatur.

♦

Die *Eindeutigkeit* einer optimalen Lösung ist bereits in endlichdimensionalen Räumen nur unter zusätzlichen Voraussetzungen gesichert, so z.B. bei strenger Konvexität der Zielfunktion über einem konvexen Gebiet.

♦

7.1.3 Optimalitätsbedingungen

Wie in anderen Gebieten der Mathematik unterscheidet man in der mathematischen Optimierung zwischen notwendigen und hinreichenden Bedingungen, die man hier als *notwendige* bzw. *hinreichende Optimalitätsbedingungen* bezeichnet. Im Laufe des Buches werden wir Optimalitätsbedingungen für grundlegende Aufgabenstellungen kennenlernen (siehe Abschn. 8.2, 9.2 und 11.3).

Aus den Optimalitätsbedingungen lassen sich Optimalpunkte (Minimal- oder Maximalpunkte) bei einfachen Aufgaben exakt berechnen. Dies gelingt aber i.allg. nicht bei komplexeren praktischen Aufgabenstellungen. Hier ist man auf numerische Lösungsmethoden angewiesen (siehe Abschn.7.1.4).

♦

7.1.4 Lösungsmethoden

Methoden zur *Berechnung* von *Extrema/Optima* lassen sich in *drei Klassen* einteilen:

I. Man bestimmt *exakte Lösungen* der Gleichungen bzw. Ungleichungen der (notwendigen) *Optimalitätsbedingungen* (siehe Abschn.8.2, 9.2 und 11.3). Für praktische Aufgabenstellungen ist diese Vorgehensweise jedoch selten anwendbar, da sich hier i.allg. die Gleichungen bzw. Ungleichungen der Optimalitätsbedingungen aufgrund ihrer Nichtlinearität nicht exakt lösen lassen. Eine numerische Berechnung von Lösungen der Optimalitätsbedingungen ist nicht immer effektiv, kann aber bei Spezialfällen wie quadratischen Aufgaben (siehe Kap.12) erfolgreich eingesetzt werden. Diese Methoden werden als *indirekte Methoden* bezeichnet.

II. Man berechnet mittels *numerischer Methoden* unmittelbar *Näherungslösungen* einer *Optimierungsaufgabe*, ohne die Optimalitätsbedingungen zu lösen. Diese Methoden werden als *direkte Methoden* bezeichnet. Wir lernen sie im Laufe dieses Buches kennen (siehe Abschn.8.3, 9.3 und 11.6). Sie bilden die hauptsächlichen Lösungsmöglichkeiten für praktische Aufgaben.

III. *Grafische Lösungsmethoden* können bei einfachen Aufgaben (mit maximal drei unabhängigen Variablen) in endlichdimensionalen Räumen herangezogen werden. Wir werden im Rahmen des Buches einige Beispiele hierfür kennenlernen (siehe Abschn.10.3 und 11.2). Grafische Methoden haben meistens nur illustrativen Charakter und spielen bei praktischen Aufgaben keine Rolle.

7.1.5 Stabilitätsbetrachtungen

Stabilitätsbetrachtungen spielen in der mathematischen Optimierung eine wichtige Rolle. Hier wird für die optimale Lösung die Auswirkung von Störungen untersucht, die in Zielfunktion und/oder Nebenbedingungen auftreten können. Derartige Störungen können verschiedene Ursachen haben, wie z.B. Rundungsfehler, Meßfehler bei der Bestimmung von Koeffizienten, nicht exakt bekannte Koeffizienten.
Stabilitätsbetrachtungen geschehen im Rahmen der *Sensitivitätsanalyse* und *parametrischen Optimierung*, die wir im Abschn.7.6 und Kap.15 skizzieren.

7.2 Extremalaufgaben

Unter *Extremalaufgaben* (*Extremwertaufgaben*) versteht man Aufgaben zur Bestimmung *lokaler Minima* und *Maxima* einer *Funktion* (*Zielfunktion*)

$$z = f(\mathbf{x}) = f(x_1, x_2, \ldots, x_n)$$

von n Variablen

$$x_1, x_2, \ldots, x_n$$

die man als Komponenten eines *Spaltenvektors* $\mathbf{x}$ schreibt, d.h.

$$\mathbf{x} = \begin{pmatrix} x_1 \\ x_2 \\ \vdots \\ x_n \end{pmatrix}$$

Bei Extremalaufgaben

* bezeichnet man *Minima* und *Maxima* meistens als *Extrema* anstelle von *Optima*,

* können zusätzlich *Nebenbedingungen* in Form von *Gleichungen* auftreten, die man als *Gleichungsnebenbedingungen* bezeichnet.

Extremalaufgaben werden auch als

* *unrestringierte* bzw. *gleichungsrestringierte Optimierungsaufgaben*

* *Optimierungsaufgaben* ohne *Nebenbedingungen* bzw. mit *Gleichungs-nebenbedingungen*

bezeichnet.

☞

Extremalaufgaben werden schon seit langem betrachtet. Mit der Entwicklung der Differentialrechnung wurden bereits Optimalitätsbedingungen für diese Aufgaben aufgestellt. Deshalb bezeichnet man Extremalaufgaben als klassische Optimierungsaufgaben. Diese Bezeichnung wird auch gewählt, um auszudrücken, daß lokale Extrema bestimmt werden.

Extremalaufgaben spielen in praktischen Anwendungen nicht die dominierende Rolle, da hier meistens Nebenbedingungen mit Ungleichungen (Ungleichungsnebenbedingungen) auftreten. Man kann jedoch versuchen, eine gegebene Aufgabe zuerst ohne Ungleichungsnebenbedingungen als Extremalaufgabe zu lösen und überprüft anschließend, ob die erhaltenen Lösungen die gegebenen Ungleichungsnebenbedingungen erfüllen (siehe Beisp. 7.1).

♦

In den folgenden beiden Abschn.7.2.1 und 7.2.2 betrachten wir mathematische Modelle für Extremalaufgaben ohne Nebenbedingungen bzw. mit Gleichungsnebenbedingungen. Ausführlicher werden beide Aufgabenstellungen in den Kap.8 und 9 behandelt.

7.2.1 Aufgaben ohne Nebenbedingungen

Bei *Extremalaufgaben ohne Nebenbedingungen* sind *lokale Extrema* (*Minima* und *Maxima*) einer gegebenen Funktion

$$z = f(\mathbf{x}) = f(x_1, x_2, \ldots, x_n)$$

von n Variablen

$$\mathbf{x} = \begin{pmatrix} x_1 \\ x_2 \\ \vdots \\ x_n \end{pmatrix}$$

zu bestimmen, ohne daß die Variablen weitere Nebenbedingungen erfüllen müssen, d.h.

$$z = f(\mathbf{x}) = f(x_1, x_2, \ldots, x_n) \rightarrow \underset{x_1, x_2, \ldots, x_n}{\text{Minimum/Maximum}}$$

Im Kap.8 werden wir für diese Extremalaufgaben ohne Nebenbedingungen *notwendige* und *hinreichende Optimalitätsbedingungen* und *numerische Methoden* kennenlernen.

Im folgenden Beispiel illustrieren wir die Problematik von Extremalaufgaben ohne Nebenbedingungen an zwei einfachen Aufgaben.

Beispiel 7.1:

Um die Rechnungen zu vereinfachen, löst man in der Praxis häufig Optimierungsaufgaben, bei denen einfache Ungleichungsnebenbedingungen für einzelne Variable vorliegen, ohne diese Nebenbedingungen und überprüft anschließend ob die erhaltenen Lösungen diese Nebenbedingungen erfüllen. Die folgenden beiden Aufgaben a) und b) sind Beispiele hierfür:

a) Betrachten wir eine Maximierungsaufgabe:

Der Wirkungsgrad η eines technischen Geräts als Funktion der abgegebenen Leistung P sei durch die Funktion

$$\eta = \eta(P) = \frac{a - b \cdot P^2}{\left(a + P + b \cdot P^2\right)^2}$$

gegeben, wobei die Konstanten a>0 und b>0 vom Gerät abhängen. Es ist diejenige Leistung P gesucht, bei der der Wirkungsgrad η am größten ist, d.h., es ist die Maximierungsaufgabe

$$\eta(P) \;\to\; \underset{P}{\text{Maximum}}$$

zu lösen.

Damit liegt die Bestimmung eines Maximums der Funktion $\eta(P)$ einer Variablen P ohne weitere Nebenbedingungen vor, die wir im Kap.8 (Beisp. 8.1 und 8.2) durchführen werden.

Bei dieser Aufgabe wurde offensichtlich eine Vereinfachung vorgenommen, da man in der Praxis die Leistung P nicht beliebig verändern kann, weil diese nach oben durch eine Schranke S (>0) beschränkt ist. Deshalb ist hier eine Ungleichungsnebenbedingung der Form

$$0 \leq P \leq S$$

gegeben, so daß man bei den erhaltenen positiven Lösungen P nachsehen muß, ob die gegebenen Schranken eingehalten werden.

b) Die Wirkung, die x Einheiten eines Medikaments t Stunden nach der Einnahme auf einen Patienten haben, werde durch die Wirkungsfunktion

$$W(x,t) = x^2 \cdot (a - x) \cdot t^2 \cdot e^{-t} \qquad\qquad (\,a - \text{gegebene Konstante})$$

beschrieben. Es sind nun diejenige Dosis x und die Zeit t gesucht, daß die Wirkungsfunktion W(x,t) ein Maximum annimmt.

Damit liegt die Bestimmung eines Maximums der Funktion W(x,t) zweier Variablen x und t vor, die wir im Kap.8 (Beisp. 8.1 und 8.2) durchführen werden.

Wir betrachten die Aufgabe ohne Nebenbedingungen. Bei den Lösungen ist aber zu beachten, daß die zwei Ungleichungsnebenbedingungen

$$0 \leq x \leq a \text{ und } 0 \leq t$$

erfüllt sein müssen.

♦

7.2.2 Aufgaben mit Gleichungsnebenbedingungen

Extremalaufgaben mit Gleichungsnebenbedingungen haben folgende *Struktur:*

- Es sind *lokale Extrema* (*Minima* und *Maxima*) einer *Funktion* $f(\mathbf{x})$ von n Variablen zu bestimmen, d.h.

$$z = f(\mathbf{x}) = f(x_1, x_2, \dots, x_n) \rightarrow \underset{x_1, x_2, \dots, x_n}{\text{Minimum/Maximum}}$$

- Die *Variablen* müssen zusätzlich *Nebenbedingungen* in Form von m *Gleichungen* (*Gleichungsnebenbedingungen*) erfüllen, d.h.

$$g_i(\mathbf{x}) = g_i(x_1, x_2, \dots, x_n) = 0 \qquad (i = 1, 2, \dots, m)$$

wobei die Funktionen

$$g_i$$

beliebig sein können.

Man setzt sinnvollerweise voraus, daß m<n gilt. Dies wird durch die meisten praktischen Aufgabenstellungen erfüllt. Für m≥n liegt keine Optimierungsaufgabe mehr vor, da das Gleichungssystem schon bei n unabhängigen Gleichungen i.allg. nur endlich viele Lösungen besitzt.

Im Kap.9 werden wir für diese Aufgaben *Optimalitätsbedingungen* und *numerische Methoden* kennenlernen. Im folgenden Beisp.7.2 illustrieren wir die Problematik an einer einfachen praktischen Aufgabe.

Beispiel 7.2:

Betrachten wir eine Minimierungsaufgabe zur Materialeinsparung:

Aus Blech sollen zylindrische Konservendosen mit Deckel mit einem Inhalt von 1000 cm^3 produziert werden, für deren Herstellung ein minimaler Materialverbrauch gefordert wird.

Damit ist die zu minimierende Funktion durch die Oberfläche O der Konservendose gegeben, die sich aus zwei Kreisflächen (Boden + Deckel) mit dem Radius r und der Mantelfläche mit der Höhe h zusammensetzt, d.h., es ist bzgl. der Variablen r>0 und h>0 die Minimierungsaufgabe

$$O(r,h) = 2 \cdot \pi \cdot r^2 + 2 \cdot \pi \cdot r \cdot h \;\rightarrow\; \underset{r,h}{\text{Minimum}}$$

zu lösen, wobei die Forderung besteht, daß die Dose ein vorgegebenes Volumen haben muß, d.h., es ist zusätzlich die Gleichungsnebenbedingung

$$V(r,h) = \pi \cdot r^2 \cdot h = 1000$$

zu berücksichtigen.
Damit liegt die Bestimmung des Minimums einer Funktion zweier Variablen mit einer Gleichungsnebenbedingung vor, wenn man von den Positivitätsforderungen für die Variablen r und h absieht. Im Kap.9 (Beisp.9.1a) werden wir diese Aufgabe lösen.
Da sich die Gleichungsnebenbedingung einfach nach einer Variablen (z.B. h) auflösen läßt, so z.B.

$$h = \frac{1000}{\pi \cdot r^2}$$

erhält man die folgende *Minimierungsaufgabe ohne Nebenbedingungen:*

$$O(r) = 2 \cdot \pi \cdot r^2 + 2 \cdot \frac{1000}{r} \;\rightarrow\; \underset{r}{\text{Minimum}}$$

Offensichtlich hat man jetzt die Oberfläche nur noch als Funktion der Variablen r (Radius) zu minimieren.

♦

Im Beisp.7.2 haben wir gesehen, daß sich eine Extremalaufgabe mit Gleichungsnebenbedingungen in eine Aufgabe ohne Nebenbedingungen überführen läßt, falls die Gleichungen der Nebenbedingungen nach gewissen Variablen auflösbar sind. Die für diese Variablen erhaltenen Ausdrücke setzt man in die Zielfunktion ein und erhält damit eine Aufgabe ohne Nebenbedingungen. Dics wird als *Eliminationsmethode* oder *Reduktionsmethode* bezeichnet (siehe Kap.9).
Falls diese Vorgehensweise möglich ist, so ist sie vorzuziehen, da hier die Gleichungsnebenbedingungen wegfallen und die Anzahl der Variablen reduziert wird.

♦

7.3 Lineare Optimierung

Aufgaben der linearen Optimierung gehören zur Klasse von Optimierungsaufgaben für die Nebenbedingungen in Ungleichungsform (Ungleichungsnebenbedingungen) vorliegen und für die globale Optima (Minima und Maxima) gesucht sind.

Aufgaben der *linearen Optimierung* haben die einfachste Struktur dieser Klasse, da *Zielfunktion* und *Funktionen* der *Nebenbedingungen linear* sind, d.h.:

- Eine gegebene *lineare Zielfunktion*

$$z = f(\mathbf{x}) = f(x_1, x_2, ..., x_n) = c_1 \cdot x_1 + c_2 \cdot x_2 + ... + c_n \cdot x_n$$

ist bezüglich der n Variablen

$$\mathbf{x} = \begin{pmatrix} x_1 \\ x_2 \\ \vdots \\ x_n \end{pmatrix}$$

zu *maximieren:*

$$z = f(\mathbf{x}) = f(x_1, x_2, ..., x_n) = c_1 \cdot x_1 + c_2 \cdot x_2 + ... + c_n \cdot x_n \rightarrow \underset{x_1, x_2, ..., x_n}{\text{Maximum}}$$

- Die Variablen müssen zusätzlich *Nebenbedingungen* in Form von m *linearen Ungleichungen* (*Ungleichungsnebenbedingungen*) erfüllen, d.h.

$$a_{11} \cdot x_1 + a_{12} \cdot x_2 + ... + a_{1n} \cdot x_n \leq b_1$$

$$a_{21} \cdot x_1 + a_{22} \cdot x_2 + ... + a_{2n} \cdot x_n \leq b_2$$

$$\vdots \qquad \vdots \qquad \vdots \qquad \vdots$$

$$a_{m1} \cdot x_1 + a_{m2} \cdot x_2 + ... + a_{mn} \cdot x_n \leq b_m$$

Des weiteren müssen die Variablen meistens *Nicht-Negativitätsbedingungen* (*Vorzeichenbedingungen*)

$$x_j \geq 0 \qquad\qquad (j = 1, ..., n)$$

genügen, da sie in praktischen Aufgaben häufig nur positive Werte annehmen können.

In der Aufgabenstellung der linearen Optimierung sind die Konstanten

$$a_{ij}, b_i, c_j \qquad\qquad (i = 1, 2, ..., m; j = 1, 2, ..., n)$$

gegeben und die n Variablen (Unbekannten)

$$x_1, x_2, ..., x_n$$

so zu bestimmen, daß die Zielfunktion ein Maximum über dem zulässigen Bereich annimmt, der durch die Ungleichungsnebenbedingungen bestimmt wird.

In *Matrixschreibweise* hat die gegebene Aufgabe der *linearen Optimierung* folgende Form:

$$z = \mathbf{c}^{\mathrm{T}} \cdot \mathbf{x} \;\rightarrow\; \underset{\mathbf{x}}{\text{Maximum}}$$

$$\mathbf{A} \cdot \mathbf{x} \leq \mathbf{b} \quad , \qquad \mathbf{x} \geq \mathbf{0}$$

wobei sich die Vektoren $\mathbf{c}$, $\mathbf{x}$ und $\mathbf{b}$ und die Matrix $\mathbf{A}$ folgendermaßen schreiben:

$$\mathbf{c} = \begin{pmatrix} c_1 \\ c_2 \\ \vdots \\ c_n \end{pmatrix} \;,\quad \mathbf{x} = \begin{pmatrix} x_1 \\ x_2 \\ \vdots \\ x_n \end{pmatrix} \;,\quad \mathbf{b} = \begin{pmatrix} b_1 \\ b_2 \\ \vdots \\ b_m \end{pmatrix} \;,\quad \mathbf{A} = \begin{pmatrix} a_{11} & a_{12} & \cdots & a_{1n} \\ a_{21} & a_{22} & \cdots & a_{2n} \\ \vdots & \vdots & \cdots & \vdots \\ a_{m1} & a_{m2} & \cdots & a_{mn} \end{pmatrix}$$

◆

Im Gegensatz zur nichtlinearen Optimierung (siehe Abschn. 7.4) verwenden wir in der gegebenen Aufgabenstellung der linearen Optimierung die Maximierung der Zielfunktion. Wir haben uns hier der Formulierung vieler Lehrbücher angeschlossen. Dies bedeutet jedoch keine Einschränkung der Allgemeinheit, da die betrachtete Aufgabenstellung alle auftretenden Fälle enthält:

* Falls ein *Zielfunktion* zu *minimieren* ist, so erhält man durch Multiplikation mit -1 eine zu maximierende Zielfunktion.

* Falls eine *Gleichungsnebenbedingung* vorkommt, so kann diese durch zwei Ungleichungen beschrieben werden.

* Falls *Ungleichungsnebenbedingungen* mit $\geq$ vorkommen, so können diese durch Multiplikation mit -1 in Ungleichungsnebenbedingungen mit $\leq$ transformiert werden.

◆

Im Gegensatz zu den Extremalaufgaben aus Abschn. 7.2 existieren bei Aufgaben der linearen Optimierung nur *globale* (*absolute*) *Optima*, d.h. für unsere Aufgabenstellung *globale* (*absolute*) *Maxima*. Da die Zielfunktion linear ist, fallen lokale und globale Optima zusammen, wie man sich leicht überlegt. Sämtliche Optima liegen auf dem Rand des durch die Nebenbedingungen bestimmten zulässigen Bereichs. Deshalb kann die Differentialrechnung im Unterschied zu Extremalaufgaben nicht zur Bestimmung von Optima herangezogen werden.

Für die lineare Optimierung existieren *spezielle Lösungsmethoden,* die hauptsächlich auf der linearen Algebra beruhen. Die bekannteste Lösungsmethode ist die *Simplexmethode,* die von dem amerikanischen Mathematiker *Dantzig* in den vierziger Jahren des 20. Jahrhunderts entwickelt wurde. Sie liefert eine Lösung in endlich vielen Schritten (mit Ausnahme von Entartungsfällen). Treten nur zwei Variable auf, so kann man auch grafische Lösungsmethoden einsetzen. Im Kap.10 gehen wir näher auf Lösungsmöglichkeiten für die lineare Optimierung ein.

♦

Aufgaben der linearen Optimierung entstanden aus praktischen Aufgabenstellungen erst in den dreißiger und vierziger Jahren des 20. Jahrhunderts. Man bezeichnet sie deshalb als nichtklassische Optimierungsaufgaben. Diese Bezeichnung wird auch gewählt, um auszudrücken, daß hier nur globale Optima bestimmt werden.

Die lineare Optimierung tritt häufig bei Fragestellungen auf, in denen Kosten und Verbrauch (von Rohstoffen, Materialien) minimiert bzw. Gewinn und Produktionsmenge maximiert werden sollen.

Hierzu zählen Aufgaben der *Transportoptimierung, Produktionsoptimierung, Mischungsoptimierung, Gewinnmaximierung, Kostenminimierung.*

♦

In der *englischsprachigen Literatur* bezeichnet man die lineare Optimierung als *linear programming,* so daß man im Deutschen manchmal die Bezeichnung *lineare Programmierung* verwendet.

♦

Betrachten wir im folgenden je ein Beispiel aus der Gewinnmaximierung und Kostenminimierung als typische lineare Optimierungsaufgaben. Zahlreiche weitere praktische Aufgabenstellungen findet man in Lehrbüchern der linearen Optimierung.

Beispiel 7.3:

a) Eine Firma produziert in einem gegebenen Zeitraum zwei Produkte A und B. Für diese Produktion werden zwei Rohstoffe I und II benötigt, die in je 60 Mengeneinheiten zur Verfügung stehen. Zur Herstellung je einer Mengeneinheit der Produkte werden für A 6 Mengeneinheiten und für B 12 Mengeneinheiten des Rohstoffs I und für A 12 Mengeneinheiten und für B 6 Mengeneinheiten des Rohstoffs II benötigt.

   Der bei dieser Produktion erzielte Gewinn betrage 200 000 Euro für eine Mengeneinheit vom Produkt A bzw. 300 000 Euro für eine Mengeneinheit vom Produkt B.

Gesucht ist der maximale Gewinn für die Produktion in dem gegebenen Zeitraum, d.h., es liegt eine Aufgabe der *Gewinnmaximierung* vor: Bezeichnet man die produzierten Mengeneinheiten vom Produkt A und B mit den Variablen

$$x_1 \quad \text{bzw.} \quad x_2$$

so hat die zu maximierende Zielfunktion (Gewinnfunktion) folgende Form:

$$f(x_1, x_2) = 200\,000 \cdot x_1 + 300\,000 \cdot x_2 = 100\,000 \cdot (2 \cdot x_1 + 3 \cdot x_2)$$

Die Nebenbedingungen für die beiden Variablen ergeben sich aus den gegebenen 60 Mengeneinheiten für die beiden Rohstoffe I und II und den zur Produktion benötigten Mengen des Rohstoffs I, d.h.

$$6 \cdot x_1 + 12 \cdot x_2 \leq 60$$

und des Rohstoffs II, d.h.

$$12 \cdot x_1 + 6 \cdot x_2 \leq 60$$

Da nur positive Mengeneinheiten produziert werden können, müssen noch folgende Nicht-Negativitätsbedingungen (Vorzeichenbedingungen) erfüllt sein:

$$x_1 \geq 0 \ , \quad x_2 \geq 0$$

Daraus ergibt sich folgende Aufgabe der linearen Optimierung, wenn man Zielfunktion und Nebenbedingungen durch mögliche Ausklammerung bzw. Kürzungen vereinfacht:

$$f(x_1, x_2) = 2 \cdot x_1 + 3 \cdot x_2 \ \rightarrow \ \underset{x_1, x_2}{\text{Maximum}}$$

$$x_1 + 2 \cdot x_2 \leq 10$$

$$2 \cdot x_1 + x_2 \leq 10$$

$$x_1 \geq 0 \ , \quad x_2 \geq 0$$

b) Lösen wir ein einfaches *Mischungsproblem:*
Eine Firma hat drei verschiedene Getreidesorten G1, G2 und G3 zur Verfügung, um hieraus ein Futtermittel zu mischen. Jede dieser Getreidesorten hat einen unterschiedlichen Gehalt an den erforderlichen Nährstoffen A und B, von denen das Futtermittel mindestens 42 bzw. 21 Mengeneinheiten enthalten muß. Die folgende Tabelle liefert die Anteile der

Nährstoffe in den einzelnen Getreidesorten und die Preise/Mengeneinheit (z.B. in Euro/kg):

	G1	G2	G3
Nährstoff A	6	7	1
Nährstoff B	1	4	5
Preis/Einheit	6	8	18

Die Kosten für das hergestellte Futtermittel sollen minimal werden, d.h., es liegt eine Aufgabe der *Kostenminimierung* vor:

Dies ergibt folgende lineare Optimierungsaufgabe, wenn für die verwendeten Mengen der Getreidesorten die Variablen

$$x_1, x_2, x_3$$

benutzt werden:

$$f(x_1, x_2, x_3) = 6 \cdot x_1 + 8 \cdot x_2 + 18 \cdot x_3 \to \underset{x_1, x_2, x_3}{\text{Minimum}}$$

$$6 \cdot x_1 + 7 \cdot x_2 + x_3 \geq 42$$

$$x_1 + 4 \cdot x_2 + 5 \cdot x_3 \geq 21$$

$$x_1 \geq 0, \; x_2 \geq 0, \; x_3 \geq 0$$

♦

Einen wichtigen *Spezialfall* linearer Optimierungsaufgaben bilden Aufgaben der *Transportoptimierung*, die folgende *spezielle Struktur* besitzen:

$$\sum_{i=1}^{m} \sum_{j=1}^{n} c_{ij} \cdot x_{ij} =$$

$$c_{11} \cdot x_{11} + \ldots + c_{1n} \cdot x_{1n} + \ldots + c_{m1} \cdot x_{m1} + \ldots + c_{mn} \cdot x_{mn} \to \text{Minimum}$$

bzgl.

$$x_{ij} \geq 0$$

unter Berücksichtigung der Gleichungsnebenbedingungen

$$\sum_{j=1}^{n} x_{ij} = x_{i1} + x_{i2} + \ldots + x_{in} = a_i \qquad (i = 1, 2, \ldots, m)$$

$$\sum_{i=1}^{m} x_{ij} = x_{1j} + x_{2j} + \ldots + x_{mj} = b_j \qquad (\, j = 1, 2, \ldots , n \,)$$

Bei diesen Aufgaben werden die Variablen

$$x_{ij}$$

zweckmäßigerweise doppelindiziert verwendet, da sie die Menge bezeichnen, die vom Lager i zum Verbraucher j geliefert wird. Der Sonderfall besteht hier darin, daß die Nebenbedingungen in Gleichungsform vorliegen und nur für die Variablen Nicht-Negativitätsbedingungen gegeben sind.

Die *Problematik* der *Transportoptimierung* besteht im folgenden:
Für eine bestimmte Ware gibt es *m Lieferanten* mit den *Lieferkapazitäten*

$$a_i \geq 0 \qquad\qquad (\, i = 1, 2, \ldots , m \,)$$

und *n Verbraucher* dieser Ware mit einem *Bedarf*

$$b_j \geq 0 \qquad\qquad (\, j = 1, 2, \ldots , n \,)$$

wobei der Transport einer Einheit dieser Ware vom Lieferanten i zum Verbraucher j

$$c_{ij}$$

Geldeinheiten kostet. Die Aufgabe besteht darin, die Gesamttransportkosten (Zielfunktion) zu minimieren. Aufgrund der speziellen Struktur existieren nur ganzzahlige Lösungen, wenn

$$a_i \text{ und } b_j$$

ganzzahlig sind.
In Kap.10 illustrieren wir die Berechnung derartiger Transportaufgaben mittels der Computeralgebrasysteme und EXCEL.

♦

7.4 Nichtlineare Optimierung

Eine Reihe von Optimierungsaufgaben aus Technik, Natur- und Wirtschaftswissenschaften läßt sich nicht zufriedenstellend durch lineare Modelle beschreiben, d.h. mittels linearer Optimierung lösen. Deshalb ist es notwendig, sich neben der linearen Optimierung auch mit Aufgaben der *nichtlinearen Optimierung* zu beschäftigen (siehe [46] und Beisp.7.4).
Sobald eine Funktion der Nebenbedingungen oder die Zielfunktion nichtlinear sind, kann man Methoden der linearen Optimierung nicht mehr anwenden und spricht von nichtlinearer Optimierung, deren Theorie seit den fünfziger Jahren des 20. Jahrhunderts entwickelt wird. In der *englischspra-*

chigen Literatur verwendet man die Bezeichnung *nonlinear programming*, so daß man in deutschen Büchern auch gelegentlich die Bezeichnung *nichtlineare Programmierung* findet.

Aufgaben der *nichtlinearen Optimierung* haben folgende *Struktur*:

- Eine gegebene *Zielfunktion* $f(\mathbf{x})$ ist bezüglich der n Variablen

$$\mathbf{x} = \begin{pmatrix} x_1 \\ x_2 \\ \vdots \\ x_n \end{pmatrix}$$

zu *minimieren*, d.h.

$$z = f(\mathbf{x}) = f(x_1, x_2, \ldots, x_n) \to \underset{x_1, x_2, \ldots, x_n}{\text{Minimum}}$$

- Die Variablen müssen zusätzlich *Nebenbedingungen* in Form von m *Ungleichungen* (*Ungleichungsnebenbedingungen*) erfüllen, d.h.

$$g_i(\mathbf{x}) = g_i(x_1, x_2, \ldots, x_n) \le 0 \qquad\qquad (\,i = 1,\,2,\,\ldots,\,m\,)$$

wobei die Funktionen g_i beliebig sein können.

♦

Die gegebene Aufgabenstellung der nichtlinearen Optimierung ist hinreichend allgemein, d.h., sie enthält alle auftretenden Fälle:

* Falls eine *Gleichungsnebenbedingung* vorkommt, so kann sie durch zwei Ungleichungen beschrieben werden.

* Falls *Ungleichungen* mit $\ge$ vorkommen, so können sie durch Multiplikation mit -1 in Ungleichungen mit $\le$ transformiert werden.

* Falls ein *Zielfunktion* $f(\mathbf{x})$ zu *maximieren* ist, so erhält man durch Multiplikation mit -1 eine zu minimierende Zielfunktion.

Wenn die Zielfunktion $f(\mathbf{x})$ und die Funktionen $g_i(\mathbf{x})$ der Nebenbedingungen konvex sind, so spricht man von einer *konvexen Optimierungsaufgabe*. Für derartige Aufgaben liefert die Lösungstheorie weitreichendere Aussagen.

Ausführlicher betrachten wir die Problematik der nichtlinearen Optimierung im Kap.11.

♦

Im Gegensatz zu Extremalaufgaben aus Abschn.7.2 sind bei Aufgaben der nichtlinearen Optimierung ebenso wie beim Spezialfall der linearen Optimierung globale Optima gesucht, d.h. für unsere Aufgabenstellung globale Minima. Während bei der linearen Optimierung lokale und globale Optima zusammenfallen, können bei der nichtlinearen Optimierung neben globalen auch lokale Optima auftreten.

Man zählt die nichtlineare Optimierung zu den nichtklassischen Optimierungsaufgaben. Ein weiterer Grund für diese Bezeichnung ist darin begründet, daß Aufgaben der nichtlinearen Optimierung erst seit den fünfziger Jahren des 20. Jahrhunderts betrachtet werden. Diese Aufgaben entstanden ebenfalls aus praktischen Aufgabenstellungen, da Modelle der linearen Optimierung nicht immer zufriedenstellende Ergebnisse liefern. Zu den *Begründern* der Theorie der *nichtlinearen Optimierung* gehören die amerikanischen Mathematiker *Karush*, *Kuhn* und *Tucker*.

♦

Betrachten wir zwei typische Beispiele, bei denen Aufgaben der nichtlinearen Optimierung vorliegen. Weitere praktische Aufgabenstellungen findet man in den Büchern [5, 8, 37, 46, 47, 76].

Beispiel 7.4:

a) Bei einer Reihe von Modellen der linearen Optimierung läßt sich die Linearität der Zielfunktion nicht immer aufrechterhalten. Dies ist z.B. dadurch begründet, daß bei der Gewinnmaximierung und Kostenminimierung die Preise bzw. Kosten nicht konstant sind, sondern von den hergestellten Mengen abhängen. So kann es bei der Aufgabe b) aus Beisp. 7.3 vorkommen, daß die Kosten für die einzelnen Getreidesorten von der Menge des produzierten Futtermittels abhängen. Diese können z.B. fallen, wenn größere Mengen der Getreidesorten gekauft werden. Deshalb sind hier die Kosten nicht mehr konstant, sondern Funktionen der entsprechenden Mengenvariablen , d.h.

$$c_i = c_i (x_i)$$

Damit wird die zugehörige Optimierungsaufgabe nichtlinear, weil die Zielfunktion nichtlinear ist:

$$z = f (x_1 , x_2 , x_3) = c_1 (x_1) \cdot x_1 + c_2 (x_2) \cdot x_2 + c_3 (x_3) \cdot x_3 \rightarrow \underset{x_1 , x_2 , x_3}{\text{Minimum}}$$

$$6 \cdot x_1 + 7 \cdot x_2 + x_3 \geq 42$$

$$x_1 + 4 \cdot x_2 + 5 \cdot x_3 \geq 21$$

$$x_1 \geq 0 , \; x_2 \geq 0 , \; x_3 \geq 0$$

b) Betrachten wir eine Minimierungsaufgabe, die in einem Architekturbüro anfallen kann:
Es soll ein Gebäude mit einer Nutzfläche von mindestens 10 000 m^2 in rechteckiger Form konstruiert werden, für das die jährlichen Kosten für

die Heizung bzw. Kühlung auf 200 000 Euro beschränkt sind und das sich zu einem Teil t (in m) unterhalb der Erdoberfläche befinden soll. Die Höhe (in m) des Gebäudes oberhalb der Erdoberfläche bezeichnen wir mit h.

Weitere Beschränkungen sind:

* Länge l und Breite b des Gebäudes dürfen jeweils 60 m nicht überschreiten und sollen sich wie 2 zu 1 verhalten, d.h. $l = 2 \cdot b$.

* Das Gebäude soll aus n Etagen bestehen, die jeweils eine Höhe von 3m besitzen müssen.

* Die Kosten für Heizung und Kühlung werden im Jahr auf 150 Euro pro m^2 Außenfläche geschätzt, d.h., es muß gelten

$$150 \cdot (2 \cdot h \cdot l + 2 \cdot h \cdot b + l \cdot b) \leq 200\ 000$$

Minimiert werden sollen bei dem Bau dieses Gebäudes die Kosten für die Erdarbeiten, die proportional zum Volumen der Erde sind, die für den Bau unterhalb der Oberfläche ausgehoben werden muß.

Damit ergibt sich die Minimierungsaufgabe

$$t \cdot l \cdot b \;\rightarrow\; \underset{b,h,l,n,t}{\text{Minimum}}$$

mit den Nebenbedingungen in Gleichungs- und Ungleichungsform

$$(t + h)/n = 3 \, , \, l = 2 \cdot b \, , \, n \cdot l \cdot b \geq 10\ 000 \, , \, l \leq 60 \, , \, b \leq 60 \, ,$$

$$150 \cdot (2 \cdot h \cdot l + 2 \cdot h \cdot b + l \cdot b) \leq 200\ 000 \, , \, n \geq 1 \, , \quad b, h, l, t \geq 0$$

Zusätzlich müßte man noch die Anzahl n der Etagen als ganzzahlig fordern

◆

In der *nichtlinearen Optimierung* gibt es eine Reihe von *Spezialfällen*, für die effektive Lösungsmethoden existieren. Wir betrachten die wichtigsten

* Lineare Optimierung (Kap.10)

* Eindimensionale Optimierung (Abschn.11.4.1 und 11.6.1)

* Separierbare (separable) Optimierung (Abschn.11.4.2)

* Quotientenoptimierung (Abschn.11.4.3)

* Quadratische Optimierung (Abschn.11.4.4 und Kap.12)

* Konvexe Optimierung (Abschn.11.4.5)

in den angegebenen Kapiteln bzw. Abschnitten.

◆

7.5 Ganzzahlige und kombinatorische Optimierung

Unter *ganzzahligen Optimierungsaufgaben* verstehen wir Aufgaben der linearen und nichtlinearen Optimierung, bei denen einige oder alle *Variablen* nur *ganzzahlige Werte* annehmen dürfen. Ganzzahlige Optimierung findet man in der Literatur auch unter dem Namen *diskrete Optimierung*.

Aufgaben dieser Art treten in der Praxis häufig auf, so z.B., wenn Gegenstände (z.B. Maschinen, Tiere) betrachtet werden, die nicht teilbar sind. Einen Spezialfall bilden Aufgaben, bei denen nur zwei Entscheidungen *nein* oder *ja* möglich sind, d.h., die Variablen können nur zwei Werte annehmen, wofür man meistens 0 und 1 verwendet und von *0-1-Optimierung* oder *Boolescher Optimierung* spricht..

Wenn alle Variablen einer Optimierungsaufgabe nur ganzzahlige Werte annehmen können, spricht man von *rein-ganzzahliger Optimierung*. Wenn nicht alle Variablen ganzzahlige Werte annehmen müssen, nennt man die *Optimierungsaufgabe gemischt-ganzzahlig*.

♦

Wie nicht anders zu erwarten, existieren nur für ganzzahlige lineare Optimierungsaufgaben eine umfangreiche Theorie und effiziente numerische Lösungsmethoden. Wir gehen hierauf im Kap.14 ein.

♦

Beispiel 7.5:

a) Ein typisches Beispiel der ganzzahligen Optimierung ist das bekannte *Knapsack-* oder *Rucksackproblem:*

Man möchte einen Rucksack mit vorgegebenem Gewicht W so mit einzelnen (nichtteilbaren) Gegenständen mit gegebenen Gewichten

$$w_i \qquad\qquad (i = 1 , \dots , n)$$

packen, daß man einen optimalen Nutzen erzielt. Dazu werden diesen Gegenständen Nutzenswerte

$$p_i \qquad\qquad (i = 1 , \dots , n)$$

zugeordnet und es wird angenommen, daß alle Gegenstände von ihren Abmessungen her in den Rucksack passen. Dies läßt sich als Aufgabe der *0-1-Optimierung* (*Booleschen Optimierung*) formulieren, da die Variablen nur die Werte 1 oder 0 annehmen können, d.h., der zugehörige Gegenstand wird eingepackt oder nicht (siehe Beisp.7.6).

Diese Aufgabenstellung bleibt nicht auf Rucksäcke beschränkt, sondern hat zahlreiche weitere Anwendungen, so z.B. bei der Untersuchung von Finanzierungsmöglichkeiten im Rahmen von Investitionsentscheidungen (siehe [9]).

b) Betrachten wir eine einfache Aufgabe aus der Gewinnmaximierung, bei der nur ganzzahlige Variable auftreten:
Wenn bei der Aufgabe a) aus Beisp.7.3 die Produkte A und B nur in ganzzahligen Stückzahlen herstellbar sind, ergibt sich folgende Aufgabe der ganzzahligen linearen Optimierung:

$$f(x_1, x_2) = 2 \cdot x_1 + 3 \cdot x_2 \rightarrow \underset{x_1, x_2 \text{ ganzzahlig}}{\text{Maximum}}$$

mit den linearen Ungleichungsnebenbedingungen

$$x_1 + 2 \cdot x_2 \leq 10$$

$$2 \cdot x_1 + x_2 \leq 10$$

und den Nicht-Negativitätsbedingungen (Vorzeichenbedingungen)

$$x_1 \geq 0 \ , \ x_2 \geq 0$$

wobei die beiden Variablen nur ganzzahlige Werte annehmen können.
♦

Kombinatorische Optimierungsaufgaben sind spezielle ganzzahlige Optimierungsaufgaben, bei denen der zulässige Bereich nur endlich viele Punkte (ganzzahlige Gitterpunkte) enthält.
Dahinter verbirgt sich häufig eine kombinatorische Struktur wie z.B. beim Zuordnungsproblem, wo die zulässigen Lösungen die Permutationen einer endlichen Anzahl von Elementen sind.
Die Kombinatorik beschäftigt sich bekanntlich mit der Anordnung endlich vieler Objekte. Wenn man diese Anordnung mittels einer Zielfunktion bewertet, so hat man eine Optimierungsaufgabe, die man folgerichtig als kombinatorische Optimierungsaufgabe bezeichnet.
Typische Beispiele für die kombinatorische Optimierung bilden u.a. *Zuordnungsprobleme* (z.B. *Stundenplanprobleme*), *Reihenfolgeprobleme* (z.B. *Rundreiseprobleme* (*Traveling-Salesman-Probleme*), *Maschinenbelegungsprobleme* und *Tourenplanungsprobleme*), *Gruppierungsprobleme*, *Verteilungsprobleme* und *Auswahlprobleme* (z.B. *Knapsackprobleme*).
♦

Ein wichtiger *Spezialfall* kombinatorischer Optimierungsaufgaben liegt vor, wenn die *Variablen* nur *zwei Werte* annehmen können (z.B. bei nein/ja Entscheidungen). Man verwendet hierfür meistens die Werte 0 und 1 und spricht von *0-1-Optimierung, binärer Optimierung* oder *Boolescher Optimierung*. Analog zur ganzzahligen Optimierung bezeichnet man sie als *rein-Boolesche* oder *gemischt-Boolesche Optimierung*, wenn alle Variablen bzw. nicht alle Variablen nur die Werte 0 oder 1 annehmen können. ♦

Beispiel 7.6:

Das in Beisp.7.5a betrachtete *Knapsack*- oder *Rucksackproblem* läßt sich als Aufgabe der *0-1-Optimierung* (*Booleschen Optimierung*) formulieren, da die Variablen nur die Werte 1 oder 0 annehmen können, jenachdem ob der zugehörige Gegenstand eingepackt wird oder nicht.

Damit ergibt sich mit dem vorgegebenen Gewicht W für den Rucksack und den gegebenen Gewichten w_i (i=1,...,n) für die einzupackenden Gegenstände und ihren Nutzenswerten p_i die folgende Aufgabe der 0-1-Optimierung für einen maximalen Nutzen:

$$p_1 \cdot x_1 + p_2 \cdot x_2 + \ldots + p_n \cdot x_n \to \underset{x_1, x_2, \ldots, x_n}{\text{Maximum}}$$

$$w_1 \cdot x_1 + w_2 \cdot x_2 + \ldots + w_n \cdot x_n \leq W \quad , \quad x_i \in \{0,1\} \quad , \quad i=1,\ldots,n$$

♦

7.6 Parametrische Optimierung

Bis jetzt haben wir nur Optimierungsaufgaben kennengelernt, bei denen bis auf die zu bestimmenden Variablen alle Größen (Koeffizienten) fest vorgegeben sind. In praktischen Aufgabenstellungen treten jedoch Fälle mit Parametern auf. So wird z.B. in der *linearen Optimierung* folgende allgemeine *parametrische Aufgabe* untersucht:

$$z = f(\mathbf{x}; \lambda) = (\mathbf{c} + \lambda \cdot \mathbf{d})^T \cdot \mathbf{x} \to \underset{\mathbf{x}}{\text{Maximum}}$$

$$\mathbf{A} \cdot \mathbf{x} \leq \mathbf{b} + \mu \cdot \mathbf{e} \quad , \quad \mathbf{x} \geq 0$$

In dieser Aufgabe sind λ und μ frei wählbare *Parameter*, während

$$\mathbf{c}, \mathbf{d}, \mathbf{A}, \mathbf{b} \text{ und } \mathbf{e}$$

gegeben sind.

Aufgrund der bei parametrischen Optimierungsaufgaben auftretenden Parameter kann die optimale Lösung $\mathbf{x}$ von diesen Parametern abhängen.

Die *Verwendung* von *Parametern* in *Optimierungsaufgaben* kann wesentliche Gründe haben:

* Man möchte die Abhängigkeit der Lösung von gewissen Koeffizienten der Zielfunktion und/oder der Nebenbedingungen studieren. Dies bezeichnet man als *Sensitivitätsanalyse*. Wenn man hierfür in die Zielfunktion und/oder Nebenbedingungen Parameter einführt, so spricht man von *parametrischer Sensitivitätsanalyse* oder *parametrischer Optimierung*.

* Man kennt gewisse Koeffizienten der Zielfunktion und/oder der Nebenbedingungen nur näherungsweise und möchte die Auswirkung von Änderungen studieren.

◆

Wie nicht anders zu erwarten, ist die Theorie der parametrischen Optimierung am weitesten für lineare Aufgaben entwickelt (siehe Kap.15).
Betrachten wir eine typische Aufgabe der parametrischen linearen Optimierung im folgenden Beispiel.

Beispiel 7.7:

Verwenden wir das Modell aus Beisp.7.3a, in dem wir den Einfluß von
Preisänderungen auf den Gewinn studieren möchten. Dies gelingt durch
Einführung eines freiwählbaren Parameters λ (≥ -2) in die Koeffizienten der
Zielfunktion (Gewinnfunktion), die von den Preisen pro produzierter Ein-
heit abhängen.
Damit ergibt sich folgende lineare parametrische Optimierungsaufgabe:

$$f(x_1, x_2 ; \lambda) = (2 + \lambda) \cdot x_1 + (3 + \lambda) \cdot x_2 \quad \rightarrow \quad \underset{x_1, x_2}{\text{Maximum}}$$

$$x_1 + 2 \cdot x_2 \leq 10$$

$$2 \cdot x_1 + x_2 \leq 10$$

$$x_1 \geq 0 \ , \ x_2 \geq 0$$

◆

7.7 Vektoroptimierung

Bei den bisher betrachteten Aufgaben der linearen und nichtlinearen Optimierung ist nur eine Zielfunktion gegeben, die zu minimieren oder maximieren ist. Bei einer Reihe praktischer Aufgabenstellungen sind oft mehrere
Entscheidungen zu treffen, d.h., es sind mehrere Zielfunktionen zu optimieren (minimieren oder maximieren). So sind z.B. bei der Produktion von Waren der Gewinn zu maximieren und die Kosten zu minimieren (siehe
Beisp.7.8), d.h., hier ist eine Optimierungsaufgabe mit zwei Zielsetzungen
(Zielfunktionen) zu lösen. Die *Optimierung* mit *mehreren Zielfunktionen*
wird in der *Vektoroptimierung* untersucht, die man auch als *Optimierung
mit mehrfacher Zielsetzung* oder *mehrkriterielle (multikriterielle) Optimierung* bezeichnet. Des weiteren spricht man noch von *Pareto-Optimierung*,
um auf den Ökonomen Pareto hinzuweisen, der bereits im 19. Jahrhundert
derartige Aufgaben untersuchte.

Beispiel 7.8:

Wenn man bei der Aufgabe der Gewinnmaximierung aus Beisp.7.3a zusätzlich die Produktionskosten minimieren möchte, erhält man eine Aufgabe der linearen Vektoroptimierung mit zwei Zielfunktionen. Falls z.B. die Kosten für die Produktion einer Mengeneinheit vom Produkt A 100 000 Euro und einer Mengeneinheit vom Produkt B 200 000 Euro betragen, ergibt sich folgende Optimierungsaufgabe:

$$f_1(x_1,x_2) = 200\,000 \cdot x_1 + 300\,000 \cdot x_2 \qquad \rightarrow \underset{x_1,x_2}{\text{Maximum}}$$

$$f_2(x_1,x_2) = 100\,000 \cdot x_1 + 200\,000 \cdot x_2 \qquad \rightarrow \underset{x_1,x_2}{\text{Minimum}}$$

mit den Ungleichungsnebenbedingungen

$$6 \cdot x_1 + 12 \cdot x_2 \leq 60$$

$$12 \cdot x_1 + 6 \cdot x_2 \leq 60$$

und den Nicht-Negativitätsbedingungen (Vorzeichenbedingungen)

$$x_1 \geq 0 \,,\; x_2 \geq 0$$

Wenn man Zielfunktionen und Nebenbedingungen noch durch mögliche Ausklammerungen bzw. Kürzungen vereinfacht, ergibt sich folgende Aufgabe der linearen Vektoroptimierung:

$$f_1(x_1,x_2) = 2 \cdot x_1 + 3 \cdot x_2 \qquad \rightarrow \underset{x_1,x_2}{\text{Maximum}}$$

$$f_2(x_1,x_2) = x_1 + 2 \cdot x_2 \qquad \rightarrow \underset{x_1,x_2}{\text{Minimum}}$$

$$x_1 + 2 \cdot x_2 \leq 10$$

$$2 \cdot x_1 + x_2 \leq 10$$

$$x_1 \geq 0 \,,\; x_2 \geq 0$$

Schon bei dieser einfachen Aufgabe der Vektoroptimierung kann man nicht erwarten, daß eine Lösung

$$(x_1, x_2)$$

existiert, die

* den Gewinn (Zielfunktion f_1) maximiert

* die Kosten (Zielfunktion f_2) minimiert

Deshalb muß ein *Kompromiß* gefunden werden. Derartige Kompromisse liefert die Theorie der *Vektoroptimierung* (siehe Kap.16).

♦

Bei Aufgaben der *Vektoroptimierung* gibt es meistens keine zulässigen Punkte, für die alle Zielfunktionen gleichzeitig ihren Optimalwert annehmen. Es ist deshalb ein *optimaler Kompromiß* zu finden, d.h., der Anwender muß aus einer Reihe von Möglichkeiten die für ihn geeignete aussuchen.
Um einen Kompromiß zu finden, stellt die mathematische Theorie den Begriff der *effizienten Punkte* (*Pareto-optimalen Lösungen*) zur Verfügung, den wir im Kap.16 kennenlernen. Die effizienten Punkte sind dadurch gekennzeichnet, daß keine weiteren zulässigen Punkte existieren, für die eine Zielfunktion besser und die anderen nicht schlechter sind.

♦

7.8 Stochastische Optimierung

Bei vielen Optimierungsaufgaben sind bis auf die gesuchten unbekannten Variablen alle Größen (Koeffizienten) bekannt. Dies trifft jedoch bei einigen praktischen Aufgabenstellungen nicht zu, weil gewisse Koeffizienten innerhalb bestimmter Grenzen ungewiß sind. Derartige Koeffizienten können in der mathematischen Optimierung z.B. durch Zufallsgrößen modelliert werden und man spricht von einer Aufgabe der *stochastischen Optimierung*.
Die stochastische Optimierung bietet neben der parametrischen Optimierung (siehe Kap.15) eine weitere Möglichkeit, Unbestimmtheiten gewisser Koeffizienten einer Optimierungsaufgabe zu berücksichtigen.

Bei Aufgaben der linearen und nichtlinearen Optimierung spricht man von stochastischer linearer bzw. nichtlinearer Optimierung, wenn Koeffizienten auftreten, die Zufallsgrößen sind. In diesen Fällen ist es nur sinnvoll, nach dem minimalen oder maximalen Erwartungswert der Zielfunktion zu fragen. Stochastische Optimierungsaufgaben treten auch in der optimalen Steuerung auf (siehe [62]).

♦

7.9 Spieltheorie

Die *Spieltheorie* kann ebenso wie die Optimierungstheorie als ein Gebiet der *Entscheidungstheorie* aufgefaßt werden.
Während bei bisher behandelten Optimierungsaufgaben (mit Ausnahme der Vektoroptimierung) Entscheidungssituationen auftreten, bei denen ein Akteur (z.B. Firma) ein Optimierungskriterium (z.B. Kosten oder Gewinn) unter gegebenen Nebenbedingungen minimiert oder maximiert, werden in der Spieltheorie Entscheidungssituationen untersucht, an denen mehrere Akteure (Spieler) beteiligt sind.
Die Spieltheorie hat ihren Ursprung in der Untersuchung von *Gesellschaftsspielen*. Sie wurde 1928 von dem Mathematiker J. v. Neumann begründet. In seinem mit O. Morgenstern 1940 veröffentlichten Buch *"Spieltheorie und wirtschaftliches Verhalten"* werden die mathematische Theorie ausführlich dargestellt und Anwendungen der Spieltheorie in der Wirtschaft gegeben. Inzwischen wurde die Spieltheorie von zahlreichen Mathematikern weiterentwickelt und hat sich zu einem umfangreichen Gebiet herausgebildet.
Den *Ausgangspunkt* der Spieltheorie stellen *Konflikt-* und *Konkurrenzsituationen* dar, die zwischen mehreren Menschen oder Gruppen von Menschen oder zwischen Natur und Menschen auftreten, die man in der Spieltheorie als Spieler oder Gegner bezeichnet. Bei diesen Situationen gibt es für alle Beteiligten (Spieler/Gegner) verschiedene Handlungsmöglichkeiten (*Strategien*). Es werden nur solche Konflikt- und Konkurrenzsituationen betrachtet, die Entscheidungen erfordern, ohne daß das Verhalten der Gegner bekannt ist. Man muß allerdings die Entscheidungsmöglichkeiten der Gegner und die entsprechenden Auswirkungen auf die eigene Situation kennen.
Die Begriffe und anschaulichen Hintergründe der Spieltheorie werden von strategischen Gesellschaftsspielen geliefert, deren Ausgänge nicht nur vom Zufall, sondern wesentlich von den Strategien der Spieler abhängen, wie z.B bei Schach, Mühle, Dame. Dagegen sind Würfeln und Losen Beispiele für Spiele, die nur vom Zufall abhängen, d.h. typische Vertreter von Glücksspielen. In der *Spieltheorie* betrachtet man hauptsächlich *strategische Spiele*.

Ein *Spiel* wird als ein *Modell* für eine *Konflikt-* oder *Konkurrenzsituation* angesehen. An jedem Spiel sind Spieler beteiligt, die jedoch keine einzelnen Personen sein müssen. Den Spielern stehen dabei bestimmte Entscheidungen und Handlungsweisen (*Strategien*) zur Verfügung, um ihre Ziele zu erreichen.
Die Aufgabe der *mathematischen Spieltheorie* besteht darin, *Spiele mathematisch* zu *modellieren* und *Aussagen* über das *günstigste Verhalten* der *Spieler* zu treffen.

♦

In den gegenwärtigen Anwendungen spielen Gesellschaftsspiele eine untergeordnete Rolle. Die Hauptanwendung der Spieltheorie liegt in der Untersuchung von Konflikt- und Konkurrenzsituationen in Politik, Wirtschaft, Militärwesen und technischen Wissenschaften.

Wir können uns im Rahmen des vorliegenden Buches nicht ausführlich mit dem umfangreichen Gebiet der Spieltheorie befassen. Wir illustrieren die Problematik nur an Spielen, die sich durch Matrizen beschreiben lassen und deshalb als *Matrixspiele* bezeichnet werden (siehe Kap.17). Bei Matrixspielen treten Konflikt- und Konkurrenzsituationen zwischen zwei Spielern auf und der Gewinn des einen ist gleich dem Verlust des anderen, so daß die Bezeichnung *endliche Zweipersonen-Nullsummen-Matrixspiele* benutzt wird. Matrixspiele lassen sich mit Methoden der linearen Optimierung lösen (siehe Abschn.17.2.4). Im folgenden geben wir ein einfaches Beispiel für ein *Matrixspiel.*

Beispiel 7.9:

Jede gegebene Matrix **A**, deren Elemente Zahlen sind, läßt sich folgendermaßen zur Definition eines Spiels heranziehen:

* Es stehen sich zwei Spieler S1 und S2 gegenüber.

* Ein Zug des Spiels besteht darin, daß Spieler S1 eine Zeile von **A** und Spieler S2 gleichzeitig eine Spalte von **A** auswählen.

* Wenn die von den Spielern mittels Zeilen- und Spaltenwahl bestimmte Zahl der Matrix **A** positiv ist, so erhält Spieler S1 von Spieler S2 diesen Betrag ausgezahlt. Ist die Zahl negativ, so erfolgt die Auszahlung umgekehrt.

Betrachten wir als Beispiel die zweireihige Matrix **A**

$$\begin{pmatrix} 3 & -1 \\ -2 & 4 \end{pmatrix}$$

für das folgende Spiel zwischen zwei Spielern S1 und S2:

In jeder Spielrunde zeigen beide Spieler S1 und S2 gleichzeitig eine der Zahlen 1 oder 2, die Zeilen (für Spieler S1) bzw. Spalten (für Spieler S2) der Matrix bezeichnen. Ist das entsprechende Matrixelement negativ (d.h. -1 oder -2), so bezahlt S1 den entsprechenden Geldbetrag an S2. Bei positivem Matrixelement (d.h. 3 oder 4) ist es umgekehrt.

Es ist ein Nullsummenspiel, da die Summe der Gewinne und Verluste der Spieler S1 und S2 nach dem Spiel Null sind.

♦

In der Spieltheorie werden außer Matrixspielen (endlichen Zweipersonen-Nullsummenspiele) allgemeiner n-Personen-Spiele und Spiele betrachtet, die keine Nullsummenspiele sind.

♦

7.10 Dynamische Optimierung

Die *dynamische Optimierung* ist *keine Aufgabenstellung* der *Optimierung*, wie man annehmen könnte, sondern sie stellt ein *Lösungsprinzip* für eine Reihe von Optimierungsaufgaben zur Verfügung, die sich in *Teilaufgaben* (*Stufen*) zerlegen lassen. In der englischsprachigen Literatur spricht man von *dynamic programming*, so daß im Deutschen auch die Bezeichnung *dynamische Programmierung* Anwendung findet.

Den Gegenstand der dynamischen Optimierung bilden alle Optimierungsaufgaben, die sich in einzelne Stufen (Teilaufgaben) zerlegen lassen, so daß die gesamte Aufgabe in eine Reihe voneinander abhängiger Teiloptimierungsaufgaben für einzelne Variable zerfällt. Derartige Aufgaben können

* *zeitabhängig* sein (*dynamische Modelle*). Diese Modelle bilden das Hauptanwendungsgebiet der dynamischen Optimierung.

* *nichtzeitabhängig* sein (*statische Modelle*). Diese Modelle müssen sich als sequentielle oder mehrstufige (N-stufige) Modelle darstellen lassen, wie zum Beispiel das *Rucksackproblem* der ganzzahligen Optimierung aus Abschn.7.5.

Betrachten wir eine *typische Aufgabenstellung* für eine *Optimierungsaufgabe* mit mehreren Stufen (N-stufige Aufgabe), die mittels Methoden der dynamischen Optimierung lösbar ist:

* Die i-te Stufe hat den

    * Eingang

        $$x_{i-1}$$
        $$(i = 1 , \dots , N)$$

    * Ausgang

        $$x_i = g_i (x_{i-1} , u_i)$$

    wobei der Ausgang der i-ten Stufe den Eingang für die (i+1)-te Stufe bildet und der Eingang x_0 für die erste Stufe und die Funktionen

    $$g_i (x_{i-1} , u_i)$$

    gegeben sind.

* Zusätzlich ist jede Stufe durch eine *Entscheidung* beeinflußbar, die für die i-te Stufe mit

    $$u_i \qquad\qquad (i = 1 , \dots , N)$$

    bezeichnet wird.

- Des weiteren besitzt jede Stufe eine Zielfunktion (*Nutzensfunktion*)

$$f_i(x_{i-1}, u_i) \qquad\qquad (i = 1, \dots, N)$$

- Der Endwert

$$x_N$$

wird ebenfalls mittels einer Zielfunktion (*Nutzensfunktion*) f bewertet, falls dieser nicht fest vorgegeben ist, wie bei Aufgaben mit festem Endwert (Endpunkt)

- Damit läßt sich für den *maximalen Zielfunktionswert (Gesamtnutzen)* die folgende N-stufige Optimierungsaufgabe formulieren:

$$f_1(x_0, u_1) + f_2(x_1, u_2) + \dots + f_N(x_{N-1}, u_N) + f(x_N) \;\to\; \underset{u_1, u_2, \dots, u_N}{\text{Maximum}}$$

$$x_i = g_i(x_{i-1}, u_i) \qquad (i = 1, \dots, N)$$

$$x_0 \text{ gegeben}$$

☞

Im Gegensatz zu den bisher betrachteten Optimierungsmethoden liefert die dynamische Optimierung keine unmittelbare Lösungsmethode, sondern nur ein Prinzip zur Lösung von Optimierungsaufgaben, die sich als N-stufige Aufgaben darstellen lassen. Auf der Grundlage dieses Prinzips lassen sich dann für konkrete Aufgabenstellungen Lösungsmethoden ableiten.
Ein allgemeines *Lösungsprinzip* der *dynamischen Optimierung* wurde 1955 von *Bellman* formuliert, das man als *Bellmansches Optimalitätsprinzip* bezeichnet (siehe Abschn.18.3). Dieses zählt neben dem *Maximumprinzip* von *Pontrjagin* (siehe Abschn.7.12) zu den Grundlagen der Optimierungstheorie dynamischer Modelle/Systeme.

♦

Die dynamische Optimierung hat sich seit ihrer Begründung im Jahre 1955 durch Bellman und seine Mitarbeiter bei der RAND Corporation (USA) zu einem umfangreichen Gebiet mit vielen Anwendungen entwickelt (siehe [27, 55, 76]). Wir illustrieren im Kap.18 die Problematik an einem diskreten N-stufigen Optimierungsmodell, so daß der Anwender einen Einblick in das Prinzip der dynamischen Optimierung erhält.

7.11 Variationsrechnung

Der *Ursprung* der *Variationsrechnung* liegt in der von *J. Bernoulli* 1696 gestellten *Aufgabe der Brachistochrone:*

Zwischen zwei in verschiedener Höhe gelegenen beliebigen Punkten A und B ist eine Verbindungskurve derart gesucht, daß die Fallzeit eines Teilchens minimal wird, das sich unter dem Einfluß der Schwerkraft reibungsfrei längs dieser Verbindungskurve von A nach B bewegt.

Diese Aufgabe läßt sich als eine Aufgabe der Variationsrechnung der folgenden allgemeinen Form beschreiben, die als *Aufgabe von Lagrange* bezeichnet wird:

$$\int_a^b f(x,y(x),y'(x))\,dx \;\rightarrow\; \underset{y(x)}{\text{Extremum}} \;,\; y(a)=A \;,\; y(b)=B$$

Für diese Aufgabe ist eine differenzierbare Funktion $y(x)$ über dem Intervall [a,b] mit den Randwerten $y(a)=A$ und $y(b)=B$ gesucht, die dem Integralfunktional ein lokales Extremum (Minimum oder Maximum) erteilt.

In der Variationsrechnung begegnen uns Aufgaben, bei denen nicht Funktionen sondern sogenannte Funktionale zu optimieren sind.

Der *Unterschied* zwischen *Funktionen* und *Funktionalen* besteht darin, daß

* *Funktionen* über einem Bereich (Gebiet) des n-dimensionalen Raumes R^n

* *Funktionale* über einer Menge von Funktionen aus einem Funktionenraum, wie z.B. dem Raum der stetigen oder stetig differenzierbaren Funktionen

definiert sind.

Die notwendigen Optimalitätsbedingungen ergeben sich in der Variationsrechnung in Form von Differentialgleichungen (*Euler-Lagrangesche Differentialgleichungen*).

Seit der Begründung der Variationsrechnung durch Bernoulli hat sich eine umfangreiche Theorie entwickelt, für die wir auf die Literatur verweisen (siehe [23, 76]). Dies ist auch dadurch begründet, daß die von uns verwendeten Systeme keine Funktionen zur Lösung von Aufgaben der Variationsrechnung enthalten. Man kann lediglich versuchen, die Differentialgleichungen der Optimalitätsbedingungen mittels der Systeme zu lösen.

7.12 Optimale Steuerung

In Verallgemeinerung der klassischen Variationsrechnung wurde in den fünfziger Jahren des 20. Jahrhunderts von den Mathematikern *Bellman, Hestenes* und *Pontrjagin* die Theorie der *optimalen Steuerung* begründet. Derartige Aufgaben entstehen aus praktischen Problemstellungen der Technik, bei denen steuerbare Prozesse auftreten. Gegenwärtig gewinnen Aufgaben der optimalen Steuerung auch in Natur- und Wirtschaftswissenschaften immer mehr an Bedeutung.

Eine einfache *Aufgabenstellung* der *optimalen Steuerung* hat folgende Form:

- Es ist ein *Funktional* bzgl. der *Steuerung* u(x) zu optimieren (z.B. minimieren), d.h. z.B.

$$\int_a^b f(x, y(x), u(x))\, dx \ \rightarrow \ \underset{u(x)}{\text{Minimum}}$$

- Der *Zustand* y(x) ergibt sich als Lösung der *Zustandsgleichung* (Differentialgleichung)

$$y'(x) \ = \ g(x, y(x), u(x)) \quad \text{mit} \quad y(a) = A$$

  für eine gegebene Steuerung u(x).

- Für die Funktionswerte der Steuerung und des Zustands können zusätzlich Beschränkungen in Ungleichungsform gegeben sein, wie z.B.

$$a \le u(x) \le b \quad \text{bzw.} \quad c \le y(x) \le d$$

Man spricht hier von einer stetigen Aufgabe der optimalen Steuerung. Durch Diskretisierung kommt man zu diskreten Aufgaben (siehe Kap.18).

Im *Unterschied* zur *Variationsrechnung* unterscheidet man in der *Steuerungstheorie* zwischen *Steuerung* u(x) und *Zustand* y(x), wobei sich der Zustand i.allg. für eine vorgegebene Steuerung eindeutig als Lösung der *Zustandsgleichung* (z.B. Differentialgleichung) ergibt. Ein weiterer Unterschied ist, daß hier Beschränkungen (z.B. für Steuerung und Zustand) in Ungleichungsform gegeben und globale Optima gesucht sind.

♦

Einen Schwerpunkt der Steuerungstheorie bildet die Steuerung dynamischer Prozesse und Systeme.
Eine notwendige Optimalitätsbedingung liefert das bekannte *Maximumprinzip* von *Pontrjagin*. Des weiteren ist das *Optimalitätsprinzip* von *Bellman* anwendbar. Für weitere Fragen verweisen wir auf die Literatur [23, 62, 76]. Dies ist auch dadurch begründet, daß die von uns verwendeten Systeme keine Funktionen zur Lösung von Aufgaben der optimalen Steuerung enthalten.

7.13 Mathematische Optimierung mit dem Computer

Per Hand lassen sich Aufgaben der Optimierung nur berechnen, wenn sich die Gleichungen und Ungleichungen der notwendigen oder hinreichenden Optimalitätsbedingungen einfach lösen lassen. Bei den meisten in der Praxis anfallenden Optimierungsaufgaben ist dies jedoch nicht der Fall, so daß man den *Computer* zur Lösung heranziehen muß. Dies kann auf *drei Arten* geschehen:

I. *Exakte Berechnung* einer *Lösung* der notwendigen oder hinreichenden *Optimalitätsbedingungen* mittels *Computeralgebrasystemen* wie z.B. MAPLE, MATHEMATICA, MATHCAD und MATLAB. Eine numerische Berechnung von Lösungen der Optimalitätsbedingungen ist nicht immer effektiv und wird hauptsächlich für Spezialfälle wie quadratische Aufgaben verwendet. Diese Methoden werden als *indirekte Methoden* bezeichnet.

II. *Direkte Berechnung* von *Näherungslösungen* der gegebenen Optimierungsaufgabe mittels *numerischer Methoden* (*Näherungsmethoden*), ohne die Optimalitätsbedingungen zu lösen. Diese Methoden werden als *direkte Methoden* bezeichnet.

   Direkte numerische Methoden sind in allen Systemen MAPLE, MATHEMATICA, MATHCAD, MATLAB und EXCEL vorhanden. Falls diese numerischen Methoden nicht erfolgreich sind, kann der Anwender eigene Programme schreiben oder spezielle Optimierungsprogramme heranziehen. Da die Entwicklung effektiver numerischer Methoden ein Forschungsschwerpunkt der mathematischen Optimierung ist, werden laufend neue Methoden entwickelt, die natürlich nicht sofort in die Systeme aufgenommen werden können. Man findet hier aber bewährte Standardmethoden.

III. Bei einfachen Optimierungsaufgaben (mit maximal drei unabhängigen Variablen) in endlichdimensionalen Räumen können *grafische Lösungsmethoden* herangezogen werden. Wir werden im Rahmen des Buches einige Beispiele hierfür kennenlernen, wie man mit den Grafikfähigkeiten der Systeme MAPLE, MATHEMATICA, MATHCAD, MATLAB und EXCEL einfache Aufgaben lösen kann (siehe Abschn.10.3 und 11.2).

8 Extremalaufgaben ohne Nebenbedingungen

8.1 Einführung

Extremalaufgaben ohne Nebenbedingungen sind uns bereits im Abschn. 7.2.1 begegnet. Sie werden auch als *unrestringierte Optimierungsaufgaben* bezeichnet und besitzen folgende *Struktur:*

Es ist eine Funktion (*Zielfunktion*) zu *minimieren* oder *maximieren,* d.h.

$$z = f(\mathbf{x}) = f(x_1, x_2, \dots, x_n) \to \underset{x_1, x_2, \dots, x_n}{\text{Minimum/Maximum}}$$

wobei die Zielfunktion $f(\mathbf{x})$ eine beliebige Funktion von n Variablen sein kann. Im weiteren schreiben wir diese n Variablen

$$x_1, x_2, \dots, x_n$$

als Komponenten eines Spaltenvektors $\mathbf{x} \in R^n$, d.h.

$$\mathbf{x} = \begin{pmatrix} x_1 \\ x_2 \\ \vdots \\ x_n \end{pmatrix}$$

Bci zwei unabhängigen Variablen wählt man häufig für die Zielfunktion die Bezeichnung

$$z = f(x, y)$$

Da die Zielfunktion $f(\mathbf{x})$ keinen Nebenbedingungen unterliegt, werden i.allg. lokale Extrema (Minima/Maxima) gesucht.

Im folgenden betrachten wir derartige Extremalaufgaben näher, wofür wir zuerst im Abschn.8.2 Optimalitätsbedingungen angeben und anschließend im Abschn.8.3 auf die Problematik numerischer Lösungsmethoden eingehen.

Einen Schwerpunkt dieses Kapitels wie des gesamten Buches bildet die Anwendung der Systeme MAPLE, MATHEMATICA, MATHCAD, MATLAB und EXCEL zur Lösung der betrachteten Optimierungsaufgaben. Während die Systeme MAPLE, MATHEMATICA, MATHCAD, MATLAB für Extremalaufga-

ben ohne Nebenbedingungen sowohl die exakte Lösung der Optimalitätsbedingungen als auch eine numerische Lösung zulassen, kann EXCEL nur
numerisch rechnen (siehe Abschn.8.2.3, 8.3.5 und 8.3.6).

☞

Extremalaufgaben ohne Nebenbedingungen spielen in praktischen Aufgaben nicht die dominierende Rolle, da hier meistens Nebenbedingungen vorliegen. Man kann jedoch versuchen, eine gegebene Optimierungsaufgabe
zuerst ohne Nebenbedingungen zu lösen und überprüft anschließend ob
die erhaltenen Lösungen die gegebenen Nebenbedingungen erfüllen (siehe
Beisp.8.1).
Extremalaufgaben ohne Nebenbedingungen besitzen Bedeutung bei der Lösung von Optimierungsaufgaben mit Nebenbedingungen, da man diese mittels Strafmethoden auf Aufgaben ohne Nebenbedingungen zurückführen
kann (siehe Abschn.9.3.1 und 11.6.2).
♦

8.2 Optimalitätsbedingungen

Da für die Zielfunktion $f(\mathbf{x})$ keine Nebenbedingungen vorliegen, läßt sich
zur Aufstellung von Optimalitätsbedingungen für lokale Extrema (Minima/
Maxima) die Differentialrechnung heranziehen. Dies gilt sowohl für notwendige als auch hinreichende Bedingungen für die Optimalität eines Punktes

$$\mathbf{x}^0 = \begin{pmatrix} x_1^0 \\ x_2^0 \\ \vdots \\ x_n^0 \end{pmatrix}$$

die wir in den folgenden beiden Abschn.8.2.1 und 8.2.2 betrachten.

8.2.1 Notwendige Bedingungen

Eine *notwendige Bedingung* für die *Optimalität* eines *Punktes*

$$\mathbf{x}^0 = \begin{pmatrix} x_1^0 \\ x_2^0 \\ \vdots \\ x_n^0 \end{pmatrix}$$

ergibt sich durch

- Nullsetzen der ersten Ableitung

$$f'(x^0) = 0$$

  bei Funktionen

  $$f(x)$$

  einer Variablen.

- Nullsetzen der partiellen Ableitungen erster Ordnung

$$\frac{\partial f(x_1^0, x_2^0, ..., x_n^0)}{\partial x_1} = 0$$

$$\vdots$$

$$\frac{\partial f(x_1^0, x_2^0, ..., x_n^0)}{\partial x_n} = 0$$

  bei Funktionen

  $$f(x_1, x_2, ..., x_n)$$

  von n Variablen.

  Die *notwendigen Bedingungen* für die *Optimalität* eines Punktes $\mathbf{x}^0$ kann man unter Verwendung des Gradienten in der vektorieller Form

  $$\mathbf{grad}\ f(\mathbf{x}^0) = \mathbf{0}$$

  schreiben.

Die notwendigen Optimalitätsbedingungen liefern n Gleichungen zur Bestimmung der unbekannten Variablen

$$x_1, x_2, ..., x_n$$

Die erhaltenen Lösungen

$$\mathbf{x}^0 = \begin{pmatrix} x_1^0 \\ x_2^0 \\ \vdots \\ x_n^0 \end{pmatrix}$$

bezeichnet man als *stationäre Punkte* (siehe Beisp.8.1). Da es sich nur um notwendige Bedingungen handelt, müssen die stationären Punkte nicht *Extremalpunkte* (Minimal- oder Maximalpunkte) sein. Man muß zusätzlich *hinreichende Optimalitätsbedingungen* heranziehen (siehe Abschn.8.2.2), um die Optimalität eines aus den notwendigen Bedingungen berechneten stationären Punktes

$$\mathbf{x}^0$$

nachzuweisen.

♦

Zur *Bestimmung stationärer Punkte* kann man versuchen, die von den notwendigen Optimalitätsbedingungen gelieferten Gleichungen zu lösen. Bei dieser Vorgehensweise treten zwei Schwierigkeiten auf:

* Da die Gleichungen der notwendigen Optimalitätsbedingungen i.allg. nichtlinear sind, müssen diese nicht immer exakt lösbar sein. Es bleibt eine numerische (näherungsweise) Lösung (siehe Abschn.8.3.1).

* Weil nur stationäre Punkte berechnet werden, muß man sich noch überzeugen, ob Minimal- oder Maximalpunkte vorliegen. Die Anwendung der hinreichenden Optimalitätsbedingungen gestaltet sich jedoch bei höherdimensionalen Aufgaben schwierig (siehe Abschn.8.2.2). Deshalb kann man z.B. die berechneten Werte mit Erfahrungswerten vergleichen oder Werte der Zielfunktion in der Umgebung der erhaltenen stationären Punkte berechnen.

♦

Illustrieren wir die beschriebene Vorgehensweise bei der Anwendung der notwendigen Optimalitätsbedingungen im folgenden Beispiel.

Beispiel 8.1:

Stellen wir notwendige Optimalitätsbedingungen für die Aufgaben a) und b) aus Beisp.7.1 auf:

a) Zur Bestimmung lokaler Maxima der *Funktion*

$$\eta(P) = \frac{a - b \cdot P^2}{\left(a + P + b \cdot P^2\right)^2} \qquad \text{mit a>0 und b>0}$$

liefert die notwendige Optimalitätsbedingung die nichtlineare Gleichung

$$\eta'(P) = 0$$

deren Lösungen bestimmt werden müssen (siehe Beisp.8.2a). Anschließend sind die berechneten Lösungen (stationären Punkte)

$$P^0$$

mittels der hinreichenden Bedingungen auf Optimalität zu untersuchen.

Des weiteren muß man bei den erhaltenen Lösungen

$$P^0$$

nachsehen, ob die gegebenen Schranken $0 \le P \le S$ (>0) eingehalten werden.

b) Zur Bestimmung lokaler Maxima der Funktion

$$W(x,t) = x^2 \cdot (a - x) \cdot t^2 \cdot e^{-t}$$

liefern die notwendigen Optimalitätsbedingungen ein nichtlineares Gleichungssystem mit den beiden Gleichungen

$$\frac{\partial}{\partial x} W(x,t) = (2 \cdot a \cdot x - 3 \cdot x^2) \cdot t^2 \cdot e^{-t} = 0$$

$$\frac{\partial}{\partial t} W(x,t) = x^2 \cdot (a - x) \cdot (2 \cdot t \cdot e^{-t} - t^2 \cdot e^{-t}) = 0$$

deren Lösungen bestimmt werden müssen. Dieses nichtlineare Gleichungssystem reduziert sich auf die einfache Form

$$2 \cdot a - 3 \cdot x = 0$$

$$(a - x) \cdot (2 - t) = 0$$

wenn man die nicht interessierende Lösung x=0 und t=0 ausschließt, so daß sich die weitere Lösung einfach bestimmen läßt. Abschließend ist die gefundene Lösung (stationärer Punkt)

$$x^0 = \frac{2}{3}a \quad , \quad t^0 = 2$$

mittels der hinreichenden Bedingung auf Optimalität zu untersuchen. Dies führen wir im Beisp.8.2b mittels der Systeme durch.
Da wir keine Nebenbedingungen berücksichtigt haben, müssen wir abschließend noch überprüfen, ob die berechnete Lösung die zwei Ungleichungsnebenbedingungen

$$0 \le x \le a \quad \text{und} \quad 0 \le t$$

erfüllt.

c) Zur Bestimmung der stationären Punkte der Funktion

$$f(x) = \frac{1}{4} \cdot x^4 - \frac{4}{3} \cdot x^3 + \frac{5}{2} \cdot x^2 - 2 \cdot x + 1$$

einer Variablen x müssen die reellen Lösungen der Gleichung

$$f'(x) = x^3 - 4 \cdot x^2 + 5 \cdot x - 2 = 0$$

der notwendigen Optimalitätsbedingung berechnet werden und anschließend sind die erhaltenen Lösungen (stationären Punkte) mittels der hinreichenden Optimalitätsbedingung, die die Ableitung zweiter Ordnung

$$f''(x) = 3 \cdot x^2 - 8 \cdot x + 5$$

verwendet, auf Optimalität zu untersuchen.
Aus der folgenden grafischen Darstellung mittels MATHCAD sehen wir, daß zwei stationäre Punkte existieren, von den einer (x=1) einen Wendepunkt und der zweite (x=2) ein Minimum der Funktion realisieren:

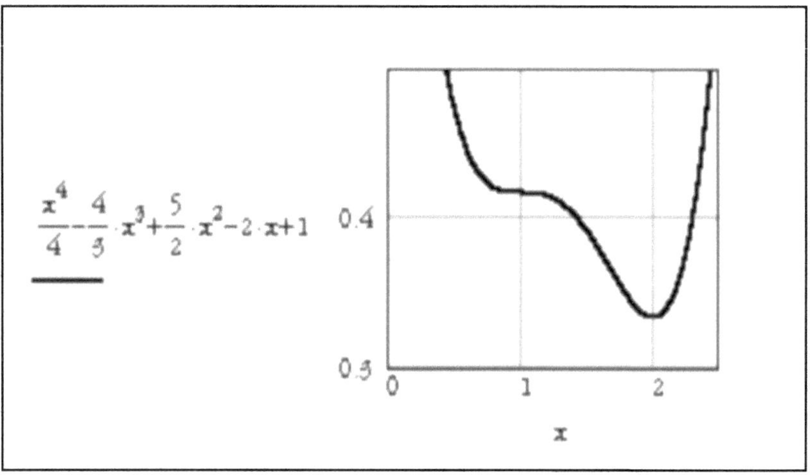

Im Beispiel 8.2c führen wir die exakte Berechnung der stationären Punkte dieser Funktion mit den Systemen durch.

d) Zur Berechnung von stationären Punkten der Funktion

$$f(x,y) = 4 \cdot x^2 - 2 \cdot x^4 + \frac{1}{3} \cdot x^6 + x \cdot y - 4 \cdot y^2 + 4 \cdot y^4$$

von zwei Variablen (x,y) müssen die reellen Lösungen des Gleichungssystems

$$\frac{\partial f(x,y)}{\partial x} = 8 \cdot x - 8 \cdot x^3 + 2 \cdot x^5 + y = 0$$

$$\frac{\partial f(x,y)}{\partial y} = x - 8 \cdot y + 16 \cdot y^3 = 0$$

aus den notwendigen Optimalitätsbedingungen bestimmt werden.

Da die Gleichungen nichtlinear und "zu kompliziert " sind, finden die Systeme keine exakten Lösungen, auch nicht die offensichtliche x=0 und y=0, die aber kein Extremalpunkt ist, wie die hinreichende Optimalitätsbedingung (siehe Abschn.8.2.2) zeigt. Deshalb empfehlen wir dem Leser, die Funktion mittels der Systeme grafisch darzustellen, um sich einen Überblick über eventuell vorhandene lokale Extrema zu verschaffen.

e) Zur Berechnung stationärer Punkte der von Rosenbrock betrachteten sogenannten *Bananenfunktion*

$$f(x,y) = 100 \cdot (x^2 - y)^2 + (1-x)^2$$

kann man das Gleichungssystem

$$\frac{\partial f(x,y)}{\partial x} = 400 \cdot x \cdot (x^2 - y) - 2 \cdot (1-x) = 0$$

$$\frac{\partial f(x,y)}{\partial y} = -200 \cdot (x^2 - y) = 0$$

der notwendigen Optimalitätsbedingungen per Hand lösen und erhält die Lösung

$$x^0 = 1 \ , \ y^0 = 1$$

Aus der hinreichenden Optimalitätsbedingung ergibt sich, daß die berechnete Lösung ein Minimum der Bananenfunktion realisiert. Dieses Ergebnis kann man auch durch einfache Überlegung gewinnen, da die Funktion nur positive Werte oder Null annimmt.

Man verwendet diese Bananenfunktion aufgrund ihrer geometrischen Form (schmales, parabelförmig gekrümmtes Tal - d.h. Bananenform) oft als Testfunktion für numerische Methoden. Wir werden sie in den Beisp.8.3 und 8.4 benutzen, um die vordefinierten Numerikfunktionen der Systeme zu testen.

♦

8.2.2 Hinreichende Bedingungen

Eine *hinreichende Bedingung*, um die *Optimalität* (Minimal- oder Maximalpunkt) eines aus den notwendigen Bedingungen berechneten stationären Punktes

$$\mathbf{x}^0 = \begin{pmatrix} x_1^0 \\ x_2^0 \\ \vdots \\ x_n^0 \end{pmatrix}$$

nachzuweisen, wird durch die positive/negative Definitheit der zur Funktion $f(\mathbf{x})$ gehörenden Hesse-Matrix $H(\mathbf{x})$ im Punkt

$$\mathbf{x}^0$$

gegeben, falls $f(\mathbf{x})$ zweimal stetig differenzierbar ist. Damit muß für die aus den zweiten partiellen Ableitungen der Funktion $f(\mathbf{x})$ gebildete n-reihige *Hesse-Matrix*

$$H(\mathbf{x}) \ = \ D^2 f(\mathbf{x}) = \left(h_{ik} \right)$$

mit den Elementen

$$h_{ik} \ = \ \frac{\partial^2}{\partial x_i \, \partial x_k} f(\mathbf{x}) \qquad\qquad (i = 1 , \dots , n ; k = 1 , \dots , n)$$

im Punkt $\mathbf{x}^0$

$$\mathbf{x}^T \cdot H(\mathbf{x}^0) \cdot \mathbf{x} \ > \ 0 \qquad\qquad \text{für ein Minimum}$$

$$\mathbf{x}^T \cdot H(\mathbf{x}^0) \cdot \mathbf{x} \ < \ 0 \qquad\qquad \text{für ein Maximum}$$

für alle $\mathbf{x}$ gelten.

Die positive/negative Definitheit der Hesse-Matrix $H(\mathbf{x}^0)$ ist für großes n (d.h. für eine größere Anzahl von Variablen) nicht einfach nachzuweisen, da man für ein hinreichendes Kriterium alle Eigenwerte von $H(\mathbf{x}^0)$ benötigt.

Deshalb verzichtet man in der Praxis meistens auf hinreichende Bedingungen und bestimmt die Optimalität eines stationären Punktes aus praktischen

Erfahrungen, indem man ihn mit Erfahrungswerten vergleicht oder Werte der Zielfunktion in seiner Umgebung berechnet.

Für n=1 und 2 haben hinreichende Bedingungen für die Optimalität eines stationären Punktes

$$x^0 \text{ bzw. } (x^0, y^0)$$

die folgende einfache Form und sind offensichtlich problemlos anwendbar:

* für Funktionen $y = f(x)$ einer Variablen muß gelten:

$$f''(x^0) \neq 0 \qquad (\, f''(x^0) > 0 \text{ Minimum} ,\ f''(x^0) < 0 \text{ Maximum} \,)$$

Im Falle, daß

$$f''(x^0) = 0$$

gilt, müssen höhere Ableitungen solange berechnet werden, bis für ein n (n = 3 , 4 , ...) gilt

$$f^{(n)}(x^0) \neq 0$$

Ist dieses n gerade, so liegt ein Extremalpunkt vor, ansonsten ein Wendepunkt.

* für Funktionen $z = f(x, y)$ von zwei Variablen muß gelten:

$$f_{xx}(x^0, y^0) \cdot f_{yy}(x^0, y^0) - (\, f_{xy}(x^0, y^0) \,)^2 > 0$$

$$(\, f_{xx}(x^0, y^0) > 0 \text{ Minimum} ,\ f_{xx}(x^0, y^0) < 0 \text{ Maximum} \,)$$

8.2.3 Anwendung von Computeralgebrasystemen

Mittels der Systeme MAPLE, MATHEMATICA, MATHCAD und MATLAB können die Gleichungen der notwendigen Optimalitätsbedingungen aufgestellt und Lösungen dieser Gleichungen exakt berechnet werden. Da die Optimalitätsbedingungen meistens nichtlineare Gleichungen liefern, kann man nicht erwarten, daß die Systeme immer exakte Lösungen finden (siehe auch Abschn.6.4). Dies ist darin begründet, daß für nichtlineare Gleichungen keine allgemein anwendbaren exakten Lösungsmethoden existieren.

Falls sich die Gleichungen der notwendigen Optimalitätsbedingungen nicht exakt mittels der Systeme lösen lassen, kann eine numerische Lösung dieser Gleichungen versucht werden, wie im Abschn.8.3 näher ausgeführt wird.
♦

Nur MAPLE besitzt vordefinierte Funktionen zur direkten exakten Berechnung von Extrema, d.h., man braucht hier die notwendigen Optimalitätsbedingungen nicht aufzustellen:

MAPLE stellt nach dem Laden des Zusatzpaketes **student** mittels

> **with** (student) ;

- die vordefinierten Funktionen

    * > **minimize** (f , *Optionen*) ;   (für die Minimierung)

    * > **maximize** (f , *Optionen*) ;   (für die Maximierung)

  zur Verfügung, wobei die Argumenten folgende Bedeutung haben:

  * f

    den Funktionsausdruck f ($\mathbf{x}$) der Zielfunktion bzw. den Funktionsnamen, falls die Funktion vorher definiert wurde.

  * *Optionen*

    Wichtige Optionen sind die Vorgabe eines Bereichs für die Variablen in der Form

    x1 = a1..b1 , x2 = a2..b2 , ... , xn = an..bn

    und die Option **location**, die die Ausgabe der berechneten Extremalpunkte bewirkt.

  Beide Funktionen bestimmen globale Extrema der Funktion f ($\mathbf{x}$) über dem gesamten Definitionsgebiet oder einem vorgegebenen Bereich (siehe Beisp.8.2c).

- die vordefinierte Funktion **extrema** zur Verfügung, die zur Bestimmung lokaler Extrema vorzuziehen ist. Diese Funktion ist folgendermaßen anzuwenden:

  > **extrema** (f , G , V , 'erg') : erg ;

  wobei die Argumente folgende Bedeutung haben:

* f

   den Funktionsausdruck $f(\mathbf{x})$ der Zielfunktion bzw. den Funktionsnamen, falls die Funktion vorher definiert wurde.

* G

   Gleichungsnebenbedingungen (in Mengenschreibweise). Wenn keine
   Gleichungsnebenbedingungen vorliegen, muß { } geschrieben werden.

* V

   Variablen (in Mengenschreibweise)

* 'erg'

   Dieses mögliche vierte Argument bezeichnet einen Variablennamen
   (hier wurde erg gewählt). Diese Angabe bewirkt die Ausgabe der stationären Punkte. Fehlt dieses Argument, so werden nur die Werte der
   Zielfunktion $f(\mathbf{x})$ in den stationären Punkten ausgegeben.

Ein Vorteil der Funktion **extrema** gegenüber den beiden Funktionen **maximize** und **minimize** besteht darin, daß Gleichungsnebenbedingungen
berücksichtigt werden (siehe Abschn.9.2.2, Beisp.9.2a).

♦

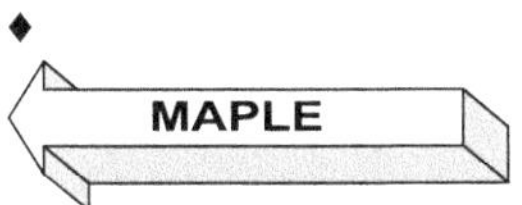

Im folgenden Beispiel illustrieren wir die beschriebene Vorgehensweise zur
Aufstellung der Optimalitätsbedingungen und zur Lösung der Gleichungen
der Optimalitätsbedingungen mittels der Systeme.

Beispiel 8.2:

Versuchen wir die exakte Berechnung von Lösungen der Aufgaben aus Beispiel 8.1 mittels der Systeme. Dazu stellen wir mit den Systemen die notwendigen Optimalitätsbedingungen auf und lösen mit ihnen die erhaltenen
Gleichungen. In MAPLE testen wir zusätzlich die vordefinierte Funktionen
extrema und **minimize** bzw. **maximize**:

a) Stellen wir zuerst für die Aufgabe a) aus Beisp.8.1

$$\eta(P) = \frac{a - b \cdot P^2}{\left(a + P + b \cdot P^2\right)^2} \;\rightarrow\; \underset{P}{\text{Maximum}}$$

mit allen Systemen die Gleichung der notwendigen Optimalitätsbedingung auf und versuchen ihre exakte Lösung. Alle Systeme berechnen Lösungen für beliebige a>0 und b>0. Wir verzichten auf die Angabe der

Lösungen, da dies umfangreiche Ausdrücke sind. Zusätzlich wenden wir
in MAPLE die vordefinierte Funktion **extrema** an.

Mittels MAPLE ist sowohl die Lösung der Gleichung der notwendigen
Optimalitätsbedingung mittels **solve** in der Form

> **solve** (**diff** ((a − b*P^2)/(a + P + b*P^2)^2 , P) = 0 , P) **;**

als auch die Anwendung der vordefinierten Funktion **extrema** in der
Form

> **with** (student) **;**

> **extrema** ((a − b*P^2) / (a + P + b*P^2)^2 , { } , P , 'erg') **;** erg **;**

erfolgreich.

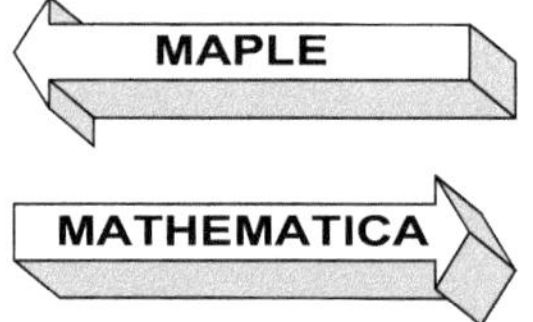

Wir verwenden die Funktion **Solve**, um die Gleichung der notwendigen
Optimalitätsbedingung zu lösen:

Solve[∂_P ((a − b * P^2) / (a + P + b * P^2)^2) == 0 , P]

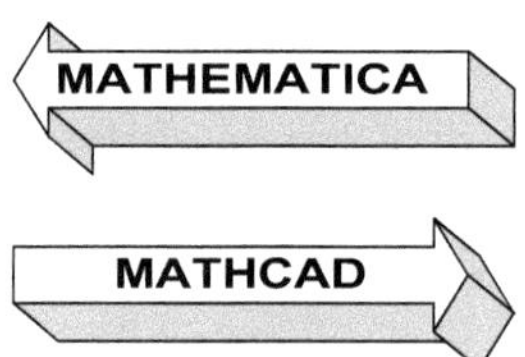

Wir verwenden das Schlüsselwort **solve** aus der Operatorpalette 9, um
die Gleichung der notwendigen Optimalitätsbedingung zu lösen:

$$\frac{\mathrm{d}}{\mathrm{d}P}\left[\frac{a - b\cdot P^2}{\left(a + P + b\cdot P^2\right)^2}\right] = 0 \ \text{solve}, P \ \rightarrow$$

Wir verwenden die Funktion **solve**, um die Gleichung der notwendigen Optimalitätsbedingung zu lösen:

>> **syms** a b P **; solve** ('**diff** ((a–b*P^2)/(a+P+b*P^2)^2 , P) = 0' , 'P')

b) Betrachten wir die Aufgabe b) aus Beisp.8.1

$$W(x,t) = x^2 \cdot (a - x) \cdot t^2 \cdot e^{-t} \;\; \to \;\; \underset{x,t}{\text{Maximum}}$$

mit der Lösung

$x = 2a/3$, $t = 2$

indem wir mit allen Systemen die Gleichungen der notwendigen Optimalitätsbedingungen aufstellen und exakt lösen und zusätzlich mit MATHEMATICA die hinreichende Optimalitätsbedingung überprüfen und bei MAPLE die Funktion **extrema** anwenden:

Zur Anwendung der vordefinierten Funktion **solve** definieren wir zuerst die Zielfunktion:

> W := (x , t) → x ^ 2 * (a − x) * t ^ 2 * **exp** (−t) **;**

und stellen danach die notwendigen Optimalitätsbedingungen auf und lösen gleichzeitig die erhaltenen Gleichungen:

> **solve** ({ **diff** (W(x,t) , x) = 0 , **diff** (W(x,t) , t) = 0 } , { x , t }) **;**

$$\{ x = 0 , t = t \} \; , \; \{ t = 0 , x = x \} \; , \; \{ x = \frac{2}{3} a , t = 2 \}$$

Die Anwendung der vordefinierten Funktion **extrema** ist ebenfalls erfolgreich:

> **with** (student) **;**

> **extrema** (x^2 * (a − x) * t^2 * **exp** (−t) , { } , { x , t } , 'erg') **;** erg **;**

$$\left\{\ \max\left(\ 0,\frac{16}{27}\,a^3\,e^{(-2)}\ \right)\ ,\ \min\left(\ 0,\frac{16}{27}\,a^3\,e^{(-2)}\ \right)\right\}$$

$$\{\,\{\,x=\frac{2}{3}a\ ,\ t=2\,\}\ ,\ \{\,x=0\ ,\ t=t\,\}\ ,\ \{\,t=0\ ,\ x=x\,\}\,\}$$

Dagegen liefert die vordefinierte Funktion **maximize** keine Ergebnis, obwohl ein beschränkter Bereich x=0..a , t=0..3 eingegeben wurde.

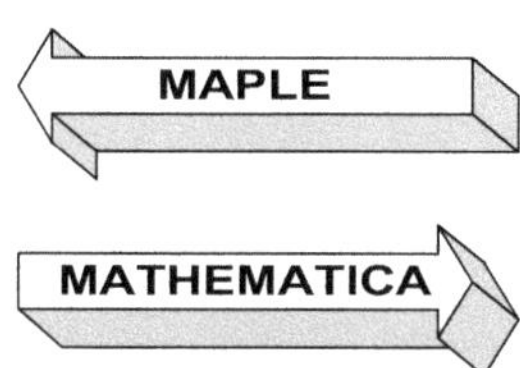

Zuerst definieren wir die Zielfunktion mittels

$$W\,[\,x\_\ ,\ t\_\,]\ =\ x^2*(\,a-x\,)*t^2*e^{-t}$$

Danach stellen wir die notwendigen Optimalitätsbedingungen auf und lösen gleichzeitig die erhaltenen Gleichungen mittels der Funktion **Solve**:

Solve $[\,\{\ \partial_x W[x,t] == 0\ ,\ \partial_t W[x,t] == 0\ \}\ ,\ \{\ x\ ,\ t\ \}\,]$

MATHEMATICA berechnet folgende Lösungen

$$\left\{\ \left\{t \to 2, x \to \frac{2\,a}{3}\right\},\ \{t \to 0\},\{t \to 0\},\ \{x \to 0\},\{x \to 0\}\right\}$$

von denen die erste interessant ist. Sie liefert den folgenden Zielfunktionswert:

$$W\,[\,2*a/3\ ,\ 2\,]$$

$$\frac{16\,a^3}{27\,e^2}$$

Betrachten wir für diese Lösung die hinreichende Optimalitätsbedingung, indem wir sie mittels der Funktion H in Funktionsform definieren:

$$H[\,x\_\ ,\ t\_\,]=\partial_{\{x,2\}}\,W[\,x,t\,]*\partial_{\{t,2\}}\,W[\,x,t\,]-(\,\partial_{x,t}\,W[\,x,t\,])\wedge 2$$

Da die Funktion H für die berechneten Werte

H[2*a/3 , 2]

$$\frac{64\,a^4}{27\,e^4}$$

einen positiven Wert annimmt, sind die hinreichenden Optimalitätsbedingungen erfüllt.

Abschließend überprüfen wir noch, ob es sich um ein Maximum handelt:

$$\partial_{\{x,2\}}\,W[x,t]$$

$$e^{-t}t^2\,(\,2(\,a-x\,)-4\,x\,)$$

$$\%\,/.\{\,x\to\frac{2\,a}{3}\,,\,t\to 2\,\}$$

$$-\frac{8\,a}{e^2}$$

Der berechnete negative Wert bestätigt, daß ein *Maximum* vorliegt.

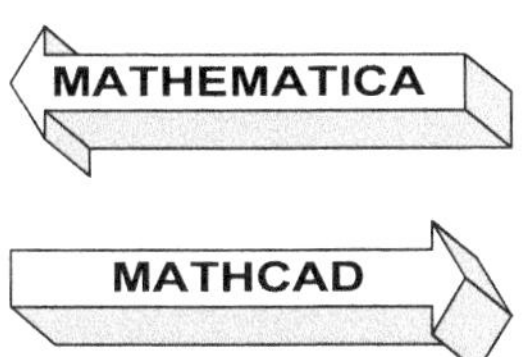

Zuerst definieren wir die Zielfunktion mittels

$$W(\,x,t,a\,) := x^2\cdot(\,a-x\,)\cdot t^2\cdot e^{-t}$$

Danach stellen wir die notwendigen Optimalitätsbedingungen auf und lösen gleichzeitig die erhaltenen Gleichungen mittels **given** und **find**:

given

$$\frac{d}{dx}W(x,t,a) = 0$$

$$\frac{d}{dt} W(x,t,a) = 0$$

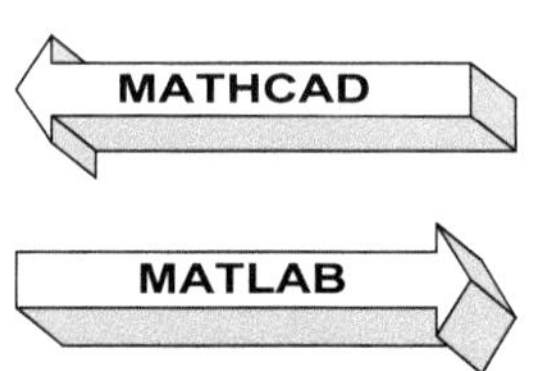

$$\mathbf{find}(x,t) \rightarrow \begin{pmatrix} 0 & x & \dfrac{2}{3} \cdot a \\[2ex] t & 0 & 2 \end{pmatrix}$$

Wir stellen die notwendigen Optimalitätsbedingungen auf und lösen gleichzeitig die erhaltenen Gleichungen mittels der vordefinierten Funktion **solve**:

```
>> syms x t a ; [ x , t ] = solve ( 'diff ( x^2 * ( a − x ) * t^2 * exp ( −t )
       , x ) = 0 , diff ( x^2 * ( a − x ) * t^2 * exp ( −t ) , t ) = 0' , 'x , t' )

x =

[ t ]
[ 0 ]
[ 2 ]

t =

[ 0 ]
[ x ]
[ 2/3*a ]
```

c) Bestimmen wir die stationären Punkte der Funktion

$$f(x) = \frac{1}{4} \cdot x^4 - \frac{4}{3} \cdot x^3 + \frac{5}{2} \cdot x^2 - 2 \cdot x + 1$$

einer Variablen x aus Beisp.8.1c, indem wir mit allen Systemen die Gleichung der notwendigen Optimalitätsbedingung lösen und zusätzlich mit MATHEMATICA die hinreichende Optimalitätsbedingung überprüfen und bei MAPLE die Funktionen **extrema**, **minimize** und **maximize** anwenden.

In MAPLE ist

* sowohl die Lösung der notwendigen Optimalitätsbedingung mittels **solve** in der Form

> **solve** (**diff** (x^4/4 − 4*x^3/3 + 5*x^2/2 − 2*x + 1 , x) = 0 , x) ;

$$2 , 1 , 1$$

* als auch die Anwendung der vordefinierten Funktion **extrema** in der Form

> **with** (student) ;

> **extrema** (x^4/4 − 4*x^3/3 + 5*x^2/2 − 2*x + 1 ,{ }, x ,'erg') ; erg ;

$$\{ \frac{1}{3}, \frac{5}{12} \}$$

$$\{ \{ x = 2 \} , \{ x = 1 \} \}$$

* als auch die Anwendung der vordefinierten Funktion **minimize** in der Form

> **minimize** (x^4/4 − 4*x^3/3 + 5*x^2/2 − 2*x + 1 , location) ;

$$\frac{1}{3} , \{ \left[\{ x = 2 \} , \frac{1}{3} \right] \}$$

erfolgreich, wobei gegebenenfalls der berechnete Wendepunkt x=1 auszuschließen ist.
Da die Funktion keine relativen Maxima besitzt und nach oben unbeschränkt ist, liefert die vordefinierte Funktion **maximize** in der Form

> **maximize** (x^4/4 − 4*x^3/3 + 5*x^2/2 − 2*x + 1 , location) ;

das Ergebnis ∞.

Gibt man für x ein Intervall vor (z.B. [0,3]), so berechnet **maximize** das globale Maximum in diesem Intervall:

> **maximize** (x^4/4 − 4*x^3/3 + 5*x^2/2 − 2*x + 1 , x=0..3 , location) **;**

$$\frac{7}{4} \; , \; \left\{ \left[\, \{ x = 3 \} , \frac{7}{4} \right] \right\}$$

Wir verwenden die vordefinierte Funktion **Solve**, um die Gleichung der notwendigen Optimalitätsbedingung zu lösen:

Solve [∂_x (x^4/4 − 4*x^3/3 + 5*x^2/2 − 2*x + 1) == 0 , x]

{ [x→1 } , { x→1 } , { x→2 } }

Die Anwendung der hinreichenden Optimalitätsbedingung liefert:

H[x_] = $\partial_{\{x,2\}}$ (x^4/4 − 4*x^3/3 + 5*x^2/2 − 2*x + 1)

H[1]

0

H[2]

1

Für

x=1

könnte man mit MATHEMATICA die weiteren höheren Ableitungen berechnen und sieht, daß ein Wendepunkt vorliegt.

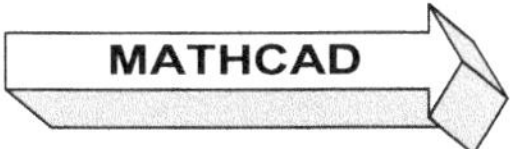

Wir verwenden das Schlüsselwort **solve** aus der Operatorpalette 9, um die Gleichung der notwendigen Optimalitätsbedingung zu lösen:

$$\frac{d}{dx}\left(\frac{x^4}{4} - 4\cdot\frac{x^3}{3} + 5\cdot\frac{x^2}{2} - 2\cdot x + 1 \right) = 0 \ \text{solve}, x \ \rightarrow \ \begin{pmatrix} 2 \\ 1 \\ 1 \end{pmatrix}$$

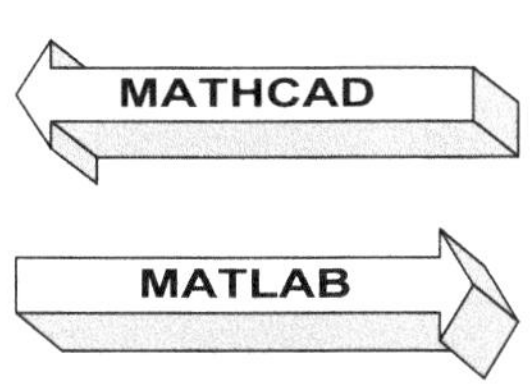

Wir verwenden die Funktion **solve**, um die Gleichung der notwendigen Optimalitätsbedingung zu lösen:

```
>> syms x ; x = solve ('diff (x^4/4−4*x^3/3+5*x^2/2−2*x+1,x) = 0', 'x')
```

x =

[2]

[1]

[1]

♦

8.3 Numerische Methoden

Das Gebiet der numerischen Methoden (Näherungsmethoden) für Extremalaufgaben ohne Nebenbedingungen ist umfangreich. Es gibt hierüber zahlreiche Bücher, von denen man einige [8, 28, 69, 75] im Literaturverzeichnis findet. Die Entwicklung effektiver numerischer Methoden stellt einen gegenwärtigen Forschungsschwerpunkt in der mathematischen Optimierung dar, da sie die einzige Möglichkeit bieten, praktische Aufgaben unter Verwendung von Computern zu lösen.

Numerische Methoden zur Lösung von Extremalaufgaben ohne Nebenbedingungen lassen sich in zwei Klassen einteilen:

I. Man berechnet Lösungen der Gleichungen der notwendigen Optimalitätsbedingungen numerisch (näherungsweise), falls sich diese Gleichungen nicht exakt lösen lassen (siehe Abschn.8.3.1). Die numerische Lösung der Optimalitätsbedingungen ist nicht immer effektiv:

  * Eine Begründung hierfür ist, daß numerische Methoden zur Lösung der nichtlinearen Gleichungen aus den Optimalitätsbedingungen nicht einfacher sind als direkte numerische Methoden zur Lösung von Extremalaufgaben (siehe II.). In der numerischen Mathematik wird sogar für gewisse nichtlineare Gleichungssysteme

$$u_1(\mathbf{x}) = u_1(x_1,...,x_n) = 0$$

$$\vdots \qquad\qquad \vdots$$

$$u_m(\mathbf{x}) = u_m(x_1,...,x_n) = 0$$

  der umgekehrte Weg gegangen, sie in die äquivalente Extremalaufgabe (siehe Kap.13)

$$\sum_{k=1}^{m} u_k^2(\mathbf{x}) \;\to\; \underset{\mathbf{x}}{\text{Minimum}}$$

  zu überführen und diese numerisch mittels direkter numerischer Methoden (siehe II.) zu lösen.

  * Ein weiterer Schwachpunkt dieser Vorgehensweise liegt darin, daß eine berechnete Lösung der notwendigen Optimalitätsbedingungen nicht immer ein Extremalpunkt sein muß.

II. Man berechnet Näherungslösungen auf direktem Wege, d.h. ohne die Optimalitätsbedingungen zu lösen. Deshalb werden diese Methoden als *direkte numerische Methoden* bezeichnet im Gegensatz zu den Methoden aus I., die man als *indirekte Methoden* bezeichnet.
  Wir können uns im folgenden nur mit numerischen Standardmethoden befassen. Vertreter dieser Art werden in den Abschn.8.3.2 bis 8.3.4 skizziert.

  ♦

Numerische Methoden aus I. und II. sind Iterationsmethoden, die eine

  * Folge

$$\mathbf{x}^1, \mathbf{x}^2, \mathbf{x}^3, \ldots, \mathbf{x}^k, \ldots = \{\mathbf{x}^k\}$$

von Punkten erzeugen.

Der Nachweis der Konvergenz dieser Folge gegen einen Extremalpunkt läßt sich nur unter starken Voraussetzungen führen. Häufig kann man für Methoden aus II. nur zeigen, daß eine fallende Folge von Zielfunktionswerten geliefert wird, d.h.

$$f(\mathbf{x}^1) > f(\mathbf{x}^2) > f(\mathbf{x}^3) > \ldots > f(\mathbf{x}^k) > \ldots$$

* Anfangsnäherung (Startpunkt)

$$\mathbf{x}^1 = \mathbf{x}^s$$

benötigen, die vorzugeben ist.

* Abbruchschranke benötigen, da sie i.allg. nicht nach endlich vielen Iterationsschritten abbrechen.

In den Abschn.8.3.1–8.3.3 werden wir diese Problematik an konkreten Methoden illustrieren.

♦

In den Systemen sind numerische Standardmethoden zur Lösung von Extremalaufgaben vordefiniert, die wir im Abschn.8.3.5 und 8.3.6 skizzieren. Damit kann der Anwender zahlreiche Extremalaufgaben numerisch (näherungsweise) lösen, ohne sich tiefer in die Theorie der einzelnen numerischen Methoden einarbeiten und Computerprogramme hierfür erstellen zu müssen.

Bei der Anwendung numerischer Methoden muß man jedoch beachten, daß diese nicht immer erfolgreich sind, d.h., nicht immer Näherungen für Extremalpunkte berechnen. In dieser Hinsicht ist es für den Anwender nützlich, Grundprinzipien der numerischen Methoden zu kennen, die wir in den folgenden Abschn.8.3.1 – 8.3.4 geben.

8.3.1 Newton-Methoden

Newton-Methoden haben wir bereits im Abschn.6.4 bei der numerischen Berechnung von Lösungen nichtlinearer Gleichungen kennengelernt. Im folgenden werden sie angewandt, um die Gleichungen der notwendigen Optimalitätsbedingungen näherungsweise zu lösen.

Die im folgenden Abschn.8.3.2 behandelten Abstiegsmethoden und damit auch die klassische Gradientenmethode besitzen im Falle der Konvergenz nur eine lineare Konvergenzgeschwindigkeit, so daß Methoden mit höherer Konvergenzgeschwindigkeit wie die Newton-Methoden interessant sind.

Bei Newton-Methoden muß man allerdings voraussetzen, daß die Zielfunktion

$f(\mathbf{x})$

stetige Ableitungen zweiter Ordnung besitzt.

◆

Man kann *Newton-Methoden* zur Berechnung von Näherungslösungen für die Extremalaufgabe

$$z = f(\mathbf{x}) = f(x_1, x_2, \ldots, x_n) \to \underset{x_1, x_2, \ldots, x_n}{\text{Minimum/Maximum}}$$

auf zwei Arten interpretieren. Wir illustrieren dies am Beispiel von Funktionen $f(x)$ einer Variablen x:

I. Man wendet die im Abschn.6.4 (Beisp.6.1) gegebene Newton-Methode zur Lösung der Gleichung $f'(x) = 0$ der notwendigen Optimalitätsbedingung an.

II. Man bricht die Taylorentwicklung der Funktion $f(x)$ im Punkt x^k nach den quadratischen Gliedern ab und erhält näherungsweise

$$f(x) \approx f(x^k) + f'(x^k) \cdot (x - x^k) + \frac{f''(x^k)}{2} \cdot (x - x^k)^2$$

Wendet man die notwendige Optimalitätsbedingung auf den für $f(x)$ erhaltenen quadratischen Näherungsausdruck an, so ergibt sich als Lösung

x^{k+1}

die Formel der Newton-Methode.

◆

Bei den gegebenen Interpretationen I. und II. erhält man die *klassische Variante* der *Newton-Methode*, die folgende *iterative Form* besitzt:

$$\bullet \quad x^{k+1} = x^k - \frac{f'(x^k)}{f''(x^k)} \qquad (k = 1, 2, 3, \ldots)$$

für Funktionen $f(x)$ einer Variablen x,

wobei

* $f'(x^k)$

    die Ableitung erster Ordnung in x^k

* $f''(x^k)$

die Ableitung zweiter Ordnung (als $\neq 0$ vorausgesetzt) in x^k

* x^1

den vorzugebenden Startwert (Startpunkt)

bezeichnen.

- $\mathbf{x}^{k+1} = \mathbf{x}^k - \mathbf{H}^{-1}(\mathbf{x}^k) \cdot \mathbf{grad}\, f(\mathbf{x}^k)$ ($k = 1, 2, 3, \ldots$)

für Funktionen $f(\mathbf{x})$ von n Variablen $\mathbf{x}$.

Man sieht, daß hier in der gegebenen Formel für Funktionen einer Variablen folgendes zu ersetzen ist:

* die erste Ableitung $f'(x)$ durch den Gradienten

  $\mathbf{grad}\ f(\mathbf{x})$

  der Funktion $f(\mathbf{x})$

* die zweite Ableitung $f''(x)$ durch die aus den partiellen Ableitungen zweiter Ordnung der Funktion $f(\mathbf{x})$ gebildete Hesse-Matrix (siehe Abschn.8.2.2)

  $\mathbf{H}(\mathbf{x})$

* die Variablenwerte x^k durch die Vektoren $\mathbf{x}^k$

Dabei muß man voraussetzen, daß die Hesse-Matrix $\mathbf{H}(\mathbf{x})$ eine Inverse besitzt, d.h. nicht singulär ist.

Um das Berechnen der inversen Hesse-Matrix zu vermeiden, bestimmt man einen Lösungsvektor

$\mathbf{d}^k$

des linearen Gleichungssystems

$\mathbf{H}(\mathbf{x}^k) \cdot \mathbf{d} = -\mathbf{grad}\, f(\mathbf{x}^k)$

Damit schreibt sich die *Newton-Methode* in der *folgenden Form:*

$\mathbf{x}^{k+1} = \mathbf{x}^k + \mathbf{d}^k$ ($k = 1, 2, 3, \ldots$)

d.h., die Newton-Methode schreibt sich in Form einer Abstiegsmethode (siehe Abschn.8.3.2). Unter der Voraussetzung, daß die Hesse-Matrix

$\mathbf{H}(\mathbf{x}^k)$

positiv definit ist, läßt sich beweisen, daß

$\mathbf{d}^k$

eine *Abstiegsrichtung* ist (siehe [46]), so daß in diesem Fall eine Abstiegsmethode geliefert wird.

Die *Newton-Methode* läßt sich folgendermaßen *charakterisieren:*

- Ohne weitere Voraussetzungen ist die Konvergenz der erzeugten Folge

  $$\{ \mathbf{x}^k \}$$

  gegen einen Minimalpunkt nicht gesichert. Die Methode hat lokalen Charakter, d.h., sie konvergiert nur, wenn der Startpunkt hinreichend nahe bei einer Lösung liegt (siehe auch Abschn.6.4). Bzgl. Konvergenzeigenschaften verweisen wir auf die Literatur [28, 75].

- Im Falle der Konvergenz konvergiert sie schnell (unter gewissen Voraussetzungen: *quadratische Konvergenzgeschwindigkeit*). Dafür ist der Rechenaufwand aber höher als bei Abstiegsmethoden (siehe Abschn.8.3.2).

- Es wird eine *Abbruchschranke* benötigt, wofür es wie bei den Abstiegsmethoden aus Abschn.8.3.2 mehrere Möglichkeiten gibt, so z.B.

  $$* \quad \left| \mathbf{x}^{k+1} - \mathbf{x}^k \right| \leq \varepsilon$$

  $$* \quad \left| f (\mathbf{x}^{k+1}) - f (\mathbf{x}^k) \right| \leq \varepsilon$$

  deren Interpretation wir dem Anwender überlassen.

♦

Die hier gegebene Variante der Newton-Methode ist die klassische schon seit langem angewandte Methode. Sie wurde weiterentwickelt. Um die Berechnung der Hesse-Matrix zu vermeiden, existieren sogenannte *Quasi-Newton-Methoden* (siehe [28, 75]). Effiziente und robuste Vertreter dieser Klasse sind die *DFP-Methode* (Davidon, Fletcher, Powel-Methode) und die *BFGS-Methode* (Broyden, Fletcher, Goldfarb, Shanno-Methode).

♦

8.3.2 Abstiegsmethoden

Für Extremalaufgaben (Minimierungsaufgaben) ohne Nebenbedingungen

$$z = f (\mathbf{x}) = f (x_1 , x_2 , \dots , x_n) \to \underset{x_1 , x_2 , \dots , x_n}{\text{Minimum}}$$

können *Abstiegsmethoden* zur numerischen (näherungsweisen) Berechnung eines (lokalen) Minimalpunktes herangezogen werden. Dies sind *iterative Methoden* der Form

$$\mathbf{x}^{k+1} = \mathbf{x}^k + \alpha_k \cdot \mathbf{d}^k \qquad (\,k = 1, 2, 3, \dots\,)$$

wobei

* α_k

    die *Schrittweite* im Punkt $\mathbf{x}^k$

* $\mathbf{d}^k$

    die *Abstiegsrichtung* (*Abstiegsvektor*) im Punkt $\mathbf{x}^k$

* $\mathbf{x}^1 = \mathbf{x}^s$

    den vorzugebenden *Startpunkt*

bezeichnen. Eine Abstiegsrichtung ist folgendermaßen definiert.

Definition 8.1:

Ein Vektor $\mathbf{d} \in \mathbb{R}^n$ heißt *Abstiegsrichtung* der Funktion $f(\mathbf{x})$ im Punkt $\mathbf{x}$, wenn es eine Zahl $a > 0$ gibt, so daß

$$f(\mathbf{x} + \alpha \cdot \mathbf{d}) < f(\mathbf{x}) \qquad \forall\, \alpha \in (\,0\,,\,a\,]$$

gilt, d.h., eine Abstiegsrichtung ist dadurch charakterisiert, daß die Funktionswerte in ihrer Richtung abnehmen.

♦

Falls die Funktion $f(\mathbf{x})$ stetig differenzierbar ist, so ist jeder Vektor $\mathbf{d}$ mit

$$\mathbf{grad}\, f(\mathbf{x})^T \cdot \mathbf{d} < 0$$

eine Abstiegsrichtung der Funktion $f(\mathbf{x})$ im Punkt $\mathbf{x}$. Wählt man die Abstiegsrichtung in der Form

$$\mathbf{d} = -\,\mathbf{grad}\, f(\mathbf{x})$$

erhält man die bekannte *Gradientenmethode*

$$\mathbf{x}^{k+1} = \mathbf{x}^k - \alpha_k \cdot \mathbf{grad}\, f(\mathbf{x}^k) \qquad (\,k = 1, 2, 3, \dots\,)$$

Sie wird auch als *Methode des steilsten Abstiegs* bezeichnet, da der negative Gradient einer Funktion in Richtung ihres steilsten Abstiegs zeigt. Offensichtlich bricht die Gradientenmethode ab, wenn

$$\mathbf{grad}\, f(\mathbf{x}) = \mathbf{0}$$

gilt, d.h., $\mathbf{x}$ ein stationärer Punkt ist. Dies braucht aber kein Minimalpunkt zu sein, wie im Kap.8.2 ausgeführt wird.

♦

Abstiegsmethoden haben ihren Namen aus der Tatsache erhalten, daß in jedem Iterationsschritt längs einer Abstiegsrichtung der Zielfunktion gegangen wird, d.h., längs einer Richtung, in der die Zielfunktionswerte abnehmen.

♦

Bei der Abstiegsmethode ist die *Schrittweite*

$$\alpha_k$$

so zu bestimmen, daß

$$f(\mathbf{x}^{k+1}) = f(\mathbf{x}^k + \alpha_k \cdot \mathbf{d}^k) < f(\mathbf{x}^k)$$

gilt. Damit wird eine monoton fallende Folge von Funktionswerten

$$f(\mathbf{x}^1) > \ldots > f(\mathbf{x}^k) > f(\mathbf{x}^{k+1}) > \ldots$$

geliefert. Zur Bestimmung der Schrittweite existiert eine Reihe von Methoden. Eine Möglichkeit besteht in der Lösung der eindimensionalen Optimierungsaufgabe

$$f(\mathbf{x}^k + \alpha_k \cdot \mathbf{d}^k) = \underset{\alpha > 0}{\text{Minimum}} \; f(\mathbf{x}^k + \alpha \cdot \mathbf{d}^k)$$

Da dies eine zusätzliche Optimierungsaufgabe ist, gibt es weitere Strategien zur Schrittweitenwahl. Eine einfache Methode besteht in der Vorgabe einer festen Schrittweite. Wird hierfür der Funktionswert nicht kleiner, so halbiert man diese usw. Für ausführlichere Informationen verweisen wir auf die Literatur [28, 75].

♦

Abstiegsmethoden können auch zur näherungsweisen Berechnung eines Maximalpunktes verwendet werden, indem man die zu maximierende Funktion mit −1 multipliziert und diese minimiert. Man könnte analog zur Abstiegsrichtung eine Aufstiegsrichtung definieren und hierfür Aufstiegsmethoden entwickeln. Wir überlassen die Entscheidung hierüber dem Leser.

♦

Die *Problematik* der *Abstiegsmethoden* besteht darin, daß

- ohne weitere Voraussetzungen die *Konvergenz* der erzeugten Folge

  $$\{\mathbf{x}^k\}$$

  gegen einen Minimalpunkt nicht gesichert ist. Nur unter zusätzlichen Bedingungen (u.a. Konvexität der Zielfunktion) läßt sich die Konvergenz gegen einen stationären Punkt bzw. Minimalpunkt der Funktion zeigen. Dazu verweisen wir auf die Literatur.

- selbst im Falle der Konvergenz nur eine *lineare Konvergenzgeschwindigkeit* vorliegt, so daß die Rechnungen sehr umfangreich werden können.

- das sogenannte *Zickzackphänomen* (englisch: zig-zagging) auftreten kann. Dies bedeutet, daß sich in der Nähe eines stationären Punktes die Abstiegsrichtungen laufend ändern, ohne daß sich die Werte der Zielfunktion wesentlich verkleinern (siehe [8]).

- sie i.allg. nicht nach endlich vielen Schritten abbrechen, so daß eine *Abbruchschranke* benötigt wird. Hierfür gibt es mehrere Möglichkeiten, wie z.B.

  * $\left| \mathbf{x}^{k+1} - \mathbf{x}^k \right| \leq \varepsilon$

  * $\left| f(\mathbf{x}^{k+1}) - f(\mathbf{x}^k) \right| \leq \varepsilon$

  deren Interpretation wir dem Anwender überlassen.

◆

Um gewisse Nachteile wie lineare Konvergenzgeschwindigkeit und Schrittweitenwahl von Abstiegsmethoden zu überwinden, wurden und werden weitere Methoden entwickelt. Im Abschn.8.3.1 haben wir bereits Newton-Methoden kennengelernt, die eine höhere (z.B. quadratische) Konvergenzgeschwindigkeit aber dafür einen höheren Rechenaufwand besitzen. Eine dritte Iterationsmethode lernen wir im folgenden Abschn.8.3.3 kennen und geben im Abschn.8.3.4 einen Ausblick auf weitere Methoden.

8.3.3 Methoden der stochastischen Suche

Während man bei den numerischen Methoden aus Abschn.8.3.1 und 8.3.2 Ableitungen der Zielfunktion benötigt, kommen Methoden der stochastischen Suche ohne Ableitungen aus. Sie gehören zu den ableitungsfreien Methoden, sind Iterationsmethoden und haben analoge Formeln wie Abstiegsmethoden. Die *Iterationsvorschrift* für die *stochastische Suche* lautet:

$$\mathbf{x}^{k+1} = \mathbf{x}^k + \alpha \cdot \mathbf{d}^k \qquad (k = 1, 2, 3, \dots) \text{ und } \mathbf{x}^1 = \mathbf{x}^s \text{ gegeben}$$

Der *Unterschied* zu *Abstiegsmethoden* besteht hier darin, daß

* der Vektor $\mathbf{d}^k$

  nicht mehr unmittelbar als Abstiegsrichtung wie im Abschn.8.3.2 konstruiert wird, sondern eine *zufällige Richtung* darstellt. Seine Komponenten werden z.B. als im Intervall $[-1,1]$ gleichverteilte Zufallszahlen berechnet.

* die *Schrittweite* α

  nicht in jedem Iterationsschritt verändert wird.

Eine einfache Variante von Methoden der *stochastischen Suche* besteht aus folgenden Schritten:

- Man gibt eine obere Schranke für die *Anzahl* der *Iterationen* vor und berechnet in jedem einzelnen Iterationsschritt den Vektor

$$\mathbf{d}^k \qquad\qquad\qquad (k = 1, 2, 3, \dots)$$

neu, indem man im Intervall $[-1,1]$ gleichverteilte Zufallszahlen für die einzelnen Komponenten erzeugt.

- Von einem vorgzugebenden *Startpunkt*

$$\mathbf{x}^1 = \mathbf{x}^s$$

ausgehend, wird im k-ten Iterationsschritt

$$\mathbf{x}^{k+1} = \mathbf{x}^k + \alpha \cdot \mathbf{d}^k \qquad (k = 1, 2, 3, \dots)$$

nur gebildet, wenn

$$f(\mathbf{x}^k + \alpha \cdot \mathbf{d}^k) < f(\mathbf{x}^k)$$

gilt, d.h. $\mathbf{d}^k$ eine Abstiegsrichtung ist. Ansonsten setzt man

$$\mathbf{x}^{k+1} = \mathbf{x}^k$$

Damit ergibt sich für $k = 1, 2, 3, \dots$ folgende *Iterationsvorschrift:*

$$\mathbf{x}^{k+1} = \begin{cases} \mathbf{x}^k + \alpha \cdot \mathbf{d}^k & \text{wenn} \quad f(\mathbf{x}^k + \alpha \cdot \mathbf{d}^k) < f(\mathbf{x}^k) \\[2em] \mathbf{x}^k & \text{sonst} \end{cases}$$

- Die *Methode* wird *beendet*, wenn die vorgegebene Anzahl von Iterationsschritten erreicht oder vorher ein Abbruchkriterium wie bei Abstiegsmethoden erfüllt ist.

☞

Neben dem Vorteil, daß keine Ableitungen der Zielfunktion benötigt werden, besitzen diese Methoden natürlich auch Nachteile. Einer besteht darin, daß die Suchrichtung keine Abstiegsrichtung sein muß, so daß viele Iterationsschritte erforderlich sein können, um eine Abstiegsrichtung zu erhalten.

◆

Wir empfehlen dem Leser, für die gegebene Methode der stochastischen Suche ein Programm innerhalb der Systeme MAPLE, MATHEMATICA, MATHCAD und MATLAB zu schreiben und mit diesem zu experimentieren.

Dies läßt sich ohne großen Aufwand realisieren, da alle Systeme vordefinierte Funktionen zur Erzeugung von Zufallszahlen besitzen.
Die hier gegebene Methode besitzt zahlreiche Verbesserungen und Modifikationen (siehe [69]).

8.3.4 Weitere Methoden

Um Nachteile wie

* Differenzierbarkeitsforderungen,

* langsame Konvergenz,

* hohen Rechenaufwand

der in den Abschn.8.3.1 bis 8.3.3 betrachteten Iterationsmethoden zu überwinden, wurden und werden weitere Methoden entwickelt. Im folgenden zählen wir einige bekannte davon auf:

* *Subgradientenmethoden*

  Falls die Zielfunktion nicht differenzierbar sondern nur subdifferenzierbar ist, verwenden diese Methoden anstelle des Gradienten den Subgradienten (siehe [29]).

* *Methoden der konjugierten Richtungen*

  Hier werden *konjugierte Richtungen* als Abstiegsrichtungen verwandt. Bekannte Methoden dieser Klasse sind von Fletcher-Reeves und Polak-Ribiere (siehe [28]).

* *Trust-Region-Methoden*

  Diese Methoden benötigen keine Schrittweitenstrategie und unterscheiden sich von den Abstiegsmethoden aus Abschn.8.3.2 (siehe [28]).

* *Koordinaten-Methoden* von Hooke und Jeves bzw. von Rosenbrock:

  Diese Methoden verbessern die koordinatenweise Suche von Gauß-Seidel, bei der entlang der Koordinatenachsen nach einem Minimum/ Maximum gesucht wird. Sie gehören neben der im Abschn.8.3.3 betrachteten Methode der stochastischen Suche zur Klasse der *ableitungsfreien Näherungsmethoden*.

Eine ausführliche Beschreibung der angegebenen Methoden ist im Rahmen dieses Buches nicht möglich, so daß wir den interessierten Leser auf die Literatur [8, 28, 29, 69, 75] verweisen.

Die Vielzahl numerischer Methoden zur Lösung von Extremalaufgaben ohne Nebenbedingungen läßt schon ahnen, daß es keine beste Methode gibt. Alle Methoden haben Vor- und Nachteile, so daß sie für eine Aufgabe effektiv sein können, während sie bei einer anderen versagen oder unbefriedigende

Ergebnisse liefern. Deshalb sollte der Anwender mit den in den Systemen vordefinierten Numerikfunktionen experimentieren und Erfahrungen sammeln, um für seine Aufgabenstellungen effektive Lösungsmethoden zu finden.

◆

8.3.5　Anwendung von Computeralgebrasystemen

Wenn die im Abschn.8.2.3 beschriebene exakte Berechnung von Extremalpunkten für Extremalaufgaben ohne Nebenbedingungen mittels der Systeme MAPLE, MATHEMATICA, MATHCAD und MATLAB nicht erfolgreich ist, können die in den Systemen vordefinierten Funktionen zur numerischen (näherungsweisen) Berechnung herangezogen werden. Es sind verschiedene bewährte numerische Standardmethoden wie Abstiegsmethoden, Methoden der konjugierten Richtungen, Newton-Methoden in den Systemen vordefiniert, von denen wir im folgenden wichtige vorstellen:

In MAPLE findet man nur vordefinierte Funktionen zur numerischen Lösung von Extremalaufgaben ohne Nebenbedingungen, wenn man das Power Tool **Nonlinear Programming** installiert hat (siehe Anhang A.2). **Nonlinear Programming** benötigt die Zusatzpakete zur linearen Algebra, so daß der Aufruf folgendermaßen geschieht:

> **with** (LinearAlgebra) **;**

> **with** (linalg) **;**

> libname := " C : / MAPLE_8 / NLP " , libname **;**

> **with** (NonlinearProgramming) **;**

Danach stehen für Extremalaufgaben ohne Nebenbedingungen die folgenden beiden vordefinierten Funktionen zur Verfügung:

- > **UnconstrainedNewton** (f , var , start , { } , ' float [8] ') **;**

  Diese Funktion verwendet eine Newton-Methode. Ihre Argumente bedeuten folgendes:

  * f
    den Funktionsausdruck f (**x**) der Zielfunktion bzw. den Funktionsnamen, falls die Funktion vorher definiert wurde.

  * var
    die Anzahl der unabhängigen Variablen.

* start

  den Startpunkt für die Methode. Falls man keine Näherungswerte für die Lösung kennt, empfiehlt es sich, die Rechnung für verschiedene Startpunkte durchzuführen.

* { }

  hierfür kann der Konvexitätsparameter ' convex ' geschrieben werden, wenn die Zielfunktion konvex ist, ansonsten sind geschweifte Klammern oder 'nonconvex ' zu schreiben.

* ' float [8] '

  bedeutet, daß Gleitkommazahlen verwendet werden.

* > **Optimize** (f , min , var , { } , ' free ' , start) ;

Dies ist eine universelle Funktion, die für alle Optimierungsaufgaben anwendbar ist. Anhand der Zielfunktion und der Nebenbedingungen sucht diese Funktion die passende in MAPLE vordefinierte Lösungsfunktion. Die Argumente f, var, start haben die gleiche Bedeutung wie bei **UnconstrainedNewton.**

Die weiteren Argumente bedeuten folgendes:

* min

  die Zielfunktion ist zu minimieren. Bei Maximierung ist max zu schreiben.

* { }

  In diese Klammern müssen eventuell gegebene Ungleichungsnebenbedingungen durch Komma getrennt eingetragen werden.

* 'free'

  bedeutet, daß für die unabhängigen Variablen keine Vorzeichenbedingungen vorliegen. Liegen Nicht-Negativitätsbedingungen vor, so ist ' nonnegative ' zu schreiben.

Die Anwendung der beiden Funktionen wird im Beisp.8.3 illustriert.

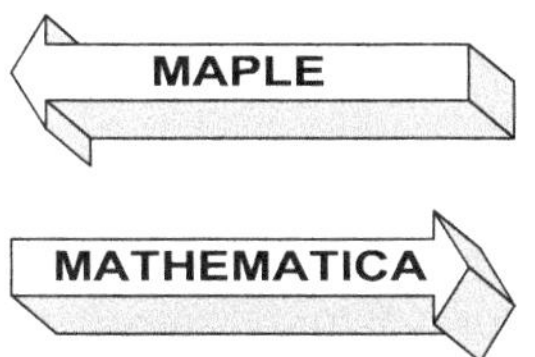

MATHEMATICA besitzt die vordefinierte Funktion **FindMinimum** zur numerischen Berechnung lokaler Minima von Extremalaufgaben ohne Nebenbedingungen.

Im Argument von **FindMinimum** stehen:

* die zu minimierende Zielfunktion

* die Listen der Variablen und ihrer Startwerten für die Minimumsuche

* mögliche Optionen

FindMinimum berechnet in der Form

* **FindMinimum** [f [x] , { x , a }]

    ein lokales Minimum der Funktion f (x) einer Variablen für den Start-
    wert x = a.

* **FindMinimum** [f [x] , { x , a , b , c }]

    ein lokales Minimum der Funktion f (x) einer Variablen für den Start-
    wert x = a im Intervall [b , c].

* **FindMinimum** [f [x1,x2,...,xn] , { x1 , a1 } , { x2 , a2 } ,..., { xn , an }]

    ein lokales Minimum der Funktion f (x_1 , x_2 , ... , x_n) von n Variablen
    für die Startwerte x1 = a1 , x2 = a2 , ... , xn = an. Falls man keine Nä-
    herungswerte für die Lösung kennt, empfiehlt es sich, die Rechnung für
    verschiedene Startwerte durchzuführen.

Bei der Anwendung von **FindMinimum** kann man mittels der Optionen
zwischen den numerischen Methoden Gradientenmethode, Methode von
Levenberg-Marquant, Newton- und Quasi-Newton-Methoden wählen. Bei
Verwendung der Option *Method→Automatic* wählt MATHEMATICA selbst
die passende Methode (siehe Beisp.8.3a).

Wenn man das Zusatzpaket **Global Optimization** installiert hat (siehe Anhang A.2), muß es folgendermaßen aufgerufen werden:

<< **GO42.MX**

Danach stehen zur numerischen Lösung von Extremalaufgaben ohne Nebenbedingungen folgende vordefinierten Funktionen zur Verfügung:

* **GlobalMinima** [f , NB , VAR , GRID , TOL , CON , IND , *Optionen*]

    Diese Funktion wendet die AGR-Methode an und eignet sich zur Be-
    rechnung von Minima für Aufgaben mit weniger als 14 Variablen und
    einer großen Anzahl lokaler Minima. Die Differenzierbarkeit der Ziel-
    funktion wird nicht benötigt. Ihre Argumente bedeuten folgendes:
    * f

        den Funktionsausdruck der Zielfunktion bzw. den Funktionsnamen
        f (**x**) , falls die Funktion vorher definiert wurde.

    * NB

die Nebenbedingungen in Listenform. Falls keine vorliegen, ist hier ein Leerzeichen oder { } zu schreiben.

* VAR

  die Variablen mit unterer und oberer Grenze in Listenform der folgenden Gestalt

  { { x1 , a1 , b1 } , { x2 , a2 , b2 } , ... , { xn , an , bn } }

* GRID

  Anfangszahl von Gitterpunkten in jeder Variablenrichtung im bei VAR festgelegten Bereich, d.h., es wird ein Anfangsgitter festgelegt.

* TOL

  Genauigkeitsschranke.

* CON

  Grad der Verkleinerung des Gitters in jedem Iterationsschritt.

* IND

  Gibt man hier 0. ein, so wird die im letzten Iterationsschritt berechnete Näherung ausgegeben. Gibt man hierfür einen (kleinen) positiven Wert ein, so werden auch die Werte in der hierdurch bestimmten Umgebung der berechneten Näherung ausgegeben.

* *Optionen*

  hier können zahlreiche Optionen verwendet werden, die man im Benutzerhandbuch GOMANUAL.NB findet (siehe Anhang A.2).

- **GlobalSearch** [f , UGL , GL , VAR , TOL , *Optionen*]

Diese Funktion benötigt gewisse Differenzierbarkeitseigenschaften für die Zielfunktion und die Funktionen der Nebenbedingungen und berechnet Näherungen für Minima.

Ihre Argumente bedeuten folgendes:

* f

  den Funktionsausdruck der Zielfunktion bzw. den Funktionsnamen f ($\mathbf{x}$) , falls die Funktion vorher definiert wurde.

* UGL

  die Ungleichungsnebenbedingungen in Listenform. Falls keine vorliegen, ist hier ein Leerzeichen oder { } zu schreiben.

* GL

  die Gleichungsnebenbedingungen in Listenform. Falls keine vorliegen, ist hier ein Leerzeichen oder { } zu schreiben.

* VAR

  die Variablen mit unterer und oberer Grenze in Listenform der folgenden Gestalt

  { { x1 , a1 , b1 } , { x2 , a2 , b2 } , ... , { xn , an , bn } }

* TOL

  Genauigkeitsschranke.

* *Optionen*

  hier können zahlreiche Optionen verwendet werden, die man im Benutzerhandbuch GOMANUAL.NB findet (siehe Anhang A.2).

Beide Funktionen verwenden verschiedene numerische Methoden. Details hierüber findet man im Benutzerhandbuch GOMANUAL.NB (siehe Anhang A.2). Ihre Anwendung wird im Beisp.8.3 illustriert. Da beide Funktionen auch Nebenbedingungen zulassen, werden wir ihnen in den folgenden Kapiteln wiederbegegnen.

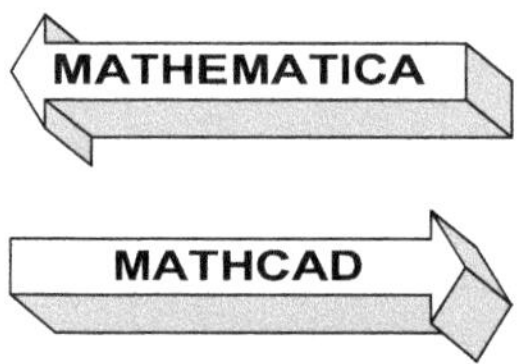

In MATHCAD kann man zur numerischen Berechnung lokaler Minima und Maxima von Extremalaufgaben ohne Nebenbedingungen die vordefinierten Funktionen

* **minimize** (f , x1 , x2 , ... , xn)

  zur Minimierung

* **maximize** (f , x1 , x2 , ... , xn)

  zur Maximierung

heranziehen, wenn man oberhalb dieser Funktionen zuerst die Zielfunktion f (x1 , x2 , ... , xn) und dann Startwerte für die Variablen x1 , x2 , ... , xn definiert. Wir illustrieren dies im Beisp.8.3. Falls man keine Näherungswerte für die Lösung kennt, empfiehlt es sich, die Rechnung für verschiedene Startwerte durchzuführen.

Die Berechnung mittels dieser Funktionen wird durch Eingabe des numerischen Gleichheitszeichens = mit abschließender Betätigung der Eingabetaste ⏎ ausgelöst. Diese Funktionen sind auch anwendbar, wenn Nebenbedingungen vorliegen (siehe Kap.9, 10 und 11).

Des weiteren kann man das Elektronische Buch **Numerical Recipes** anwenden, in dem das Chapter 8 *Minimization or Maximization of Functions* weitere Numerikfunktionen enthält, die aus dem folgenden Inhaltsverzeichnis zu ersehen sind:

NUMERICAL RECIPES

Chapter 8 Minimization or Maximization of Functions

Die Anwendung der Funktionen aus den **Numerical Recipes** überlassen wir dem Leser, falls die Funktionen **miminize** bzw. **maximize** keine befriedigenden Ergebnisse liefern. Alle Funktionen der **Numerical Recipes** sind in den Abschn.8.1–8.5 dieses Elektronischen Buches ausführlich erklärt.

Wenn die Toolbox **Optimization** installiert ist, stellt MATLAB zur numerischen Berechnung lokaler Minima für Extremalaufgaben ohne Nebenbedingungen folgende Funktionen zur Verfügung:

- >> [x , f] = **fminunc** (' f (x) ' , SW , Optionen)

  Als numerische Methode wird hier eine BFGS Quasi-Newton-Methode angewandt, wobei der berechnete Minimalpunkt im Vektor **x** und der zugehörige Zielfunktionswert in f anzeigt werden. Die Differenzierbarkeit der Zielfunktion f (x) ist erforderlich.

  Im Argument von **fminunc** stehen in

  * ' f (x) '

    die zu minimierende Zielfunktion f (x) , wobei ab zwei Variablen diese in der Form x(1) , x(2) , ... geschrieben werden müssen.
    f (x) kann ein Funktionsausdruck oder der Name einer Funktionsdatei (M-Datei) sein.

  * SW

    die Startwerte für die Minimumsuche. Ab zwei Variablen müssen diese als Zeilenvektor [..,..,..,..] eingegeben werden. Falls man keine Näherungswerte für die Lösung kennt, empfiehlt es sich, die Rechnung für verschiedene Startwerte durchzuführen.

  So berechnen

  * >> **fminunc** (' f (x) ' , a)

    ein lokales Minimum der Funktion f (x) einer Variablen für den Startwert x = a,

  * >> **fminunc** (' f (x(1) , x(2)) ' , [a , b])

    ein lokales Minimum der Funktion f (x , y) zweier Variablen für die Startwerte x = a und y = b.

- >> [x , f] = **fminsearch** (' f (x) ' , SW, Optionen)

  Als numerische Methode wird hier die Nelder-Mead-Simplex (direkte Such-) Methode verwandt, wobei das berechnete Ergebnis im Vektor **x** und der zugehörige Funktionswert in f angezeigt werden. Die Argumente haben hier die gleiche Bedeutung wie bei **fminunc**. Die Differenzierbarkeit der Zielfunktion ist nicht erforderlich.

Die Anwendung der beiden Funktionen illustrieren wir im Beisp.8.3. Weitere Informationen zu beiden Funktionen und zu möglichen Optionen erhält man aus den Hilfen durch Eingabe von

* >> **help fminunc**

* >> **help fminsearch**

Beispiel 8.3:

Testen wir die Numerikfunktionen der Systeme, indem wir den Minimalpunkt

x=1 , y=1

der *Bananenfunktion*

$$f(x,y) = 100 \cdot (x^2 - y)^2 + (1-x)^2$$

aus Beisp.8.1e berechnen:

Nach dem Laden des Power Tool **Nonlinear Programming** ist bei der Anwendung der vordefinierten Funktionen **UnconstrainedNewton** und **Optimize** folgendermaßen vorzugehen:

* Zuerst wird die Zielfunktion in der folgenden Form definiert, wobei indizierte Variablen in der gegebenen Schreibweise einzugeben sind:

  > f := 100 * (x[1]^2 − x[2])^2 + (1 − x[1])^2 ;

* Anschließend wird die Anzahl der Variablen zugewiesen:

  > var := 2 ;

* Danach wird ein Startpunkt für die numerische Methode in der folgenden Form definiert, wobei wir Null gewählt haben:

  > start := < 0 , 0 > ;

Abschließend können die vordefinierte Funktionen folgendermaßen aufgerufen werden:

* > **UnconstrainedNewton** (f , var , start , { } , ' float [8]) ;

  wobei die ersten drei Argumente die bisher definierten Größen sind. Im vierten Argument kann 'convex' eingegeben werden, wenn die Zielfunktion konvex ist, ansonsten ist { } zu schreiben. Das letzte Argument gibt an, daß es sich um Gleitkommazahlen handelt. MAPLE liefert das Ergebnis in folgender Form:

  { x_1 = 0.999993602982427898 , x_2 = 0.999986696114136708 }

- $>$ **Optimize** (f , min , var , { } , ' free ' , start) ;

  wobei das Argument

  * min

    darauf hinweist, daß zu minimieren ist

  * ' free '

    anzeigt, daß keine Vorzeichenbedingungen vorliegen

  * { }

    anzeigt, daß keine Nebenbedingungen vorliegen

  und die anderen Argumente die gleiche Bedeutung wie bei **UnconstrainedNewton** haben und auch das gleiche Ergebnis geliefert wird.

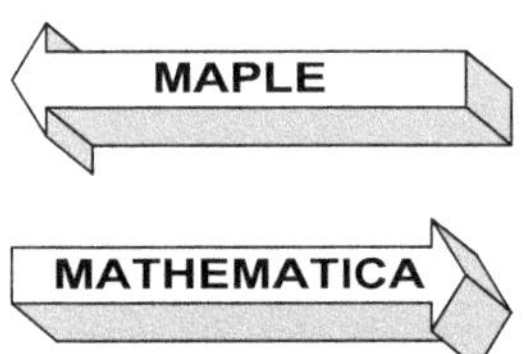

Die Anwendung von **FindMinimum** kann folgendermaßen geschehen, wenn man mittels der Option *Method→Automatic* die Wahl der numerischen Lösungsmethode MATHEMATICA überläßt:

FindMinimum [100 * (x^2 − y)^2 + (1 − x)^2 , { x , 0 } , { y , 0 } ,

$\qquad$ *Method→Automatic*]

{ 0. , { x → 1. , y → 1. } }

Wenden wir die Funktionen **GlobalMinima** und **GlobalSearch** aus dem Zusatzpaket **Global Optimization** an, die beide das Ergebnis liefern. Wir suchen über dem Rechteck [−2,2]×[−2,2] der xy-Ebene und lassen mittels //**Timing** die benötigte Rechenzeit anzeigen:

<< **GO42.MX**

GlobalMinima [100 * (x^2 − y)^2 + (1 − x)^2 , { } , { { x , −2. , 2. } ,

$\qquad$ { y , −2. , 2. } } , 5 , 0.0001 , 0.2 , 0.] // **Timing**

$\{\,0.16\ \text{Second}\,,\,\{\,\{\,\{\,x \to 0.99997\,,\,y \to 0.99997\,\}\,,\,9.38459 \times 10^{-8}\,\}\,\}\,\}$

GlobalSearch $[\,100 * (\,x{\wedge}2 - y\,){\wedge}2 + (\,1 - x\,){\wedge}2\,,\,\{\,\}\,,\,\{\,\}\,,\,\{\,\{\,x\,,\,-2.\,,\,2.\,\}\,,$

$\{\,y\,,\,-2.\,,\,2.\,\}\,\}\,,\,0.0001\,]\,//\,$**Timing**

$\{\,0.71\ \text{Second}\,,\,\{\,\{\,\{\,x \to 1.01776\,,\,y \to 1.03596\,\}\,,\,0.000317013\,\}\,,$

$\{\,\{\,x \to 1.00108\,,\,y \to 1.00195\,\}\,,\,6.15882 \times 10^{-6}\,\}\,,$

$\{\,\{\,x \to 1.00283,\,y \to 1.0059\,\}\,,\,0.0000136892\,\}\,\}\,\}$

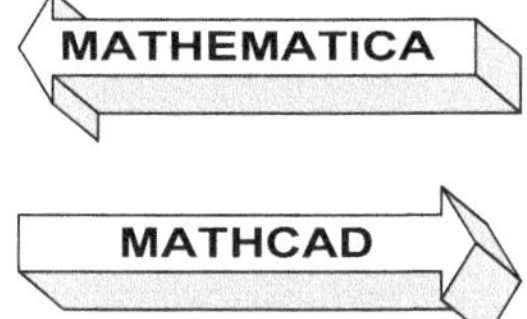

Zuerst definieren wir die Zielfunktion:

$$f(\,x,y\,) := 100 \cdot (\,x^2 - y\,)^2 + (\,1 - x\,)^2$$

Abschließend wenden wir für die Startwerte

$$x := 0 \quad y := 0$$

die vordefinierte Funktion **minimize** an:

$$\mathbf{minimize}(\,f,x,y\,) = \begin{pmatrix} 1 \\ 1 \end{pmatrix}$$

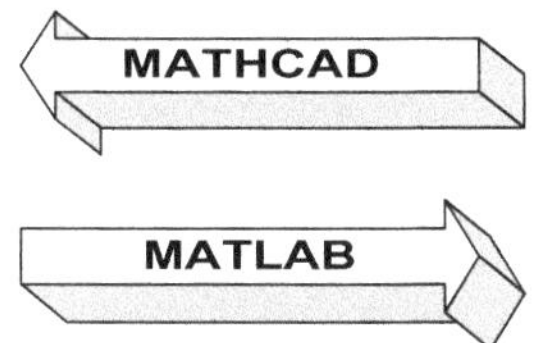

Wenden wir die Funktionen **fminunc** und **fminsearch** an, die beide das Ergebnis liefern:

$\gg [\,x\,,\,f\,] = $ **fminunc** $(\,'\,100*(x(1){\wedge}2 - x(2)){\wedge}2 + (1 - x(1)){\wedge}2\,'\,,\,[\,0\,,\,0\,]\,)$

$x =$

　　0.9997　　0.9994

f =

　1.1176e−007

>> [x , f] = **fminsearch** (' 100*(x(1)^2 − x(2))^2 + (1 − x(1))^2 ' , [0,0])

x =

　　1.0000　　1.0000

f =

　3.6862e−010

Zur *Bananenfunktion* befindet sich in der Toolbox **Optimization** eine Illustration

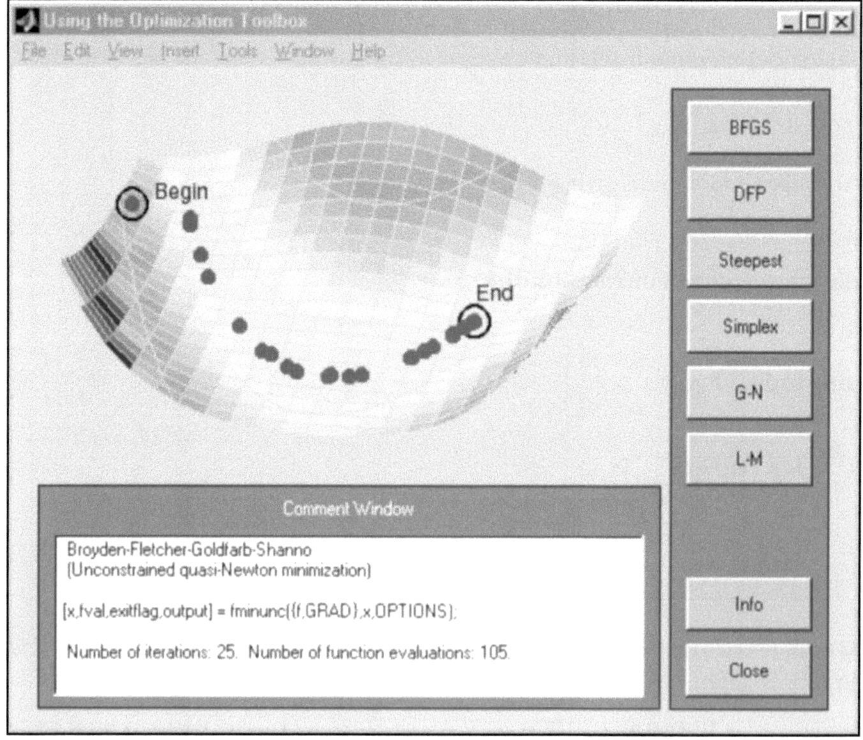

die man folgendermaßen erhält:

Nach Aktivierung der Menüfolge

Help ⇒ Demos

erscheint das

MATLAB Demo Window

in dem durch Anklicken von *Toolboxes* , *Optimization* und *Minimization of the Banana function* das *Demo-Fenster* erscheint, in dem man sich die Vorgehensweise der einzelnen numerischen Methoden anzeigen lassen kann.

♦

8.3.6 Anwendung von EXCEL

Während mit den Computeralgebrasystemen MAPLE, MATHEMATICA, MATHCAD und MATLAB in einfachen Fällen auch die exakte Berechnung von Extremalpunkten möglich ist, wie wir im Abschn.8.2.3 (Beisp.8.2) sehen, kann EXCEL nur numerisch rechnen. Dazu muß in EXCEL der SOLVER installiert sein. Die Vorgehensweise bei seiner Anwendung vollzieht sich analog wie für Aufgaben der nichtlinearen Optimierung (siehe Abschn.11.6.8). Man braucht bloß keine Nebenbedingungen einzugeben.
Deshalb reicht die im folgenden Beisp.8.4. gegebene Anwendung des SOLVERS zur Lösung einer konkreten Aufgabe aus, um seine Handhabung bei der Lösung von Extremalaufgaben zu verstehen.

Beispiel 8.4:

In EXCEL sind folgende Schritte zur numerischen Berechnung einer Näherungslösung für das Minimum der Bananenfunktion

$$f(x,y) = 100 \cdot (x^2 - y)^2 + (1-x)^2$$

aus Beisp.8.1e erforderlich:

I. Zuerst tragen wir die beiden Variablen x und y in zwei nebeneinanderliegende freie Zellen (A1:B1) der aktuellen Tabelle ein. In die darunterliegenden freien Zellen (A2:B2) schreiben wir Startwerte für die von EXCEL verwendete numerische Methode (Newton-Methode), wobei wir x=0 und y=0 gewählt haben. Anschließend umrahmen wir diese vier Zellen mit gedrückter Maustaste und aktivieren die Menüfolge

Einfügen ⇒ Name ⇒ Erstellen...

wobei wir in der erscheinenden Dialogbox

Name erstellen aus Oberster Zeile

anklicken. Damit werden den Variablen (x,y) die Startwerte (0,0) zugewiesen.

II. Danach wird die Zielfunktion als Formel folgendermaßen in die freie Zelle A4 der aktuellen Tabelle eingetragen:

$$= 100 \cdot (x \wedge 2 - y) \wedge 2 + (1 - x) \wedge 2$$

Das Ergebnis der Schritte I. und II. ist aus folgendem Ausschnitt der aktuellen Tabelle ersichtlich, wobei in der Zelle A4 der Zahlenwert zu sehen ist, den die Zielfunktion für die Startwerte x=0 und y=0 annimmt:

	A	B	C
1	x	y	
2	0	0	
3			
4	1		
5			

III. Anschließend wird der SOLVER mittels der Menüfolge

Extras ⇒ Solver...

aufgerufen und die erscheinende Dialogbox **Solver-Parameter** folgendermaßen ausgefüllt:

* In *Zielzelle* wird die Adresse der Zelle eingetragen, in der die Zielfunktion steht. Dieser Eintrag kann durch Überstreichen der entsprechenden Zelle A4 mit gedrückter Maustaste geschehen.

* Bei *Zielwert* wird *Min* angeklickt, da die Zielfunktion zu minimieren ist.

* In *Veränderbare Zellen* werden die Zellen der Startwerte durch Überstreichen der entsprechenden Zellen mit gedrückter Maustaste eingetragen

* Da keine Nebenbedingungen vorliegen, bleibt dieses Feld in der Dialogbox leer.

Das Ergebnis der Eintragungen in die Dialogbox ist aus folgender Abbildung ersichtlich:

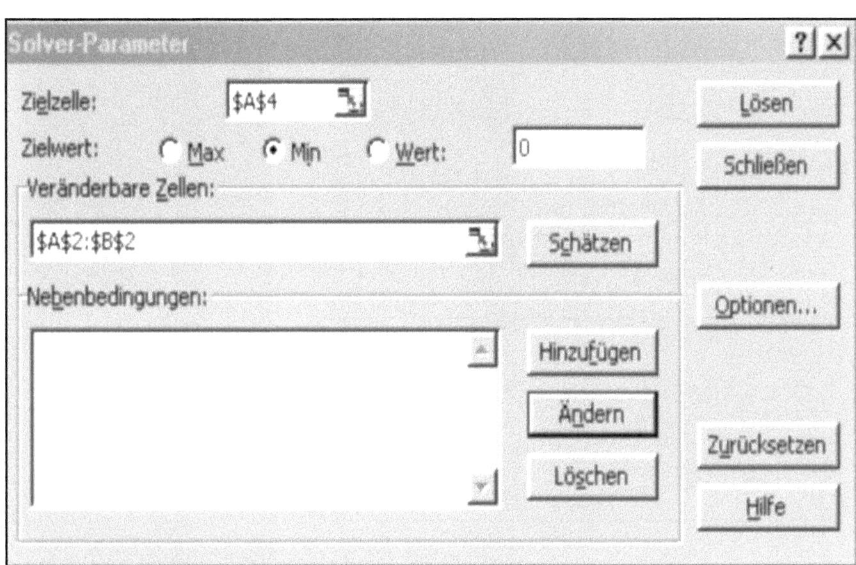

In der Dialogbox des Solvers kann man noch durch Anklicken von *Optionen...* in der erscheinenden Dialogbox

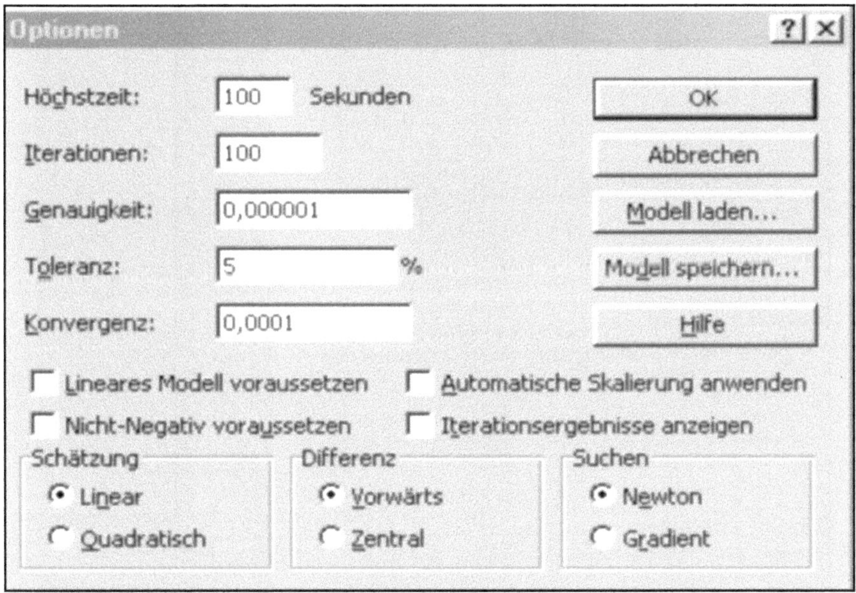

zwischen *Gradientenmethode* oder *Newton-Methode* wählen und weitere Details der Methoden wie Anzahl der Iterationen, Genauigkeit ... einstellen.

IV. Abschließend wird die Rechnung des SOLVERS durch Anklicken von *Lösen* ausgelöst.

Die von EXCEL berechnete Näherungslösung

$(0.99986875 , 0.99975217)$

ist bei den Startwerten in den Zellen (A2:B2) ersichtlich und in der Zelle A4 der Zielfunktion findet man den zugehörigen minimalen Funktionswert. Dies zeigt der folgende Tabellenausschnitt:

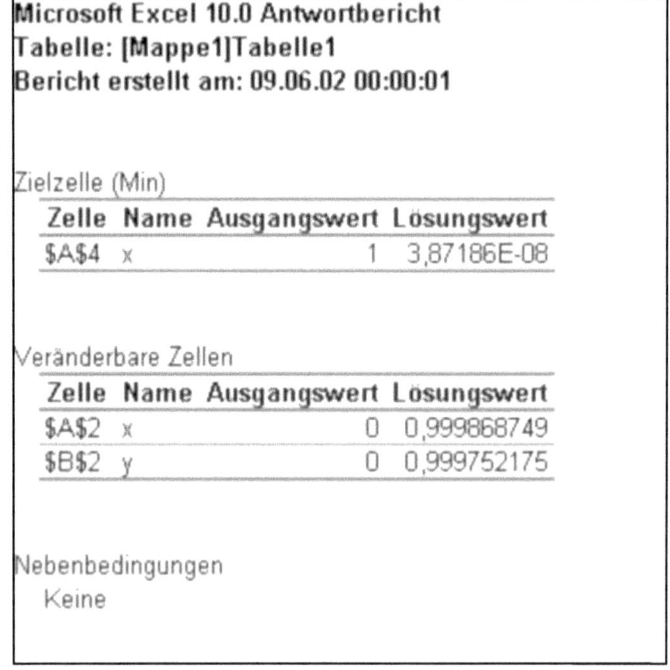

V. Zusätzlich kann man sich noch den *Antwortbericht* ansehen:

Microsoft Excel 10.0 Antwortbericht
Tabelle: [Mappe1]Tabelle1
Bericht erstellt am: 09.06.02 00:00:01

Zielzelle (Min)

Zelle	Name	Ausgangswert	Lösungswert
$A$4	x	1	3,87186E-08

Veränderbare Zellen

Zelle	Name	Ausgangswert	Lösungswert
$A$2	x	0	0,999868749
$B$2	y	0	0,999752175

Nebenbedingungen
  Keine

9 Extremalaufgaben mit Gleichungsneben-
bedingungen

9.1 Einführung

Wir haben Extremalaufgaben mit Gleichungsnebenbedingungen bereits im Abschn.7.2.2 kennengelernt. Sie werden auch als *gleichungsrestringierte Optimierungsaufgaben* bezeichnet.
Extremalaufgaben mit Gleichungsnebenbedingungen besitzen folgende *Struktur:*

- Es sind *lokale Extrema* (*Minima* und *Maxima*) einer gegebenen *Funktion* von n Variablen zu bestimmen, d.h.

$$z = f(x_1, x_2, \ldots, x_n) \rightarrow \underset{x_1, x_2, \ldots, x_n}{\text{Minimum} / \text{Maximum}}$$

- Die Variablen müssen zusätzlich *Nebenbedingungen* in Form von m *Gleichungen* (*Gleichungsnebenbedingungen*) erfüllen, d.h.

$$g_i(x_1, x_2, \ldots, x_n) = 0 \qquad (i = 1, 2, \ldots, m < n)$$

Dabei sind $f(x_1, x_2, \ldots, x_n)$ und $g_i(x_1, x_2, \ldots, x_n)$ beliebige Funktionen von n Variablen. Im weiteren schreiben wir die n Variablen

$$x_1, x_2, \ldots, x_n$$

als Komponenten des Spaltenvektors $\mathbf{x} \in R^n$, d.h.

$$\mathbf{x} = \begin{pmatrix} x_1 \\ x_2 \\ \vdots \\ x_n \end{pmatrix}$$

und die Funktionen $g_i(\mathbf{x})$ als Komponenten der Vektorfunktion $\mathbf{g}(\mathbf{x})$, d.h.

$$\mathbf{g}(\mathbf{x}) = \begin{pmatrix} g_1(\mathbf{x}) \\ g_2(\mathbf{x}) \\ \vdots \\ g_m(\mathbf{x}) \end{pmatrix}$$

so daß sich die Aufgabe vektoriell in der Form

$$z = f(\mathbf{x}) \to \underset{\mathbf{x} \in R^n}{\text{Minimum}/\text{Maximum}}$$

$$\mathbf{g}(\mathbf{x}) = \mathbf{0}$$

schreibt.

Bei den Gleichungsnebenbedingungen fordern wir

* $m < n$, d.h. weniger Gleichungen als Variable (Unbekannte), um zu gewährleisten, daß der zulässige Bereich unendlich viele Punkte enthält.

* daß sich die Gleichungen nicht widersprechen, so daß der zulässige Bereich nicht leer ist.

Falls $m=n$ unabhängige Gleichungen vorliegen, gibt es genau so viele Gleichungen wie Variable (Unbekannte). Für diesen Fall gibt es meistens nur endlich viele Lösungen, so daß eine diskrete Aufgabe vorliegt und der zulässige Bereich nur endlich viele Punkte enthält.

♦

Extremalaufgaben mit Gleichungsnebenbedingungen spielen ebenso wie Extremalaufgaben ohne Nebenbedingungen in praktischen Anwendungen nicht die dominierende Rolle, da häufig zusätzliche Nebenbedingungen in Ungleichungsform auftreten. Man kann jedoch versuchen, eine gegebene Optimierungsaufgabe zuerst ohne Ungleichungsnebenbedingungen zu lösen und überprüft anschließend, ob die erhaltenen Lösungen die gegebenen Ungleichungsnebenbedingungen erfüllen.

♦

Im folgenden betrachten wir für Extremalaufgaben mit Gleichungsnebenbedingungen im

* Abschn.9.2 Optimalitätsbedingungen,

* Abschn.9.3 numerischer Lösungsmethoden.

Einen Schwerpunkt dieses Kapitels wie des gesamten Buches bildet die Anwendung der Systeme MAPLE, MATHEMATICA, MATHCAD, MATLAB und EXCEL zur Lösung der betrachteten Extremalaufgaben. Während die Systeme MAPLE, MATHEMATICA, MATHCAD, MATLAB sowohl die exakte Lösung der Optimalitätsbedingungen als auch die numerische Berechnung von Näherungslösungen gestatten, kann EXCEL nur numerisch rechnen (siehe Abschn.9.2.2, 9.3.3 und 9.3.4).

9.2 Notwendige Optimalitätsbedingungen

Bei Extremalaufgaben mit Gleichungsnebenbedingungen gibt es für *Optimalitätsbedingungen* zwei Möglichkeiten

I. Falls man die Gleichungen der Nebenbedingungen nach gewissen Variablen auflösen kann, werden diese in die Zielfunktion eingesetzt und man erhält eine Aufgabe ohne Nebenbedingungen. Diese Vorgehensweise wird als *Eliminations-* oder *Reduktionsmethode* bezeichnet. Auf die erhaltene Aufgabe ohne Nebenbedingungen können die Optimalitätsbedingungen aus Kap.8 angewandt werden.

II. Man wendet die *Lagrangesche Multiplikatorenmethode* als universelle Lösungsmethode an. Sie beruht auf folgender Vorgehensweise:

* Aus der Zielfunktion und den Funktionen der Gleichungsnebenbedingungen wird die *Lagrangefunktion*

$$L(x_1, x_2, \ldots, x_n; \lambda_1, \lambda_2, \ldots, \lambda_m) =$$

$$f(x_1, x_2, \ldots, x_n) + \sum_{i=1}^{m} \lambda_i \cdot g_i(x_1, x_2, \ldots, x_n)$$

mit den *Lagrangeschen Multiplikatoren*

$$\lambda_1, \lambda_2, \ldots, \lambda_m$$

gebildet. In Vektorschreibweise hat die Lagrangefunktion die Form

$$L(\mathbf{x}; \boldsymbol{\lambda}) = f(\mathbf{x}) + \boldsymbol{\lambda}^T \cdot \mathbf{g}(\mathbf{x})$$

wenn man die Lagrangeschen Multiplikatoren und die Funktionen der Nebenbedingungen als Komponenten von Spaltenvektoren schreibt, d.h.

$$\boldsymbol{\lambda} = \begin{pmatrix} \lambda_1 \\ \lambda_2 \\ \vdots \\ \lambda_m \end{pmatrix} \quad \text{bzw.} \quad \mathbf{g}(\mathbf{x}) = \begin{pmatrix} g_1(\mathbf{x}) \\ g_2(\mathbf{x}) \\ \vdots \\ g_m(\mathbf{x}) \end{pmatrix}$$

* Man betrachtet die Extremalaufgabe ohne Nebenbedingungen

$$L(x_1, x_2, \ldots, x_n; \lambda_1, \lambda_2, \ldots, \lambda_m) \rightarrow \underset{x_1, x_2, \ldots, x_n; \lambda_1, \lambda_2, \ldots, \lambda_m}{\text{Minimum} / \text{Maximum}}$$

für die Lagrangefunktion als *Ersatzaufgabe* für die gegebene Extremalaufgabe mit Gleichungsnebenbedingungen. Unter gewissen Voraussetzungen kann man zeigen, daß die notwendigen Optimalitätsbedingungen für die Ersatzaufgabe notwendige Optimalitätsbedingungen für die ursprünglich gegebene Extremalaufgabe mit Gleichungsnebenbedingungen liefern. Diese Vorgehensweise wird als *Lagrangesche Multiplikatorenmethode* bezeichnet, auf die wir im folgenden Abschnitt näher eingehen.

9.2.1 Lagrangesche Multiplikatorenmethode

Im vorangehenden haben wir erfahren, daß man mittels der *Lagrangeschen Multiplikatorenmethode* eine gegebene Extremalaufgabe mit Gleichungsnebenbedingungen

$$z = f(\mathbf{x}) \; \underset{\mathbf{x}}{\rightarrow} \; \text{Minimum} / \text{Maximum}$$

$$\mathbf{g}(\mathbf{x}) = \mathbf{0}$$

unter Verwendung der *Lagrangefunktion*

$$L(\mathbf{x};\lambda) \; = \; f(\mathbf{x}) + \lambda^{\mathrm{T}} \cdot \mathbf{g}(\mathbf{x})$$

mit den *Lagrangeschen Multiplikatoren* λ auf die *Ersatzaufgabe* (Extremalaufgabe ohne Nebenbedingungen)

$$L(\mathbf{x};\lambda) \; \underset{\mathbf{x},\lambda}{\rightarrow} \; \text{Minimum} / \text{Maximum}$$

für die Lagrangefunktion zurückführen kann.
Dies liefert folgende *notwendige Optimalitätsbedingungen* für Extremalaufgaben mit Gleichungsnebenbedingungen:
Unter den Voraussetzungen, daß

* die Funktionen

$$f(\mathbf{x}) \; \text{und} \; g_i(\mathbf{x}) \qquad\qquad (i = 1, 2, \ldots, m)$$

stetig differenzierbar,

* die Gradienten

$$\mathbf{grad}\, g_i(\mathbf{x}) \qquad\qquad (i = 1, 2, \ldots, m)$$

der Funktionen

$$g_i(\mathbf{x}) \qquad\qquad (i = 1, 2, \ldots, m)$$

linear unabhängig

sind, gelten für einen lokalen Extremalpunkt (Minimal- oder Maximalpunkt)

$$\mathbf{x}^0 = \begin{pmatrix} x_1^0 \\ x_2^0 \\ \vdots \\ x_n^0 \end{pmatrix}$$

der gegebenen Extremalaufgabe mit Gleichungsnebenbedingungen die folgenden *notwendigen Optimalitätsbedingungen*:

Notwendig für einen *Extremalpunkt*

$$\mathbf{x}^0$$

der Aufgabe

$$z = f(\mathbf{x}) \underset{\mathbf{x}}{\to} \text{Minimum} / \text{Maximum} \qquad \text{mit} \quad \mathbf{g}(\mathbf{x}) = \mathbf{0}$$

ist die Existenz reeller Zahlen

$$\boldsymbol{\lambda}^0 = \begin{pmatrix} \lambda_1^0 \\ \lambda_2^0 \\ \vdots \\ \lambda_m^0 \end{pmatrix}$$

die als *Lagrangesche Multiplikatoren* bezeichnet werden, so daß der *Extremalpunkt* den folgenden Gleichungen genügt, die sich aus den Optimalitätsbedingungen für die *Lagrangefunktion* ergeben:

- $$\frac{\partial}{\partial x_k} L(x_1^0, x_2^0, ..., x_n^0; \lambda_1^0, \lambda_2^0, ..., \lambda_m^0) = 0$$

  $$(k = 1, ..., n)$$

- $$\frac{\partial}{\partial \lambda_i} L(x_1^0, x_2^0, ..., x_n^0; \lambda_1^0, \lambda_2^0, ..., \lambda_m^0) = g_i(x_1^0, x_2^0, ..., x_n^0) = 0$$

  $$(i = 1, ..., m)$$

Diese Gleichungen der Optimalitätsbedingungen haben in Vektorschreibweise unter Verwendung des Gradienten folgende Form:

$$\mathbf{grad}\ f(\mathbf{x}^0) + \sum_{i=1}^{m} \lambda_i^0 \cdot \mathbf{grad}\ g_i(\mathbf{x}^0) = \mathbf{0}$$

$$\mathbf{g}(\mathbf{x}^0) = \mathbf{0}$$

☞

Fassen wir wesentliche Gesichtspunkte der *Lagrangeschen Multiplikatoren-methode* zusammen:

* Man sieht, daß die *notwendigen Optimalitätsbedingungen* der Lagrange-schen Multiplikatorenmethode n+m *Gleichungen* für die n+m *Unbekannten* $\mathbf{x}$ und $\boldsymbol{\lambda}$ liefern.

* Lösungen $\mathbf{x}^0$ der Gleichungen der notwendigen Optimalitätsbedingun-gen bzgl. $\mathbf{x}$ bezeichnet man als *stationäre Punkte*, während die *Lagrangeschen Multiplikatoren* $\boldsymbol{\lambda}$ nur Hilfsgrößen sind, d.h., die Lösungen $\boldsymbol{\lambda}^0$ sind für die eigentliche Optimierung nicht interessant. Aus diesem Grund werden die Lagrangeschen Multiplikatoren in der Lagrangefunktion von den Variablen $\mathbf{x}$ durch ein Semikolon getrennt.

* Da es sich nur um eine notwendige Optimalitätsbedingung handelt, müssen die stationären Punkte der Lagrangefunktion nicht immer Extre-malpunkte sein. Man muß zusätzlich *hinreichende Optimalitätsbedin-gungen* heranziehen, um die Optimalität eines berechneten stationären Punktes $\mathbf{x}^0$ nachzuweisen. Da hinreichende Optimalitätsbedingungen für Extremalaufgaben mit Gleichungsnebenbedingungen rechnerisch schwer zu handhaben sind, verzichten wir auf ihre Angabe.

  ◆

☞

Zur *Bestimmung stationärer Punkte* kann man versuchen, die von den not-wendigen Optimalitätsbedingungen der Lagrangeschen Multiplikatorenme-thode gelieferten Gleichungen nach $\mathbf{x}$ und $\boldsymbol{\lambda}$ aufzulösen. Da die $\boldsymbol{\lambda}$ nur Hilfs-größen sind, benötigt man ihrer expliziten Werte nicht. Deshalb kann man versuchen, die $\boldsymbol{\lambda}$ aus den Gleichungen zu eliminieren.

Bei dieser Vorgehensweise treten zwei Schwierigkeiten auf:

* Da die Gleichungen der notwendigen Optimalitätsbedingungen i.allg. nichtlinear sind, müssen diese nicht exakt lösbar sein. Eine numerische (näherungsweise) Lösung kann versucht werden (siehe Abschn.9.3).

* Da nur stationäre Punkte berechnet werden, muß man sich überzeugen, ob Minimal- oder Maximalpunkte vorliegen. Die Anwendung der *hinrei-chenden Optimalitätsbedingungen* gestaltet sich bei höherdimensionalen Aufgaben schwierig, so daß sich ihre Anwendung in der Praxis nicht empfiehlt. Hier kann man sich z.B. einen Überblick verschaffen, indem man die berechneten Punkte mit Erfahrungswerten vergleicht oder Werte der Zielfunktion in der Umgebung der erhaltenen stationären Punkte be-rechnet.

  ◆

Illustrieren wir die beschriebene Vorgehensweise bei der Anwendung der Lagrangeschen Multiplikatorenmethode im folgenden Beispiel.

Beispiel 9.1:

Betrachten wir die von der Lagrangeschen Multiplikatorenmethode gelieferten notwendigen Optimalitätsbedingungen an zwei Beispielen:

a) Verwenden wir die Minimierungsaufgabe zur Materialeinsparung aus Beisp.7.2:

$$O = O(\,r\,,\,h\,)\; =\; 2 \cdot \pi \cdot r^2\; +\; 2 \cdot \pi \cdot r \cdot h\; \rightarrow\; \underset{r,h}{\text{Minimum}}$$

mit der Gleichungsnebenbedingung

$$\pi \cdot r^2 \cdot h\; =\; 1000$$

Die *Lagrangesche Multiplikatorenmethode* liefert für diese Aufgabe unter Verwendung der Lagrangefunktion

$$L(\,r\,,\,h\,;\,\lambda\,) = 2 \cdot \pi \cdot r^2 + 2 \cdot \pi \cdot r \cdot h + \lambda \cdot (\,\pi \cdot r^2 \cdot h - 1000\,)$$

die Gleichungen

$$\frac{\partial L(\,r,h;\lambda)}{\partial r}\; =\; 4 \cdot \pi \cdot r + 2 \cdot \pi \cdot h + \lambda \cdot\; 2 \cdot \pi \cdot r \cdot h = 0$$

$$\frac{\partial L(\,r,h;\lambda)}{\partial h}\; =\; 2 \cdot \pi \cdot r + \lambda \cdot \pi \cdot r^2\; =\; 0$$

$$\frac{\partial L(\,r,h;\lambda)}{\partial \lambda}\; =\; \pi \cdot r^2 \cdot h - 1000\; =\; 0$$

aus den *notwendigen Optimalitätsbedingungen*.

Dies sind drei (nichtlineare) Gleichungen für die drei Variablen (Unbekannten) r, h und λ. Im Beisp.9.2 werden wir diese Gleichungen mit den Systemen lösen.

b) Betrachten wir die Minimierung einer Zielfunktion mit zwei Gleichungsnebenbedingungen an einem Beispiel aus der Geometrie:
Der *minimale Abstand zweier* sich nicht schneidender *Kurven* in der Ebene ist zu bestimmen:
Um alle Fälle zu erfassen, nehmen wir an, daß beide Kurven C1 und C2 in impliziter Darstellung gegeben sind, d.h. in der Form

$$g(x,y) = 0 \;\;(\text{für C1})\;\; \text{bzw.}\;\; h(x,y) = 0 \;(\text{für C2})$$

Den minimalen Abstand zwischen diesen gegebenen Kurven erhält man, indem man den minimalen Abstand zwischen zwei Punkten P1(x,y) und

P2(s,t) berechnet, wobei P1 auf der Kurve C1 und P2 auf der Kurve C2 liegen. Wir verwenden den üblichen *Euklidischen Abstand*

$$d(P1,P2) \;=\; \sqrt{(x-s)^2 + (y-t)^2}$$

zwischen den beiden Punkten P1 und P2, der für die gegebene Aufgabenstellung zu minimieren ist.

Man kann sich leicht überlegen, daß das Quadrat des Abstandes das gleiche Ergebnis liefert, wodurch sich die Aufgabenstellung vereinfacht und folgende Form hat:

$$(x-s)^2 + (y-t)^2 \;\rightarrow\; \underset{x,y,s,t}{\text{Minimum}}$$

mit den Gleichungsnebenbedingungen

$$g(x,y) = 0 \;\;,\;\; h(s,t) = 0$$

Diese beiden Gleichungsnebenbedingungen ergeben sich daraus, daß die Punkte P1(x,y) und P2(s,t) auf den entsprechenden Kurven C1 bzw. C2 liegen.

Die *Lagrangesche Multiplikatorenmethode* liefert für diese Aufgabe unter Verwendung der Lagrangefunktion

$$L(x,y,s,t\,;\lambda_1,\lambda_2) \;=\; (x-s)^2 + (y-t)^2 + \lambda_1 \cdot g(x,y) + \lambda_2 \cdot h(s,t)$$

aus den notwendigen Optimalitätsbedingungen die 6 Gleichungen

$$\frac{\partial L(x,y,s,t;\lambda_1,\lambda_2)}{\partial x} \;=\; 2\cdot(x-s) \;+\lambda_1 \cdot \frac{\partial g(x,y)}{\partial x} \;=\; 0$$

$$\frac{\partial L(x,y,s,t;\lambda_1,\lambda_2)}{\partial y} \;=\; 2\cdot(y-t) \;+\lambda_1 \cdot \frac{\partial g(x,y)}{\partial y} \;=\; 0$$

$$\frac{\partial L(x,y,s,t;\lambda_1,\lambda_2)}{\partial s} \;=\; -2\cdot(x-s) \;+\lambda_2 \cdot \frac{\partial h(s,t)}{\partial s} \;=\; 0$$

$$\frac{\partial L(x,y,s,t;\lambda_1,\lambda_2)}{\partial t} \;=\; -2\cdot(y-t) \;+\lambda_2 \cdot \frac{\partial h(s,t)}{\partial t} \;=\; 0$$

$$\frac{\partial L(x,y,s,t;\lambda_1,\lambda_2)}{\partial \lambda_1} \;=\; g(x,y) \;=\; 0$$

$$\frac{\partial L(x,y,s,t;\lambda_1,\lambda_2)}{\partial \lambda_2} = h(s,t) = 0$$

für die 6 Variablen (Unbekannten)

x , y , s , t , λ_1 und λ_2 .

Die *Lagrangeschen Multiplikatoren*

λ_1 und λ_2

stellen nur Hilfsgrößen dar, deren Werte für die Berechnung der Minima nicht interessieren.

Als konkretes Beispiel für diese Aufgabe berechnen wir den *Abstand* zwischen dem Kreis

$$x^2 + y^2 = 1$$

und der Geraden

$$y = -x + 4$$

Dies führt auf folgende Extremalaufgabe mit zwei Gleichungsnebenbedingungen:

$$(x-s)^2 + (y-t)^2 \;\to\; \underset{x,y,s,t}{\text{Minimum}}$$

$$x^2 + y^2 - 1 = 0 \quad , \quad s + t - 4 = 0$$

Die *Lagrangesche Multiplikatorenmethode* liefert für die konkrete Aufgabe unter Verwendung der *Lagrangefunktion*

$$L(x,y,s,t\,;\lambda_1,\lambda_2) = (x-s)^2 + (y-t)^2 + \lambda_1 \cdot (x^2 + y^2 - 1)$$

$$+ \lambda_2 \cdot (s+t-4)$$

aus den *notwendigen Optimalitätsbedingungen*

$$\frac{\partial L(x,y,s,t;\lambda_1,\lambda_2)}{\partial x} = 2 \cdot (x-s) + \lambda_1 \cdot 2 \cdot x = 0$$

$$\frac{\partial L(x,y,s,t;\lambda_1,\lambda_2)}{\partial y} = 2 \cdot (y-t) + \lambda_1 \cdot 2 \cdot y = 0$$

$$\frac{\partial L(x,y,s,t;\lambda_1,\lambda_2)}{\partial s} = -2 \cdot (x-s) + \lambda_2 = 0$$

$$\frac{\partial L(x,y,s,t;\lambda_1,\lambda_2)}{\partial t} = -2\cdot(y-t) + \lambda_2 = 0$$

$$\frac{\partial L(x,y,s,t;\lambda_1,\lambda_2)}{\partial \lambda_1} = x^2 + y^2 - 1 = 0$$

$$\frac{\partial L(x,y,s,t;\lambda_1,\lambda_2)}{\partial \lambda_2} = s + t - 4 = 0$$

6 Gleichungen für die 6 Variablen (Unbekannten)

$x,\ y,\ s,\ t,\ \lambda_1$ und λ_2

die wir im Beisp.9.2b mit Hilfe der Systeme lösen.

9.2.2 Anwendung von Computeralgebrasystemen

Bei der Anwendung der Systeme MAPLE, MATHEMATICA, MATHCAD und MATLAB zur exakten Lösung von Extremalaufgaben mit Gleichungsnebenbedingungen gibt es *zwei Vorgehensweisen:*

I. *Aufstellung* der Gleichungen der *notwendigen Optimalitätsbedingungen* mit den Methoden zur exakten Differentiation im Rahmen der Computeralgebra. Dies ist in den Systemen für beliebige Aufgaben durchführbar.

    Anschließend kann man versuchen, exakte Lösungen der aus den Optimalitätsbedingungen erhaltenen Gleichungen mittels der Systeme zu berechnen, indem man die vordefinierten Funktionen zur Gleichungslösung heranzieht (siehe Kap.6).

    Da die Optimalitätsbedingungen bei praktischen Aufgaben meistens nichtlineare Gleichungen liefern, kann man nicht erwarten, daß die Systeme immer exakte Lösungen finden. Dies ist darin begründet, daß für nichtlineare Gleichungen keine allgemein anwendbaren endlichen Lösungsmethoden existieren, so daß im Rahmen der Computeralgebra die exakte Lösung scheitern kann (siehe Kap.6).

    Falls sich die Gleichungen der notwendigen Optimalitätsbedingungen nicht exakt mittels der Systeme lösen lassen, kann eine numerische Lösung versucht werden, wie im Abschn.9.3 näher ausgeführt wird.

II. Nur das System MAPLE besitzt eine *vordefinierte Funktion* zur *exakten Lösung* von *Extremalaufgaben mit Gleichungsnebenbedingungen.* Dies hat den Vorteil, daß man nur die Zielfunktion und die Gleichungen der Nebenbedingungen eingeben muß:

Die im Zusatzpaket **student** vordefinierte Funktion **extrema** haben wir bereits bei Aufgaben ohne Nebenbedingungen kennengelernt. Sie läßt sich bei Gleichungsnebenbedingungen folgendermaßen anwenden:

> **with** (student) **;**

> **extrema** (f , G , V , 'erg') **:** erg **;**

Die Argumente dieser Funktion haben folgende Bedeutung:

* f

  Funktionsausdruck der Zielfunktion

* G

  Gleichungsnebenbedingungen (in Mengenschreibweise)

* V

  Variablen (in Mengenschreibweise)

* 'erg'

  Dieses mögliche vierte Argument bezeichnet einen Variablennamen (hier wurde erg gewählt). Diese Angabe bewirkt die Ausgabe der stationären Punkte. Fehlt dieses Argument, so werden nur die Werte der Zielfunktion $f(\mathbf{x})$ in den stationären Punkten ausgegeben.

Bei **extrema** gilt das gleiche wie bei Vorgehensweise I. gesagte, daß exakte Lösungen nur berechnet werden, wenn sich die Gleichungen der Optimalitätsbedingungen exakt lösen lassen.

Im folgenden Beispiel illustrieren wir beide gegebenen Vorgehensweisen I. und II. bei der Anwendung der Systeme.

Beispiel 9.2:

a) Wenden wir auf die Aufgabe a) aus Beisp.9.1 die Vorgehensweisen I. und in MAPLE auch II. an:

Die drei Gleichungen

$$\frac{\partial L(r,h;\lambda)}{\partial r} = 4 \cdot \pi \cdot r + 2 \cdot \pi \cdot h + \lambda \cdot 2 \cdot \pi \cdot r \cdot h = 0$$

$$\frac{\partial L(r,h;\lambda)}{\partial h} \;=\; 2\cdot\pi\cdot r + \lambda\cdot\pi\cdot r^2 \;=\; 0$$

$$\frac{\partial L(r,h;\lambda)}{\partial \lambda} \;=\; \pi\cdot r^2\cdot h - 1000 \;=\; 0$$

aus den Optimalitätsbedingungen werden von allen Systemen exakt gelöst, wobei sich folgende reelle Lösung ergibt, die wir der Einfachheit halber als Dezimalnäherung angeben:

Mittels MAPLE ist sowohl die Lösung der Gleichungen der notwendigen Optimalitätsbedingungen mittels **solve** in der Form

> L := (r,h,lambda)→2*Pi*r^2+2*Pi*r*h+lambda*(Pi*r^2*h−1000) ;

> **evalf** (**solve** ({ **diff** (L (r , h , lambda) , r) = 0 ,

       diff (L (r , h , lambda) , h) = 0 ,

       diff (L (r , h , lambda) , lambda) = 0 , { r , h , lambda })) ;

{ r = 5.419260700 , h = 10.83852140 , λ = −0.3690540295 }

als auch die Anwendung der vordefinierten Funktion **extrema** in der Form

> **with** (student) ;

> **extrema** (2*Pi*r^2 + 2*Pi*r*h , { Pi*r^2*h = 1000 } ,

       { r , h } , ' erg ') **: evalf** (erg) ;

{ { r = 5.419260700 , h = 10.83852140 } }

erfolgreich.

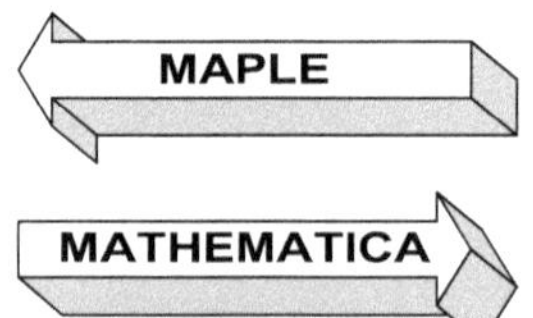

Wir verwenden die Funktion **Solve**, um die Gleichungen der notwendigen Optimalitätsbedingungen zu lösen:

L [r_ , h_ , λ_] = 2*π*r^2 + 2*π*r*h + λ * (π*r^2*h − 1000)

Solve $[\,\{\,\partial_r\, L\,[\,r\,,h\,,\lambda\,]==0\,,\; \partial_h\, L\,[\,r\,,h\,,\lambda\,]==0\,,$

$\qquad \partial_\lambda\, L\,[\,r\,,h\,,\lambda\,]==0\,\}\,,\,\{\,r\,,h\,,\lambda\,\}\,]$

$\{\,\lambda \to -0.369054\,,\; h \to 10.8385\,,\; r \to 5.41926\,\}\,,$

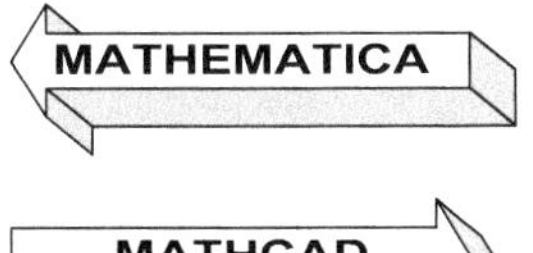

Zuerst definieren wir die Lagrangefunktion:

$$L\big(r,h,\lambda\big) := 2\cdot\pi\cdot r^2 + 2\cdot\pi\cdot r\cdot h + \lambda\cdot\big(\pi\cdot r^2\cdot h - 1000\big)$$

Danach stellen wir die notwendigen Optimalitätsbedingungen auf und lösen gleichzeitig die erhaltenen Gleichungen mittels **given** und **find**:

given

$$\frac{d}{dr}L\big(r,h,\lambda\big) = 0$$

$$\frac{d}{dh}L\big(r,h,\lambda\big) = 0$$

$$\frac{d}{d\lambda}L\big(r,h,\lambda\big) = 0$$

$\text{Lösung} := \mathbf{find}\,(\,r\,,\,h\,,\,\lambda\,) \to \ldots\ldots\ldots$

$$\text{Lösung} = \begin{pmatrix} 5.419 & -2.71 + 4.693i & -2.71 - 4.693i \\ 10.839 & -5.419 + 9.386i & -5.419 - 9.386i \\ -0.369 & 0.185 + 0.32i & 0.185 - 0.32i \end{pmatrix} \blacksquare$$

Man findet die reelle Lösung in der ersten Spalte der Lösungsmatrix, während die restlichen Spalten komplexe Lösungen anzeigen.

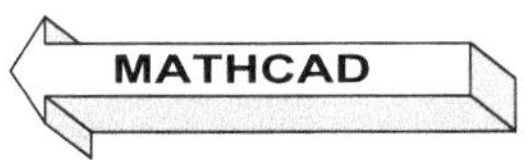

Wir verwenden die vordefinierte Funktion **solve**, um die Gleichungen der notwendigen Optimalitätsbedingungen zu lösen:

>> **syms** r h l ; [r , h , l] = **solve** (' **diff** (2*pi*r^2 + 2*pi*r*h + l*(pi*r^2*h − 1000) , r) = 0 , **diff** (2*pi*r^2 + 2*pi*r*h + l*(pi*r^2*h − 1000) , h) = 0 , **diff** (2*pi*r^2 + 2*pi*r*h + l*(pi*r^2*h − 1000) , l) = 0 ' , ' r , h , l ')

>> **double** ([r , h , l])

ans =

  10.8385   −0.3691   5.4193

  −5.4193 + 9.3864i 0.1845 + 0.3196i −2.7096 + 4.6932i

  −5.4193 − 9.3864i 0.1845 − 0.3196i −2.7096 − 4.6932i

Man findet die einzige reelle Lösung in der ersten Zeile, während die restlichen Zeilen komplexe Lösungen anzeigen.

b) Die 6 Gleichungen

$$2 \cdot (x - s) + \lambda_1 \cdot 2 \cdot x = 0$$

$$2 \cdot (y - t) + \lambda_1 \cdot 2 \cdot y = 0$$

$$-2 \cdot (x - s) + \lambda_2 = 0$$

$$-2 \cdot (y - t) + \lambda_2 = 0$$

$$x^2 + y^2 - 1 = 0$$

$$s + t - 4 = 0$$

aus den Optimalitätsbedingungen von Beisp.9.1b werden von allen Systemen exakt gelöst. Die Anwendung der Systeme geschieht analog zum vorangehenden Beisp.9.1a, so daß wir dies dem Leser überlassen. Als Dezimalnäherung erhalten die Systeme folgende Lösung:

$$x = 0.707 \, , \; y = 0.707 \, , \; s = 2 \, , \; t = 2 \, , \; \lambda_1 = 1.828 \, , \; \lambda_2 = -2.586$$

Damit ist der Abstand des Kreises von der Geraden gleich dem Abstand der beiden berechneten Punkte (0.707, 0.707) und (2,2), so daß sich für ihn der folgende Wert ergibt:

$$\sqrt{(x-s)^2 + (y-t)^2} = \sqrt{(0.707-2)^2 + (0.707-2)^2} = 1.829$$

9.3 Numerische Methoden

Eine häufig verwendete Klasse *numerischer Methoden* zur Lösung von Extremalaufgaben mit Gleichungsnebenbedingungen beruht darauf, diese in Aufgaben ohne Nebenbedingungen zu überführen, so daß sie mit den Methoden aus Kap.8 gelöst werden können. Bei dieser Vorgehensweise bieten sich zwei Möglichkeiten an:

I. Anwendung von *Strafmethoden*, die wir im Abschn.9.3.1 skizzieren.

II. Verwendung der *Lagrangefunktion* aus der *Lagrangeschen Multiplikatorenmethode*. Dies skizzieren wir im Abschn.9.3.2.

In einigen Systemen sind für Extremalaufgaben mit Gleichungsnebenbedingungen vordefinierte Funktionen zur numerischen Lösung enthalten, wie im Abschn.9.3.3 und 9.3.4 illustriert wird. Falls keine Funktionen vordefiniert sind, lassen sich durch Anwendung der in Abschn.9.3.1 beschriebenen *Strafmethoden* Aufgaben ohne Nebenbedingungen erzeugen und diese mit den im Abschn.8.3.5 vordefinierten Funktionen lösen.
Damit kann der Anwender Extremalaufgaben mit Gleichungsnebenbedingungen numerisch lösen, ohne sich tiefer in die Theorie numerischer Methoden einarbeiten und Computerprogramme hierfür erstellen zu müssen. Bei der Anwendung numerischer Methoden muß man jedoch beachten, daß diese nicht immer erfolgreich sind, d.h., nicht immer Näherungen für Extremalpunkte berechnen. In dieser Hinsicht ist es für den Anwender nützlich, Grundprinzipien der numerischen Methoden zu kennen. Deshalb geben wir in den folgenden Abschn.9.3.1 und 9.3.2 einen kurzen Einblick in die Problematik numerischer Methoden.

9.3.1 Strafmethoden

Strafmethoden liegt das Prinzip zugrunde, Optimierungsaufgaben mit Nebenbedingungen auf Optimierungsaufgaben ohne Nebenbedingungen zurückzuführen, die als *Ersatzaufgaben* bezeichnet werden.

Wir begegnen diesem Prinzip auch bei Aufgaben der nichtlinearen Optimierung (siehe Abschn.11.6.2).

Im Englischen bezeichnet man Strafmethoden als *penalty methods* oder *penalty function methods*. Deshalb wird im Deutschen für Strafmethoden auch die Bezeichnung *Penaltymethoden* verwandt.

☞

Der Vorteil von Strafmethoden besteht darin, daß man zur Lösung der erhaltenen Ersatzaufgaben die gesamte Palette von Lösungsmethoden für Extremalaufgaben ohne Nebenbedingungen (siehe Abschn. 8.3) heranziehen kann.

♦

Bei Minimierungsaufgaben mit Gleichungsnebenbedingungen der allgemeinen Form (in Vektorschreibweise)

$$f(\mathbf{x}) \;\to\; \underset{\mathbf{x}}{\text{Minimum}}$$

$$\mathbf{g}(\mathbf{x}) = \mathbf{0}$$

besteht eine einfache und sofort einleuchtende *Strafmethode* darin, die Gleichungen der Nebenbedingungen als *Straffunktion* (*Penaltyfunktion*) zur Zielfunktion zu addieren, d.h., sobald eine Gleichung nicht erfüllt ist, wird eine positive Strafe zur Zielfunktion hinzugefügt. Deshalb spricht man anstatt von Strafmethoden auch von *Straffunktionenmethoden*. Bei ihrer Anwendung entsteht eine neue Minimierungsaufgabe ohne Nebenbedingungen, die man als *Ersatzaufgabe* bezeichnet.

☞

Falls eine zu maximierende Zielfunktion vorliegt, erhält man durch Multiplikation mit −1 eine zu minimierende Zielfunktion, so daß die gegebene Vorgehensweise ebenfalls anwendbar ist.

♦

☞

Das Ziel der Strafmethoden besteht darin, eine Straffunktion so zu wählen, daß die Ersatzaufgabe für hinreichend großen Strafparameter näherungsweise die gleichen Minimalpunkte wie die Ausgangsaufgabe besitzt.

♦

Die Wahl der Straffunktion kann auf unterschiedliche Weise geschehen, so daß verschiedene Strafmethoden möglich sind. Im folgenden beschreiben wir *zwei Varianten* für *Strafmethoden:*

I. Eine einfache *Strafmethode* hat folgende *Gestalt:*

$$f_{\mu}(\mathbf{x}) \;=\; f(\mathbf{x}) \;+\; \mu \cdot \left\| \mathbf{g}(\mathbf{x}) \right\|^{2} \;=\; f(\mathbf{x}) \;+\; \mu \cdot \sum_{i=1}^{m} g_{i}^{2}(x)$$

d.h., als *Ersatzaufgabe* ist die Funktion

$$f_\mu(\mathbf{x})$$

ohne Nebenbedingungen zu minimieren, wobei

* μ (>0)

  den *Strafparameter* (*Penaltyparameter*)

* $\|\mathbf{g}(\mathbf{x})\|^2$

  die *Straffunktion* (*Penaltyfunktion*)

bezeichnen. Die verwendete Norm für die Straffunktion ist offensichtlich
die Euklidische Norm. Es sind auch andere Normen anwendbar. Weiterhin ist es möglich, für die einzelnen Nebenbedingungen verschiedene
Strafparameter zu verwenden (siehe [46]), d.h.

$$f_\mu(\mathbf{x}) = f(\mathbf{x}) + \sum_{i=1}^{m} \mu_i \cdot g_i^2(x)$$

mit dem *Strafparametervektor*

$$\mu = \begin{pmatrix} \mu_1 \\ \mu_2 \\ \vdots \\ \mu_m \end{pmatrix}$$

Diese Form werden wir im folgenden nicht weiter betrachten.

☞

Man kann sofort einsehen, daß bei hinreichend großem Strafparameter
μ alle Gleichungsnebenbedingungen bei der Minimierung der Ersatzaufgabe erfüllt werden. Es ist aber nicht offensichtlich, daß bei dieser Vorgehensweise die Minimalpunkte erhalten werden. Man wird aber erwarten, daß die Minimalpunkte der Ersatzaufgabe in der Nähe der Minimalpunkte der ursprünglichen Aufgabe liegen. Wenn die Ersatzaufgabe für
jeden Strafparameter $\mu > 0$ einen Minimalpunkt

$$\mathbf{x}^\mu$$

besitzt, lassen sich für zwei Strafparameter

$$\mu^1 \quad \text{und} \quad \mu^2 \quad \text{mit } 0 < \mu^1 < \mu^2$$

folgende drei *Eigenschaften* einfach beweisen (siehe [46]):

1. $f_{\mu^1}(\mathbf{x}^{\mu^1}) \le f_{\mu^2}(\mathbf{x}^{\mu^2})$

2. $\displaystyle\sum_{i=1}^{m} g_{i}^{2}(\mathbf{x}^{\mu^{1}}) \geq \sum_{i=1}^{m} g_{i}^{2}(\mathbf{x}^{\mu^{2}})$

3. $f(\mathbf{x}^{\mu^{1}}) \leq f(\mathbf{x}^{\mu^{2}})$

Es empfiehlt sich deshalb, eine monoton wachsende Folge

$$\left\{\mu^{k}\right\}$$

von Strafparametern mit

$$\mu^{k} \to \infty$$

zu verwenden, für die man Konvergenzaussagen erhält (siehe [46]).

♦

Bei der praktischen Anwendung der beschriebenen *Strafmethode* I. kann man folgendermaßen vorgehen:

1. Für einen Startwert des Strafparameters berechnet man mit einer numerischen Methode für Aufgaben ohne Nebenbedingungen Näherungswerte für einen Minimalpunkt der Ersatzaufgabe.

2. Danach vergrößert man den Strafparameter μ so lange, bis eine "Konvergenz" der hierzu berechneten Minimalpunkte zu erkennen bzw. eine Abbruchbedingung erfüllt ist.

Die Strafmethode I. wurde weiterentwickelt. Die folgende Strafmethode II. liefert hierfür ein Beispiel.

♦

II. Numerisch günstigere Strafmethoden arbeiten mit der *erweiterten Lagrangefunktion* (englisch: *augmented Lagrangian*), so z.B.:

$$f_{\mu}(\mathbf{x}\,;\,\boldsymbol{\lambda}) = f(\mathbf{x}) + \boldsymbol{\lambda}^{T} \cdot \mathbf{g}(\mathbf{x}) + \mu \cdot \left\| \mathbf{g}(\mathbf{x}) \right\|^{2}$$

$$= f(\mathbf{x}) + \sum_{i=1}^{m} \lambda_{i} \cdot g_{i}(\mathbf{x}) + \mu \cdot \sum_{i=1}^{m} g_{i}^{2}(\mathbf{x})$$

Diese Methoden werden als *Multiplikatormethoden* (englisch: *multiplier methods*) bezeichnet. Ein bekannter Vertreter ist die Methode von Hestenes und Powell.

Man sieht, daß in der gelieferten *Ersatzaufgabe*

* neben dem *Strafterm*

$$\mu \cdot \sum_{i=1}^{m} g_i^2(\mathbf{x})$$

* noch der Term

$$\sum_{i=1}^{m} \lambda_i \cdot g_i(\mathbf{x})$$

aus der zur Aufgabe gehörenden *Lagrangefunktion* (siehe Abschn. 9.2.1)

aufgenommen wird.

Auf die theoretischen Hintergründe dieser Variante können wir im Rahmen dieses Buches nicht eingehen und verweisen auf die Literatur [28, 44, 74]. Wir geben nur eine mögliche *Vorgehensweise* bei der praktischen Anwendung, die aus *folgenden Schritten* besteht:

1. Seien *Lagrangesche Multiplikatoren*

$$\lambda^k = \begin{pmatrix} \lambda_1^k \\ \lambda_2^k \\ \vdots \\ \lambda_m^k \end{pmatrix}$$

und ein *Strafparameter*

$$\mu^k$$

vorgegeben.

2. Danach wird die *Ersatzaufgabe* für die gegebenen Werte der Lagrangeschen Multiplikatoren und des Strafparameters bzgl. $\mathbf{x}$ *minimiert*, d.h.

$$f_{\mu^k}(\mathbf{x}\,;\lambda^k) \rightarrow \underset{\mathbf{x}}{\text{Minimum}}$$

Damit ist eine *Aufgabe ohne Nebenbedingungen* zu lösen. Eine Lösung dieser Aufgabe sei

$$\mathbf{x}^k$$

3. Anschließend bestimmt man neue *Lagrangesche Multiplikatoren* λ^{k+1} mittels

$$\lambda^{k+1} = \lambda^k + \mu^k \cdot \mathbf{g}(\mathbf{x}^k)$$

und wählt einen neuen größeren *Strafparameter* μ^{k+1}, d.h.

$$\mu^{k+1} \geq \mu^{k}$$

4. Abschließend werden die Schritte 2. und 3. solange wiederholt, bis ein vorgegebenes Abbruchkriterium erfüllt ist.

Zusammenfassend lassen sich die beiden gegebenen *Strafmethoden* I. und II. dadurch charakterisieren, daß die ursprüngliche Extremalaufgabe mit Gleichungsnebenbedingungen durch die Minimierung der Funktionen

$$f_{\mu}(\mathbf{x}) \quad \text{bzw.} \quad f_{\mu}(\mathbf{x};\lambda)$$

ersetzt wird, d.h., die *Ersatzaufgaben*

$$f_{\mu}(\mathbf{x}) \to \underset{\mathbf{x}}{\text{Minimum}} \quad \text{bzw.} \quad f_{\mu}(\mathbf{x};\lambda) \to \underset{\mathbf{x}}{\text{Minimum}}$$

zu lösen sind. Dies sind *Aufgaben ohne Nebenbedingungen*, zu deren Lösung die Methoden aus Kap.8 herangezogen werden können.
Die Strafmethoden besitzen natürlich nicht nur Vorteile. Ein Nachteil besteht darin, daß sich ein großer Strafparameter bei numerischen Rechnungen stark auf die Rundungsfehler auswirkt. Dies ist ein Grund dafür, statt der Strafmethode I. die Methode II. zu verwenden.

♦

Wir empfehlen dem Leser, numerische Experimente mit beiden gegebenen Strafmethoden durchzuführen, wobei verschieden große Strafparameter verwendet werden sollten.
Im folgenden Beispiel illustrieren wir die Anwendung der Strafmethode I.

Beispiel 9.3:

a) Betrachten wir die Minimierungsaufgabe

$$O(r,h) = 2 \cdot \pi \cdot r^2 + 2 \cdot \pi \cdot r \cdot h \to \underset{r,h}{\text{Minimum}}$$

mit der Gleichungsnebenbedingung

$$\pi \cdot r^2 \cdot h = 1000$$

aus Beisp.9.1a. Diese Aufgabe haben wir im Beisp.9.2a mittels der Systeme gelöst, indem wir die Lagrangesche Multiplikatorenmethode verwendeten.
Bei Anwendung der Strafmethode I. ergibt sich für diese Aufgabe folgende zu minimierende *Ersatzaufgabe*

$$O_{\mu}(r,h) = 2 \cdot \pi \cdot r^2 + 2 \cdot \pi \cdot r \cdot h + \mu \cdot (\pi \cdot r^2 \cdot h - 1000)^2 \to \underset{r,h}{\text{Minimum}}$$

Für diese Ersatzaufgabe finden die Systeme keine exakte Lösung in Abhängigkeit des Strafparameters μ, so daß wir sie im Beisp.9.4 numerisch mittels MATHCAD lösen.

b) Betrachten wir die einfache Minimierungsaufgabe

$$f(x,y,z) = (x-1)^2 + (y-2)^2 + (z-3)^2 \;\rightarrow\; \underset{x,y,z}{\text{Minimum}}$$

mit den beiden Gleichungsnebenbedingungen

$$x+y+z-4 = 0 \quad,\quad x-y-z+2 = 0$$

die die Lösung

$x = 1$, $y = 1$, $z = 2$ mit dem Zielfunktionswert 2

besitzt, wie man einfach z.B. mit MAPLE berechnen kann:

> **with** (student) ;

> **extrema** ((x − 1)^2 + (y − 2)^2 + (z − 3)^2 , { x + y + z − 4 = 0 ,

  x − y − z + 2 = 0 } , { x , y , z } , 'erg') ; erg ;

$$\{\,2\,\}$$

$$\{\,\{\, z = 2\,,\, x = 1\,,\, y = 1\,\}\,\}$$

Berechnen wir die exakte Lösung der mittels der Strafmethode I. gebildeten Ersatzaufgabe:

$$f_\mu(x,y,z) = (x-1)^2 + (y-2)^2 + (z-3)^2 +$$

$$\mu\cdot((x+y+z-4)^2 + (x-y-z+2)^2) \;\rightarrow\; \underset{x,y,z}{\text{Minimum}}$$

unter Verwendung der notwendigen Optimalitätsbedingungen, um die Abhängigkeit der Lösung vom Strafparameter μ zu illustrieren. Dazu verwenden wir ebenfalls MAPLE:

Nach der Funktionsdefinition

> f := (x , y , z) → (x − 1)^2 + (y − 2)^2 + (z − 3)^2 +

　　mu * ((x + y + z − 4)^2 + (x − y − z + 2)^2) **;**

lassen sich die Gleichungen der notwendigen Optimalitätsbedingungen mittels **solve** folgendermaßen lösen:

> **solve**({ **diff**(f(x,y,z),x)=0,**diff**(f(x,y,z),y)=0,**diff**(f(x,y,z),z)=0} , {x,y,z}) **;**

MAPLE berechnet die vom Strafparameter μ abhängende Lösung

$$\{ \, x = 1 \, , \, z = \frac{8\mu + 3}{4\mu + 1} \, , \, y = 2\,\frac{2\mu + 1}{4\mu + 1} \, \}$$

Man sieht, daß die erhaltene Lösung wie erwartet eine Funktion des Strafparameters μ ist. Läßt man diesen gegen Unendlich gehen, so ergibt sich die Lösung der ursprünglichen Aufgabe mit den beiden Gleichungsnebenbedingungen. Für endliche positiven Werte des Strafparameters μ sind die erhaltenen Lösungen nur Näherungslösungen und die Nebenbedingungen nur näherungsweise erfüllt.

♦

9.3.2 Weitere Methoden

Die im Abschn.9.3.1 behandelten Strafmethoden werden häufig zur numerischen Lösung von Extremalaufgaben mit Gleichungsnebenbedingungen herangezogen.

Es existieren *weitere numerische Methoden*, von denen wir einige aufzählen:

- *Methode* von *Marquart* (siehe [46]).

- Man kann die Gleichungen der Optimalitätsbedingungen aus der Lagrangeschen Multiplikatorenmethode mittels einer Newton-Methode zu Gleichungslösung näherungsweise lösen. Man spricht hier von *Lagrange-Newton-Methoden* (siehe [28]).

- Man kann eine *SQP-Methode* (sequentielle quadratische Optimierungsmethode) anwenden (siehe Abschn.11.6.5 und [28]).

☞

Bei Extremalaufgaben mit Gleichungsnebenbedingungen gibt es keine beste numerische Lösungsmethode. Alle Methoden haben Vor- und Nachteile, so daß sie für eine Aufgabe effektiv sein können, während sie bei einer anderen versagen oder unbefriedigende Ergebnisse liefern. Deshalb sollte der Anwender mit den in den Systemen vordefinierten Numerikfunktionen experimentieren und Erfahrungen sammeln, um für seine Aufgabenstellungen eine effektive Lösungsmethode zu finden.

♦

9.3.3 Anwendung von Computeralgebrasystemen

Während alle Computeralgebrasysteme vordefinierte Funktionen zur numerischen Berechnung von Lösungen für Extremalaufgaben ohne Nebenbedingungen bereitstellen, ist dies für Aufgaben mit Gleichungsnebenbedingungen nur in MATHEMATICA, MATHCAD und MATLAB der Fall:

Wenn das Zusatzpaket **Global Optimization** installiert ist (siehe Anhang A.2), muß es folgendermaßen aufgerufen werden:

<< **GO42.MX**

Danach steht zur Lösung von Extremalaufgaben mit Gleichungsnebenbedingungen folgende vordefinierten Funktionen zur Verfügung:

* **GlobalSearch** [f , { } , GL , VAR , TOL , Optionen]
  wobei für f die Zielfunktion und für GL die Gleichungsnebenbedingungen einzugeben sind. Die Bedeutung der anderen Argumente findet man im Abschn.8.3.5.

* **GlobalPenaltyFn** [f , { } , GL , VAR , TOL , Optionen]

  Diese Funktion wendet u.a. Strafmethoden an und berechnet Näherungen für Minima. Die Argumente haben die gleiche Bedeutung wie bei **GlobalSearch**.

Diese Funktion benötigt gewisse Differenzierbarkeitseigenschaften für die Zielfunktion und die Funktionen der Nebenbedingungen und berechnet Näherungen für Minima.

Wir illustrieren die gegebene Vorgehensweise im Beisp.9.4b.

In MATHCAD können die beiden vordefinierten Funktionen **minimize** bzw. **maximize** zur numerischen (näherungsweisen) Lösung von Minimierungs- bzw. Maximierungsaufgaben mit Gleichungsnebenbedingungen herangezogen werden. Diese beiden Funktionen sind universell einsetzbar sowohl für Aufgaben ohne als auch mit Gleichungs- oder Ungleichungsnebenbedingungen (siehe Kap.8, 10, 11).
Die Anwendung dieser Funktionen vollzieht sich in folgenden Schritten:

I. Definition der Zielfunktion:

   $f (x1 , x2 , ... , xn) :=$

II. Zuordnung von Startwerten an die Variablen:

   $x1 := x2 := ..... xn :=$

   Falls man keine Näherungswerte für die Lösung kennt, empfiehlt es sich, die Rechnung für verschiedene Startwerte durchzuführen.

III. Darunter beginnt der *Lösungsblock* mit **given**. Unterhalb werden die Gleichungsnebenbedingungen geschrieben. Den Abschluß des Lösungsblocks bildet der Aufruf von **minimize** bzw. **maximize**, die als Argumente den Zielfunktionsnamen und die Variablenbezeichnungen haben. Die Rechnung wird durch Eingabe des numerischen Gleichheitszeichens = und abschließender Betätigung der Eingabetaste ⏎ ausgelöst. Der Lösungsblock hat folgende Form:

given

Unter given werden die Gleichungsnebenbedingungen durch Verwendung des Gleichheitsoperators

aus der Operatorpalette Nr.6 oder der Tastenkombination

eingegeben.

minimize bzw. **maximize** $(f , x1 , x2 , ... , xn) =$

Wir illustrieren die gegebene Vorgehensweise im Beisp.9.4b.

Wenn die Toolbox **Optimization** installiert ist, kann mittels der vordefinierten Funktion

fmincon (' F ' , SW , A , b , B , d , u , v , ' NB ')

die allgemeine Aufgabe der nichtlinearen Optimierung (in Vektorschreibweise)

$$F(\mathbf{x}) \underset{\mathbf{x}}{\to} \text{Minimum}$$

mit den Nebenbedingungen

$$\mathbf{g}(\mathbf{x}) \leq \mathbf{0} \quad , \quad \mathbf{h}(\mathbf{x}) = \mathbf{0}$$

$$\mathbf{A} \cdot \mathbf{x} \leq \mathbf{b} \quad , \quad \mathbf{B} \cdot \mathbf{x} = \mathbf{d} \quad , \quad \mathbf{u} \leq \mathbf{x} \leq \mathbf{v}$$

gelöst werden, wie im Abschn.11.6.7 besprochen wird. Da für die Anwendung auf Extremalaufgaben mit Gleichungsnebenbedingungen nur die Nebenbedingungen **h** (**x**) = **0** vorkommen, ist **fmincon** folgendermaßen anzuwenden:

>> **fmincon** (' F ' , SW , [ ] , [ ] , [ ] , [ ] , [ ] , [ ] , ' NB ')

wobei

* die Zielfunktion F und die Gleichungsnebenbedingungen NB als Funktionsdateien F.M bzw. NB.M zu schreiben und abzuspeichern sind und MATLAB ihr Pfad mitzuteilen ist (siehe Anhang B.2):

  ⇒ Funktionsdatei F.M für die Zielfunktion F (**x**)

    function z = F (x)

    z = Funktionsausdruck **;**

  ⇒ Funktionsdatei NB.M für die Gleichungsnebenbedingungen, wobei die Vektorfunktion **h** (**x**) bei eq als Spaltenvektor einzugeben ist:

    function [iq , eq] = NB (x)

    iq = [ ] **;**

    eq = [Komponenten von **h** (**x**)] **;**

    Da die Ungleichungsnebenbedingungen **g** (**x**) ≤ **0** fehlen, muß in der Funktionsdatei NB.M eine Leerzuweisung [ ] erfolgen (siehe Beisp. 9.4b), d.h.

    iq = [ ] **;**

* SW die Startwerte für das Verfahren darstellen, die als Spaltenvektor einzugeben sind.

Weiterhin ist zu beachten, daß die Komponenten von **x** in der Form x(1) , x(2) , ... , x(n) zu schreiben sind.

Wir illustrieren die gegebene Vorgehensweise im Beisp.9.4b.

Zusätzlich kann man die im Abschn.9.3.1 beschriebenen Strafmethoden heranziehen und die entstehenden Ersatzaufgaben ohne Nebenbedingungen mittels der Methoden aus Abschn.8.3 lösen. Dies illustrieren wir im folgenden Beisp.9.4a. unter Anwendung von MATHCAD. Im Beisp.9.4b illustrieren wir die Anwendung der in MATHEMATICA, MATHCAD und MATLAB vordefinierten Funktionen zur Lösung von Extremalaufgaben mit Gleichungsnebenbedingungen.

Beispiel 9.4:

a) Lösen wir die Aufgabe a) aus Beisp.9.3 mittels der Strafmethode I. unter Anwendung von MATHCAD:

* Für den Strafparameter

$$\mu := 10$$

* und die Zielfunktion der Ersatzaufgabe

$$O_\mu(r,h) := 2\cdot\pi\cdot r^2 + 2\cdot\pi\cdot r\cdot h + \mu\cdot\left(\pi\cdot r^2\cdot h - 1000\right)^2$$

* berechnet MATHCAD für die Startwerte

$$r := 3 \quad h := 5$$

* folgende Näherungslösung

$$\text{minimize}\left(O_\mu, r, h\right) = \begin{pmatrix} 5.525 \\ 10.427 \end{pmatrix} \blacksquare$$

b) Lösen wir die Aufgabe a) aus Beisp.9.3 mittels der in MATHEMATICA, MATHCAD und MATLAB vordefinierten Funktionen, die Gleichungsnebenbedingungen berücksichtigen:

Mit der vordefinierten Funktion **GlobalSearch** aus dem Zusatzpaket **Global Optimization** berechnet MATHEMATICA für die Vorgabe der Intervalle [5,6] und [10,11] für r bzw. h mittels

<< **GO42.MX**

GlobalSearch [$2*\pi*r\wedge2 + 2*\pi*r*h$, { } , { $\pi*r\wedge2*h - 1000$ } ,

$$\{ \{ r , 5 , 6 \} , \{ h , 10 , 11 \} \} , 0.0001] // \textbf{Timing}$$

die Lösung

$\{ 0.11 \text{ Second} , \{ \{ r \to 5.41875 , h \to 10.8406 \} , 553.581 \} \}$

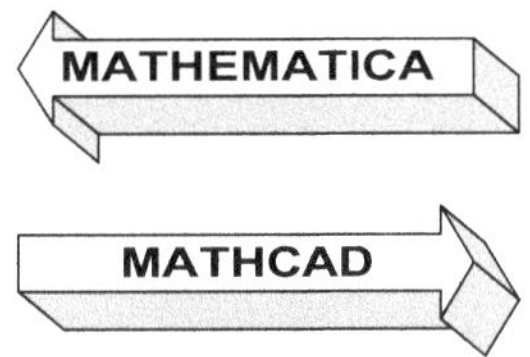

Nach Definition der Zielfunktion

$$f(r,h) := 2 \cdot \pi \cdot r^2 + 2 \cdot \pi \cdot r \cdot h$$

und Vorgabe der Startwerte

$r := 0 \quad h := 0$

liefert der Lösungsblock

given

$$\pi \cdot r^2 \cdot h = 1000$$

$$\textbf{find} (f , r , h) = \begin{pmatrix} 5.417 \\ 10.848 \end{pmatrix}$$

die angezeigte Lösung.

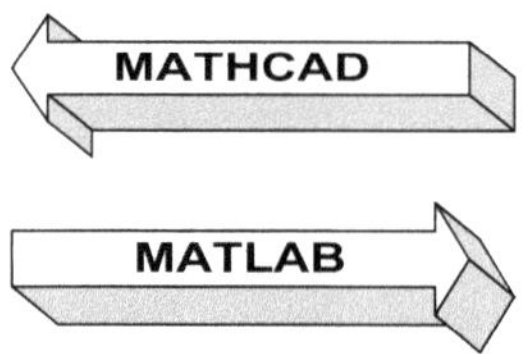

Mit der vordefinierten Funktion **fmincon** aus der Toolbox **Optimization** berechnet MATLAB für die Startwerte 5 und 10 für r bzw. h mittels

>> **fmincon** (' F ' , [5 , 10] , [ ] , [ ] , [ ] , [ ] , [ ] , [ ] , ' NB ')

ans =

   5.4193   10.8385

die angezeigte Lösung, wobei die beiden erforderlichen Funktionsdateien F.M und NB.M für die Zielfunktion bzw. die Gleichungsnebenbedingung in der folgenden Form zu schreiben und abzuspeichern sind:

* Funktionsdatei F.M

  function z = F(x)

  z = 2 * pi * x(1)^2 + 2 * pi * x(1) * x(2) ;

* Funktionsdatei NB.M

  function [iq , eq] = NB(x)

  iq = [ ] ;

  eq = [pi * x(1)^2 * x(2) − 1000] ;

Wir haben beide Dateien im Hauptverzeichnis MATLAB auf der Festplatte C gespeichert, so daß vor ihrer Anwendung

>> **cd** C:\MATLAB

in das Arbeitsfenster von MATLAB einzugeben ist.

♦

9.3.4 Anwendung von EXCEL

Wenn der SOLVER installiert ist, gestattet EXCEL die numerische Berechnung von Lösungen für Extremalaufgaben mit Gleichungsnebenbedingungen. Dies geschieht auf direktem Wege, d.h., man braucht bei Gleichungsnebenbedingungen keine Strafmethoden zu verwenden, sondern kann die Aufgabe mit den Gleichungsnebenbedingungen komplett in die Dialogbox des SOLVERS eingeben. Die Vorgehensweise vollzieht sich analog wie im Abschn.11.6.8 für Aufgaben der nichtlinearen Optimierung. Wir illustrieren sie im folgenden Beisp.9.5.

Wir empfehlen diese Vorgehensweise. Nur wenn diese nicht zum Erfolg führt, sollten Strafmethoden herangezogen und mit EXCEL die anfallende Ersatzaufgabe ohne Nebenbedingungen nach der Vorgehensweise aus Abschn. 8.3.6 gelöst werden.

Beispiel 9.5:

Lösen wir die Aufgabe a) aus Beisp.9.1

$$O = O(r,h) = 2 \cdot \pi \cdot r^2 + 2 \cdot \pi \cdot r \cdot h \ \to \ \underset{r,h}{\text{Minimum}}$$

mit der Gleichungsnebenbedingung

$$\pi \cdot r^2 \cdot h - 1000 = 0$$

direkt. Dies geschieht in EXCEL in folgenden *Schritten:*

I. Zuerst schreiben wir die beiden Variablen r und h in zwei nebeneinanderliegende freie Zellen (A1:B1) der aktuellen Tabelle. In die darunterliegenden freien Zellen (A2:B2) tragen wir Startwerte für die numerische Lösung ein, wobei wir r=1 und h=1 gewählt haben. Danach umrahmen wir diese vier Zellen mit gedrückter Maustaste und aktivieren die Menüfolge

Einfügen ⇒ Name ⇒ Erstellen...

wobei wir in der erscheinenden Dialogbox

Name erstellen aus Oberster Zeile

anklicken. Damit werden den Variablen (r,h) die Startwerte (1,1) zugewiesen.

II. Anschließend werden die Zielfunktion und die Funktion der Nebenbedingung als Formeln folgendermaßen in zwei freie Zellen A4 und A5 eingetragen:

$= 2 * \text{PI}\,(\ ) * r{\wedge}2 + 2 * \text{PI}\,(\ ) * r * h$

$= \text{PI}\,(\ ) * r{\wedge}2 * h - 1000$

Das Ergebnis der Schritte I. und II. ist aus folgendem Ausschnitt der Tabelle ersichtlich, wobei in den Zellen A4 und A5 die Zahlenwerte der Zielfunktion bzw. der Funktion der Nebenbedingung zu sehen sind, die für die Startwerte x=1 und y=1 entstehen:

	A	B	C
1	r	h	
2	1	1	
3			
4	12,5663706		
5	-996,858407		
6			

III. Danach wird der SOLVER mittels der Menüfolge

Extras ⇒ Solver...

aufgerufen und die erscheinende Dialogbox folgendermaßen ausgefüllt:

* *Zielzelle*

    Hier ist die Adresse der Zelle einzutragen, in der sich die Formel der Zielfunktion befindet. Dies kann durch Überstreichen der entsprechenden Zelle A4 mit gedrückter Maustaste erzielt werden.

* *Zielwert*

    Hier wird *Min* mit der Maus angeklickt, da wir eine Minimierungsaufgabe vorliegen haben.

* *Veränderbare Zellen*

    durch Überstreichen der entsprechenden Zellen A2:B2 (Startwerte) mit gedrückter Maustaste.

* *Nebenbedingungen*

    durch Anklicken von Hinzufügen erscheint die folgende Dialogbox in der die Zelle A5 der Nebenbedingung und die Art der Nebenbedingung einzutragen ist:

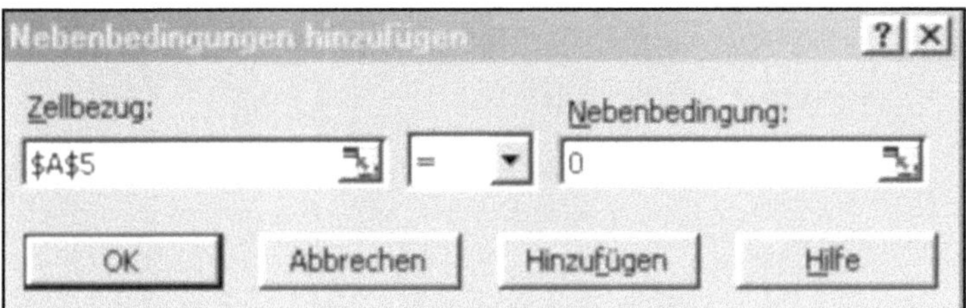

Das Anklicken von OK fügt die Nebenbedingung hinzu. Bei mehreren Nebenbedingungen ist die Box entsprechend oft aufzurufen.

Das Ergebnis der Eintragungen ist aus folgender Abbildung der Dialogbox des SOLVERS ersichtlich:

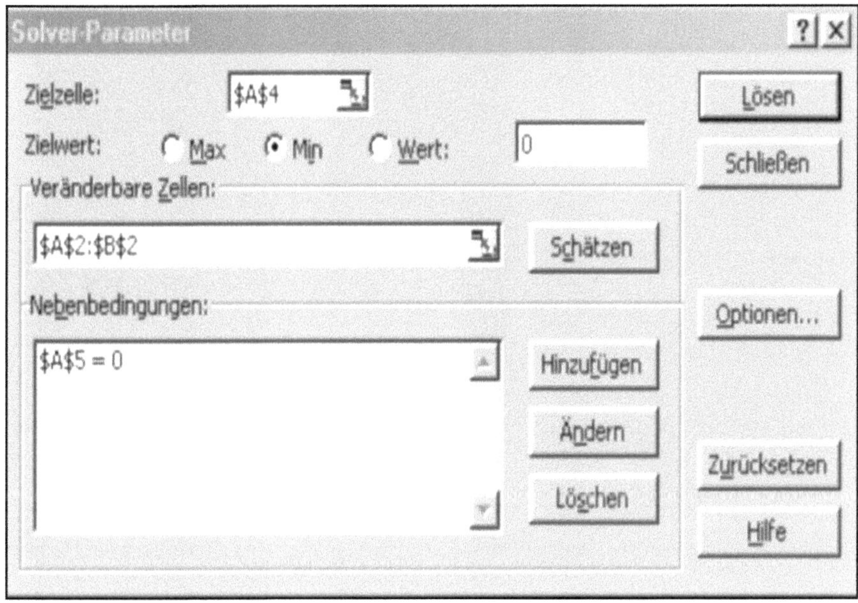

IV. Abschließend wird die Rechnung des SOLVERS durch Anklicken von *Lösen* gestartet. Da die Rechnung erfolgreich war, ist die Lösung

r=5.41925753 , h=10.8385341

bei den Startwerten ersichtlich, wie die folgende Abbildung zeigt:

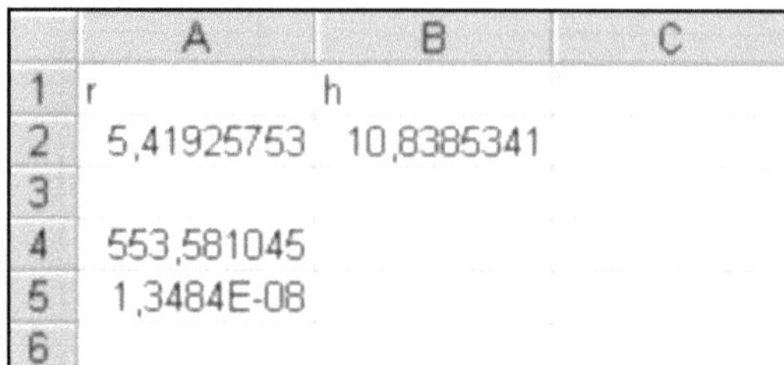

Zusätzlich kann man sich noch einen *Antwortbericht* ansehen.

♦

10 Lineare Optimierung

10.1 Einführung

Ökonomische Fragestellungen, bei denen Kosten und Verbrauch minimiert bzw. Gewinn und Produktionsmenge maximiert werden sollen, lassen sich durch mathematische Modelle der linearen Optimierung beschreiben und lösen. Hierzu zählen u.a. Aufgaben der Transportoptimierung, Produktionsoptimierung, Mischungsoptimierung, Gewinnmaximierung, Kostenminimierung, Verbrauchsminimierung. Diese kleine Auswahl von Anwendungsgebieten läßt schon erkennen, daß die lineare Optimierung für praktische Anwendungen sehr wichtig ist. Sie zählt zu den häufig benötigten Optimierungsaufgaben.

Die mathematische Theorie der *linearen Optimierung* wurde seit ihrer Begründung in den dreißiger und vierziger Jahren des 20. Jahrhunderts durch den russischen Mathematiker Kantorowitsch und den amerikanischen Mathematiker Dantzig stark weiterentwickelt. In der englischsprachigen Literatur bezeichnet man die lineare Optimierung als *linear programming*, so daß in einigen deutschsprachigen Büchern auch von *linearer Programmierung* gesprochen wird. Da man aber Programmierung hauptsächlich für das Erstellen von Computerprogrammen verwendet, ziehen wir die Bezeichnung Optimierung vor.

Einen ersten Einblick (mit einfachen Beispielen) in die Problematik der linearen Optimierung haben wir bereits im Abschn.7.3 erhalten.

In diesem Kapitel werden wir uns ausführlicher mit linearen Optimierungsaufgaben beschäftigen und ihre Lösung mittels Computer kennenlernen. Es ist aber im Rahmen des Buches nicht möglich, die Theorie der linearen Optimierung umfassend abzuhandeln. Hierüber gibt es zahlreiche (umfangreiche) Bücher [10, 31, 46, 54, 63, 74].

Da ein Schwerpunkt des vorliegenden Buches die Anwendung der Systeme MAPLE, MATHEMATICA, MATHCAD, MATLAB und EXCEL zur Lösung von Optimierungsaufgaben auf dem Computer ist, werden wir keine Beweise führen, sondern nur wesentliche Ergebnisse der Theorie der linearen Optimierung auflisten und an Beispielen illustrieren. Dazu betrachten wir im

- Abschn.10.2

  Eigenschaften linearer Optimierungsaufgaben.

- Abschn.10.3

  die Vorgehensweise bei der *grafischen Lösung* einfacher Aufgaben, um einen anschaulichen Einblick in die Problematik der linearen Optimierung zu geben.

- Abschn.10.4

  eine einfache Variante der *Simplexmethode*, um dem Anwender einen Eindruck von der Arbeitsweise dieser Methode zu vermitteln, da die Simplexmethode die Standardmethode zur Lösung linearer Optimierungsaufgaben ist.

- Abschn.10.5

  die Anwendung der Systeme MAPLE, MATHEMATICA, MATHCAD und MATLAB zur Lösung linearer Optimierungsaufgaben.

- Abschn.10.6

  die Anwendung von EXCEL zur Lösung linearer Optimierungsaufgaben.

- Abschn.10.7

  das Prinzip der Dualität für lineare Optimierungsaufgaben.

- Abschn.10.8

  die Aufgabenstellung der *Transportoptimierung* als wichtigen Spezialfall der linearen Optimierung.

- Abschn.10.9

  weitere Lösungsmethoden für lineare Optimierungsaufgaben.

☞

Aufgaben der *linearen Optimierung* gehören in der mathematischen Optimierung zur Klasse von Optimierungsaufgaben, für die

* *Nebenbedingungen* in *Ungleichungsform* (*Ungleichungsnebenbedingungen*) vorliegen,

* *globale Optima* gesucht sind.

Die allgemeine Form dieser Aufgabenklasse lernen wir im Kap.11 im Rahmen der nichtlinearen Optimierung kennen.

Aufgaben der linearen Optimierung haben die einfachste Struktur dieser Klasse, da Zielfunktion und Funktionen der Nebenbedingungen linear sind.

♦

Im weiteren betrachten wir Aufgaben der *linearen Optimierung* in folgender *Standardform* (Grundform):

- Eine *lineare Zielfunktion*

$$f(x_1, x_2, \ldots, x_n) = c_1 \cdot x_1 + c_2 \cdot x_2 + \ldots + c_n \cdot x_n$$

ist bezüglich der n Variablen

$$x_1, x_2, \ldots, x_n$$

zu *maximieren*, d.h.

$$z = f(x_1, x_2, \ldots, x_n) = c_1 \cdot x_1 + c_2 \cdot x_2 + \ldots + c_n \cdot x_n \rightarrow \underset{x_1, x_2, \ldots, x_n}{\text{Maximum}}$$

- Die *Variablen* müssen zusätzlich *Nebenbedingungen* in Form von m *linearen Ungleichungen* (*lineare Ungleichungsnebenbedingungen*) erfüllen, d.h.

$$a_{11} \cdot x_1 + a_{12} \cdot x_2 + \ldots + a_{1n} \cdot x_n \leq b_1$$

$$a_{21} \cdot x_1 + a_{22} \cdot x_2 + \ldots + a_{2n} \cdot x_n \leq b_2$$

$$\vdots \qquad \vdots \qquad \vdots \qquad \vdots$$

$$a_{m1} \cdot x_1 + a_{m2} \cdot x_2 + \ldots + a_{mn} \cdot x_n \leq b_m$$

Des weiteren sind von den Variablen noch *Nicht-Negativitätsbedingungen* (Vorzeichenbedingungen) einzuhalten, d.h.

$$x_j \geq 0 \qquad (j = 1, \ldots, n)$$

☞

In der gegebenen Standardform der linearen Optimierung sind die Konstanten

$$a_{ij}, \ b_i, \ c_j \qquad (i = 1, 2, \ldots, m \, ; \, j = 1, 2, \ldots, n)$$

gegeben und die n Variablen (Unbekannten)

$$x_1, x_2, \ldots, x_n$$

so zu bestimmen, daß die lineare Zielfunktion ein Maximum über dem zulässigen Bereich B annimmt.

Als *zulässigen Bereich* B bezeichnet man das Gebiet im Raum R^n, das durch die linearen Ungleichungsnebenbedingungen und die Vorzeichenbedingungen bestimmt wird. Jeder Punkt des zulässigen Bereichs heißt *zulässiger Punkt*.

In Matrixschreibweise hat die gegebene Standardform der linearen Optimierung folgende Gestalt:

$$z = f(\mathbf{x}) = \mathbf{c}^T \cdot \mathbf{x} \;\rightarrow\; \underset{\mathbf{x}}{\text{Maximum}}$$

$$\mathbf{A} \cdot \mathbf{x} \leq \mathbf{b} \quad , \qquad \mathbf{x} \geq \mathbf{0}$$

wobei die Vektoren $\mathbf{c} \in R^n$, $\mathbf{x} \in R^n$ und $\mathbf{b} \in R^m$ und die m×n Matrix $\mathbf{A}$ (d.h. mit m Zeilen und n Spalten) folgende Gestalt haben:

$$\mathbf{c} = \begin{pmatrix} c_1 \\ c_2 \\ \vdots \\ c_n \end{pmatrix} \;,\quad \mathbf{x} = \begin{pmatrix} x_1 \\ x_2 \\ \vdots \\ x_n \end{pmatrix} \;,\quad \mathbf{b} = \begin{pmatrix} b_1 \\ b_2 \\ \vdots \\ b_m \end{pmatrix} \;,\quad \mathbf{A} = \begin{pmatrix} a_{11} & a_{12} & \cdots & a_{1n} \\ a_{21} & a_{22} & \cdots & a_{2n} \\ \vdots & \vdots & \cdots & \vdots \\ a_{m1} & a_{m2} & \cdots & a_{mn} \end{pmatrix}$$

Der durch die Nebenbedingungen bestimmte zulässige Bereich $B \subset R^n$ läßt sich ebenfalls in Matrixschreibweise darstellen, so daß man die gegebene Standardform der linearen Optimierung folgendermaßen schreiben kann:

$$z = f(\mathbf{x}) = \mathbf{c}^T \cdot \mathbf{x} \;\rightarrow\; \underset{\mathbf{x} \in B}{\text{Maximum}}$$

mit dem zulässigen Bereich

$$B = \{\, \mathbf{x} \in R^n : \mathbf{A} \cdot \mathbf{x} \leq \mathbf{b} \;,\; \mathbf{x} \geq \mathbf{0} \,\} \subset R^n$$

Im Abschn.2.1 (Beisp.2.1a) haben wir gesehen, daß ein zulässiger Bereich B dieser Gestalt eine *konvexe Menge* darstellt und als (konvexes) *Polyeder* bezeichnet wird. Beispiele für die grafische Darstellung derartiger konvexer Polyeder findet man in Abb.2.2 und 10.1

Im Gegensatz zur nichtlinearen Optimierung (siehe Kap.11) verwenden wir in der gegebenen Standardform der linearen Optimierung die Maximierung der Zielfunktion. Wir haben uns hier der Formulierungsweise vieler Lehrbücher angeschlossen. Dies bedeutet jedoch keine Einschränkung der Allgemeinheit, da die betrachtete Standardform alle auftretenden Fälle enthält, d.h., jede anfallende Aufgabe der linearen Optimierung kann in die gegebene Standardform durch folgende Umformungsregeln überführt werden:

I. Falls eine Zielfunktion zu minimieren ist, so erhält man durch Multiplikation mit -1 eine zu maximierende Zielfunktion.

II. Falls eine Gleichungsnebenbedingung

$$g(\mathbf{x}) = 0$$

vorkommt, so kann man diese durch zwei Ungleichungen mit $\leq$ bzw. $\geq$ beschreiben, d.h. durch

$$g(\mathbf{x}) \leq 0$$

und

$$g(\mathbf{x}) \geq 0$$

III. Falls eine Ungleichung mit $\geq$ vorkommt, so kann man diese durch Multiplikation mit -1 in eine Ungleichung mit $\leq$ umformen.

IV. Falls für eine Variable x keine Nicht-Negativitätsbedingung vorliegt, so kann man sie durch die beiden Variablen x' und x'' mit Nicht-Negativitätsbedingungen

$$x' \geq 0 \ , \ x'' \geq 0$$

mittels

$$x = x' - x''$$

ersetzen.

♦

Es ist nicht schwierig, mittels der gegebenen Umformungsregeln I.-IV. eine beliebige Aufgabe der linearen Optimierung in die gegebene Standardform zu überführen. Wir illustrieren dies im folgenden Beispiel.

Beispiel 10.1:

Illustrieren wir an konkreten Beispielen, wie man eine Aufgabe der linearen Optimierung in die gegebene Standardform überführen kann:

a) Betrachten wir zuerst die beiden Aufgaben aus Beisp.7.3:

- Die Aufgabe a) hat bereits die gegebene Standardform:

$$f(x_1, x_2) = 2 \cdot x_1 + 3 \cdot x_2 \ \underset{x_1, x_2}{\longrightarrow} \ \text{Maximum}$$

mit den Ungleichungsnebenbedingungen

$$x_1 + 2 \cdot x_2 \leq 10$$

$$2 \cdot x_1 + x_2 \leq 10$$

und den Nicht-Negativitätsbedingungen
$$x_1 \geq 0 \ , \ x_2 \geq 0$$

- Die Aufgabe b) hat folgende Form:

$$f(x_1, x_2, x_3) = 6 \cdot x_1 + 8 \cdot x_2 + 18 \cdot x_3 \ \rightarrow \ \underset{x_1, x_2, x_3}{\text{Minimum}}$$

$$6 \cdot x_1 + 7 \cdot x_2 + x_3 \geq 42$$

$$x_1 + 4 \cdot x_2 + 5 \cdot x_3 \geq 21$$

$$x_1 \geq 0 \ , \ x_2 \geq 0 \ , \ x_3 \geq 0$$

d.h., man muß die Zielfunktion und die beiden Ungleichungen der Nebenbedingungen mit -1 multiplizieren, um die Aufgabe in die gegebene Standardform zu überführen:

$$f(x_1, x_2, x_3) = -6 \cdot x_1 - 8 \cdot x_2 - 18 \cdot x_3 \ \rightarrow \ \underset{x_1, x_2, x_3}{\text{Maximum}}$$

$$-6 \cdot x_1 - 7 \cdot x_2 - x_3 \leq -42$$

$$-x_1 - 4 \cdot x_2 - 5 \cdot x_3 \leq -21$$

$$x_1 \geq 0 \ , \ x_2 \geq 0 \ , \ x_3 \geq 0$$

b) Betrachten wir die Minimierungsaufgabe

$$f(x_1, x_2) = x_1 + x_2 \ \rightarrow \ \underset{x_1, x_2}{\text{Minimum}}$$

mit einer Ungleichungs- und einer Gleichungsnebenbedingung

$$- x_1 - \frac{3}{2} \cdot x_2 \ \geq \ -3$$

$$x_1 - \frac{1}{2} \cdot x_2 \ = \ 1$$

und den Nicht-Negativitätsbedingungen

$$x_1 \geq 0 \ , \ x_2 \geq 0$$

Diese Aufgabe läßt sich folgendermaßen in die gegebene Standardform überführen:

$$f(x_1, x_2) = -x_1 - x_2 \ \to \ \underset{x_1, x_2}{\text{Maximum}}$$

$$x_1 + \frac{3}{2} \cdot x_2 \ \leq \ 3$$

$$x_1 - \frac{1}{2} \cdot x_2 \ \leq \ 1$$

$$- x_1 + \frac{1}{2} \cdot x_2 \ \leq \ -1$$

$$x_1 \geq 0 \ , \ x_2 \geq 0$$

Dabei wurde die Eigenschaft verwendet, daß die lineare Gleichung

$$x_1 - \frac{1}{2} \cdot x_2 \ = \ 1$$

den beiden linearen Ungleichungen

$$x_1 - \frac{1}{2} \cdot x_2 \ \leq \ 1 \quad \text{und} \quad x_1 - \frac{1}{2} \cdot x_2 \ \geq \ 1$$

äquivalent ist.

♦

Es werden noch andere Standardformen für lineare Optimierungsaufgaben verwendet. Diese Standardformen lassen sich jedoch alle ineinander überführen. Eine wichtige Rolle spielt in der linearen Optimierung die Standardform mit Gleichungsnebenbedingungen. Aufgaben mit Ungleichungsnebenbedingungen kann man folgendermaßen in diese Form überführen:

Durch Einführung von *Schlupfvariablen*

$$x_{n+k} \geq 0 \qquad (k = 1, \ldots, m)$$

werden die m linearen Ungleichungsnebenbedingungen

$$a_{11} \cdot x_1 + a_{12} \cdot x_2 + \ldots + a_{1n} \cdot x_n \leq b_1$$

$$a_{21} \cdot x_1 + a_{22} \cdot x_2 + \ldots + a_{2n} \cdot x_n \leq b_2$$

$$\vdots \qquad\qquad \vdots \qquad\qquad \vdots \qquad \vdots$$

$$a_{m1} \cdot x_1 + a_{m2} \cdot x_2 + \ldots + a_{mn} \cdot x_n \leq b_m$$

in m lineare Gleichungsnebenbedingungen der Form

$$a_{11} \cdot x_1 + a_{12} \cdot x_2 + \ldots + a_{1n} \cdot x_n + x_{n+1} \qquad\qquad = b_1$$

$$a_{21} \cdot x_1 + a_{22} \cdot x_2 + \ldots + a_{2n} \cdot x_n + \qquad\quad x_{n+2} \qquad = b_2$$

$$\vdots \qquad\qquad \vdots \qquad\qquad \vdots \qquad\qquad\qquad \vdots \qquad\qquad \vdots$$

$$a_{m1} \cdot x_1 + a_{m2} \cdot x_2 + \ldots + a_{mn} \cdot x_n + \qquad\qquad\qquad x_{n+m} = b_m$$

überführt (siehe Beisp.10.2).
Nebenbedingungen in Gleichungsform werden häufig benutzt, um die Simplexmethode herzuleiten (siehe Abschn.10.4). Mit dieser Form haben wir eine weitere Standardform für lineare Optimierungsaufgaben erhalten, die sich in Matrixschreibweise folgendermaßen schreibt:

$$z = f(\mathbf{x}) = \mathbf{c}^T \cdot \mathbf{x} \; \rightarrow \; \underset{\mathbf{x}}{\text{Maximum}}$$

$$\mathbf{A} \cdot \mathbf{x} + \mathbf{y} = \mathbf{b} \qquad , \qquad \mathbf{x} \geq \mathbf{0} \, , \, \mathbf{y} \geq \mathbf{0}$$

wenn man die Schlupfvariablen im Vektor

$$\mathbf{y} = \begin{pmatrix} x_{n+1} \\ x_{n+2} \\ \vdots \\ x_{n+m} \end{pmatrix}$$

zusammenfaßt. Durch Erweiterung der Vektoren $\mathbf{c}$ und $\mathbf{x}$ und der Matrix $\mathbf{A}$ zu

$$
\tilde{\mathbf{c}} = \begin{pmatrix} c_1 \\ c_2 \\ \vdots \\ c_n \\ 0 \\ \vdots \\ 0 \end{pmatrix} \quad , \quad
\tilde{\mathbf{x}} = \begin{pmatrix} x_1 \\ x_2 \\ \vdots \\ x_n \\ x_{n+1} \\ \vdots \\ x_{n+m} \end{pmatrix} \quad , \quad
\tilde{\mathbf{A}} = \begin{pmatrix}
a_{11} & a_{12} & \cdots & a_{1n} & 1 & 0 & \cdots & 0 \\
a_{21} & a_{22} & \cdots & a_{2n} & 0 & 1 & \cdots & 0 \\
\vdots & \vdots & \cdots & \vdots & \vdots & \vdots & \cdots & \vdots \\
a_{m1} & a_{m2} & \cdots & a_{mn} & 0 & 0 & \cdots & 1
\end{pmatrix}
$$

schreibt sich die Aufgabe in der Form

$$
z = f(\tilde{\mathbf{x}}) = \tilde{\mathbf{c}}^T \cdot \tilde{\mathbf{x}} \;\; \rightarrow \;\; \underset{\tilde{\mathbf{x}} \in \tilde{B}}{\text{Maximum}}
$$

mit dem zulässigen Bereich

$$
\tilde{B} = \{\, \tilde{x} \in R^{n+m} \;:\; \tilde{\mathbf{A}} \cdot \tilde{\mathbf{x}} = \mathbf{b} \;,\; \tilde{\mathbf{x}} \geq \mathbf{0} \,\}
$$

♦

Beispiel 10.2:

Illustrieren wir die Umformung von Ungleichungsnebenbedingungen in Gleichungsnebenbedingungen an der Aufgabe a) aus Beisp.7.3

$$
f(x_1, x_2) = 2 \cdot x_1 + 3 \cdot x_2 \;\; \rightarrow \;\; \underset{x_1, x_2}{\text{Maximum}}
$$

mit den Ungleichungsnebenbedingungen

$$
x_1 + 2 \cdot x_2 \leq 10
$$

$$
2 \cdot x_1 + x_2 \leq 10
$$

und den Nicht-Negativitätsbedingungen

$$
x_1 \geq 0 \;,\;\; x_2 \geq 0
$$

Diese Aufgabe läßt sich durch Einführung der zwei Schlupfvariablen

$$
x_3 \geq 0 \;\; \text{und} \;\; x_4 \geq 0
$$

in die folgende äquivalente Aufgabe

$$
f(x_1, x_2) = 2 \cdot x_1 + 3 \cdot x_2 \;\; \rightarrow \;\; \underset{x_1, x_2}{\text{Maximum}}
$$

mit den Gleichungsnebenbedingungen

$$x_1 \quad + \, 2 \cdot x_2 \quad + \, x_3 \qquad\qquad = \, 10$$

$$2 \cdot x_1 \quad + \, x_2 \qquad\quad + \, x_4 \quad = \, 10$$

und den Nicht-Negativitätsbedingungen

$$x_1 \geq 0 \; , \; x_2 \geq 0 \; , \; x_3 \geq 0 \; , \; x_4 \geq 0$$

überführen.

♦

10.2 Eigenschaften

Aufgrund ihrer einfachen Struktur besitzen *lineare Optimierungsaufgaben*

$$z \, = \, f \, (\, \mathbf{x} \,) \, = \, \mathbf{c}^T \cdot \mathbf{x} \; \rightarrow \; \underset{\mathbf{x} \in B}{\text{Maximum}}$$

mit dem zulässigen Bereich

$$B \; = \; \{ \, \mathbf{x} \in R^n \, : \, \mathbf{A} \cdot \mathbf{x} \, \leq \, \mathbf{b} \; , \; \mathbf{x} \, \geq \, \mathbf{0} \, \} \subset R^n$$

eine Reihe von *Eigenschaften*, die sich nutzbringend für Lösungsmethoden anwenden lassen. Im folgenden zählen wir wichtige auf:

- Im Gegensatz zu den Optimierungsaufgaben aus Kap.8, 9 und 11 sind bei linearen Optimierungsaufgaben alle *Optima global* (*absolut*), d.h. für unsere Aufgabenstellung *globale* (*absolute*) *Maxima*. Da die Zielfunktion linear ist, fallen lokale und globale Optima zusammen, wenn man die Def.3.1 zugrundelegt.

- Wenn der durch die Nebenbedingungen der linearen Optimierungsaufgabe bestimmte *zulässige Bereich* B nicht leer ist, bildet er ein *konvexes Polyeder* mit höchstens endlich vielen *Eckpunkten* (siehe Abschn.2.2) und ist *abgeschlossen*.

- Sämtliche existierenden *Maximalpunkte* der linearen Zielfunktion liegen auf dem *Rand* des *konvexen Polyeders*, wobei mindestens ein *Eckpunkt* (*Maximaleckpunkt*) darunter sein muß.

- Wenn nur *ein Maximalpunkt* existiert, so wird dieser genau in einem *Eckpunkt* (*Maximaleckpunkt*) des Polyeders angenommen.

- Da lineare Zielfunktionen stetig sind, existiert aufgrund des Satzes von Weierstrass (siehe Abschn.7.1.2) ein Maximalpunkt, wenn der durch die linearen Nebenbedingungen bestimmte abgeschlossene zulässige Bereich B beschränkt und nichtleer ist.

Die linearen Nebenbedingungen können jedoch so gestellt sein, daß die *lineare Optimierungsaufgabe* keine Maximalpunkte besitzt, d.h. *unlösbar* ist. Hier sind folgende *zwei Fälle* zu unterscheiden:

I. Der durch die Nebenbedingungen bestimmte *zulässige Bereich* B ist *leer*, d.h., die Nebenbedingungen widersprechen sich (siehe Beisp. 10.3a).

II. Die *Zielfunktion* ist auf dem durch die Nebenbedingungen bestimmten *zulässigen Bereich* B *nicht nach oben beschränkt*, d.h.

$$\sup_{\mathbf{x} \in B} f(\mathbf{x}) = \infty$$

Dieser Fall kann eintreten, wenn der zulässige Bereich B unbeschränkt ist (siehe Beisp. 10.3b).

Wenn derartige Fälle der *Unlösbarkeit* bei praktischen Aufgaben vorkommen, so haben sich entweder Schreib- oder Modellfehler eingeschlichen oder die untersuchte Problematik gestattet keine optimalen Werte. Bei höherdimensionalen Aufgaben wird man dies jedoch nicht sofort erkennen, sondern erst bei der Lösung mittels Computer bemerken. Deshalb sollten effektive Computerprogramme zur Lösung linearer Optimierungsaufgaben unlösbare Fälle erkennen.

- Wenn der Vektor **b** der rechten Seiten der linearen Ungleichungsnebenbedingungen gleich Null ist, so ist die Aufgabe

$$z = f(\mathbf{x}) = \mathbf{c}^T \cdot \mathbf{x} \rightarrow \underset{\mathbf{x}}{\text{Maximum}}$$

$$\mathbf{A} \cdot \mathbf{x} \leq 0 \quad , \quad \mathbf{x} \geq 0$$

entweder unlösbar oder

$$\mathbf{x} = \mathbf{0}$$

ist ein Maximalpunkt mit dem Maximalwert 0 für die Zielfunktion. Dies kann man folgendermaßen begründen:

Falls es einen zulässigen Punkt $\mathbf{x} > \mathbf{0}$ mit einem Zielfunktionswert > 0 geben würde, wäre auch $\lambda \cdot \mathbf{x}$ für beliebig große positive Werte von λ ein zulässiger Punkt, so daß die Zielfunktion über dem zulässigen Bereich unbeschränkt und damit die Aufgabe unlösbar ist.

Betrachten wir zwei unlösbare lineare Optimierungsaufgaben im folgenden Beispiel.

Beispiel 10.3:

Betrachten wir lineare Optimierungsaufgaben, die keine Lösung besitzen. Es wird dem Leser empfohlen, sich dies durch die grafische Darstellung der

Nebenbedingungen dieser Aufgaben zu veranschaulichen (siehe Abschn. 10.3).

a) Die Aufgabe

$$f(x_1, x_2) = 5 \cdot x_1 + 3 \cdot x_2 \ \rightarrow \ \underset{x_1,\,x_2}{\text{Maximum}}$$

$$x_1 + x_2 \leq 2$$

$$3 \cdot x_1 + x_2 \leq -3$$

$$x_1 \geq 0 \ , \ x_2 \geq 0$$

besitzt keine Lösung, da der zulässige Bereich leer ist, d.h., es gibt keine zulässigen Punkte, die beide Ungleichungsnebenbedingungen erfüllen. Dies kann man sich leicht durch Zeichnung der beiden Geraden

$$x_1 + x_2 = 2 \quad \text{und} \quad 3 \cdot x_1 + x_2 = -3$$

in der Ebene veranschaulichen.

b) Die Aufgabe

$$f(x_1, x_2) = x_1 + 2 \cdot x_2 \ \rightarrow \ \underset{x_1,\,x_2}{\text{Maximum}}$$

$$-3 \cdot x_1 + x_2 \leq 3$$

$$-x_1 + x_2 \leq -2$$

$$x_1 \geq 0 \ , \ x_2 \geq 0$$

besitzt keine endliche Lösung. Dies kommt daher, daß die Zielfunktion auf dem durch die Ungleichungsnebenbedingungen bestimmten zulässigen Bereich B nicht nach oben beschränkt ist, so daß das Maximum kein endlicher Wert ist:

 * Grafisch kann man sich leicht durch Zeichnung der beiden Geraden

$$-3 \cdot x_1 + x_2 = 3 \quad \text{und} \quad -x_1 + x_2 = -2$$

  veranschaulichen, daß der zulässige Bereich B unbeschränkt ist.

 * Analytisch kann man sich die Unbeschränktheit der Zielfunktion auf
  dem zulässigen Bereich B z.B. veranschaulichen, in dem man die zulässigen Punkte $(a \geq 2)$

$$\begin{pmatrix} a \\ 0 \end{pmatrix}$$

betrachtet, für die die Zielfunktion gegen Unendlich strebt, wenn a gegen Unendlich strebt, d.h.

$$\lim_{a \to \infty} f(a,0) = \infty$$

♦

Für die *lineare Optimierung* existieren *spezielle Lösungsmethoden*, die auf den gegebenen Eigenschaften aufbauen und Methoden der linearen Algebra verwenden. Die bekannteste Lösungsmethode ist die *Simplexmethode*, die 1947 von dem amerikanischen Mathematiker Dantzig begründet wurde. Inzwischen gibt es zahlreiche Varianten dieser klassischen Lösungsmethode. Wir illustrieren diese Methode im Abschn.10.4. Weitere Lösungsmethoden, die in einer Reihe von Fällen der Simplexmethode überlegen sind, werden im Abschn.10.9 aufgezählt.

♦

10.3 Grafische Lösung

Grafische Lösungsmethoden haben bei linearen Optimierungsaufgaben nur *illustrativen Charakter* und spielen bei praktischen Aufgabenstellungen keine Rolle, da sie nur bis zu drei unabhängigen Variablen praktikabel sind. Hierfür kann man Eigenschaften linearer Optimierungsaufgaben auf anschaulichem Wege erhalten, so daß wir im folgenden die grafische Lösung kurz skizzieren.

Aufgaben der *linearen Optimierung* lassen sich bei zwei unabhängigen Variablen *grafisch* in folgenden Schritten *lösen:*

I. Zuerst wird der durch die linearen Ungleichungsnebenbedingungen festgelegte zulässigen Bereich (konvexes Polyeder) im zweidimensionalen Koordinatensystem gezeichnet. Dies geschieht durch Zeichnung der begrenzenden Geraden, die man aus den Nebenbedingungen entnimmt (siehe Beisp.2.1c und 10.4).

II. Da die Optimalpunkte (Minimal- oder Maximalpunkte) immer auch in Eckpunkten angenommen werden, reicht es aus, eine Höhenlinie (Gerade) der Zielfunktion zu zeichnen und diese entsprechend parallel zu verschieben, bis der "letzte" Eckpunkt des konvexen Polyeders erreicht ist. Dieser realisiert dann den Optimalpunkt. Die Richtung der Parallelverschiebung wird dadurch bestimmt, ob die Zielfunktion minimiert oder maximiert werden soll (siehe Beisp.10.4).

Wir illustrieren die Schritte I.-II. für die grafische Lösung im folgenden Beispiel.

Beispiel 10.4:

Lösen wir die lineare Optimierungsaufgabe

$$f(x_1, x_2) = 2 \cdot x_1 + 3 \cdot x_2 \; \to \; \underset{x_1, x_2}{\text{Maximum}}$$

mit den Ungleichungsnebenbedingungen

$$x_1 + 2 \cdot x_2 \leq 10$$

$$2 \cdot x_1 + x_2 \leq 10$$

und den Nicht-Negativitätsbedingungen

$$x_1 \geq 0 \; , \; x_2 \geq 0$$

aus Beisp.7.3a grafisch:

Die gegebene Vorgehensweise zur grafischen Lösung gestaltet sich für diese Aufgabe folgendermaßen:

I. Zuerst zeichnet man die beiden Geraden

$$x_1 + 2 \cdot x_2 = 10 \; , \; 2 \cdot x_1 + x_2 = 10$$

die zusammen mit den beiden Koordinatenachsen aufgrund der Nicht-Negativitätsbedingungen

$$x_1 \geq 0 \; , \; x_2 \geq 0$$

den zulässigen Bereich B begrenzen.

II. Abschließend zeichnen wir eine Gerade

$$2 \cdot x_1 + 3 \cdot x_2 = c = \text{konstant}$$

der Höhenlinien der Zielfunktion (z.B. für c=2). Da die Zielfunktion maximiert werden soll, verschieben wir die Höhenlinie solange parallel, bis ein Eckpunkt des zulässigen Bereichs erreicht wird, so daß sich c nicht weiter vergrößern läßt, ohne den zulässigen Bereich zu verlassen. Wir erreichen damit den Maximalpunkt

$$x_1 = \frac{10}{3} \; , \; x_2 = \frac{10}{3}$$

für den die Zielfunktion den Wert 50/3 annimmt.

Führen wir die Schritte I. und II. mittels MATLAB durch:

Dazu geben wir folgendes in das Arbeitsfenster von MATLAB ein:

>> **syms** x1 x2 ; **ezplot** (x1 + 2*x2 − 10 , [0 , 11])

>> **hold on**

>> **ezplot** (2*x1 + x2 − 10 , [0 , 11])

>> **hold on**

>> **ezplot** (2*x1 + 3*x2 − 2 , [0 , 11])

>> **hold on**

>> **ezplot** (2*x1 + 3*x2 − 50/3 , [0 , 11])

Das Ergebnis dieser grafischen Lösung mittels MATLAB ist in Abb.10.1 zu sehen.

♦

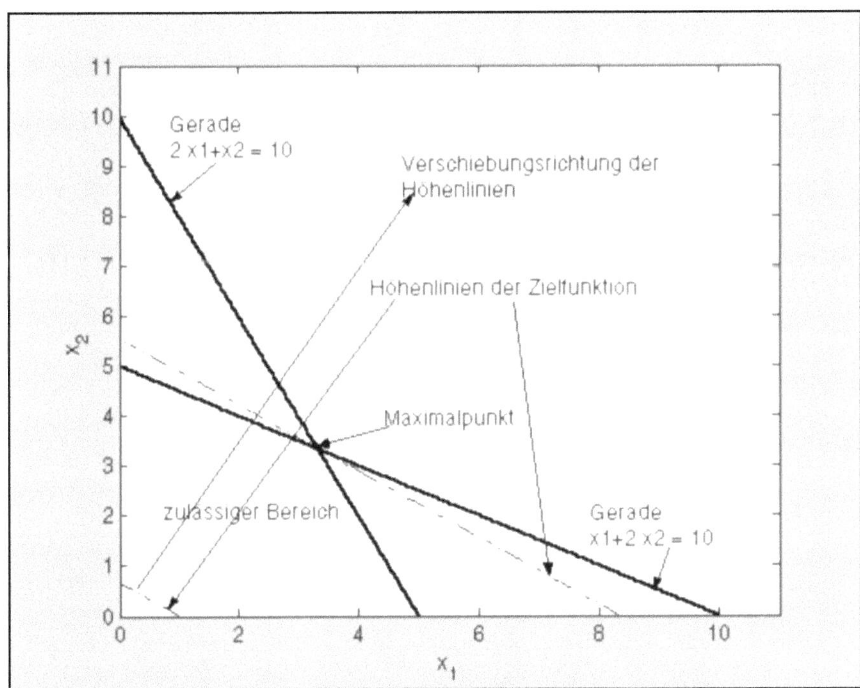

Abb.10.1. Grafische Lösung der Aufgabe aus Beisp.10.4 mittels MATLAB

10.4 Simplexmethode

10.4.1 Einführung

In den dreißiger und vierziger Jahren des 20.Jahrhunderts wurden erste Aufgaben der *linearen Optimierung* aus praktischen Erfordernissen heraus formuliert und gelöst. Wesentliche Beiträge hierzu lieferten der russische Mathematiker *Kantorowitsch* und der amerikanische Mathematiker *Dantzig*, der als *Begründer* der *Simplexmethode* (1947) angesehen wird. Diese Methode hat sich zu einer Standardmethode für die Lösung von Aufgaben der linearen Optimierung entwickelt. Sie ist Gegenstand der mathematischen Forschung und es existieren zahlreiche Veröffentlichungen und Bücher [9, 10, 31, 46, 54, 63, 74] hierüber. Im folgenden können wir die Simplexmethode nicht in allen Einzelheiten besprechen. Dies ist auch für Anwender nicht erforderlich, da im Zeitalter der Computers niemand mehr praktische Aufgaben der linearen Optimierung per Hand mit der Simplexmethode lösen wird, wenn man von einfachen Übungsaufgaben absieht. Es gibt zahlreiche Computerprogramme für die Simplexmethode. Dies ist auch bei den im Buch verwendeten Systemen der Fall.

Deshalb ist es ausreichend, wenn man als Anwender einen Einblick in das *Prinzip* der *Simplexmethode* hat, um bei eventuell auftretenden Problemen gewappnet zu sein. Dieses Prinzip illustrieren wir an einer Aufgabenstellung der linearen Optimierung mit zusätzlichen Voraussetzungen. Falls ein interessierter Leser eine universelle Variante der Simplexmethode per Hand ausprobieren möchte, so verweisen wir auf Lehrbücher [10, 31, 46, 54, 74] der linearen Optimierung.

Falls die betrachtete Standardaufgabe der linearen Optimierung lösbar ist, wird laut Theorie ein Maximalpunkt der Zielfunktion in mindestens einem Eckpunkt des zulässigen Bereichs (Polyeders) angenommen.

Deshalb braucht man im Fall der Lösbarkeit folglich nur die Zielfunktionswerte in allen Eckpunkten zu berechnen und vergleichen. Da bei höherdimensionalen Aufgaben die Bestimmung aller Eckpunkte jedoch eine mühsame Arbeit ist, hat sich *folgende Vorgehensweise* zur *Lösungsbestimmung* als günstig erwiesen, wenn man Entartungsfälle ausschließt. Sie besteht aus *vier Schritten*:

I. Ein *Eckpunkt* des durch die Nebenbedingungen bestimmten zulässigen Bereichs (Polyeders) wird als *Startpunkt* (*Starteckpunkt, Anfangseckpunkt*) benötigt. Falls kein Eckpunkt bekannt ist, muß einer bestimmt werden.

II. In dem bestimmten *Eckpunkt* wird eine *Kante* des Polyeders (zulässige Kante) ausgewählt, längs der die gegebene *Zielfunktion wächst.*

III. Längs dieser Kante wird bis zum *nächsten Eckpunkt* des zulässigen Bereichs (Polyeders) gegangen, falls ein derartiger Eckpunkt existiert.

IV. Die *Schritte* II. und III. werden solange *wiederholt*, bis keine Kanten mehr gefunden werden, längs der die Zielfunktion wächst, oder die Aufgabe als unlösbar erkannt wird.

Die *Schritte* I.-IV. liegen auch der *Simplexmethode* zugrunde, d.h., die Simplexmethode setzt diese Vorgehensweise des Übergangs von einem Eckpunkt zu einem anderen in mathematische Operationen bzgl. der gegebenen linearen Optimierungsaufgabe um.

♦

Im folgenden Abschn.10.4.2 skizzieren wir eine Variante der Simplexmethode für die Standardform der linearen Optimierung (in Matrixschreibweise):

$$z = f(\mathbf{x}) = \mathbf{c}^T \cdot \mathbf{x} \rightarrow \underset{\mathbf{x} \in B}{\text{Maximum}}$$

mit dem zulässigen Bereich

$$B = \{\, \mathbf{x} \in R^n : \mathbf{A} \cdot \mathbf{x} \leq \mathbf{b} \,,\, \mathbf{x} \geq \mathbf{0} \,\} \subset R^n$$

Die betrachtete Variante der Simplexmethode benötigt die zusätzliche *Voraussetzung*, daß der Vektor **b** der rechten Seite der Nebenbedingungen keine negativen Komponenten besitzt, d.h., es muß

$$\mathbf{b} \geq \mathbf{0}$$

gelten. Für diese Aufgabenstellung ist der Schritt I. der Bestimmung eines Eckpunkts für die Simplexmethode bereits erledigt, da der Nullpunkt

$$\mathbf{x} = \mathbf{0}$$

ein Eckpunkt des zulässigen Bereichs (Polyeders) B ist, wie man einfach beweisen kann (siehe [54]).

Zur Aufstellung des Algorithmus für die Simplexmethode überführt man die Ungleichungsnebenbedingungen mittels Schlupfvariablen in folgende Gleichungsnebenbedingungen

$$a_{11} \cdot x_1 \;+\; a_{12} \cdot x_2 \;+\; \ldots \;+\; a_{1n} \cdot x_n \;+\; x_{n+1} \qquad\qquad = \; b_1$$

$$a_{21} \cdot x_1 \;+\; a_{22} \cdot x_2 \;+\; \ldots \;+\; a_{2n} \cdot x_n \;+\; \qquad\quad x_{n+2} \qquad = \; b_2$$

$$\vdots \qquad\qquad \vdots \qquad\qquad \vdots \qquad\qquad\qquad \vdots \qquad\qquad \vdots$$

$$a_{m1} \cdot x_1 \;+\; a_{m2} \cdot x_2 \;+\; \ldots \;+\; a_{mn} \cdot x_n \;+\; \qquad\qquad x_{n+m} = \; b_m$$

wie im Abschn.10.1 illustriert wird. Durch Erweiterung der Vektoren $\mathbf{c}$ und $\mathbf{x}$ zu

$$\tilde{\mathbf{c}} = \begin{pmatrix} c_1 \\ c_2 \\ \vdots \\ c_n \\ 0 \\ \vdots \\ 0 \end{pmatrix} \quad , \quad \tilde{\mathbf{x}} = \begin{pmatrix} \mathbf{x}_N \\ \mathbf{x}_B \end{pmatrix} = \begin{pmatrix} x_1 \\ x_2 \\ \vdots \\ x_n \\ x_{n+1} \\ \vdots \\ x_{n+m} \end{pmatrix}$$

und Erweiterung der Matrix $\mathbf{A}$ zu

$$\tilde{\mathbf{A}} = \begin{pmatrix} a_{11} & a_{12} & \ldots & a_{1n} & 1 & 0 & \cdots & 0 \\ a_{21} & a_{22} & \ldots & a_{2n} & 0 & 1 & \cdots & 0 \\ \vdots & \vdots & \ldots & \vdots & \vdots & \vdots & \ddots & \\ a_{m1} & a_{m2} & \ldots & a_{mn} & 0 & 0 & \cdots & 1 \end{pmatrix}$$

$$= \; (\mathbf{A}_N \mid \mathbf{A}_B)$$

mit

$$\mathbf{A}_N = \begin{pmatrix} a_{11} & a_{12} & \ldots & a_{1n} \\ a_{21} & a_{22} & \ldots & a_{2n} \\ \vdots & \vdots & \ldots & \vdots \\ a_{m1} & a_{m2} & \ldots & a_{mn} \end{pmatrix} \quad \text{und} \quad \mathbf{A}_B = \begin{pmatrix} 1 & 0 & \cdots & 0 \\ 0 & 1 & \cdots & 0 \\ \vdots & \vdots & \ddots & \\ 0 & 0 & \cdots & 1 \end{pmatrix}$$

schreibt sich das Gleichungssystem der Nebenbedingungen in Matrixform folgendermaßen

$$\tilde{\mathbf{A}} \cdot \tilde{\mathbf{x}} = (\mathbf{A}_N \mid \mathbf{A}_B) \cdot \begin{pmatrix} \mathbf{x}_N \\ \mathbf{x}_B \end{pmatrix} = \mathbf{A}_N \cdot \mathbf{x}_N + \mathbf{A}_B \cdot \mathbf{x}_B = \mathbf{b}$$

Die Matrix $\tilde{\mathbf{A}}$ setzt sich aus der gegebenen Matrix $\mathbf{A}$, die in diesem Zusammenhang als *Nichtbasismatrix*

$$\mathbf{A}_N$$

bezeichnet wird, und der *Basismatrix* (m-reihige Einheitsmatrix)

$$\mathbf{A}_B$$

zusammen. Diese Schreibweise eines Gleichungssystems mit *Nichtbasisvariablen*

$$\mathbf{x}_N = \begin{pmatrix} x_1 \\ \vdots \\ x_n \end{pmatrix}$$

und *Basisvariablen*

$$\mathbf{x}_B = \begin{pmatrix} x_{n+1} \\ \vdots \\ x_{n+m} \end{pmatrix}$$

und den Begriff der *Basislösung* haben wir im Abschn.6.2.2 kennengelernt. Basislösungen werden bei der Simplexmethode dazu verwendet, um Eckpunkte des zulässigen Bereichs zu bestimmen.
In Matrixschreibweise hat die gewählte Standardform mit Gleichungsnebenbedingungen folgende Gestalt

$$z = f(\tilde{\mathbf{x}}) = \tilde{\mathbf{c}}^T \cdot \tilde{\mathbf{x}} \;\rightarrow\; \underset{\mathbf{x} \in \tilde{B}}{\text{Maximum}}$$

mit dem zulässigen Bereich

$$\tilde{B} = \{ \tilde{\mathbf{x}} \in R^{n+m} : \tilde{\mathbf{A}} \cdot \tilde{\mathbf{x}} = \mathbf{b} , \tilde{\mathbf{x}} \geq \mathbf{0} \} \subset R^{n+m}$$

Unter Verwendung der gegebenen Aufgabenstellung der linearen Optimierung mit Gleichungsnebenbedingungen läßt sich eine erste Charakterisierung für Lösungsmethoden angeben:

*   Da für die Gleichungsnebenbedingungen m Gleichungen mit n+m Variablen vorliegen, ist ein unterbestimmtes Gleichungssystem gegeben, das im Falle der Lösbarkeit eine unendliche Lösungsmenge besitzt. Die Aufgabe einer Lösungsmethode besteht folglich darin, aus den Punkten mit nichtnegativen Koordinaten der Lösungsmenge, die den *zulässigen Be-*

reich bestimmen, denjenigen mit möglichst wenig Schritten auszuwählen, für den die Zielfunktion das Maximum annimmt. Dies ist natürlich noch nicht effektiv, da die Lösungsmenge i.allg. unendlich viele Punkte enthält. Deshalb ist es erforderlich, die Lösungsmenge einzuschränken.

* Die Simplexmethode liefert eine effektive Methode (mit Ausnahme von Entartungen), indem sie längs der Eckpunkte des zulässigen Bereichs vorgeht, weil ein existierendes Maximum mindestens in einem Eckpunkt angenommen wird. Damit wird die Anzahl der zu überprüfenden Punkte der Lösungsmenge stark eingeschränkt, da höchstens endlich viele Eckpunkte existieren. Die Bestimmung von Eckpunkte geschieht in der Simplexmethode durch Berechnung von zulässigen Basislösungen des Gleichungssystems der Nebenbedingungen.

◆

Ein für die Simplexmethode benötigter *Starteckpunkt* des zulässigen Bereichs ergibt sich als Lösung des Gleichungssystems mit m Gleichungen und n+m Unbekannten

$$\tilde{\mathbf{A}} \cdot \tilde{\mathbf{x}} \;=\; (\,\mathbf{A}_N \mid \mathbf{A}_B\,) \cdot \begin{pmatrix} \mathbf{x}_N \\ \mathbf{x}_B \end{pmatrix} \;=\; \mathbf{A}_N \cdot \mathbf{x}_N + \mathbf{A}_B \cdot \mathbf{x}_B \;=\; \mathbf{b}$$

in der Schreibweise mit Basis- und Nichtbasisvariablen (siehe Abschn.6.2.2) folgendermaßen:

Man setzt den Vektor $\mathbf{x}_N$ der Nichtbasisvariablen des Gleichungssystems gleich Null, d.h.

$$x_1 = x_2 = \ldots = x_n = 0$$

Damit hat man den Nullpunkt

$$\mathbf{x} = \mathbf{0}$$

als Eckpunkt für den zulässigen Bereich B erhalten, wie wir bereits gesehen haben.

Für die Null gewählten Nichtbasisvariablen, ergeben sich die Werte

$$x_{n+1} = b_1 \, , \; x_{n+2} = b_2 \, , \ldots , \; x_{n+m} = b_m$$

für die Basisvariablen, d.h., für den Vektor $\mathbf{x}_B$ der Basisvariablen folgt

$$\mathbf{x}_B = \mathbf{b}$$

Es läßt sich beweisen (siehe [54]), daß diese *Basislösung*

$$\tilde{\mathbf{x}} = \begin{pmatrix} \mathbf{0} \\ \mathbf{b} \end{pmatrix}$$

ein *Eckpunkt* des zulässigen Bereichs $\tilde{\mathrm{B}}$ ist.

☞

Man kommt zu *weiteren Eckpunkten* des zulässigen Bereichs $\tilde{B}$, indem man in dem Gleichungssystem Nichtbasisvariable gegen Basisvariable austauscht, d.h. weitere *Basislösungen* bestimmt. Dies kann analog wie beim Gaußschen Algorithmus zur Gleichungslösung durch folgende zwei *Operationen* geschehen:

1. *Multiplikation* einer Gleichung (Zeile des Gleichungssystems) mit einer reellen Zahl

   $\lambda \neq 0$

2. *Addition* des

   λ-fachen

   einer Gleichung (Zeile des Gleichungssystems) zu einer anderen Gleichung (Zeile des Gleichungssystems).

   ◆

Ein *Schritt* der *Simplexmethode* (*Simplexschritt*) besteht im *Austausch* einer *Nichtbasisvariablen* mit einer *Basisvariablen* oder anschaulich im Übergang von einem Eckpunkt zu einem anderen mittels der angegebenen beiden Operationen 1. und 2., wobei zusätzlich zu beachten ist, daß der *Wert* der *Zielfunktion größer* wird (bei Nichtentartung).

Diese *Austauschschritte* werden in sogenannten *Simplextableaus* durchgeführt, die wir in folgender Form schreiben, wie am *Ausgangstableau* (*Starttableau*) illustriert wird:

$$a_{11} \cdot x_1 \;+\; a_{12} \cdot x_2 \;+\; \ldots \;+\; a_{1n} \cdot x_n \;+\; x_{n+1} \qquad\qquad\qquad = \; b_1$$

$$a_{21} \cdot x_1 \;+\; a_{22} \cdot x_2 \;+\; \ldots \;+\; a_{2n} \cdot x_n \;+\; \qquad\quad x_{n+2} \qquad\quad = \; b_2$$

$$\vdots \qquad\qquad \vdots \qquad\qquad \vdots \qquad\qquad\qquad\qquad \vdots \qquad\qquad\quad \vdots$$

$$a_{m1} \cdot x_1 \;+\; a_{m2} \cdot x_2 \;+\; \ldots \;+\; a_{mn} \cdot x_n \;+\; \qquad\qquad\quad x_{n+m} \;=\; b_m$$

$$z - c_1 \cdot x_1 \;-\; c_2 \cdot x_2 \;-\; \ldots \;-\; c_n \cdot x_n \qquad\qquad\qquad\qquad = \; 0$$

Aus der gegebenen Darstellung ist ersichtlich, daß ein Simplextableau aus den Gleichungen der Nebenbedingungen und einer Zeile der Zielfunktion (Zielzeile) besteht, wobei die Zielzeile der Übersicht wegen durch einen Strich abgetrennt ist. In der Zielzeile befindet sich die Zielfunktion in der gegebenen Schreibweise. Sie nimmt im Ausgangstableau für die Null gesetzten Nichtbasisvariablen den Wert 0 an.

In den meisten Lehrbüchern werden in den Simplextableaus die Variablenbezeichnungen weggelassen und nur die Koeffizienten geschrieben. Aufgrund der besseren Verständlichkeit verwenden wir die gegebene ausführlichere Form.

♦

Man kann beweisen, daß eine Lösung (*Maximaleckpunkt*) der Aufgabe berechnet ist, wenn alle Koeffizienten der Zielzeile ≥ 0 sind (siehe [54]).
Demzufolge besteht das Ziel der Austauschschritte zwischen Nichtbasisvariablen und Basisvariablen darin, so lange Eckpunkte mit wachsenden Zielfunktionswerten zu erzeugen, bis man in einem Maximaleckpunkt angelangt
ist.

♦

10.4.2 Algorithmus

Unter Verwendung der im vorangehenden Abschn.10.4.1 gegebenen Grundlagen vollzieht sich eine Variante der *Algorithmus* der *Simplexmethode* in
folgenden Schritten, die wir für das *Ausgangstableau* beschreiben:

I. Man bestimmt den betragsgrößten negativen Koeffizienten

$$-c_k \qquad\qquad (k = 1 , \dots , n)$$

der Zielzeile und wählt die entsprechende Spalte k des Simplextableaus
aus, die als *Pivotspalte* bezeichnet wird. Gibt es in der Zielzeile keine
negativen Koeffizienten, so ist der Maximalpunkt erreicht und der Algorithmus wird in diesem Fall beendet.

II. In der *Pivotspalte* k wird derjenige positive Koeffizient

$$a_{ik} \qquad\qquad (i = 1 , \dots , m)$$

bestimmt, für den gilt

$$\frac{b_i}{a_{ik}} \leq \frac{b_j}{a_{jk}} \quad \text{für alle } j \text{ mit } a_{jk} > 0 \qquad (j = 1 , \dots , m), \text{ d.h.}$$

$$\frac{b_i}{a_{ik}} = \underset{j \text{ mit } a_{jk}>0}{\text{Minimum}} \frac{b_j}{a_{jk}}$$

Der so bestimmte Koeffizient heißt *Pivotelement* und die zugehörige Zeile i *Pivotzeile*.
Gibt es keinen positiven Koeffizienten a_{ik} in der Pivotspalte, so ist die
Aufgabe unlösbar, da die Zielfunktion beliebig große Werte annehmen
kann. Der Algorithmus wird in diesem Fall beendet.

Falls

$$b_i = 0$$

gilt, spricht man von *Entartung* (entarteter Eckpunkt) und es kann ein Zyklus auftreten, d.h., zwei aufeinanderfolgend bestimmte Eckpunkte sind identisch.

III. Abschließend werden mit der Pivotzeile i alle anderen Koeffizienten der Pivotspalte k eliminiert, indem man die beiden Operationen (siehe Abschn.10.4.1)

1. Multiplikation der Pivotzeile mit einer reellen Zahl $\lambda \neq 0$,

2. Addition des λ-fachen der Pivotzeile zu einer anderen Zeile

anwendet, d.h., man eliminiert x_k aus den Zeilen $j \neq i$. Abschließend wird die neu entstandene *Basisvariable*

$$x_k$$

mit der entstandenen Nichtbasisvariablen *ausgetauscht* (siehe Beisp. 10.5). Damit hat man ein *neues Simplextableau* erhalten und beginnt wieder bei Schritt I.

Illustrieren wir den gegebenen Algorithmus der Simplexmethode im folgenden Beispiel.

Beispiel 10.5:

Lösen wir die Aufgabe a) aus Beisp.7.3

$$z = f(x_1, x_2) = 2 \cdot x_1 + 3 \cdot x_2 \;\rightarrow\; \underset{x_1, x_2}{\text{Maximum}}$$

$$x_1 + 2 \cdot x_2 \leq 10$$

$$2 \cdot x_1 + x_2 \leq 10 \qquad x_1 \geq 0 \;,\; x_2 \geq 0$$

mittels des gegebenen Algorithmus der Simplexmethode. Wir haben diese Aufgabe bereits im Beisp.10.2 durch Einführung von Schlupfvariablen

$$x_3 \geq 0 \;,\quad x_4 \geq 0$$

in die folgende benötigte Standardform mit Gleichungsnebenbedingungen überführt:

$$z = f(x_1, x_2, x_3, x_4) = 2 \cdot x_1 + 3 \cdot x_2 \;\rightarrow\; \underset{x_1, x_2, x_3, x_4}{\text{Maximum}}$$

$$x_1 + 2 \cdot x_2 + x_3 \qquad = 10$$

$$2 \cdot x_1 + x_2 \qquad + x_4 = 10$$

$x_1 \geq 0 \; , \; x_2 \geq 0 \; , \; x_3 \geq 0 \; , \; x_4 \geq 0$

Im folgenden geben wir die einzelnen Simplextableaus bis zum Erhalt der Lösung an. Dabei verwenden wir die ausführliche Schreibweise mit Variablenbezeichnungen, um das Verständnis der einzelnen Schritte zu erleichtern:

I. Das *1. Simplextableau (Ausgangstableau, Starttableau)*

mit den Nichtbasisvariablen

$x_1 \quad , \quad x_2$

und den Basisvariablen

$x_3 \quad , \quad x_4$

schreibt sich in folgender Form:

$$x_1 \; + \; 2 \cdot x_2 \; + \; x_3 \qquad\qquad = \; 10$$

$$2 \cdot x_1 \; + \; x_2 \qquad\qquad + \; x_4 \; = \; 10$$

$$z \; - \; 2 \cdot x_1 \; - \; 3 \cdot x_2 \qquad\qquad = \; 0$$

mit dem Zielfunktionswert

$z = 0$

für die Nichtbasisvariablen

$x_1 = 0 \quad , \quad x_2 = 0$

und die entsprechenden Basisvariablen

$x_3 = 10 \quad , \quad x_4 = 10$

II. Das *2. Simplextableau* ergibt sich in folgender Form:

$$\frac{1}{2} \cdot x_1 \; + \; x_2 \; + \; \frac{1}{2} \cdot x_3 \qquad\qquad = \; 5$$

$$\frac{3}{2} \cdot x_1 \; - \; \frac{1}{2} \cdot x_3 \; + \; x_4 \; = \; 5$$

$$z \; - \; \frac{1}{2} \cdot x_1 \; + \; \frac{3}{2} \cdot x_3 \qquad\qquad = \; 15$$

Da in der Zielzeile des 1.Simplextableaus −3 die betragsgrößte negative Zahl ist, wird die Spalte 2 zur *Pivotspalte* und die Zeile 1 als *Pivotzeile* zur Umformung verwendet, weil 2 (wegen 10:2 < 10:1) das *Pivotelement* ist:

Man dividiert die Zeile 1 durch 2 und eliminiert anschließend mit ihrer Hilfe die weiteren Koeffizienten der Spalte 2.

Abschließend tauscht man die entstandene Basisvariable

x_2

mit der entstandenen Nichtbasisvariablen

x_3

aus, indem man das 2. Simplextableau in folgender Endform schreibt:

$$\frac{1}{2}\cdot x_1 \quad + \quad \frac{1}{2}\cdot x_3 \quad + \quad x_2 \qquad = \quad 5$$

$$\frac{3}{2}\cdot x_1 \quad - \quad \frac{1}{2}\cdot x_3 \qquad\qquad + \quad x_4 \quad = \quad 5$$

$$z \quad - \quad \frac{1}{2}\cdot x_1 \quad + \quad \frac{3}{2}\cdot x_3 \qquad\qquad = \quad 15$$

In diesem 2. Tableau sind jetzt

x_1 und x_3

die Nichtbasisvariablen

x_2 und x_4

die Basisvariablen, für die der Zielfunktionswert 15 beträgt.

♦

III. Das *3.* und *letzte Simplextableau (Endtableau)* hat die folgende Form:

$$\frac{2}{3}\cdot x_3 \quad - \quad \frac{1}{3}\cdot x_4 \quad + \quad x_2 \quad = \quad \frac{10}{3}$$

$$x_1 \quad - \quad \frac{1}{3}\cdot x_3 \quad + \quad \frac{2}{3}\cdot x_4 \qquad\qquad = \quad \frac{10}{3}$$

$$z \quad + \quad \frac{7}{6}\cdot x_3 \quad + \quad \frac{2}{3}\cdot x_4 \qquad\qquad = \quad \frac{50}{3}$$

Da in der Zielzeile des 2.Simplextableaus $-1/2$ die einzige negative Zahl ist, wird die Spalte 1 zur *Pivotspalte* und die Zeile 2 als *Pivotzeile* zur Umformung verwendet, weil $3/2$ (wegen $5:3/2 < 5:1/2$) das *Pivotelement* ist:

Man dividiert die Zeile 2 durch $3/2$ und eliminiert anschließend mit ihrer Hilfe die weiteren Koeffizienten der Spalte 1.
Abschließend tauscht man die entstandene Basisvariable

x_1

mit der entstandenen Nichtbasisvariablen

x_4

aus, indem man das *3. Simplextableau* in folgender *Endform* schreibt:

$$\frac{2}{3} \cdot x_3 \quad - \quad \frac{1}{3} \cdot x_4 \quad + \quad x_2 \quad = \quad \frac{10}{3}$$

$$-\frac{1}{3} \cdot x_3 \quad + \quad \frac{2}{3} \cdot x_4 \quad + \quad x_1 \quad = \quad \frac{10}{3}$$

$$z \quad + \quad \frac{7}{6} \cdot x_3 \quad + \quad \frac{2}{3} \cdot x_4 \quad = \quad \frac{50}{3}$$

Da in der Zielzeile keine negativen Koeffizienten mehr vorkommen, ist der *Maximalpunkt erreicht*. Man erhält somit durch Nullsetzen der aktuellen Nichtbasisvariablen

$$x_3 = 0 \quad , \quad x_4 = 0$$

die Werte

$$x_1 = \frac{10}{3} \quad , \quad x_2 = \frac{10}{3}$$

für die Basisvariablen, so daß die gegebene lineare Optimierungsaufgabe die folgende Lösung hat:

Maximalpunkt: $\qquad\qquad x_1 = \dfrac{10}{3} \quad , \quad x_2 = \dfrac{10}{3}$

Maximalwert der Zielfunktion: $\qquad f\left(\dfrac{10}{3}, \dfrac{10}{3}\right) = \dfrac{50}{3}$

◆

Wir haben gesehen, daß der gegebene *Algorithmus* der *Simplexmethode abbricht*, wenn

* das *Kriterium* für einen *Maximalpunkt* (maximaler Eckpunkt) erfüllt ist.

* die *Unlösbarkeit* der Aufgabe *erkannt* wird.

Da der zulässige Bereich höchstens endlich viele Eckpunkte besitzt (siehe [54]), gelangt man bei lösbaren Aufgaben mit Ausnahme von *Entartungsfällen* (Zyklen) in *endlich vielen Schritten* zum Maximalpunkt.

Der gegebene Algorithmus hat folgende *Nachteile:*

* Er ist nur unter der *Voraussetzung*

  $\mathbf{b} \geq \mathbf{0}$

  an die Nebenbedingungen anwendbar, da hier der Starteckpunkt $\mathbf{x} = \mathbf{0}$ vorliegt. Ohne diese Voraussetzung muß zuerst ein Starteckpunkt bestimmt werden (siehe [54]).

* Es kann ein *Zyklus* auftreten, so daß der Maximalpunkt nicht erreicht wird. Man spricht hier von *Entartungen*, da entartete Eckpunkte vorkommen.

Deshalb wurde dieser Algorithmus verbessert und weitere Varianten der Simplexmethode, wie die

* lexikografische Simplexmethode

* revidierte Simplexmethode

* duale Simplexmethode

entwickelt, die diese Nachteile nicht besitzen. Diese Methoden

* sind für beliebige rechte Seiten b der Gleichungsnebenbedingungen anwendbar.

* vermeiden das Auftreten von Zyklen.

Auf diese allgemeineren Varianten werden wir jedoch nicht eingehen, da wir nur das Prinzip der Simplexmethode illustrieren möchten. Dies ist auch dadurch gerechtfertigt, daß Anwender Aufgaben der linearen Optimierung beim heutigen Stand der Informatik nicht mehr per Hand lösen bzw. Computerprogramme hierfür schreiben werden. Sie können auf zahlreiche getestete Computerprogramme und auch auf die im Buch verwendeten Systeme zurückgreifen.

◆

Wie bereits erwähnt, ist die Simplexmethode eine Standardmethode zur Lösung von Aufgaben der linearen Optimierung. Obwohl sie die meisten praktischen Aufgaben (auch mit vielen Variablen) löst, besitzt sie aber auch Nachteile.

Nachdem der amerikanische Mathematiker Dantzig 1947 eine erste Variante der Simplexmethode bekanntgegeben hatte, setzte eine stürmische Entwicklung in der linearen Optimierung ein, wobei zum einen die Simplexmethode verbessert und zum anderen weitere Methoden entwickelt wurden, die der Simplexmethode in gewissen Fällen überlegen sind (siehe Abschn.10.9).

♦

10.5 Anwendung von Computeralgebrasystemen

Alle im Buch verwendeten Computeralgebrasysteme MAPLE, MATHEMATICA, MATHCAD und MATLAB besitzen vordefinierte Funktionen zur Lösung von Aufgaben der linearen Optimierung. Bei MATLAB ist die Verwendung allerdings nur möglich, wenn man die Toolbox **Optimization** installiert hat. Im folgenden beschreiben wir die Vorgehensweise in den einzelnen Systemen und illustrieren sie im Beisp.10.6:

MAPLE kann nach dem Laden des Zusatzpakets zur Simplexmethode mittels

> **with** (simplex) ;

mit den vordefinierten Funktionen

*   > **maximize** (ZF , NB , NONNEGATIVE) ;

*   > **minimize** (ZF , NB , NONNEGATIVE) ;

Aufgaben der linearen Optimierung für die Bestimmung von Minima bzw. Maxima lösen, wobei die Argumente der Funktionen folgende Bedeutung haben:

*   ZF

    Funktionsausdruck der linearen Zielfunktion.

*   NB

    lineare Ungleichungsnebenbedingungen als Menge.

*   NONNEGATIVE

    Dieses mögliche dritte Argument bewirkt die Nicht-Negativitätsbedingungen

$$x_j \geq 0 \qquad (j = 1 ,..., n)$$

Im Beisp.10.6 illustrieren wir die Vorgehensweise bei der Anwendung der gegebenen Funktion zur Lösung linearer Optimierungsaufgaben an einer konkreten Aufgabe.

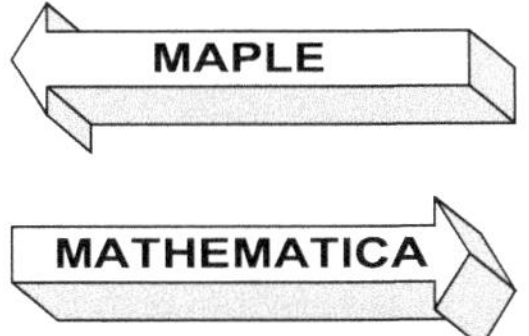

MATHEMATICA kann mittels der beiden vordefinierten Funktionen

* **ConstrainedMin** [ZF , NB , V]

* **ConstrainedMax** [ZF , NB , V]

Aufgaben der linearen Optimierung für die Bestimmung von Minima bzw. Maxima lösen, wobei die Argumente der Funktionen folgende Bedeutung haben:

* ZF

Funktionsausdruck der linearen Zielfunktion.

* NB

lineare Ungleichungsnebenbedingungen in Listenform.

* V

Variablen in Listenform.

Die Nicht-Negativitätsbedingungen

$$x_j \geq 0 \quad (j = 1 ,..., n)$$

werden von beiden Funktionen automatisch berücksichtigt.

Einfacher gestaltet sich die Eingabe der Zielfunktion und der Nebenbedingungen bei der Anwendung der weiteren in MATHEMATICA vordefinierten Funktion **LinearProgramming** zur Lösung linearer Optimierungsaufgaben der (vektoriellen) Form

$$\mathbf{c}^T \cdot \mathbf{x} \rightarrow \underset{\mathbf{x}}{\text{Minimum}} \quad , \quad \mathbf{A} \cdot \mathbf{x} \geq \mathbf{b} \quad , \quad \mathbf{x} \geq \mathbf{0}$$

Aufgaben, die noch nicht diese Form besitzen, lassen sich durch eventuelle Multiplikationen mit −1 in die geforderte Form überführen, wie dies ausführlich im Abschn.10.1 (Beisp.10.2) erläutert wird.

LinearProgramming ist folgendermaßen einzugeben:

- **LinearProgramming** [c , A , b]

  wobei die Argumente folgendes bedeuten:

  * c

    Zeilenvektor der Koeffizienten der Zielfunktion.

  * A

    Matrix der Koeffizienten der linearen Ungleichungsnebenbedingungen.

  * b

    Zeilenvektor der rechten Seiten der linearen Ungleichungsnebenbedingungen.

☞

Bei der Funktion **LinearProgramming** von MATHEMATICA ist zu beachten, daß im Gegensatz zu den beiden anderen Funktionen

* die Ungleichungsnebenbedingungen mit $\geq$ zu bilden sind,

* die Zielfunktion immer minimiert wird,

* Variablenbezeichnungen nicht benötigt werden.
  ♦

Im Beisp.10.6 illustrieren wir die Vorgehensweise bei der Anwendung der gegebenen Funktion zur Lösung linearer Optimierungsaufgaben an einer konkreten Aufgabe.

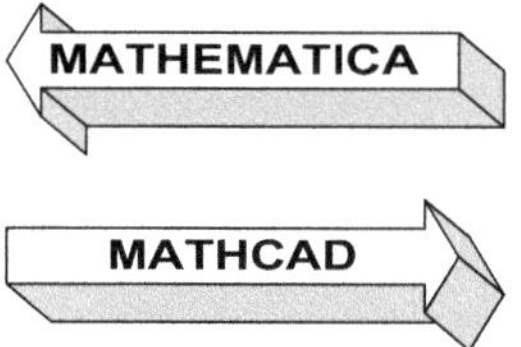

In MATHCAD existieren folgende zwei Lösungsmöglichkeiten für Aufgaben der linearen Optimierung:

I. Anwendung der vordefinierten Funktionen

minimize und **maximize**

die wir ausführlich im Kap.11 für die nichtlineare Optimierung beschreiben.

Die Vorgehensweise bei linearen Optimierungsaufgaben ist analog zu der bei nichtlinearen Optimierungsaufgaben, d.h., es ist folgender *Lösungsblock* erforderlich (siehe Beisp.10.6):

1. Zuerst werden die lineare Zielfunktion definiert und den Variablen Startwerte zugewiesen. Falls man keine Näherungen für eine Lösung

kennt, können die Startwerte beliebig gewählt werden. Es wird dem Anwender empfohlen, eine Aufgabe für verschiedene Startwerte zu lösen und die Lösungen zu vergleichen.

2. Danach werden mit dem Kommando **given** beginnend die linearen Nebenbedingungen eingegeben, die den *Lösungsblock* bilden. Den Abschluß des Lösungsblocks liefert der Aufruf der vordefinierten Funktionen **minimize** bzw. **maximize**, die als Argumente den Zielfunktionsnamen und die Bezeichnungen der Variablen besitzen. Abschließend wird nach der Funktion das numerische Gleichheitszeichen = eingegeben und die Eingabetaste ⏎ gedrückt.

II. Anwendung der Funktion

simplx

aus dem Elektronische Buch **Numerical Recipes**, die ohne Startwerte für die Variablen auskommt.

Im folgenden geben wir den *erläuternden Text* aus dem Abschn.8.6 dieses Elektronischen Buchs, der nur in Englisch verfügbar ist:

CHAPTER 8 MINIMIZATION OR MAXIMIZATION OF FUNCTIONS

8.6 Linear Programming and the Simplex Method

simplx

uses the simplex algorithm to maximize an objective function subject to a set of inequalities. Its arguments are:

- the submatrix of the first tableau containing the original objective function and inequalities written in restricted normal form
- nonnegative integers m1 and m2, giving the number of constraints of the form $\leq$ and $\geq$; the number of equality constraints is equal to r - m1 - m2 - 1, where r is the number of rows in the matrix

The output is either:

- a vector containing the values of the variables that maximize the objective function; or
-

or the objective function is unbounded.

Die Funktion **simplx** benötigt drei Argumente in der angegebenen Reihenfolge:

* Matrix der Koeffizienten der zu maximierenden Zielfunktion (Konstanten werden weggelassen) in der ersten Zeile und der Koeffizienten (mit umgekehrten Vorzeichen) der Nebenbedingungen in den restlichen Zeilen, wobei die erste Spalte der Matrix für die rechten Seiten der Ungleichungen reserviert ist (in der ersten Zeile ist hier eine Null einzutragen).

* Anzahl

  m_1

  der Ungleichungen mit $\leq$.

* Anzahl

  m_2

  der Ungleichungen mit $\geq$.

Im Beisp.10.6 illustrieren wir die Vorgehensweise bei der Anwendung der vordefinierten Funktionen **minimize**, **maximize** und **simplx** zur Lösung linearer Optimierungsaufgaben an einer konkreten Aufgabe.

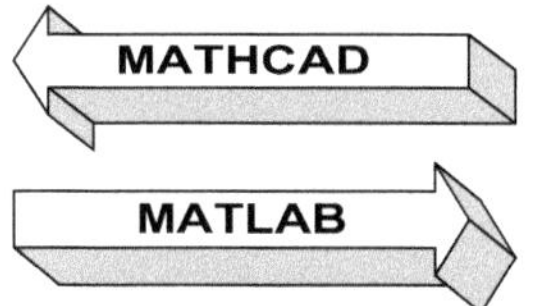

MATLAB kann Aufgaben der linearen Optimierung nur lösen, wenn die Toolbox **Optimization** installiert ist. Hier ist die Funktion **linprog** vordefiniert, die in der Form

>> [x , zf] = **linprog** (c , A , b , B , d , u , v)

zur Lösung von allgemeinen linearen Optimierungsaufgaben der (vektoriellen) Form

$$\mathbf{c}^T \cdot \mathbf{x} \rightarrow \underset{\mathbf{x}}{\text{Minimum}}$$

mit den linearen Nebenbedingungen:

$$\mathbf{A} \cdot \mathbf{x} \leq \mathbf{b} \quad , \quad \mathbf{B} \cdot \mathbf{x} = \mathbf{d} \quad , \quad \mathbf{u} \leq \mathbf{x} \leq \mathbf{v}$$

eingesetzt werden kann. Die Argumente von **linprog** bedeuten folgendes:

* c

  den Vektor (als Spaltenvektor) der Koeffizienten aus der linearen Zielfunktion.

*   A

    die Koeffizientenmatrix aus den linearen Ungleichungsnebenbedingungen.

*   b

    den Vektor (als Spaltenvektor) der rechten Seiten der linearen Ungleichungsnebenbedingungen.

*   B

    die Koeffizientenmatrix aus den linearen Gleichungsnebenbedingungen.

*   d

    den Vektor (als Spaltenvektor) der rechten Seiten der linearen Gleichungsnebenbedingungen.

*   u und v

    die Vektoren (Spaltenvektoren) der Beschränkungen für den Variablenvektor $\mathbf{x}$.

Falls die Funktion **linprog** erfolgreich war, findet man in

*   x

    den berechneten Lösungsvektor.

*   zf

    den zugehörigen Wert der Zielfunktion.

☞

Bei der Anwendung von **linprog** ist zu beachten, daß Argumente weggelassen werden können, wenn nicht alle Formen der Nebenbedingungen auftreten. Damit aber die Reihenfolge erhalten bleibt, müssen hierfür gegebenenfalls Klammern der Form { } geschrieben werden.

♦

Im Beisp.10.6 illustrieren wir die Vorgehensweise bei der Anwendung der vordefinierten Funktion **linprog** zur Lösung linearer Optimierungsaufgaben an einer konkreten Aufgabe.

Illustrieren wir die Anwendung der Systeme zur Lösung linearer Optimierungsaufgaben im folgenden Beispiel.

Beispiel 10.6:

a) Verwenden wir die Aufgabe a) aus Beisp.7.3

$$f(x_1, x_2) = 2 \cdot x_1 + 3 \cdot x_2 \;\rightarrow\; \underset{x_1, x_2}{\text{Maximum}}$$

mit den Ungleichungsnebenbedingungen

$$x_1 + 2 \cdot x_2 \leq 10$$

$$2 \cdot x_1 + x_2 \leq 10$$

und den Nicht-Negativitätsbedingungen

$$x_1 \geq 0 \;,\; x_2 \geq 0$$

die als Lösung den

* *Maximalpunkt* $\;(x_1, x_2) = \left(\dfrac{10}{3} , \dfrac{10}{3} \right)$

* *Maximalwert* der *Zielfunktion* $\;\; f\left(\dfrac{10}{3} , \dfrac{10}{3} \right) = \dfrac{50}{3}$

besitzt.

An dieser Aufgabe illustrieren wir im folgenden die Vorgehensweise bei der Anwendung der in den Systemen vordefinierten Funktionen zur Lösung linearer Optimierungsaufgaben:

MAPLE berechnet nach dem Laden des Zusatzpakets zur Simplexmethode mittels

> **with** (simplex) ;

mit der vordefinierten Funktion **maximize**

> **maximize** (2*x1 + 3*x2 , { x1 + 2*x2 <= 10 , 2*x1 + x2 <= 10 } ,

          NONNEGATIVE) ;

die Lösung:

$$\left\{ x2 = \frac{10}{3} \;,\; x1 = \frac{10}{3} \right\}$$

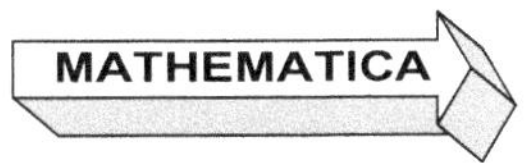

Bei MATHEMATICA hat man die Auswahl zwischen zwei vordefinierten Funktionen zur Lösung von Aufgaben der linearen Optimierung:

* Die Anwendung der vordefinierten Funktion **ConstrainedMax** gestaltet sich folgendermaßen:

ConstrainedMax [2*x1 + 3*x2 , { x1 + 2*x2 ≤ 10 , 2*x1 + x2 ≤ 10 }

, { x1 , x2 }]

Den Maximalpunkt berechnet MATHEMATICA in der folgenden Form, wobei zuerst der maximale Zielfunktionswert angezeigt wird.

$$\left\{ \frac{50}{3} , \left\{ x1 \to \frac{10}{3} , x2 \to \frac{10}{3} \right\} \right\}$$

* Bei der Anwendung der vordefinierten Funktion **LinearProgramming** muß man die Aufgabe durch Multiplikation der Zielfunktion und der beiden linearen Ungleichungsnebenbedingungen mit -1 auf die geforderte Form

$$\mathbf{c}^T \cdot \mathbf{x} \to \underset{x}{\text{Minimum}} \quad , \quad \mathbf{A} \cdot \mathbf{x} \geq \mathbf{b} \quad , \quad \mathbf{x} \geq 0$$

bringen, d.h.

$$-2 \cdot x_1 - 3 \cdot x_2 \to \underset{x_1, x_2}{\text{Minimum}}$$

$$-x_1 - 2 \cdot x_2 \geq -10$$

$$-2 \cdot x_1 - x_2 \geq -10$$

$$x_1 \geq 0 , \quad x_2 \geq 0$$

Nach dieser Umformung ist folgendes in das Arbeitsfenster von MATHEMATICA einzugeben:

LinearProgramming [{ -2 , -3 } , { { -1 , -2 } , { -2 , -1 } } , { -10

, -10 }]

MATHEMATICA berechnet hiermit den Maximalpunkt, der folgendermaßen angezeigt wird:

$$\left\{ \frac{10}{3}, \frac{10}{3} \right\}$$

MATHEMATICA

MATHCAD

Wir verwenden die vordefinierte Funktion **maximize** mit den Startwerten Null für alle Variablen, da wir keine Näherungswerte für die Lösung als bekannt voraussetzen:

$$f(x1, x2) := 2 \cdot x1 + 3 \cdot x2$$

$$x1 := 0 \quad x2 := 0$$

given

$$x1 + 2 \cdot x2 \leq 10$$

$$2 \cdot x1 + x2 \leq 10$$

$$\text{maximize}(f, x1, x2) = \begin{pmatrix} 3.333 \\ 3.333 \end{pmatrix}$$

Die Anwendung der Funktion **simplx** aus dem Elektronischen Buch **Numerical Recipes** gestaltet sich folgendermaßen, wobei zu beachten ist, daß die Koeffizienten sämtlicher Nebenbedingungen mit umgekehrten Vorzeichen in die Matrix eingegeben werden müssen. Die beiden letzten Zeilen der Matrix werden von den beiden Nicht-Negativitätsbedingungen gebildet:

$$v := \textbf{simplx} \left[\begin{pmatrix} 0 & 2 & 3 \\ 10 & -1 & -2 \\ 10 & -2 & -1 \\ 0 & -1 & 0 \\ 0 & 0 & -1 \end{pmatrix}, 2, 2 \right]$$

Die Funktion **simplx** kommt ohne Anfangswerte für die Variablen aus und liefert die Lösung:

$$v = \begin{pmatrix} 3.333 \\ 3.333 \end{pmatrix} \blacksquare$$

MATHCAD

Da die vordefinierte Funktion **linprog** die Zielfunktion minimiert, müssen wir vor ihrer Anwendung auf die gegebene Aufgabe die Zielfunktion mit -1 multiplizieren. MATLAB liefert den Maximalpunkt in x und den Maximalwert der Zielfunktion in zf in folgender Form:

>> [x , zf] = **linprog** ([–2 ; -3] , [1 2 ; 2 1] , [10 ; 10] , { } , { } , [0 ; 0])

Optimization terminated successfully.

x =

    3.3333

    3.3333

zf =

    -16.6667

wobei der Zielfunktionswert zf nachträglich mit -1 multipliziert werden muß, um das Maximum zu erhalten.

Die einfache Aufgabe a) wird natürlich von allen Systemen ohne Probleme gelöst.
Im folgenden Beisp.b) betrachten wir eine aus der Literatur entnommene Aufgabe, bei der die Zielfunktion unbeschränkt ist und ein Zyklus auftritt, wenn man die im Abschn.10.4.2 beschriebene Variante der Simplexmethode benutzt. Wir lösen diese Aufgabe ebenfalls mit den Systemen, um sie auf ihre Anwendbarkeit beim Auftreten von Zyklen bzw. bei unbeschränkter Zielfunktion zu testen.

b) Die aus [54] entnommene Aufgabe

$$f(x_1, x_2, x_3, x_4) = x_1 + x_2 + 3 \cdot x_3 - 8 \cdot x_4 \rightarrow \underset{x_1, x_2, x_3, x_4}{\text{Maximum}}$$

$$x_1 - x_2 - x_3 + 3 \cdot x_4 \leq 0$$

$$2 \cdot x_1 - x_2 - \frac{1}{2} \cdot x_3 + x_4 \leq 0$$

$$x_1 \geq 0 \ , \ x_2 \geq 0 \ , \ x_3 \geq 0 \ , \ x_4 \geq 0$$

ist unlösbar, da die Zielfunktion über dem unbeschränkten zulässigen Bereich unbeschränkt ist. Bei der Anwendung der im Abschn.10.4.2 gegebenen Variante der Simplexmethode tritt ein *Zyklus* auf, so daß hiermit keine Aussagen erhalten werden.

Im folgenden testen wir die einzelnen Systeme mittels dieser Aufgabe:

Nach dem Laden des Zusatzpakets zur Simplexmethode durch

> **with** (simplex) **;**

gibt MAPLE mit der vordefinierten Funktion **maximize** mittels

> **maximize** (x1 + x2 +3*x3 - 8*x4 , [x1 − x2 − x3 + 3*x4 <= 0 ,

2*x1 − x2 − x3/2 + x4 <= 0 , NONNEGATIVE) **;**

keine Meldung der Unlösbarkeit aus. Es wird nichts im Arbeitsfenster angezeigt.

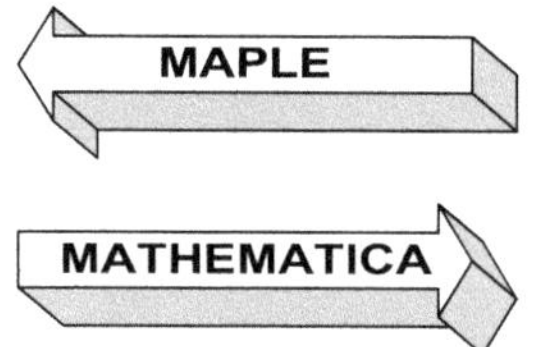

MATHEMATICA erkennt, daß die Aufgabe unbeschränkt ist und gibt den Wert ∞ aus:

ConstrainedMax [x1 + x2 + 3*x3 − 8*x4 , { x1 − x2 − x3 + 3*x4 $\leq$ 0 ,

2*x1 − x2 − x3/2 + x4 $\leq$ 0 } , { bx1 , x2 , x3 , x4 }]

ConstrainedMax : : nbdd : Specified domain appears unbounded.

{ ∞ , { x1→Indeterminate , x2→Indeterminate , x3→Indeterminate ,

x4→Indeterminate }

MATHCAD gibt bei der Anwendung der Funktion **maximize** die Meldung aus, daß kein Maximum gefunden wurde:

$$f(x1, x2, x3, x4) := x1 + x2 + 3 \cdot x3 - 8 \cdot x4$$

$$x1 := 0 \quad x2 := 0 \quad x3 := 0 \quad x4 := 0$$

given

$$x1 - x2 - x3 - 3 \cdot x4 \leq 0$$

$$2 \cdot x1 - x2 - \frac{x3}{3} + x4 \leq 0$$

$$x1 \geq 0 \quad x2 \geq 0 \quad x3 \geq 0 \quad x4 \geq 0$$

maximize (f , x1 , x2 , x3 , x4) =

Could not find a maximum/minimum

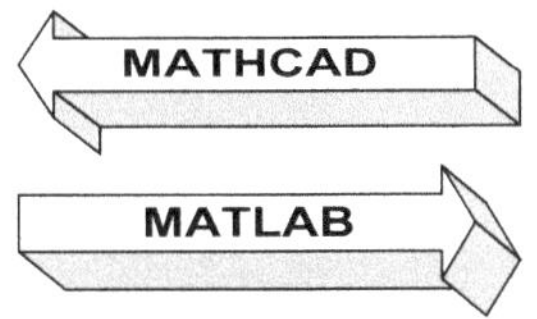

Obwohl MATLAB die Meldung ausgibt, daß die Aufgabe unbeschränkt und damit unlösbar ist, berechnet es Lösungswerte:

$$\gg [x , zf] - \textbf{linprog} ([-1 ; -1 ; 3 ; 8] , [1 \quad 1 \quad -1 \; 3 ; 2 \; -1 \; -1/2 \; 1] ,$$

$$[0 ; 0] , \{ \} , \{ \} , [0 ; 0 ; 0 ; 0])$$

Exiting: One or more of the residuals, duality gap, or total relative error
has grown 100000 times greater than its minimum value so far:
the dual appears to be infeasible (and the primal unbounded).
(The primal residual < TolFun=1.00e-008.)

x =

   1.0e+008 *

   0.2701
   0.0000

    1.0802
    0.0000

zf =

−3.5107e+008

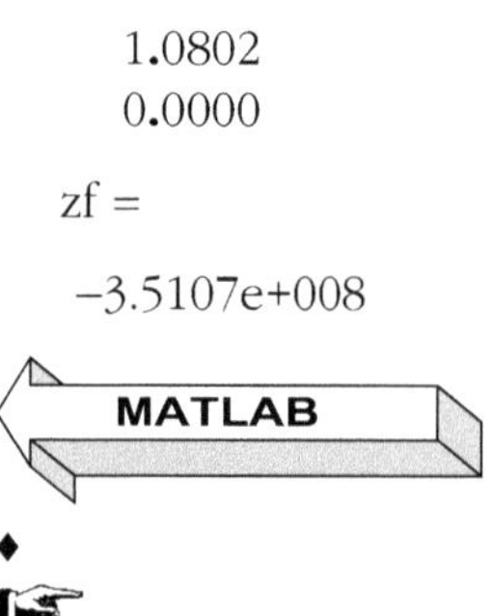

◆

☞

Die gerechneten Beispiele lassen schon erkennen, daß die in den Systemen vordefinierten Funktionen zur Lösung von linearen Optimierungsaufgaben effektive Varianten der Simplexmethode verwenden, wobei im Falle von Entartungen und unlösbaren Aufgaben allerdings bei MAPLE und MATH-CAD die Ausgabe eines entsprechenden Hinweises wünschenswert wäre.
Ein Problem bei der Anwendung der Systeme entsteht bei hochdimensionalen Aufgaben, d.h. Aufgaben mit zahlreichen Variablen und Nebenbedingungen. Hier können die Systeme an Grenzen stoßen, so daß spezielle Programmsysteme zur linearen Optimierung herangezogen werden müssen.

◆

10.6 Anwendung von EXCEL

Voraussetzung für die Anwendung von EXCEL ist, daß der SOLVER installiert wurde.
Mit dem SOLVER lassen sich Aufgaben der linearen Optimierung analog zu Aufgaben der nichtlinearen Optimierung lösen (siehe Abschn.11.6.8), wobei wir die linearen Ungleichungsnebenbedingungen in der Form schreiben, daß auf der rechten Seite Null steht.

Die *Vorgehensweise* bei der Anwendung von EXCEL zur Lösung linearer Optimierungsaufgaben vollzieht sich in *folgenden Schritten* (siehe auch Beisp.10.7):

I.   Zuerst tragen wir in zusammenhängende freie Zellen einer Zeile der aktuellen Tabelle die Namen der Variablen ein und darunter ihre Startwerte. Anschließend markieren wir diese Zellen mit gedrückter Maustaste und aktivieren die Menüfolge

Einfügen ⇒ Namen ⇒ Erstellen...

und klicken in der erscheinenden Dialogbox

Namen erstellen aus oberster Zeile

an. Damit erhalten die Variablen die in den Zellen stehenden Bezeichnungen und ihnen werden die Startwerte zugewiesen (siehe Abb. 10.2).

II. Wir wählen eine freie Zelle der aktuellen Tabelle als Zielzelle und tragen hier die Zielfunktion als Formel ein. Analog werden in weitere leere Zellen der aktuellen Tabelle die linken Seiten der linearen Nebenbedingungen als Formeln eingetragen (siehe Abb.10.2).

III. Abschließend wird der SOLVER mittels der Menüfolge

Extras ⇒ Solver...

aufgerufen und die erscheinende Dialogbox wie folgt ausgefüllt (siehe Abb.10.3):

1. In *Zielzelle* wird die Zelle mit der Zielfunktion durch Mausklick eingetragen.

2. Bei *Zielwert* wird *Max* oder *Min* angeklickt, jenachdem ob die Zielfunktion maximiert oder minimiert werden soll.

3. In *veränderbare Zellen* werden die Zellen der Startwerte für die Variablen eingetragen. Dies kann durch Überstreichen der entsprechenden Zellen mit gedrückter Maustaste geschehen.

4. In *Nebenbedingungen* werden die Nebenbedingungen der Aufgabe durch Anklicken des Knopfes (Buttons) *Hinzufügen* eingetragen.

5. Abschließend wird das *Ergebnis* durch *Anklicken* von *Lösen* erhalten und kann im *Antwortbericht* angesehen werden (siehe Abb.10.4 und 10.5).

☞

Es ist zu beachten, daß man in EXCEL bei Variablen (in Zielfunktion und Funktionen der Nebenbedingungen) keine Bezeichnungen der Form

$x1, x2 , ...$

verwenden sollte, weil sie mit Zelladressen verwechselt werden können.

♦

Beispiel 10.7:

a) Illustrieren wir an der Aufgabe a) aus Beisp.7.3

$$f(x_1, x_2) = 2 \cdot x_1 + 3 \cdot x_2 \ \rightarrow \ \underset{x_1, x_2}{\text{Maximum}}$$

$$x_1 + 2 \cdot x_2 \leq 10$$

$$2 \cdot x_1 + x_2 \leq 10$$

$$x_1 \geq 0 \ , \ x_2 \geq 0$$

die Anwendung von EXCEL zur Lösung linearer Optimierungsaufgaben:

Für die Anwendung von EXCEL wählen wir als Variablen x und y, da in EXCEL Variablenbezeichnungen der Form x1 und x2 nicht verwendet werden sollten, weil sie mit Zelladressen verwechselt werden können.

Lösen wir die Aufgabe nach der gegebenen Vorgehensweise:

I. Zuerst tragen wir in zusammenhängende freie Zellen (A1:B1) der Zeile 1 der aktuellen Tabelle die *Namen* der *Variablen* x und y ein und darunter ihre *Startwerte* (A2:B2) für das von EXCEL verwendete numerische Verfahren. Falls man Näherungswerte für die Lösung kennt, verwendet man natürlich diese als Startwerte. Wir haben

$x = 0$, $y = 0$

gewählt. Anschließend *markieren* wir *diese Zellen* (A1:B1,A2:B2) mit gedrückter Maustaste und aktivieren die Menüfolge

Einfügen $\Rightarrow$ Namen $\Rightarrow$ Erstellen...

Damit erhalten die Variablen die in den Zellen A1 und B1 stehenden Bezeichnungen und ihnen werden die Startwerte der darunterliegenden Zellen zugewiesen (siehe Abb.10.2).

II. Wir wählen eine freie Zelle A4 der aktuellen Tabelle als *Ergebniszelle* (*Zielzelle*) und tragen hier die Zielfunktion als Formel ein, d.h.

$= 2 * x + 3 * y$

Analog werden in weitere leere Zellen (A5:A8) die *linken Seiten* der *Nebenbedingung* und die *Nicht-Negativitätsbedingungen* des Optimierungsproblems als Formel eingetragen (siehe Abb.10.2), d.h.

$= x + 2 * y - 10$

$= 2 * x + y - 10$

$= x$

$= y$

Da wir als Startwerte für die Variablen Null eingegeben haben, erscheinen in der Tabelle die entsprechenden Werte

-10

-10

0

0

für die eingegebenen Nebenbedingungen bzw. Nicht-Negativitätsbedingungen (siehe Abb.10.2).

III. Abschließend wird der SOLVER mittels der Menüfolge

Extras ⇒ Solver...

aufgerufen und die erscheinende Dialogbox wie folgt ausgefüllt (siehe Abb.10.3):

1. In *Zielzelle* wird die *Zelle* $A$4 mit der Zielfunktion durch Mausklick eingetragen.

2. Bei *Zielwert* wird *Max* angeklickt, da die Zielfunktion maximiert werden soll.

3. In *veränderbare Zellen* werden die Zellen der Startwerte ($A$2:$B$2) durch Überstreichen mit gedrückter Maustaste eingetragen.

4. In *Nebenbedingungen* werden die gegebenen

   * linearen Ungleichungsnebenbedingungen in der Form

     $A$5 <=0

     $A$6 <=0

   * Nicht-Negativitätsbedingungen in der Form

     $A$7 >=0

     $A$8 >=0

durch Anklicken des Knopfes (Buttons) *OK* eingetragen, indem man für jede Nebenbedingung die erscheinende Dialogbox ausfüllt, so z.B. für die Nebenbedingung aus Zelle A5 wie folgt:

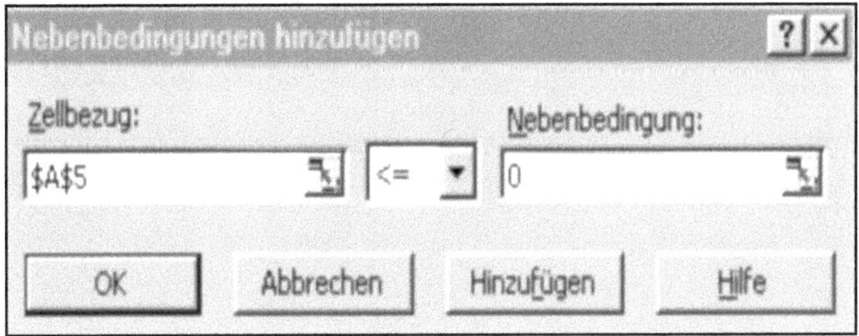

5. Abschließend wird das Ergebnis

   x = 3,33333333 und y = 3,33333333

   in den Zellen A2 bzw. B2 und der zugehörige Zielfunktionswert

   16,6666667 in der Zelle A4

vom SOLVER berechnet, indem man *Lösen* anklickt (siehe Abb. 10.4). Zusätzlich kann man den *Antwortbericht* (siehe Abb.10.5) ansehen.

b) Für die unlösbare Aufgabe

$$f(x_1, x_2, x_3, x_4) = x_1 + x_2 + 3 \cdot x_3 - 8 \cdot x_4 \rightarrow \underset{x_1, x_2, x_3, x_4}{\text{Maximum}}$$

$$x_1 - x_2 - x_3 + 3 \cdot x_4 \leq 0$$

$$2 \cdot x_1 - x_2 - \frac{1}{2} \cdot x_3 + x_4 \leq 0$$

$$x_1 \geq 0 , \ x_2 \geq 0 , \ x_3 \geq 0 , \ x_4 \geq 0$$

aus Beisp.10.6b erkennt EXCEL die Unlösbarkeit. Wir haben die Variablenbezeichnungen u, v, w, x verwendet und EXCEL zeigt an, daß das Verfahren nicht konvergiert:

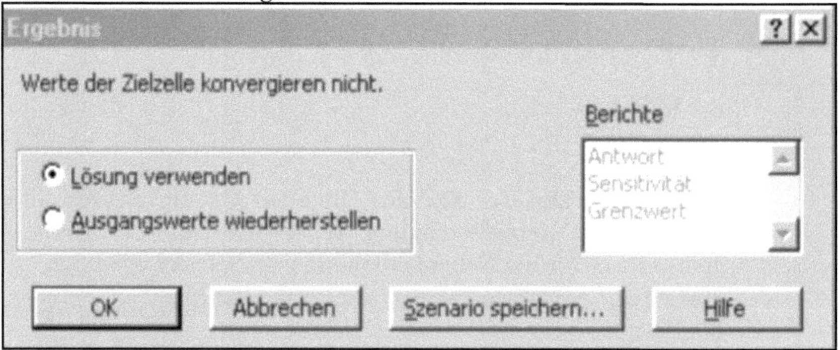

berechnet aber trotzdem ein Ergebnis:

	A	B	C	D	E
1	u	v	w	x	
2	13421772,8	0	53687091,2	0	
3					
4	174483046,4				
5	-40265318,4				
6	0				
7	13421772,8				
8	0				
9	53687091,2				
10	0				
11					

Deshalb sollte man die von EXCEL berechneten Ergebnisse kritisch betrachten und überprüfen.

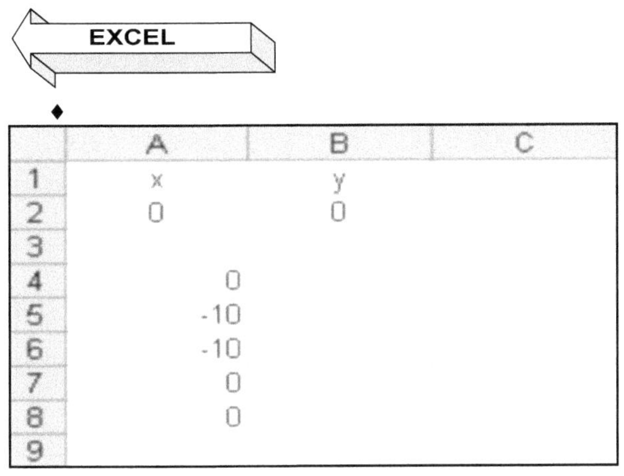

Abb.10.2. Tabellenausschnitt von EXCEL mit der eingegebenen Aufgabe aus Beisp.10.7a

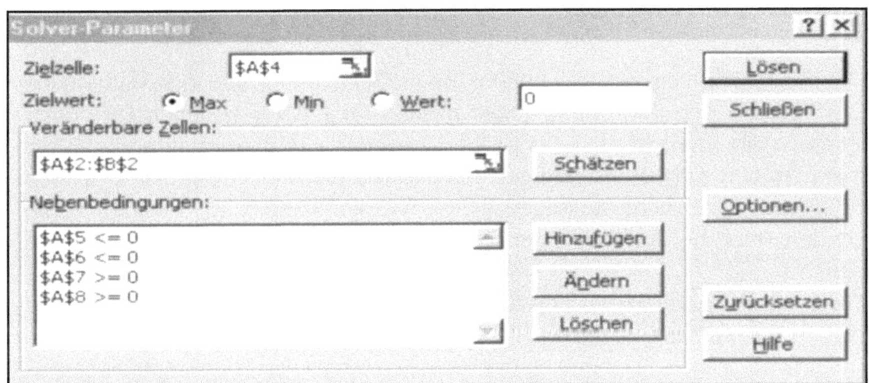

Abb.10.3. Dialogbox des SOLVERS von EXCEL für Beisp.10.7a

Abb.10.4. Anzeige des Ergebnisses in der Tabelle von EXCEL für Beisp.10.7a

	A	B	C	D	E	F	G	H
1	Microsoft Excel 10.0 Antwortbericht							
2	Tabelle: [Mappe1]Tabelle1							
3	Bericht erstellt am: 19.05.02 23:30:21							
4								
5								
6	Zielzelle (Max)							
7		Zelle	Name	Ausgangswert	Lösungswert			
8		$A$4	x	10	16,66666667			
9								
10								
11	Veränderbare Zellen							
12		Zelle	Name	Ausgangswert	Lösungswert			
13		$A$2	x	5	3,333333333			
14		$B$2	y	0	3,333333333			
15								
16								
17	Nebenbedingungen							
18		Zelle	Name	Zellwert	Formel	Status	Differenz	
19		$A$5	x	0	$A$5<=0	Einschränkend	0	
20		$A$6	x	0	$A$6<=0	Einschränkend	0	
21		$A$7	x	3,333333333	$A$7>=0	Nicht einschränkend	3,333333333	
22		$A$8	x	3,333333333	$A$8>=0	Nicht einschränkend	3,333333333	
23								
24								

Abb.10.5. Antwortbericht von EXCEL für Beisp.10.7a

10.7 Duale Aufgabe

Die *Dualität* ist ein weitreichendes und effektives Prinzip der Mathematik. Das *Prinzip* der Zuordnung einer *dualen* zu einer *gegebenen* (*primalen*) *Aufgabe* gibt es nicht nur in der Optimierung, sondern auch in anderen mathematischen Aufgabenstellungen. Es hat sich als sehr erfolgreich erwiesen, da hiermit zusätzliche Aussagen erzielt werden können, wie wir im vorliegenden Buch bei Aufgaben der linearen und nichtlinearen Optimierung sehen.

Für *lineare Optimierungsaufgaben* läßt sich eine *duale Aufgabe* folgendermaßen *formulieren:*

- Zu jeder linearen Optimierungsaufgabe

$$z = f(x_1, x_2, ..., x_n) = c_1 \cdot x_1 + c_2 \cdot x_2 + ... + c_n \cdot x_n \;\rightarrow\; \underset{x_1, x_2, ..., x_n}{\text{Maximum}}$$

mit linearen Ungleichungsnebenbedingungen der Form

$$a_{11} \cdot x_1 + a_{12} \cdot x_2 + \ldots + a_{1n} \cdot x_n \leq b_1$$

$$a_{21} \cdot x_1 + a_{22} \cdot x_2 + \ldots + a_{2n} \cdot x_n \leq b_2$$

$$\vdots \qquad \vdots \qquad \qquad \vdots \qquad \vdots$$

$$a_{m1} \cdot x_1 + a_{m2} \cdot x_2 + \ldots + a_{mn} \cdot x_n \leq b_m$$

und Nicht-Negativitätsbedingungen

$$x_j \;\geq\; 0 \qquad\qquad (\, j = 1, \ldots, n \,)$$

- gibt es eine *duale lineare Optimierungsaufgabe*

$$g(y_1, y_2, \ldots, y_m) = b_1 \cdot y_1 + b_2 \cdot y_2 + \ldots + b_m \cdot y_m \;\to\; \underset{y_1, y_2, \ldots, y_m}{\text{Minimum}}$$

mit linearen Ungleichungsnebenbedingungen der Form

$$a_{11} \cdot y_1 + a_{21} \cdot y_2 + \ldots + a_{m1} \cdot y_m \geq c_1$$

$$a_{12} \cdot y_1 + a_{22} \cdot y_2 + \ldots + a_{m2} \cdot y_m \geq c_2$$

$$\vdots \qquad \vdots \qquad \qquad \vdots \qquad \vdots$$

$$a_{1n} \cdot y_1 + a_{2n} \cdot y_2 + \ldots + a_{mn} \cdot y_m \geq c_n$$

und Nicht-Negativitätsbedingungen

$$y_i \;\geq\; 0 \qquad\qquad (\, i = 1, \ldots, m \,)$$

☞

In diesem Zusammenhang bezeichnet man die ursprüngliche Aufgabe als Ausgangsaufgabe oder *primale Aufgabe.*

In Matrixschreibweise haben *primale* und *duale Aufgabe* folgende Form:

$$f(\mathbf{x}) = \mathbf{c}^T \cdot \mathbf{x} \;\to\; \underset{\mathbf{x}}{\text{Maximum}} \qquad \text{bzw.} \qquad g(\mathbf{y}) = \mathbf{b}^T \cdot \mathbf{y} \;\to\; \underset{\mathbf{y}}{\text{Minimum}}$$

$$\mathbf{A} \cdot \mathbf{x} \;\leq\; \mathbf{b} \, , \;\; \mathbf{x} \geq \mathbf{0} \qquad\qquad\qquad \mathbf{A}^T \cdot \mathbf{y} \;\geq\; \mathbf{c} \, , \;\; \mathbf{y} \geq \mathbf{0}$$

♦

☞

Die *Dualitätstheorie* liefert *wichtige Resultate* für die *lineare Optimierung*:

- Die Zielfunktion $f(\mathbf{x})$ der primalen Aufgabe nimmt genau dann einen Maximalwert an, wenn die Zielfunktion $g(\mathbf{y})$ der zugehörigen dualen Aufgabe einen Minimalwert annimmt. In diesem Fall gilt

$$\underset{\mathbf{x}}{\text{Maximum}}\ f(\mathbf{x})\ =\ \underset{\mathbf{y}}{\text{Minimum}}\ g(\mathbf{y})$$

  Dies bezeichnet man als starke Dualität (siehe auch Abschn.11.5).

- Sind $\mathbf{x}$ und $\mathbf{y}$ zulässige Punkte der primalen bzw. dualen Aufgabe, für die gilt

$$f(\mathbf{x})\ =\ g(\mathbf{y})$$

  so sind $\mathbf{x}$ und $\mathbf{y}$ Optimalpunkte für die primale bzw. duale Aufgabe.
  ♦

Illustrieren wir die Problematik der Dualität im folgenden Beispiel.

Beispiel 10.8:

Berechnen wir mittels MAPLE die Lösungen einer (primalen) linearen Optimierungsaufgabe und der zugehörigen dualen linearen Optimierungsaufgabe:

Als primale lineare Optimierungsaufgabe verwenden wir die Aufgabe b) aus Beisp.7.3

$$f(x_1, x_2, x_3)\ =\ -6 \cdot x_1\ -\ 8 \cdot x_2\ -\ 18 \cdot x_3\ \rightarrow\ \underset{x_1, x_2, x_3}{\text{Maximum}}$$

$$-6 \cdot x_1 - 7 \cdot x_2 - x_3\ \leq\ -42$$

$$-x_1 - 4 \cdot x_2 - 5 \cdot x_3\ \leq\ -21$$

$$x_1 \geq 0,\ x_2 \geq 0,\ x_3 \geq 0$$

mit der von MAPLE mittels

```
> with ( simplex ) ;
```

```
> maximize ( -6*x1 - 8*x2 - 18*x3 , { -6*x1 - 7*x2 - x3 <= -42 ,
           -x1 - 4*x2 - 5*x3 <= -21 } , NONNEGATIVE ) ;
```

berechneten Lösung

$$\{\, x3 = 0 \,,\ x2 = \frac{84}{17} \,,\ x1 = \frac{21}{17}\,\}$$

mit dem maximalen Zielfunktionswert

$$-\frac{798}{17}$$

Die zugehörige duale lineare Optimierungsaufgabe hat die folgende Form:

$$g(y_1, y_2) \;=\; -42 \cdot y_1 \;-\; 21 \cdot y_2 \;\to\; \underset{y_1, y_2}{\text{Minimum}}$$

$$-6 \cdot y_1 - y_2 \;\geq\; -6$$

$$-7 \cdot y_1 - 4 \cdot y_2 \;\geq\; -8$$

$$-y_1 - 5 \cdot y_2 \;\geq\; -18$$

$$y_1 \geq 0,\ y_2 \geq 0$$

Diese duale Aufgabe besitzt im Gegensatz zur primalen Aufgabe nur noch zwei Variable, so daß man sie auch grafisch lösen kann. Dies überlassen wir dem Leser. MAPLE berechnet mittels

```
> with ( simplex ) ;

> minimize ( –42*y1 – 21*y2 , { –6*y1 – y2 >= –6 , –7*y1 – 4*y2 >= –8 ,

            –y1 – 5*y2 >= –18 } , NONNEGATIVE ) ;
```

die folgende Lösung

$$\{\, y2 = \frac{6}{17} \,,\ y1 = \frac{16}{17}\,\}$$

mit dem minimalen Zielfunktionswert

$$-\frac{798}{17}$$

d.h., die Zielfunktionswerte von primaler und dualer Aufgabe stimmen überein.

♦

Von den zahlreichen Anwendungen der Dualität in der linearen Optimierung seien nur die duale Simplexmethode und die Matrixspiele (siehe Abschn.17.2) erwähnt.

♦

10.8 Transportaufgaben

Transportaufgaben bilden einen wichtigen Spezialfall linearer Optimierungsaufgaben. Sie werden in der Transportoptimierung untersucht.

Die *Problematik* der *Transportoptimierung* besteht im folgenden:

* Es gibt m Lieferanten für eine Ware mit den *Lieferkapazitäten*

  $$a_i \geq 0 \qquad (i = 1, 2, \ldots , m)$$

  die voll ausgenutzt werden sollen.

* Es gibt n Verbraucher dieser Ware mit einem *Bedarf*

  $$b_j \geq 0 \qquad (j = 1, 2, \ldots , n)$$

  der voll befriedigt werden soll.

* Der Transport einer Einheit dieser Ware vom Lieferanten i zum Verbraucher j kostet

  $$c_{ij}$$

  Geldeinheiten.

* Die *Gesamttransportkosten* für diese Ware sollen *minimal* sein, so daß die Zielfunktion zu minimieren ist.

  ♦

Damit ergibt sich für *Transportaufgaben* die folgende *spezielle lineare Struktur* mit Gleichungsnebenbedingungen:

* Die Transportkosten sind zu minimieren, d.h., folgende Zielfunktion ist zu minimieren:

$$\sum_{i=1}^{m} \sum_{j=1}^{n} c_{ij} \cdot x_{ij} =$$

$$c_{11} \cdot x_{11} + \ldots + c_{1n} \cdot x_{1n} + \ldots + c_{m1} \cdot x_{m1} + \ldots + c_{mn} \cdot x_{mn} \rightarrow \text{Minimum}$$

bzgl. der Variablen

$$x_{ij} \geq 0 \qquad (i = 1, 2, \ldots , m ; j = 1, 2, \ldots , n)$$

- Die Lieferkapazitäten der Lieferanten und der Bedarf der Verbraucher ergeben die folgenden linearen Gleichungsnebenbedingungen

$$\sum_{j=1}^{n} x_{ij} = x_{i1} + x_{i2} + \ldots + x_{in} = a_i \qquad (i = 1, 2, \ldots , m)$$

$$\sum_{i=1}^{m} x_{ij} = x_{1j} + x_{2j} + \ldots + x_{mj} = b_j \qquad (j = 1, 2, \ldots , n)$$

- Bei diesen Aufgaben werden die Variablen

$$x_{ij} \qquad (i = 1, 2, \ldots , m ; j = 1, 2, \ldots , n)$$

zweckmäßigerweise doppelindiziert verwendet, da sie die Menge bezeichnen, die vom Lager i zum Verbraucher j geliefert wird. Der Sonderfall besteht hier darin, daß die Nebenbedingungen bereits in Gleichungsform (Gleichungsnebenbedingungen) vorliegen und nur für die Variablen Nicht-Negativitätsbedingungen gefordert werden.

☞

Zu *Transportaufgaben* ist folgendes zu bemerken:

* Aufgrund der speziellen Struktur existieren bei Transportaufgaben nur ganzzahlige Lösungen, wenn die Konstanten

$$a_i \text{ und } b_j \qquad (i = 1, 2, \ldots , m ; j = 1, 2, \ldots , n)$$

aus den Gleichungsnebenbedingungen ganzzahlig sind.

* Transportaufgaben lassen sich mit der Simplexmethode lösen, da sie einen Spezialfall linearer Optimierungsaufgaben bilden. Deshalb kann man die Systeme MAPLE, MATHEMATICA, MATHCAD, MATLAB und EXCEL zur Lösung heranziehen.

* Es wurden effektivere Methoden zur Lösung entwickelt, die die spezielle Struktur der Transportaufgaben ausnutzen. Hierzu verweisen wir auf die Literatur (siehe [8, 74]).

♦

Im folgenden Beispiel illustrieren wir die Problematik der Transportaufgaben an einer praktischen Aufgabe.

Beispiel 10.9:

Von zwei Firmen (Lieferanten) F1 und F2 wird ein Produkt in 80 bzw. 40 Mengeneinheiten (ME) hergestellt. Diese Firmen sollen drei Kaufhäuser (Verbraucher) K1, K2 und K3 mit diesem Produkt beliefern, deren Bedarf 50, 40 bzw. 30 ME beträgt. Die Transportkosten in Geldeinheiten (GE) pro ME zwischen den Firmen i (i=1,2) und den Kaufhäusern j (j=1,2,3) sind aus folgender Tabelle ersichtlich:

Firma\Kaufhaus	K1	K2	K3
F1	5	10	15
F2	11	13	9

Die Transportaufgabe besteht hier darin, daß die Mengeneinheiten (ME) so zwischen den sechs Transportwegen festzulegen sind, daß die Transportkosten minimal werden.

Wenn wir durch die Variablen

$$x_{ij}$$

die Mengen des Produkts bezeichnen, die von der Firma i zum Kaufhaus j geliefert werden, ergeben die Transportkosten die folgende Zielfunktion:

$$z = f(x_{11}, x_{12}, x_{13}, x_{21}, x_{22}, x_{23}) =$$

$$5 \cdot x_{11} + 10 \cdot x_{12} + 15 \cdot x_{13} + 11 \cdot x_{21} + 13 \cdot x_{22} + 9 \cdot x_{23} \quad \rightarrow \quad \underset{x_{11}, x_{12}, x_{13}, x_{21}, x_{22}, x_{23},}{\text{Minimum}}$$

die Gleichungsnebenbedingungen ergeben sich aus den Produktionskapazitäten der Firmen und dem Bedarf der einzelnen Kaufhäuser in folgender Form:

$$x_{11} + x_{12} + x_{13} = 80$$

$$x_{21} + x_{22} + x_{23} = 40$$

$$x_{11} + x_{21} = 50$$

$$x_{12} + x_{22} = 40$$

$$x_{13} + x_{23} = 30$$

Da die Produktmengen nur positiv sein können, ergeben sich für die Variablen die folgenden Nicht-Negativitätsbedingungen

$$x_{ij} \geq 0 \qquad (i = 1, 2 ; j = 1, 2, 3)$$

Weil alle Konstanten der Aufgabe ganzzahlig sind, muß die Lösung laut Theorie ebenfalls ganzzahlig sein.

Die Lösung

$$x_{11} = 50 \;,\; x_{12} = 30 \;,\; x_{13} = 0 \;,\; x_{21} = 0 \;,\; x_{22} = 10 \;,\; x_{23} = 30$$

wird von allen Systemen mit den vordefinierten Funktionen zur linearen Optimierung (siehe Abschn.10.5 und 10.6) berechnet.
Wir verwenden im folgenden MATHEMATICA und MATHCAD zur Illustration der Lösungsberechnung:

Die Anwendung der Funktion **ConstrainedMin** in der Form

ConstrainedMin [5*x11 + 10*x12 + 15*x13 + 11*x21 + 13*x22 + 9*x23 ,

$\qquad$ { x11 + x12 + x13 == 80 , x21 + x22 + x23 == 40 ,

$\qquad$ x11 + x21 == 50 , x12 + x22 == 40 , x13 + x23 == 30 } ,

$\qquad$ { x11 , x12 , x13 , x21 , x22 , x23 }]]

liefert das Ergebnis in folgender Form:

{ 950, { x11 $\to$ 50 , x12 $\to$ 30 , x13 $\to$ 0 , x21 $\to$ 0 , x22 $\to$ 10 , x23 $\to$ 30 } }

Wir verwenden die Funktion **minimize** mit den Anfangswerten Null für alle Variablen:

$$f(x11 , x12 , x13 , x21 , x22 , x23) := 5 \cdot x11 + 10 \cdot x12 + 15 \cdot x13 + 11 \cdot x21 + 13 \cdot x22 + 9 \cdot x23$$

$$x11 := 0 \quad x12 := 0 \quad x13 := 0 \quad x21 := 0 \quad x22 := 0 \quad x23 := 0$$

given

$$x11 + x12 + x13 = 80$$

$$x21 + x22 + x23 = 40$$

$$x11 + x21 = 50$$

$$x12 + x22 = 40$$

$$x13 + x23 = 30$$

$$x11 \geq 0 \quad x12 \geq 0 \quad x13 \geq 0 \quad x21 \geq 0 \quad x22 \geq 0 \quad x23 \geq 0$$

$$\text{minimize}(f, x11, x12, x13, x21, x22, x23) = \begin{pmatrix} 50 \\ 30 \\ 0 \\ 0 \\ 10 \\ 30 \end{pmatrix} \blacksquare$$

♦

10.9 Polynomiale Lösungsmethoden

Bisher haben wir die Simplexmethode nur dahingehend betrachtet, ob sie eine beliebige Aufgabe der linearen Optimierung in endlich vielen Schritten löst. Wir haben aber nicht danach gefragt, wie effizient diese Methode ist, d.h.

- wie groß ist der *Rechenaufwand pro Schritt*.

- wieviel *Schritte* sind bis zur *Erreichung* einer *optimalen Lösung* erforderlich.

Diese Fragen sind bei der Lösung hochdimensionaler Aufgaben sehr wichtig und werden in der *Komplexitätstheorie* untersucht (siehe [8, 10, 14]).
Eine große Rolle spielt dabei die *Klasse* der *polynomialen Lösungsmethoden*, die dadurch charakterisiert sind, daß ihr Rechenaufwand im ungünstigsten Fall von der Größenordnung O(p(n)) ist, wobei p(n) ein Polynom in der

Aufgabengröße n ist. Dabei wird vereinfachend davon ausgegangen, daß die Größe der Aufgabe nur durch einen Parameter n meßbar ist.

Zu dieser Klasse gehören die beiden neueren Methoden zur Lösung linearer Optimierungsaufgaben:

* *Innere-Punkt-Methode* von Karmarkar (1984)

* *Ellipsoidmethode* von Khachiyan (1979)

Bei den existierenden Varianten der Simplexmethode ist noch nicht bewiesen, ob es eine polynomiale Variante gibt.

Wir können im Rahmen des Buches nicht ausführlich auf diese Problematik eingehen und verweisen auf die Literatur (siehe [8, 10]).

11 Nichtlineare Optimierungsaufgaben

11.1 Einführung

Eine Reihe von Optimierungsaufgaben aus Technik, Natur- und Wirtschaftswissenschaften läßt sich nicht zufriedenstellend durch lineare Modelle beschreiben, d.h., die *lineare Optimierung* ist nicht immer anwendbar (siehe
Beisp.7.4). Deshalb ist es notwendig, sich mit Aufgaben der *nichtlinearen
Optimierung* zu beschäftigen.
Sobald die Zielfunktion oder eine Funktion der Nebenbedingungen nichtlinear sind, liegt eine nichtlineare Optimierungsaufgabe vor, deren Theorie
seit den fünfziger Jahren des 20. Jahrhunderts stark entwickelt wird. In der
englischsprachigen Literatur spricht man von *nonlinear programming*. Deshalb findet man im Deutschen manchmal die Bezeichnung *nichtlineare
Programmierung*. Die Bezeichnung Programmierung ist aber nicht so tref-
fend wie Optimierung, da sie in der Informatik in einem völlig anderen Zusammenhang verwendet wird.

Aufgaben der *nichtlinearen Optimierung* haben folgende *Struktur:*

* Eine gegebene *Funktion (Zielfunktion)* von n Variablen

  $$f (x_1, x_2, ..., x_n)$$

  ist bzgl. dieser Variablen zu *minimieren*, d.h.

  $$z = f (x_1, x_2, ..., x_n) \rightarrow \underset{x_1, x_2, ..., x_n}{\text{Minimum}}$$

* Die n Variablen müssen zusätzlich m *Nebenbedingungen* in Form von
  Ungleichungen (Ungleichungsnebenbedingungen) erfüllen, d.h.

  $$g_i (x_1, x_2, ..., x_n) \leq 0 \qquad (i = 1, 2, ..., m)$$

  wobei die Funktionen g_i beliebig sein können. Diese Nebenbedingungen bestimmen den zulässigen Bereich B der Optimierungsaufgabe.

In *Vektorschreibweise* hat die gegebene Aufgabe der nichtlinearen Optimierung die *Form:*

$$z = f(\mathbf{x}) \to \underset{\mathbf{x} \in B}{\text{Minimum}}$$

mit dem *zulässigen Bereich*

$$B = \{ \mathbf{x} \in R^n : \mathbf{g}(\mathbf{x}) \le \mathbf{0} \} \subset R^n$$

aus dem n-dimensionalen Euklidischen Raum R^n, wobei die Vektoren $\mathbf{x} \in R^n$ und die Vektorfunktionen $\mathbf{g}(\mathbf{x}) \in R^m$ der Nebenbedingungen folgende Gestalt haben:

$$\mathbf{x} = \begin{pmatrix} x_1 \\ x_2 \\ \vdots \\ x_n \end{pmatrix} \quad , \quad \mathbf{g}(\mathbf{x}) = \begin{pmatrix} g_1(\mathbf{x}) \\ g_2(\mathbf{x}) \\ \vdots \\ g_m(\mathbf{x}) \end{pmatrix}$$

Die gegebene Aufgabenstellung der nichtlinearen Optimierung ist hinreichend allgemein, d.h., sie enthält alle auftretenden Fälle:

* Falls eine *Gleichungsnebenbedingung* vorkommt, so kann sie durch zwei *Ungleichungsnebenbedingungen* beschrieben werden:

    $g(\mathbf{x}) = 0$ ist *äquivalent* zu $g(\mathbf{x}) \le 0$ und $-g(\mathbf{x}) \le 0$.

* Falls *Ungleichungen* mit $\ge$ vorkommen, so können sie durch Multiplikation mit -1 in Ungleichungen mit $\le$ transformiert werden:

    $g(\mathbf{x}) \ge 0$ ist *äquivalent* zu $-g(\mathbf{x}) \le 0$

* Falls ein *Zielfunktion* $f(\mathbf{x})$ zu *maximieren* ist, so erhält man durch Multiplikation mit -1 eine zu *minimierende Zielfunktion* $-f(\mathbf{x})$.

Wenn die Zielfunktion $f(\mathbf{x})$ und die Funktionen $\mathbf{g}(\mathbf{x})$ der Nebenbedingungen *konvex* sind, spricht man von einer *konvexen Optimierungsaufgabe*. Für derartige Aufgaben liefert die Lösungstheorie weitreichende Aussagen (siehe Abschn.11.4.5).

♦

Im Gegensatz zu Extremalaufgaben (siehe Kap.8 und 9) sind bei Aufgaben der nichtlinearen Optimierung ebenso wie beim Spezialfall der linearen Optimierung (siehe Kap.10) *globale Optima* gesucht, d.h. für unsere Aufgabenstellung *globale Minima*. Während bei der linearen Optimierung lokale und globale Optima zusammenfallen, können bei der nichtlinearen Optimierung auch lokale Optima auftreten. Gesucht sind jedoch meistens globale Optima, weil diese für den Anwender den "größten Nutzen " realisieren.
Deshalb zählt nichtlineare Optimierungsaufgaben zu den *nichtklassischen Optimierungsaufgaben*. Ein weiterer Grund für diese Bezeichnung ist darin begründet, daß Aufgaben der nichtlinearen Optimierung erst seit den fünf-

ziger Jahren des 20. Jahrhunderts betrachtet werden. Diese Aufgaben entstanden aus praktischen Aufgabenstellungen, da Modelle der linearen Optimierung nicht immer zufriedenstellende Ergebnisse liefern. Zu den Begründern der Theorie der nichtlinearen Optimierung gehören die amerikanischen Mathematiker *Karush*, *Kuhn* und *Tucker*.

Wir verwenden im Buch für Aufgaben der Optimierung die Bezeichnungen *Extremalaufgaben* (siehe Kap.8 und 9) bzw. *Optimierungsaufgaben* (siehe Kap.10, 11, 12, 14, 15 und 16). In der Literatur findet man noch folgende Bezeichnungen:

*   Statt von Extremalaufgaben ohne Nebenbedingungen oder mit Gleichungsnebenbedingungen spricht man von *Optimierungsaufgaben ohne Nebenbedingungen* bzw. *mit Gleichungsnebenbedingungen* oder von *unrestringierten* bzw. *gleichungsrestringierten Optimierungsaufgaben*.

*   Statt von linearen und nichtlinearen Optimierungsaufgaben spricht man von *Optimierungsaufgaben mit Ungleichungsnebenbedingungen* oder *restringierten Optimierungsaufgaben*.

Der *zulässige Bereich*

$$B = \{\, \mathbf{x} \in R^n : \mathbf{g}(\mathbf{x}) \le \mathbf{0} \,\} \subset R^n$$

ist für stetige Funktionen $\mathbf{g}(\mathbf{x})$ offensichtlich abgeschlossen. Wenn B zusätzlich beschränkt und nichtleer und die Zielfunktion $f(\mathbf{x})$ stetig sind, dann ist nach dem *Satz von Weierstrass* die Existenz eines Minimalpunktes der Zielfunktion über dem zulässigen Bereich gesichert (siehe Abschn. 7.1.2).

Nebenbedingungen und Zielfunktion können in einem Modell jedoch so formuliert sein, daß die Optimierungsaufgabe keine Minimalpunkte besitzt, d.h. *unlösbar* ist. Hier unterscheidet man analog wie bei linearen Optimierungsaufgaben folgende *zwei Fälle*:

I.   Der durch die Nebenbedingungen bestimmte *zulässige Bereich* B ist *leer*, d.h., die *Nebenbedingungen widersprechen sich*.

II. Die *Zielfunktion* ist auf dem durch die Nebenbedingungen bestimmten nichtleeren zulässigen Bereich B *nicht nach unten beschränkt*, d.h.

$$\inf_{\mathbf{x} \in B} f(\mathbf{x}) = -\infty$$

Dieser Fall kann z.B. eintreten, wenn der zulässige Bereich B unbeschränkt ist.

Wenn derartige Fälle der *Unlösbarkeit* bei praktischen Aufgaben vorkommen, so haben sich entweder Schreib- oder Modellfehler eingeschlichen oder die untersuchte Problematik gestattet keine optimalen Werte.

♦

☞

Einen ersten Einblick (mit einfachen Beispielen) in die Problematik der nichtlinearen Optimierung haben wir bereits im Abschn.7.4 erhalten.

In diesem Kapitel werden wir uns ausführlicher mit nichtlinearen Optimierungsaufgaben beschäftigen und ihre Lösung mittels Computer kennenlernen. Es ist im Rahmen des Buches nicht möglich, die Theorie der nichtlinearen Optimierung umfassend abzuhandeln. Hierüber gibt es zahlreiche Bücher [1, 7, 8, 21, 28, 29, 40, 75].

Da ein Schwerpunkt des vorliegenden Buches die Anwendung der Systeme MAPLE, MATHEMATICA, MATHCAD, MATLAB und EXCEL zur Lösung von Optimierungsaufgaben auf dem Computer beinhaltet, werden wir keine Beweise führen, sondern wesentliche Ergebnisse der Theorie der nichtlinearen Optimierung nur auflisten und an Beispielen illustrieren. Dazu werden im

* Abschn.11.2

  die Vorgehensweise bei der *grafischen Lösung* einfacher Aufgaben besprochen, um einen anschaulichen Einblick in die Problematik der nichtlinearen Optimierung zu erhalten.

* Abschn.11.3

  notwendige und hinreichende *Optimalitätsbedingungen* gegeben und an Beispielen illustriert. Des weiteren wird die Anwendung der Systeme MAPLE, MATHEMATICA, MATHCAD und MATLAB bei der Lösung der Gleichungen und Ungleichungen der Optimalitätsbedingungen besprochen.

* Abschn.11.4

  wichtige *Spezialfälle* der nichtlinearen Optimierung vorgestellt.

* Abschn.11.5

  am Beispiel der Lagrangedualität ein Einblick in die *Dualitätstheorie* für nichtlineare Optimierungsaufgaben gegeben.

* Abschn.11.6

  wichtige Klassen *numerischer Methoden* vorgestellt und die Anwendung der Systeme MAPLE, MATHEMATICA, MATHCAD, MATLAB und EXCEL besprochen.

  ♦

11.2 Grafische Lösung

Grafische Lösungsmethoden haben bei nichtlinearen Optimierungsaufgaben ebenso wie bei linearen nur *illustrativen Charakter* und spielen bei praktischen Aufgabenstellungen keine Rolle, da sie nur bis zu drei unabhängigen Variablen durchführbar sind. Wir skizzieren im folgenden die erforderliche Vorgehensweise für zwei Variable und geben im Beisp.11.1 eine Illustration.

☞

Aufgaben der *nichtlinearen Optimierung* lassen sich bei zwei unabhängigen Variablen *grafisch* in folgenden Schritten *lösen:*

I. Zuerst wird der durch die Ungleichungsnebenbedingungen festgelegte *zulässige Bereich* im zweidimensionalen Koordinatensystem *grafisch dargestellt.* Dies geschieht durch *Zeichnung* der *begrenzenden Kurven* (Randkurven) des zulässigen Bereichs B, die man aus den Nebenbedingungen entnimmt. Dies kann bereits zu Schwierigkeiten führen, wenn die Randkurven eine komplizierte Gestalt haben.

II. Danach zeichnet man *Höhenlinien* der *Zielfunktion* und bestimmt daraus für fallende bzw. wachsende Werte Berührungspunkte mit den Randkurven des zulässigen Bereichs B. Falls ein Optimum auf dem Rand liegt, kann man hiermit seine Lage näherungsweise bestimmen. Falls sich das Optimum im Inneren des zulässigen Bereichs befindet, läßt sich dies meistens aus der Form der Höhenlinien ablesen. Es können die gleichen Schwierigkeiten wie beim Schritt I. auftreten, wenn die Kurven der Höhenlinien eine komplizierte Gestalt haben.

♦

Im folgenden Beispiel illustrieren wir mittels der Systeme die gegebene Vorgehensweise für die grafische Lösung einfacher Aufgaben der nichtlinearen Optimierung.

Beispiel 11.1:

a) Lösen wir die einfache nichtlineare (quadratische) Optimierungsaufgabe

$$f(x_1, x_2) = (x_1 - 1)^2 + (x_2 - 1)^2 \rightarrow \underset{x_1, x_2}{\text{Minimum}}$$

$$x_1 + x_2 - 1 \leq 0 \;,\; x_1 \geq 0 \;,\; x_2 \geq 0$$

grafisch, indem wir

I. zuerst den zulässigen Bereich zeichnen, der durch die beiden Koordinatenachsen und die Gerade
$$x_1 + x_2 - 1 = 0$$

begrenzt wird.

II. abschließend Höhenlinien der Zielfunktion

$$(x_1 - 1)^2 + (x_2 - 1)^2 = c \ (= \text{konstant})$$

für verschiedene Werte von c zeichnen, die offensichtlich Kreise mit dem Mittelpunkt (1,1) sind.

Verwenden wir hierzu MATLAB, indem wir den zulässigen Bereich und zwei Höhenlinien für c=1/4 und c=1/2 zeichnen. Die Anwendung der anderen Systeme gestaltet sich analog.

In MATLAB kann die grafische Darstellung folgendermaßen durchgeführt werden:

>> **syms** x1 ; **ezplot** (1 - x1 , [0 , 3])

>> **hold on**

>> **syms** x1 x2 ; **ezplot** ((x1 − 1)^2 + (x2 − 1)^2 − 1/4 , [0 , 3])

>> **hold on**

>> **syms** x1 x2 ; **ezplot** ((x1 − 1)^2 + (x2 − 1)^2 − 1/2 , [0 , 3])

Das Ergebnis der von MATLAB erstellten Grafik ist aus Abb.11.1 zu ersehen.

Durch Berechnung des Berührungspunktes der Höhenlinie c = 1/2 mit dem zulässigen Bereich erhält man den *Minimalpunkt* (1/2,1/2), der auf dem Rand des zulässigen Bereichs liegt.

b) Ändern wir die Zielfunktion aus Beisp.a) so ab, daß der Minimalpunkt im Inneren des zulässigen Bereichs liegt. Dazu betrachten wir die Aufgabe

$$f(x_1, x_2) = \left(x_1 - \frac{1}{4}\right)^2 + \left(x_2 - \frac{1}{4}\right)^2 \;\to\; \underset{x_1, x_2}{\text{Minimum}}$$

$$x_1 + x_2 - 1 \leq 0 \ , \ x_1 \geq 0 \ , \ x_2 \geq 0$$

Die grafische Lösung mittels MATLAB geschieht analog wie im Beisp.a) und ist in Abb.11.2 zu sehen. Man erkennt den *Minimalpunkt* (1/4,1/4), der im Inneren des zulässigen Bereichs liegt. ♦

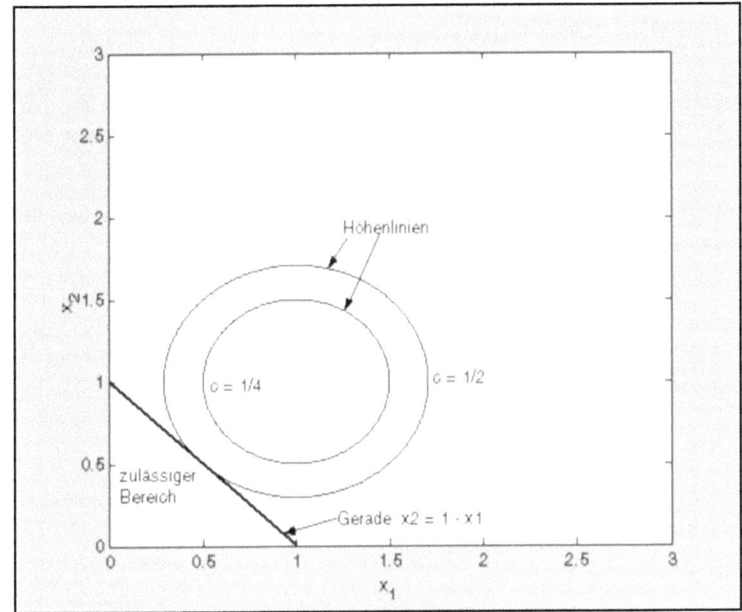

Abb.11.1. Grafische Lösung der nichtlinearen Optimierungsaufgabe aus Beisp.11.1a mittels MATLAB

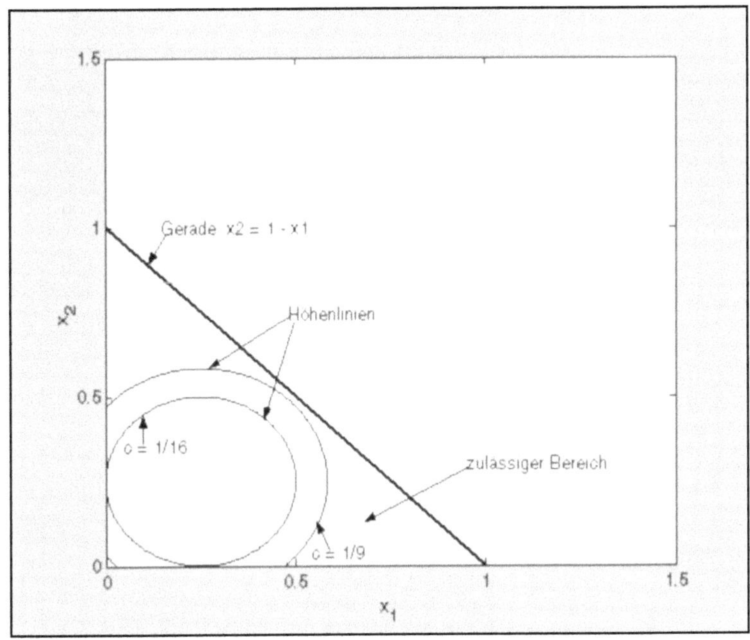

Abb.11.2. Grafische Lösung der nichtlinearen Optimierungsaufgabe aus Beisp.11.1b mittels MATLAB

11.3 Optimalitätsbedingungen

In den folgenden Abschn.11.3.1 bis 11.3.3 betrachten wir notwendige und hinreichende Optimalitätsbedingungen für Aufgaben der nichtlinearen Optimierung:

*   Da das Gebiet der Optimalitätsbedingungen sehr vielschichtig ist, skizzieren wir nur häufig angewandte Standardbedingungen, um den Anwender einen Einblick in diese Problematik zu geben.

*   Ein weiterer Grund dafür, daß wir Optimalitätsbedingungen nicht ausführlicher betrachten, liegt darin, daß sie sich nur für Spezialfälle zur Berechnung von Optimalpunkten eignen, wie wir im Abschn.11.3.4 illustrieren. Sie besitzen größere Bedeutung für theoretische Untersuchungen.

*   Seit Begründung der nichtlinearen Optimierung in den vierziger Jahren des 20. Jahrhunderts wurden zahlreiche Varianten von Optimalitätsbedingungen entwickelt, so z.B. ohne Differenzierbarkeitsvoraussetzungen bzw. für schwächere Differenzierbarkeitsbegriffe (Subdifferenzierbarkeit) und für Aufgaben in allgemeinen Räumen. Falls sich der Leser für das Gebiet der Optimalitätsbedingungen interessiert, so verweisen wir diesbezüglich auf die Literatur [7, 8, 10, 21, 40, 46, 48, 54, 62].

Für Optimierungsaufgaben, bei denen Nebenbedingungen in Form von Gleichungen und Ungleichungen vorliegen, verwenden die *Optimalitätsbedingungen* häufig *Lagrangefunktionen*. Für die von uns betrachtete Aufgabenstellung haben diese die Form

$$L(x_1, x_2, ..., x_n ; \lambda_0, \lambda_1, \lambda_2, ..., \lambda_m) =$$

$$\lambda_0 \cdot f(x_1, x_2, ..., x_n) + \sum_{i=1}^{m} \lambda_i \cdot g_i(x_1, x_2, ..., x_n)$$

und in *vektorieller Schreibweise:*

$$L(\mathbf{x} ; \lambda_0, \boldsymbol{\lambda}) = \lambda_0 \cdot f(\mathbf{x}) + \boldsymbol{\lambda}^T \cdot \mathbf{g}(\mathbf{x})$$

mit den *Lagrangeschen Multiplikatoren*

$$\lambda_0 \geq 0 \;,\; \lambda = \begin{pmatrix} \lambda_1 \\ \lambda_2 \\ \vdots \\ \lambda_m \end{pmatrix} \geq \mathbf{0}$$

Man sieht, daß die verwendete Lagrangefunktion mit Ausnahme des Multiplikators

$$\lambda_0$$

und der Nicht-Negativitätsbedingungen für die Multiplikatoren analog zu Extremalaufgaben mit Gleichungsnebenbedingungen aus der Zielfunktion und den Funktionen der Nebenbedingungen gebildet wird (siehe Abschn.9.2.1).

♦

Unter der Annahme, daß für den Lagrangeschen Multiplikator

$$\lambda_0 > 0$$

gilt, kann man die *Lagrangefunktion* in der Form

$$L(\mathbf{x};\lambda) = f(\mathbf{x}) + \lambda^{\mathrm{T}} \cdot \mathbf{g}(\mathbf{x})$$

verwenden, d.h.

$$\lambda_0 = 1$$

setzen, wie man sich leicht überlegt. Dieser Sachverhalt wird unter zusätzlichen Voraussetzungen in den Abschn. 11.3.1 und 11.3.3 skizziert.

♦

Wir betrachten für die gegebene Aufgabenstellung der nichtlinearen Optimierung Vertreter *zweier Klassen* von *Optimalitätsbedingungen*:

I.   Typische Vertreter der Klasse von Optimalitätsbedingungen ohne Differenzierbarkeitsforderungen sind *Sattelpunktbedingungen*, die wir im Abschn.11.3.1 kennenlernen.

II. Bekannte Vertreter der Klasse von Optimalitätsbedingungen mit Differenzierbarkeitsforderungen sind die *Fritz-John-Bedingungen* (Abschn. 11.3.2) und *Kuhn-Tucker-Bedingungen* (Abschn.11.3.3)

11.3.1 Sattelpunktbedingungen

Für die folgenden Betrachtungen benötigen wir den Begriff des Sattelpunktes, der uns in der Spieltheorie (Abschn.17.2.3) wiederbegegnen wird.

Definition 11.1:

Ein Paar von Punkten

$$(\mathbf{x}^0, \mathbf{y}^0)$$

heißt *Sattelpunkt* einer Funktion $f(\mathbf{x},\mathbf{y})$

bzgl. eines Bereichs X×Y, wenn die Ungleichungen

$$f(\mathbf{x}^0,\mathbf{y}) \leq f(\mathbf{x}^0,\mathbf{y}^0) \leq f(\mathbf{x},\mathbf{y}^0)$$

für alle Punkte $(\mathbf{x},\mathbf{y}) \in$ X×Y (d.h. für alle $\mathbf{x}\in$X und $\mathbf{y}\in$Y) gelten, d.h., die Funktion $f(\mathbf{x},\mathbf{y})$ besitzt in einem Sattelpunkt bzgl. $\mathbf{x}\in$X ein *Minimum* und bzgl. $\mathbf{y}\in$Y ein *Maximum*.
♦

Unter Verwendung von Sattelpunkten läßt sich eine *hinreichende Optimalitätsbedingung* formulieren, die man als *Sattelpunktsatz* bezeichnet:

Satz 11.1:

Wenn der Punkt

$$(\mathbf{x}^0,\ \lambda^0)\ \text{mit}\ \lambda^0 \geq 0$$

ein *Sattelpunkt* der *Lagrangefunktion*

$$L(\mathbf{x};\lambda) = f(\mathbf{x}) + \lambda^T \cdot \mathbf{g}(\mathbf{x})$$

für beliebige $\mathbf{x}$ und $\lambda \geq 0$ ist, d.h., wenn

$$L(\mathbf{x}^0,\lambda) \leq L(\mathbf{x}^0,\lambda^0) \leq L(\mathbf{x},\lambda^0)\qquad \forall\, \mathbf{x}\ \text{und}\ \lambda \geq 0$$

gilt, dann ist

$$\mathbf{x}^0$$

ein *globaler Minimalpunkt* für die nichtlineare Optimierungsaufgabe

$$f(\mathbf{x}) \to \underset{\mathbf{x}\in B}{\text{Minimum}}$$

mit dem zulässigen Bereich

$$B = \{\mathbf{x}\in R^n : \mathbf{g}(\mathbf{x}) \leq 0\} \subset R^n$$
♦

Dieser Sattelpunktsatz läßt sich einfach beweisen. Wir überlassen dies dem Leser. Er ist nur hinreichend. Unter zusätzlichen Voraussetzungen haben die amerikanischen Mathematiker Kuhn und Tucker die Notwendigkeit bewiesen, d.h., es gilt der folgende *Sattelpunktsatz,* der als *Satz* von *Kuhn-Tucker* bezeichnet wird:

Satz 11.2:

Wenn die Zielfunktion $f(\mathbf{x})$ und alle Funktionen der Nebenbedingungen $\mathbf{g}(\mathbf{x})$ konvex sind und eine Regularitätsbedingung erfüllt ist, dann sind die Aussagen von Satz 11.1 *notwendig* und *hinreichend.*
♦

Zu *Sattelpunktsätzen* ist folgendes zu *bemerken:*

- Es gibt verschiedene *Regularitätsbedingungen*, von denen wir nur zwei bekannte aufzählen:

  - Die *Slater-Bedingung* setzt voraus, daß ein Punkt $\mathbf{x}$ existiert, der alle Nebenbedingungen mit strenger Ungleichheit $\mathbf{g(x)} < \mathbf{0}$ erfüllt. Offensichtlich ist diese Bedingung nicht erfüllbar, wenn eine vorhandene Gleichungsnebenbedingung durch zwei Ungleichungsnebenbedingungen beschrieben wird. Für Gleichungsnebenbedingungen lassen sich ebenfalls Regularitätsbedingungen formulieren (siehe [21]).

  - Alle Funktionen der *Nebenbedingungen* sind *linear* (affin-linear), d.h., es gilt

    $$\mathbf{g(x)} = \mathbf{A} \cdot \mathbf{x} - \mathbf{b} \le \mathbf{0}$$

- Die Sätze 11.1 und 11.2 verwenden die Lagrangefunktion mit dem *Lagrangeschen Multiplikator* $\lambda_0 = 1$ vor der Zielfunktion. Deshalb sind die notwendigen Bedingungen aus Satz 11.2 nur unter zusätzlichen Voraussetzungen gültig.

- Der Beweis von Satz 11.2 ist nicht elementar. Er läßt sich unter Verwendung von Trennungssätzen für konvexe Mengen führen (siehe [10, 21]).

- Aus den Beweisen der Sattelpunktsätze folgt die sogenannte *komplementäre Schlupfbedingung* (engl.: *complementary slackness condition*) für eine optimale Lösung

$$\boldsymbol{\lambda}^{0\,\mathrm{T}} \cdot \mathbf{g(x^0)} = 0$$

die wir im Abschn.11.3.2 und 11.3.3 explizit wiederfinden.

- Mittels der Sattelpunktsätze wird die Lösung einer nichtlinearen Optimierungsaufgabe auf die Bestimmung eines Sattelpunkts der zugehörigen Lagrangefunktion zurückgeführt. Dies ist aber mehr von theoretischem Interesse, da sich die Bestimmung eines Sattelpunkts i.allg. schwierig gestaltet.

- Man bezeichnet die Aussagen des Sattelpunktsatzes von Kuhn-Tucker (Satz 11.2) als *globale Kuhn-Tucker-Bedingungen*, da sie keinerlei Differenzierbarkeitseigenschaften für die Funktionen $f(\mathbf{x})$ und $\mathbf{g(x)}$ benötigen.

- Die beiden Sattelpunktsätze behalten ihre Gültigkeit, wenn man als Nebenbedingung zusätzlich Nicht-Negativitätsbedingungen

$$\mathbf{x} \ge \mathbf{0}$$

aufnimmt. ♦

11.3.2 Fritz-John-Bedingungen

Die erstmals von dem amerikanischen Mathematiker *Fritz John* aufgestellten *notwendigen Optimalitätsbedingungen* verwenden die *Lagrangefunktion* in der Form (in Vektorschreibweise)

$$L(\mathbf{x};\lambda_0,\boldsymbol{\lambda}) = \lambda_0 \cdot f(\mathbf{x}) + \boldsymbol{\lambda}^T \cdot \mathbf{g}(\mathbf{x}) \quad \text{mit} \ \lambda_0 \geq 0 \ \text{ und } \ \boldsymbol{\lambda} \geq \mathbf{0}$$

d.h., mit einem *Lagrangeschen Multiplikator* λ_0 vor der Zielfunktion, der Null werden kann. Diese Eigenschaft bildet den wesentlichen Unterschied zu den im folgenden Abschn.11.3.3 gegebenen Kuhn-Tucker-Bedingungen. Dafür gelten die *Fritz-John-Bedingungen* unter schwächeren Voraussetzungen, wie aus den folgenden Sätzen 11.3 und 11.4 zu sehen ist.

Satz 11.3:

Unter der Voraussetzung der stetigen Differenzierbarkeit der Funktionen $f(\mathbf{x})$ und $\mathbf{g}(\mathbf{x})$ gilt folgende *notwendige Optimalitätsbedingung*:

Notwendig dafür, daß

$$\mathbf{x}^0$$

einen *Minimalpunkt* für die nichtlineare Optimierungsaufgabe

$$f(\mathbf{x}) \to \underset{\mathbf{x}\in B}{\text{Minimum}}$$

mit dem zulässigen Bereich

$$B = \{\ \mathbf{x}\in R^n \ : \ \mathbf{g}(\mathbf{x}) \leq \mathbf{0}\} \subset R^n$$

liefert, ist die *Existenz* von *Lagrangeschen Multiplikatoren*

$$\lambda_0^0 \geq 0 \ \text{ und } \ \boldsymbol{\lambda}^0 \geq \mathbf{0}$$

die nicht alle gleich Null sind, so daß $\mathbf{x}^0$ Lösung der folgenden Bedingungen (Gleichungen und Ungleichungen) ist, die als *Fritz-John-Bedingungen* bezeichnet werden:

$$\frac{\partial L}{\partial x_k} = \lambda_0^0 \cdot \frac{\partial f(x_1^0,x_2^0,...,x_n^0)}{\partial x_k} + \sum_{i=1}^{m} \lambda_i^0 \cdot \frac{\partial g_i(x_1^0,x_2^0,...,x_n^0)}{\partial x_k} = 0$$

$$(\ k = 1\ ,\ ...\ ,\ n\ )$$

$$\lambda_i^0 \cdot g_i(x_1^0,x_2^0,...,x_n^0) = 0\ ,\ g_i(x_1^0,x_2^0,...,x_n^0) \leq 0\ ,\ \lambda_0^0 \geq 0\ ,\ \lambda_i^0 \geq 0$$

$$(\ i = 1\ ,\ ...\ ,\ m\ )$$

♦

In *Vektorform* schreiben sich die *Fritz-John-Bedingungen* unter Benutzung des Gradienten folgendermaßen:

$$\lambda_0^0 \cdot \textbf{grad}\, f(\textbf{x}^0) \;+\; \sum_{i=1}^{m} \lambda_i^0 \cdot \textbf{grad}\, g_i(\textbf{x}^0) \;=\; \textbf{0}$$

$$\lambda_i^0 \cdot g_i(\textbf{x}^0) \;=\; 0 \;,\; (\,i=1\,,\,\dots\,,\,m\,) \quad \textit{komplementäre Schlupfbedingungen}$$

$$\textbf{g}(\textbf{x}^0) \le \textbf{0} \;,\; \lambda_0^0 \ge 0 \;,\; \boldsymbol{\lambda}^0 \ge \textbf{0}$$

wobei die Vektoren $\textbf{x} \in R^n$, $\boldsymbol{\lambda} \in R^m$ und die Vektorfunktion $\textbf{g}(\textbf{x}) \in R^m$ folgende Form besitzen:

$$\textbf{x} = \begin{pmatrix} x_1 \\ x_2 \\ \vdots \\ x_n \end{pmatrix} \quad , \quad \boldsymbol{\lambda} = \begin{pmatrix} \lambda_1 \\ \lambda_2 \\ \vdots \\ \lambda_m \end{pmatrix} \quad , \quad \textbf{g}(\textbf{x}) = \begin{pmatrix} g_1(\textbf{x}) \\ g_2(\textbf{x}) \\ \vdots \\ g_m(\textbf{x}) \end{pmatrix}$$

♦

Zu den *Fritz-John-Bedingungen* ist folgendes zu *bemerken:*

- Wenn der Fall

$$\lambda_0^0 = 0$$

auftritt, so sind die Bedingungen zur Charakterisierung eines Minimalpunkts wenig hilfreich, da dann die Zielfunktion keinen Einfluß mehr hat. In diesem Fall sind die Gradienten der Funktionen der Nebenbedingungen linear abhängig, wie aus

$$\sum_{i=1}^{m} \lambda_i^0 \cdot \textbf{grad}\, g_i(\textbf{x}^0) \;=\; \textbf{0}$$

folgt, da die λ-Werte nicht alle gleich Null sind.
Im Satz 11.4 wird dieser Fall unter zusätzlichen Voraussetzungen ausgeschlossen.

- Lösungen der Fritz-John-Bedingungen bzgl. $\textbf{x}$ für beliebige Werte der Lagrangeschen Multiplikatoren

$$\lambda_0 \ge 0 \quad \text{und} \quad \boldsymbol{\lambda} \ge \textbf{0}$$

werden als *Fritz-John-Punkte* bezeichnet. Da die Bedingungen nur notwendig sind, brauchen Fritz-John-Punkte keine Optimalpunkte zu sein.

Die Existenz von Fritz-John-Punkten ist gesichert, wenn der zulässige Bereich nicht leer ist.

♦

11.3.3 Kuhn-Tucker-Bedingungen

Im Gegensatz zu Fritz-John-Bedingungen verwenden die im folgenden behandelten Optimalitätsbedingungen die *Lagrangefunktion* in der Form (in Vektorschreibweise)

$$L(\mathbf{x}; \boldsymbol{\lambda}) = f(\mathbf{x}) + \boldsymbol{\lambda}^T \cdot \mathbf{g}(\mathbf{x})$$

d.h. mit $\lambda_0 = 1$.

In diesem Zusammenhang bezeichnet man die Lagrangefunktion als *Kuhn-Tucker-Funktion* und die Lagrangeschen Multiplikatoren als *Kuhn-Tucker-Multiplikatoren*.

Satz 11.4:

Unter den *Voraussetzungen*

* stetige Differenzierbarkeit der Funktionen $f(\mathbf{x})$ und $\mathbf{g}(\mathbf{x})$

* Konvexität der Funktionen $f(\mathbf{x})$ und $\mathbf{g}(\mathbf{x})$

* eine Regularitätsbedingung (z.B. Slater-Bedingung) ist erfüllt

gilt für die nichtlineare Optimierungsaufgabe

$$f(\mathbf{x}) \to \underset{\mathbf{x} \in B}{\text{Minimum}}$$

mit dem zulässigen Bereich

$$B = \{ \mathbf{x} \in R^n : \mathbf{g}(\mathbf{x}) \le \mathbf{0} \} \subset R^n$$

folgende *notwendige* und *hinreichende Optimalitätsbedingung:*

Notwendig und *hinreichend* dafür, daß

$$\mathbf{x}^0$$

einen (globalen) *Minimalpunkt* für die konvexe nichtlineare Optimierungsaufgabe liefert, ist die *Existenz* von *Kuhn-Tucker- Multiplikatoren*

$$\boldsymbol{\lambda}^0 \ge \mathbf{0}$$

so daß

$$\mathbf{x}^0$$

Lösung der folgenden Bedingungen (Gleichungen und Ungleichungen) ist, die als *lokale Kuhn-Tucker-Bedingungen* bezeichnet werden:

$$\frac{\partial L}{\partial x_k} = \frac{\partial f\,(x_1^0,x_2^0,...,x_n^0)}{\partial x_k} + \sum_{i=1}^{m} \lambda_i^0 \cdot \frac{\partial g_i(x_1^0,x_2^0,...,x_n^0)}{\partial x_k} = 0$$

$$(\,k = 1\,,\,...\,,\,n\,)$$

$$\lambda_i^0 \cdot g_i(x_1^0,x_2^0,...,x_n^0) = 0\,,\quad g_i(x_1^0,x_2^0,...,x_n^0) \le 0\,,\quad \lambda_i^0 \ge 0$$

$$(\,i = 1\,,\,...\,,\,m\,)$$
♦

In *Vektorform* schreiben sich die *lokalen Kuhn-Tucker-Bedingungen* unter Benutzung von Gradienten folgendermaßen:

$$\mathbf{grad}\,f\,(\mathbf{x}^0) + \sum_{i=1}^{m} \lambda_i^0 \cdot \mathbf{grad}\,g_i(\mathbf{x}^0) = \mathbf{0}$$

$$\lambda_i^0 \cdot g_i(\mathbf{x}^0) = 0\,,\,(\,i = 1\,,\,...\,,\,m\,)\quad \textit{komplementäre Schlupfbedingungen}$$

$$\mathbf{g}\,(\mathbf{x}^0) \le \mathbf{0}\,,\,\boldsymbol{\lambda}^0 \ge \mathbf{0}$$

wobei die Vektoren $\mathbf{x} \in R^n$, $\boldsymbol{\lambda} \in R^m$ und die Vektorfunktion $\mathbf{g}\,(\mathbf{x}) \in R^m$ folgende Form besitzen:

$$\mathbf{x} = \begin{pmatrix} x_1 \\ x_2 \\ \vdots \\ x_n \end{pmatrix}\,,\quad \boldsymbol{\lambda} = \begin{pmatrix} \lambda_1 \\ \lambda_2 \\ \vdots \\ \lambda_m \end{pmatrix}\,,\quad \mathbf{g}\,(\mathbf{x}) = \begin{pmatrix} g_1(\mathbf{x}) \\ g_2(\mathbf{x}) \\ \vdots \\ g_m(\mathbf{x}) \end{pmatrix}$$
♦

In neueren Fachbüchern werden die lokalen Kuhn-Tucker-Bedingungen als *Karush-Kuhn-Tucker-Bedingungen* bezeichnet, um darauf hinzuweisen, daß Karush bereits 1939 vor den beiden amerikanischen Mathematikern Kuhn und Tucker (1951) diese Bedingungen aufgestellt und verwendet hat.
♦

Zu den *Kuhn-Tucker-Bedingungen* ist folgendes zu *bemerken:*

- Der einzige aber nicht unwesentliche Unterschied zwischen lokalen Kuhn-Tucker-Bedingungen und Fritz-John-Bedingungen liegt darin, daß bei ersteren der Multiplikator λ_0 vor der Zielfunktion immer ungleich Null ist, d.h. gleich 1 gesetzt werden kann. Diese Eigenschaft wird durch stärkere Voraussetzungen erhalten.

- Falls ein Minimalpunkt $\mathbf{x}^0$ im Inneren des durch die Nebenbedingungen bestimmten zulässigen Bereichs B liegt, gilt offensichtlich

$$g_i(\mathbf{x}^0) < 0 \qquad\qquad (i = 1, \dots, m)$$

In diesem Fall sind alle Kuhn-Tucker-Multiplikatoren gleich Null, d.h.

$$\boldsymbol{\lambda}^0 = \mathbf{0}$$

wie aus den *komplementären Schlupfbedingungen*

$$\lambda_i^0 \cdot g_i(\mathbf{x}^0) = 0 \qquad\qquad (i = 1, \dots, m)$$

der Kuhn-Tucker-Bedingungen folgt und man erhält $\mathbf{grad}\, f(\mathbf{x}^0) = \mathbf{0}$ (siehe Kap.8).

- In den Sätzen 11.2 und 11.4 haben wir die *globale* bzw. *lokale Form* der Kuhn-Tucker-Bedingungen kennengelernt. Die Bezeichnung lokal kommt von dem Sachverhalt, daß man sie unmittelbar durch Anwendung der Differentiation (lokale Eigenschaft) aus den globalen erhält, wenn alle Funktionen $f(\mathbf{x})$ und $\mathbf{g}(\mathbf{x})$ stetig differenzierbar sind.

- *Ohne Regularitätsbedingung* sind die Bedingungen aus Satz 11.4 nur *hinreichend*. Notwendig sind in diesem Fall nur die Fritz-John-Bedingungen.

- Die *lokalen Kuhn-Tucker-Bedingungen* liefern ein *System* von *Gleichungen* und *Ungleichungen*. Diesen müssen die

  * unbekannten Variablen

    $$x_1, x_2, \dots, x_n$$

  * Kuhn-Tucker-Multiplikatoren

    $$\lambda_1, \lambda_2, \dots, \lambda_m$$

genügen.
Lösungen $\mathbf{x}$ der Gleichungen und Ungleichungen der lokalen Kuhn-Tucker-Bedingungen werden als *Kuhn-Tucker-Punkte* bezeichnet.
Kuhn-Tucker-Punkte müssen nicht immer Minimalpunkte sein, da die Bedingungen nur unter den im Satz 11.4 gegebenen Voraussetzungen notwendig und hinreichend sind.

- Da die *Kuhn-Tucker-Multiplikatoren* keine unmittelbare Bedeutung für die zu lösende Aufgabe der nichtlinearen Optimierung haben, benötigt man ihre Werte nicht explizit. In ökonomischen Aufgaben lassen sich die Kuhn-Tucker-Multiplikatoren als Schattenpreise interpretieren. Für den interessierten Leser verweisen wir diesbezüglich auf die Literatur (siehe [14]).

- Die von den *Kuhn-Tucker-Bedingungen* gelieferten Gleichungen und Ungleichungen lassen nur in Spezialfällen eine exakte Lösung zu, da sie meistens nichtlinear sind, so daß kein endlicher Lösungsalgorithmus existiert. Wir illustrieren die Problematik im Beisp.11.2 und im Abschn. 11.3.4. Sie werden aber z.B. für quadratische Optimierungsaufgaben mittels numerischer Methoden näherungsweise gelöst (siehe Kap.12.2).

♦

Beispiel 11.2:

a) Für die nichtlineare (quadratische) Optimierungsaufgabe

$$f(x_1, x_2) = (x_1 - 1)^2 + (x_2 - 1)^2 \to \underset{x_1, x_2}{\text{Minimum}}$$

$$x_1 + x_2 - 1 \leq 0 \, , \, x_1 \geq 0 \, , \, x_2 \geq 0$$

liegt der globale Minimalpunkt auf dem Rand des zulässigen Bereichs (siehe Beisp.11.1a) und besitzt die Koordinaten

$$x_1^0 = \frac{1}{2} \, , \, x_2^0 = \frac{1}{2}$$

Für diese Aufgabe hat die Kuhn-Tucker-Funktion die Gestalt

$$L(x_1, x_2 ; \lambda) = (x_1 - 1)^2 + (x_2 - 1)^2 + \lambda_1 \cdot (x_1 + x_2 - 1) - \lambda_2 \cdot x_1 - \lambda_3 \cdot x_2$$

aus der die Kuhn-Tucker-Bedingungen

$$\frac{\partial L}{\partial x_1} = 2 \cdot (x_1 - 1) + \lambda_1 - \lambda_2 = 0$$

$$\frac{\partial L}{\partial x_2} = 2 \cdot (x_2 - 1) + \lambda_1 - \lambda_3 = 0$$

$$\lambda_1 \cdot (x_1 + x_2 - 1) = 0 \, , \, \lambda_2 \cdot x_1 = 0 \, , \, \lambda_3 \cdot x_2 = 0$$

$$x_1 + x_2 - 1 \leq 0 \, , \, x_1 \geq 0 \, , \, x_2 \geq 0 \, , \, \lambda_1 \geq 0 \, , \, \lambda_2 \geq 0 \, , \, \lambda_3 \geq 0$$

folgen. Diese besitzen die Lösung

$$x_1 = \frac{1}{2} \, , \, x_2 = \frac{1}{2} \, , \, \lambda_1 = 1, \, \lambda_2 = \lambda_3 = 0$$

die sich durch Elimination berechnen läßt, da die Gleichungen und Ungleichungen bis auf die drei Gleichungen des komplementären Schlupfs (in der 3.Zeile) linear sind.

b) Ersetzen wir im Beisp.a) die lineare Nebenbedingung durch eine nichtlineare und lassen die Nicht-Negativitätsbedingungen weg und betrachten die Aufgabe

$$f(x_1, x_2) = (x_1 - 1)^2 + (x_2 - 1)^2 \rightarrow \underset{x_1, x_2}{\text{Minimum}}$$

$$x_1^2 + x_2^2 - 1 \leq 0$$

für die der zulässige Bereich durch die Einheitskreisfläche realisiert wird. Diese Aufgabe läßt sich analog wie Beisp.11.1a grafisch lösen. Der globale Minimalpunkt liegt auf dem Rand des Einheitskreises und ergibt sich als Schnittpunkt mit der Winkelhalbierenden des ersten Quadranten, d.h., er hat die Koordinaten

$$x_1 = \frac{\sqrt{2}}{2} \ , \ x_2 = \frac{\sqrt{2}}{2}$$

Für diese Aufgabe hat die Kuhn-Tucker-Funktion die Gestalt

$$L(x_1, x_2, \lambda) = (x_1 - 1)^2 + (x_2 - 1)^2 + \lambda \cdot (x_1^2 + x_2^2 - 1)$$

aus der die Kuhn-Tucker-Bedingungen

$$\frac{\partial L}{\partial x_1} = 2 \cdot (x_1 - 1) + 2 \cdot \lambda \cdot x_1 = 0$$

$$\frac{\partial L}{\partial x_2} = 2 \cdot (x_2 - 1) + 2 \cdot \lambda \cdot x_2 = 0$$

$$\lambda \cdot (x_1^2 + x_2^2 - 1) = 0$$

$$x_1^2 + x_2^2 - 1 \leq 0 \ , \ \lambda \geq 0$$

folgen, deren Gleichungen und Ungleichungen bis auf die Nicht-Negativitätsbedingung für λ nichtlinear sind.

♦

11.3.4 Anwendung von Computeralgebrasystemen

Man kann mittels der Computeralgebrasysteme versuchen, Lösungen der von den Kuhn-Tucker- bzw. Fritz-John-Bedingungen gelieferten Gleichungen und Ungleichungen exakt zu berechnen. Da diese Gleichungen und Ungleichungen aber für praktische Aufgaben meistens nichtlinear sind, stößt ihre exakte Lösung schnell an Grenzen. Eine numerische Lösung kann versucht werden, ist aber nicht immer effektiv, so daß man häufig direkte Methoden (siehe Abschn.11.6) heranzieht.

Illustrieren wir die Problematik im folgenden Beispiel.

Beispiel 11.3:

a) Für die nichtlineare (quadratische) Optimierungsaufgabe

$$f(x_1, x_2) = (x_1 - 1)^2 + (x_2 - 1)^2 \rightarrow \underset{x_1, x_2}{\text{Minimum}}$$

$$x_1 + x_2 - 1 \leq 0 \ , \ x_1 \geq 0 \ , \ x_2 \geq 0$$

haben wir im Beisp.11.2a aus den Kuhn-Tucker-Bedingungen die Gleichungen und Ungleichungen

$$2 \cdot (x_1 - 1) + \lambda_1 - \lambda_2 = 0$$

$$2 \cdot (x_2 - 1) + \lambda_1 - \lambda_3 = 0$$

$$\lambda_1 \cdot (x_1 + x_2 - 1) = 0 \ , \ \lambda_2 \cdot x_1 = 0 \ , \ \lambda_3 \cdot x_2 = 0$$

$$x_1 + x_2 - 1 \leq 0 \ , \ x_1 \geq 0 \ , \ x_2 \geq 0 \ , \ \lambda_1 \geq 0 \ , \ \lambda_2 \geq 0 \ , \ \lambda_3 \geq 0$$

erhalten, die bis auf die Gleichungen des komplementären Schlupfs in der 3. Zeile linear sind. Sie besitzen die Lösung

$$x_1 = \frac{1}{2} \ , \ x_2 = \frac{1}{2} \ , \ \lambda_1 = 1, \ \lambda_2 = \lambda_3 = 0$$

mit dem minimalen Zielfunktionswert 0.5, die sich durch Elimination berechnen läßt.

Die Kuhn-Tucker-Bedingungen für dieses Beispiel werden von den Systemen MAPLE und MATHEMATICA exakt und MATHCAD numerisch gelöst, wie im folgenden zu sehen ist:

MAPLE löst die Kuhn-Tucker-Bedingungen mittels der vordefinierten Funktion **solve** zur exakten Lösung von Gleichungen und Ungleichungen:

> **solve** ({ 2 * (x1 − 1) + lambda1 − lambda2 = 0 , 2 * (x2 − 1) +

    lambda1 − lambda3 = 0 , lambda1 * (x1 + x2 − 1) = 0 , lambda2 * x1 = 0 , lambda3 * x2 = 0 , x1 + x2 − 1 <= 0 , x1 >= 0 , x2 >= 0 ,

lambda1 >= 0 , lambda2 >= 0 , lambda3 >= 0 } , { x1 , x2 , lambda1 ,

lambda2 , lambda3 }) ;

und berechnet die Lösung

$$\left\{ \lambda1=1 \ , \ x2=\frac{1}{2} \ , \ x1=\frac{1}{2} \ , \ \lambda3=0 \ , \ \lambda2=0 \right\}$$

MATHEMATICA löst die Kuhn-Tucker-Bedingungen mittels der vordefinierten Funktion **InequalitySolve** aus dem Zusatzpaket zur Algebra:

<< Algebra`InequalitySolve`

<< InequalitySolve [{ 2 * (x1 − 1) + λ1 − λ2 == 0 , 2 * (x2 − 1) + λ1

− λ3 == 0 , λ1 * (x1 + x2 − 1) == 0 , λ2 * x1 == 0 , λ3 * x2 == 0 ,

x1 + x2 − 1 ≤ 0 , x1 ≥ 0 , x2 ≥ 0 , λ1 ≥ 0 , λ2 ≥ 0 , λ3 ≥ 0 } , { x1 , x2 ,

λ1 , λ2 , λ3 }]

und berechnet die Lösung

$$x1 == \frac{1}{2} \ \& \ \& \ x2 == \frac{1}{2} \& \ \& \ \lambda1 == 1 \& \ \& \ \lambda2 == 0 \& \ \& \ \lambda3 == 0$$

MATHCAD berechnet Lösungen der Kuhn-Tucker-Bedingungen mittels
given und **find** nur numerisch bei der Vorgabe von Startwerten:

x1 := 0   x2 := 0   λ1 := 0   λ2 := 0   λ3 := 0

given

$$2 \cdot (x1 - 1) + \lambda 1 - \lambda 2 = 0$$

$$2 \cdot (x2 - 1) + \lambda 1 - \lambda 3 = 0$$

$$\lambda 1 \cdot (x1 + x2 - 1) = 0$$

$$\lambda 2 \cdot x1 = 0 \quad \lambda 3 \cdot x2 = 0$$

$$x1 + x2 - 1 \leq 0$$

$$x1 \geq 0 \quad x2 \geq 0 \quad \lambda 1 \geq 0 \quad \lambda 2 \geq 0 \quad \lambda 3 \geq 0$$

$$\text{Find}(x1, x2, \lambda 1, \lambda 2, \lambda 3) = \begin{pmatrix} 0.5 \\ 0.5 \\ 1 \\ 0 \\ 0 \end{pmatrix} \ \blacksquare$$

b) Die Gleichungen und Ungleichungen der Kuhn-Tucker-Bedingungen aus Beisp.11.2b werden nur von MATHEMATICA (exakt) und MATHCAD (numerisch) gelöst.

♦

11.4 Spezialfälle

Neben der *linearen Optimierung* (siehe Kap.10) gibt es weitere *Spezialfälle* der *nichtlinearen Optimierung*, für die effektive Lösungsmethoden existieren. Man kann diese speziellen Aufgaben natürlich auch mit den allgemeinen Methoden der nichtlinearen Optimierung lösen. Wir überlassen es dem Anwender, ob er für die folgenden Spezialfälle die angegebenen Lösungsmethoden heranzieht.

In den Abschn.11.4.1 bis 11.4.5 betrachten wir fünf wesentliche Spezialfälle der nichtlinearen Optimierung, die für die Anwendung von Bedeutung sind und für die effektive Lösungsverfahren existieren.

11.4.1 Eindimensionale Optimierung

Unter *eindimensionaler Optimierung* versteht man die Optimierung (Minimierung oder Maximierung) einer Funktion $f(x)$ einer Variablen x über einem abgeschlossenen Intervall [a,b], d.h.

$$f(x) \underset{x}{\rightarrow} Minimum / Maximum$$

mit den *linearen Ungleichungsnebenbedingungen*

$$a \leq x \leq b$$

Dies ist die einfachste Aufgabe der nichtlinearen Optimierung.

☞

Aufgaben der eindimensionalen Optimierung spielen bei praktischen Aufgaben keine große Rolle, da hier meistens Funktionen mehrerer Variablen auftreten. Die eindimensionale Optimierung wird aber zur Lösung von Hilfsaufgaben benötigt, die bei numerischen Methoden für höherdimensionale Aufgaben auftreten (siehe Abschn.11.6).

♦

Zur Lösung von Aufgaben der eindimensionalen Optimierung ist folgendes zu bemerken:

- Einen ersten Überblick über vorhandene Optimalpunkte erhält man durch die grafische Darstellung der Funktion $f(x)$ über dem Intervall [a,b] (siehe Kap.4).

- Zur exakten Berechnung von Optimalpunkten im Intervall [a,b] lassen sich Optimalitätsbedingungen für Extremalaufgaben aus Kap.8 anwenden, wenn die Funktion $f(x)$ differenzierbar ist. Hiermit bestimmt man die lokalen Optima im offenen Intervall (a,b). Abschließend vergleicht man die berechneten Werte für die lokalen Optima mit den Werten der Funktion $f(x)$ in den beiden Randpunkten a und b des Intervalls [a,b] und erhält die globalen Optima.

  Damit sind *folgende Schritte* zur *exakten Berechnung* von Optimalpunkten erforderlich:

  I. Zuerst werden für die Gleichung

  $$f'(x) = 0$$

  die sich aus den notwendigen Optimalitätsbedingungen für lokale Optima ergibt, alle Lösungen (stationären Punkte) aus dem Intervall (a,b) bestimmt.

  II. Danach werden die im Intervall (a,b) liegenden stationären Punkte mittels der hinreichenden Optimalitätsbedingung

$$f''(x) \neq 0$$

untersucht (siehe Abschn.8.2.2).

III. Abschließend werden die berechneten Werte für die lokalen Optima im offenen Intervall (a,b) mit den Werten der Funktion $f(x)$ in den Randpunkten a und b des Intervalls [a,b] verglichen. Damit lassen sich die globalen Minima und Maxima auf dem Intervall [a,b] bestimmen.

- Die gegebene Vorgehensweise zur exakten Lösung ist nur anwendbar, wenn sich die Gleichung $f'(x) = 0$ exakt lösen läßt. Deshalb sind in den meisten Fällen numerische Methoden erforderlich, die wir im Abschn.11.6.1 skizzieren.

11.4.2 Separierbare Optimierung

Separierbare Aufgaben der nichtlinearen Optimierung (*separierbare Programme*) besitzen folgende *spezielle Struktur:*

$$z = f(\mathbf{x}) = f(x_1, x_2, \ldots, x_n) = f_1(x_1) + f_2(x_2) + \ldots + f_n(x_n) \;\rightarrow\; \underset{x_1, x_2, \ldots, x_n}{\text{Minimum}}$$

mit den *Nebenbedingungen* ($i = 1, 2, \ldots, m$)

$$g_i(\mathbf{x}) = g_i(x_1, x_2, \ldots, x_n) = g_{i1}(x_1) + g_{i2}(x_2) + \ldots + g_{in}(x_n) \leq 0$$

d.h., Zielfunktion und Funktionen der Nebenbedingungen sind bzgl. der einzelnen *Variablen separiert.*
Derartige Aufgaben besitzen den Vorteil, daß man sie in Aufgaben der *linearen Optimierung* überführen kann. Im folgenden skizzieren wir die erforderliche Vorgehensweise:

- Da Zielfunktion und Funktionen der Nebenbedingungen sich als Summe von Funktionen

$$f_k(x_k) \;, \quad g_{ik}(x_k) \qquad\qquad (i = 1, 2, \ldots, m \;; \; k = 1, 2, \ldots, n)$$

schreiben, die nur von einer Variablen abhängen, kann man die Aufgabe linearisieren, indem man eine Linearisierungsmethode für Funktionen

$$h(x)$$

einer Variablen heranzieht.

- Eine einfache Linearisierungsmethode für Funktionen $h(x)$ einer Variablen besteht darin, in einem gegebenen Intervall [a,b] s Punkte (Stützstellen)

$$x^1, x^2, \ldots, x^s$$

festzulegen und zwischen den Stützstellen die Funktion durch Geradenstücke anzunähern (lineare Interpolation), d.h., man erhält für $h(x)$ im Intervall

$$[x^j, x^{j+1}]$$

die folgende Näherungsfunktion

$$\tilde{h}(x) = h_j + \frac{h_{j+1} - h_j}{x^{j+1} - x^j} \cdot (x - x^j) \quad \text{für} \quad x^j \leq x \leq x^{j+1} \quad \text{mit} \quad h_j = h(x^j)$$

Auf diese Weise wird die Funktion $h(x)$ auf dem gegebenen Intervall durch einen Polygonzug angenähert.

Für die Anwendung auf separierbare Aufgaben wird diese Linearisierungsmethode so modifiziert, daß man die Näherungsfunktion für $h(x)$ für beliebige Werte von x aus dem Intervall [a,b] durch eine Formel darstellen kann. Dies gelingt, indem man x als Konvexkombination (siehe Abschn.2.1) der s Stützstellen darstellt, d.h.

$$x = \sum_{j=1}^{s} \lambda_j \cdot x^j \quad \text{mit} \quad \sum_{j=1}^{s} \lambda_j = 1 \quad \text{und} \quad \lambda_j \geq 0$$

Diese Darstellung ist für beliebiges x immer möglich und liefert die Polygonzugnäherung

$$\tilde{h}(x) = \sum_{j=1}^{s} \lambda_j \cdot h_j \quad \text{mit} \quad \sum_{j=1}^{s} \lambda_j = 1 \quad \text{und} \quad \lambda_j \geq 0 \quad , \quad h_j = h(x^j)$$

für die Funktion $h(x)$ auf dem gesamten Intervall [a,b].

Mit der angegebenen Linearisierungsmethode muß jede Funktion aus der Zielfunktion und den Nebenbedingungen linearisiert werden. Dabei sind natürlich für jede Funktion unterschiedliche λ-Werte zu verwenden, die die Variablen für die entstehende *lineare Ersatzaufgabe* bilden, d.h., bzgl. dieser Variablen ist jetzt zu minimieren. Man kann daraus schon erkennen, daß sich bei der Linearisierung die Anzahl der Variablen stark erhöht.

Wir überlassen es dem Leser, mittels der skizzierten Linearisierungsmethode separierbare Optimierungsaufgaben auf Aufgaben der linearen Optimierung zurückzuführen und diese mit den in den Systemen vordefinierten Funktionen zu lösen.

♦

11.4.3 Quotientenoptimierung

Wenn sich die Zielfunktion einer Aufgabe der nichtlinearen Optimierung als Quotient zweier Funktionen darstellen läßt, spricht man von einer Aufgabe der *Quotientenoptimierung* oder *hyperbolischen Optimierung* (englisch: *fractional programming*). Illustrieren wir Aufgaben dieser Form am folgenden *Spezialfall*, den wir in Matrixform schreiben:

- Es ist eine *Zielfunktion* zu minimieren, die sich als *Quotient* zweier *linearer Funktionen* darstellt, d.h.

$$f(\mathbf{x}) = \frac{\mathbf{c}^T \cdot \mathbf{x} + e}{\mathbf{d}^T \cdot \mathbf{x} + g} \to \underset{\mathbf{x}}{\text{Minimum}}$$

wobei die Vektoren $\mathbf{c}$ und $\mathbf{d}$ und die Konstanten e und g gegeben sind.

- Die *Variablen* $\mathbf{x}$ genügen den *linearen Nebenbedingungen*

$$\mathbf{A} \cdot \mathbf{x} = \mathbf{b} \quad , \quad \mathbf{x} \geq \mathbf{0}$$

In dieser Darstellung haben die Vektoren $\mathbf{c} \in R^n$, $\mathbf{d} \in R^n$, $\mathbf{x} \in R^n$ und $\mathbf{b} \in R^m$ und die Matrix $\mathbf{A}$ vom Typ (m,n) folgende Gestalt:

$$\mathbf{c} = \begin{pmatrix} c_1 \\ c_2 \\ \vdots \\ c_n \end{pmatrix} , \mathbf{d} = \begin{pmatrix} d_1 \\ d_2 \\ \vdots \\ d_n \end{pmatrix} , \mathbf{x} = \begin{pmatrix} x_1 \\ x_2 \\ \vdots \\ x_n \end{pmatrix} , \mathbf{b} = \begin{pmatrix} b_1 \\ b_2 \\ \vdots \\ b_m \end{pmatrix} , \mathbf{A} = \begin{pmatrix} a_{11} & a_{12} & \dots & a_{1n} \\ a_{21} & a_{22} & \dots & a_{2n} \\ \vdots & \vdots & \dots & \vdots \\ a_{m1} & a_{m2} & \dots & a_{mn} \end{pmatrix}$$

Für diese Aufgabenstellung der *Quotientenoptimierung*, bei der sich die Zielfunktion als Quotient zweier linearer Funktionen darstellt und die Nebenbedingungen linear sind, gelten folgende *Eigenschaften*:

* Falls der zulässige Bereich

$$B = \{ \mathbf{x} \in R^n : \mathbf{A} \cdot \mathbf{x} = \mathbf{b} \ , \ \mathbf{x} \geq \mathbf{0} \} \subset R^n$$

nicht leer und beschränkt ist, d.h. ein *Polyeder* (*Polytop*) darstellt und

$$\mathbf{d}^T \cdot \mathbf{x} + g > 0 \qquad \forall \, \mathbf{x} \in B$$

gilt, dann besitzt die Aufgabe der Quotientenoptimierung eine *Lösung* (Minimalpunkt), die in mindestens einem *Eckpunkt* des Polyeders B angenommen wird.

* Wenn man für den Nenner der Zielfunktion einen Parameter λ einführt, so erhält man eine *Optimierungsaufgabe* folgender Form:

$$f(\mathbf{x};\lambda) = \frac{1}{\lambda} \cdot (\mathbf{c}^T \cdot \mathbf{x} + e) \to \underset{\mathbf{x},\lambda}{\text{Minimum}}$$

$$\mathbf{x} \geq \mathbf{0}$$

$$\mathbf{A} \cdot \mathbf{x} = \mathbf{b} \quad , \quad \mathbf{d}^T \cdot \mathbf{x} + g = \lambda$$

Unter der Voraussetzung

$$\mathbf{d}^T \cdot \mathbf{x} + g > 0 \qquad\qquad \forall\, \mathbf{x} \in B$$

gilt $\lambda = \mathbf{d}^T \cdot \mathbf{x} + g > 0$

und man kann die Optimierungsaufgabe mittels der Substitutionen

$$\mu = \frac{1}{\lambda}\,,\quad \mathbf{y} = \mu \cdot \mathbf{x}$$

in die folgende *lineare Optimierungsaufgabe* überführen:

$$f(\mathbf{y}; \mu) = \mathbf{c}^T \cdot \mathbf{y} + \mu \cdot e \;\rightarrow\; \underset{\mathbf{y},\,\mu}{\text{Minimum}}$$

$$A \cdot \mathbf{y} = \mu \cdot \mathbf{b}\quad,\quad \mathbf{d}^T \cdot \mathbf{y} + \mu \cdot g = 1\quad,\quad \mathbf{y} \geq \mathbf{0}\quad,\quad \mu \geq 0$$

Man kann sich überlegen, daß ein *Minimalpunkt*

$$\begin{pmatrix} \mathbf{y}^0 \\ \mu^0 \end{pmatrix}$$

dieser *linearen Optimierungsaufgabe* einen *Minimalpunkt*

$$\mathbf{x}^0 = \frac{\mathbf{y}^0}{\mu^0}$$

der ursprünglichen Aufgabe der *Quotientenoptimierung* liefert.

☞

Wir überlassen es dem Leser, mittels der angegebenen Methode Aufgaben der Quotientenoptimierung auf Aufgaben der linearen Optimierung zurückzuführen und diese mit den Systemen zu lösen.

♦

11.4.4 Quadratische Optimierung

Quadratische Optimierungsaufgaben (quadratische Programme) besitzen nach linearen Optimierungsaufgaben die einfachste Struktur von Optimierungsaufgaben mit Ungleichungsnebenbedingungen.
Man bezeichnet *Optimierungsaufgaben* als *quadratisch*, wenn die Funktionen der *Nebenbedingungen linear* und nur die *Zielfunktion quadratisch* sind. In Matrixschreibweise haben derartige Aufgaben folgende Gestalt:

$$z \;=\; f(\mathbf{x}) \;=\; \mathbf{x}^{T} \cdot \mathbf{D} \cdot \mathbf{x} \;+\; \mathbf{c}^{T} \cdot \mathbf{x} \;\rightarrow\; \underset{\mathbf{x}}{\text{Minimum}}$$

$$\mathbf{A} \cdot \mathbf{x} \;\leq\; \mathbf{b} \quad , \qquad \mathbf{x} \;\geq\; \mathbf{0}$$

Quadratische Optimierungsaufgaben betrachten wir ausführlicher im Kap. 12, da aufgrund ihrer einfachen Struktur effektive Lösungsmethoden existieren.

11.4.5 Konvexe Optimierung

Man nennt die Aufgabe der nichtlinearen Optimierung (in Vektorschreibweise)

$$f(\mathbf{x}) \;\rightarrow\; \underset{\mathbf{x}\in B}{\text{Minimum}}$$

mit dem zulässigen Bereich $\quad B \;=\; \{\, \mathbf{x}\in R^{n} \;:\; \mathbf{g}(\mathbf{x})\leq\mathbf{0} \,\} \;\subset\; R^{n}$

konvex, wenn sowohl die *Zielfunktion* $f(\mathbf{x})$ als auch sämtliche Funktionen $\mathbf{g}(\mathbf{x})$ der *Nebenbedingungen konvex* sind. Damit stellt sich die Aufgabe, eine konvexe Funktion über einem konvexen Bereich B zu minimieren, da der durch die Nebenbedingungen bestimmte zulässige Bereich B konvex ist (siehe Beisp.2.1d und Abschn.3.6.2).

☞

Konvexe Optimierungsaufgaben besitzen die *Eigenschaften*, daß

* jeder *lokale Minimalpunkt* auch *global* ist (siehe Abschn.3.6.2).

* unter gewissen Voraussetzungen die *Optimalitätsbedingungen notwendig* und *hinreichend* sind (siehe Abschn.11.3).

Diese Eigenschaften vereinfachen die Betrachtungen wesentlich. Die Konvexität erlaubt auch schärfere Konvergenzaussagen bei numerischen Methoden.

♦

☞

Die Konvexität einer Funktion stellt eine starke Forderung dar. Deshalb werden *Verallgemeinerungen* der *Konvexität* untersucht, um Eigenschaften konvexer Optimierungsaufgaben unter schwächeren Voraussetzungen zu erhalten. Zu erwähnen sind hier *Quasikonvexität* und *Pseudokonvexität*. Den interessierten Leser verweisen wir diesbezüglich auf die Literatur [21].

♦

11.5 Dualität

Die *Dualität* ist ein weitreichendes und effektives Prinzip der Mathematik und hat auch in der mathematischen Optimierung zahlreiche Anwendungen. Ein *Dualitätsprinzip* der Optimierung haben wir bereits im Abschn. 10.7 für lineare Optimierungsaufgaben kennengelernt.

Das *Dualitätsprinzip* besteht in der *Optimierung* darin,

- einer *gegebenen* (*primalen*) *Optimierungsaufgabe* eine *duale Optimierungsaufgabe* zuzuordnen, wobei z.B. die eine (primale) als Minimierungsaufgabe und die andere (duale) als Maximierungsaufgabe formuliert werden. Hierfür gibt es verschiedene Dualitätskonzepte, wie z.B. in der nichtlinearen Optimierung die *Lagrange-* und *Fenchelddualität.*

- eine *Dualitätsaussage* zu formulieren, deren Inhalt darin besteht, daß

  * unter gewissen Voraussetzungen die *optimalen Zielfunktionswerte* von primaler und dualer Aufgabe *übereinstimmen*. Hier spricht man von einer *starken Dualitätsaussage*. Bei einer *schwachen Dualitätsaussage* wird lediglich $\geq$ gefordert, wofür i.allg. schwächere Voraussetzungen benötigt werden.

  * Aussagen über die *Lösbarkeit* der *primalen Aufgabe* auf die *duale* übertragen werden und umgekehrt.

  * *untere Schranken* für die *Zielfunktion* einer vorliegenden primalen Aufgabe erhalten werden.
    ◆

Die Dualitätstheorie hat sich in der nichtlinearen Optimierung zu einem umfangreichen Gebiet entwickelt, das einen gegenwärtigen Forschungsschwerpunkt darstellt.
Wir werden die Problematik im folgenden am Beispiel der *Lagrangedualität* illustrieren, um den Leser einen ersten Eindruck vom Dualitätsprinzip in der nichtlinearen Optimierung zu vermitteln. Hier ist die Problematik wesentlich komplizierter als in der linearen Optimierung, wo starke Dualitätsaussagen einfacher herleitbar sind (siehe Abschn.10.7).
Die *Lagrangedualität* verwendet die *Lagrangefunktion* (*Kuhn-Tucker-Funktion*)

$$L(\mathbf{x};\boldsymbol{\lambda}) = f(\mathbf{x}) + \boldsymbol{\lambda}^T \cdot \mathbf{g}(\mathbf{x})$$

und den Sattelpunktsatz aus Abschn.11.3.1 und schreibt primale und duale Aufgabe in folgender Form:

- Die *primale Aufgabe*

  $$\underset{\mathbf{x}\in B}{\text{Minimum}}\ f(\mathbf{x})\ \text{mit}\ B = \{\,\mathbf{x}\in R^n : \mathbf{g}(\mathbf{x}) \leq 0\,\} \subset R^n$$

läßt sich unter Verwendung der Lagrangefunktion

$$L(\mathbf{x};\lambda) = f(\mathbf{x}) + \lambda^T \cdot \mathbf{g}(\mathbf{x})$$

in folgender Form schreiben:

$$\underset{\mathbf{x}\in R^n}{\text{Minimum}}\ \underset{\lambda \geq 0}{\text{Supremum}}\ L(\mathbf{x};\lambda)$$

wie unter Verwendung von

$$\underset{\lambda \geq 0}{\text{Supremum}}\ (f(\mathbf{x}) + \lambda^T \cdot \mathbf{g}(\mathbf{x})) = \begin{cases} f(\mathbf{x}) & \text{für} \quad \mathbf{g}(\mathbf{x}) \leq \mathbf{0} \\ \\ +\infty & \text{sonst} \end{cases}$$

gezeigt werden kann.

- Eine *duale Aufgabe* kann man folgendermaßen formulieren:

$$\underset{\lambda \geq 0}{\text{Maximum}}\ \underset{\mathbf{x}\in R^n}{\text{Infimum}}\ L(\mathbf{x};\lambda)$$

Für dieses Paar zueinander dualer Aufgaben lassen sich folgende *Dualitäts-sätze* beweisen (siehe [57]):

- *Schwacher Dualitätssatz*

  Ohne weitere Voraussetzungen kann man einfach zeigen, daß für einen zulässigen Punkt der primalen und einen zulässigen Punkt der dualen Aufgabe für die entsprechenden Zielfunktionswerte $\geq$ gilt. Damit folgt diese Ungleichung auch für die optimalen Zielfunktionswerte beider Aufgaben. Wenn die strenge Ungleichung gilt, so spricht man von einer *Dualitätslücke*.

- *Starker Dualitätssatz*

  Unter den gleichen Voraussetzungen wie beim Sattelpunktsatz von Kuhn-Tucker (siehe Satz 11.2) läßt sich zeigen daß die optimalen Zielfunktionswerte von primaler und dualer Aufgabe übereinstimmen, falls eine optimale Lösung $\mathbf{x}^0$ für die primale Aufgabe existiert. In diesem Fall gibt es keine Dualitätslücke und der Punkt

$$(\mathbf{x}^0, \lambda^0)$$

  ist ein *Sattelpunkt* der *Lagrangefunktion*, wenn λ^0 Lösung der dualen Aufgabe ist.

☞

Es gibt zahlreiche Anwendungen der Dualität in der nichtlinearen Optimierung sowohl bei theoretischen Untersuchungen als auch bei numerischen Methoden. Den interessierten Leser verweisen wir diesbezüglich auf die Literatur [21, 57].

♦

11.6 Numerische Methoden

In den vorhergehenden Abschnitten haben wir gesehen, daß sich praktische Aufgaben der nichtlinearen Optimierung nur selten exakt mittels der Optimalitätsbedingungen lösen lassen. Deshalb ist man i.allg. auf *numerische Lösungsmethoden* (*Näherungsmethoden*) angewiesen.
Für die nichtlineare Optimierung existieren zahlreiche Methoden zur Berechnung von Näherungslösungen. Die Entwicklung neuer und die Verbesserung bekannter Näherungsmethoden zählt zu den Forschungsschwerpunkten. Deshalb können wir diese Problematik nicht umfassend behandeln und verweisen den interessierten Leser auf die Literatur [29, 34, 36, 75]. Im folgenden illustrieren wir die Problematik an einigen Standardmethoden, die auch in den Systemen MAPLE, MATHEMATICA, MATHCAD, MATLAB und EXCEL Anwendung finden.

☞

Im Unterschied zur linearen Optimierung mit der Simplexmethode existiert in der nichtlinearen Optimierung keine Standardlösungsmethode, sondern es gibt eine Reihe verschiedener numerischer Methoden, die alle Vor- und Nachteile besitzen. Die Problematik in der nichtlinearen Optimierung liegt darin, daß keine Methode existiert, die für eine beliebige Aufgabe das Optimum in endlich vielen Schritten liefert. Dies ist aber nicht verwunderlich, wenn man die *Struktur nichtlinearer Optimierungsaufgaben* betrachtet:

* Es ist das Optimum (Minimum/Maximum) einer beliebigen (nichtlinearen) Funktion von n Variablen über einem durch beliebige (nichtlineare) Ungleichungen beschriebenen abgeschlossenen Bereich (zulässigen Bereich) zu bestimmen.

* Während in der linearen Optimierung das Optimum immer auf dem Rand des zulässigen Bereichs (Polyeders) in mindestens einem Eckpunkt liegt, kann bei der nichtlinearen Optimierung das Optimum auch im Inneren des zulässigen Bereichs auftreten.

* Der zulässige Bereich hat bei Aufgaben der nichtlinearen Optimierung i.allg. nicht die einfache Form eines Polyeders. Dies erschwert die Berechnung der Optima zusätzlich.

◆

Die zahlreichen *numerischen Methoden* der nichtlinearen Optimierung lassen sich aufgrund der angewandten Prinzipien in mehrere große *Klassen einteilen:*

• Methoden der eindimensionalen Suche (Abschn.11.6.1)

• Straf- und Barrieremethoden (Abschn.11.6.2)

• Methoden der zulässigen Richtungen (Abschn.11.6.3)

- Methoden der Approximation des zulässigen Bereichs (Schnittebenenmethoden – siehe Abschn.11.6.4)

- Methoden, die auf der Lösung der Optimalitätsbedingungen bzw. der dualen Aufgabe beruhen. Hierzu gehören die Methoden der sequentiellen quadratischen Optimierung (SQP-Methoden, englisch: *sequential quadratic programming methods*), die wir kurz im Abschn.11.6.5 vorstellen.

Aus diesen Klassen werden wir in den folgenden Abschnitten einige Methoden skizzieren. Dies soll dazu dienen, dem Leser einen Einblick in die zugrundeliegenden Prinzipien zu geben.

Eine weitere Charakterisierung numerischer Methoden zur Lösung nichtlinearer Optimierungsaufgaben besteht darin, daß die meisten zur Klasse der *Iterationsmethoden* gehören, die folgende *Struktur* besitzen:

* Von einem vorgegebenen Startpunkt

$$\mathbf{x}^1 = \mathbf{x}^s$$

ausgehend, werden mit einer *Iterationsmethode* IM weitere Punkte

$$\mathbf{x}^{k+1} = I M (\mathbf{x}^k) \qquad\qquad (k = 1 , 2 , \dots)$$

erzeugt.

* Die Hauptaufgabe und Hauptschwierigkeit beim Aufstellen einer Iterationsmethode liegt darin, *Konvergenzaussagen* für die erzeugte Folge

$$\left\{\mathbf{x}^k\right\} = \mathbf{x}^1 , \mathbf{x}^2 , \mathbf{x}^3 , \dots$$

herzuleiten. Für Iterationsmethoden zur Lösung nichtlinearer Optimierungsaufgaben bedeutet dies den Nachweis, daß die erzeugte Folge von Punkten gegen einen *Minimalpunkt konvergiert*. Dies gelingt aber nur unter stärkeren Voraussetzungen, wie z.B. für konvexe Zielfunktionen über einem konvexen zulässigen Bereich. Ohne Voraussetzungen läßt sich oft nur beweisen, daß die *Werte* der *Zielfunktion fallen*, d.h., daß

$$f (\mathbf{x}^1) \geq f (\mathbf{x}^2) \geq f (\mathbf{x}^3) \geq \dots$$

gilt. Man spricht in diesem Fall von *Abstiegsmethoden* oder *Relaxationsmethoden*.

♦

Die Vielzahl numerischer Methoden zur Lösung von nichtlinearen Optimierungsaufgaben läßt schon ahnen, daß es keine beste Methode gibt. Alle Methoden haben Vor- und Nachteile, so daß sie für eine Aufgabe effektiv sein können, während sie bei einer anderen versagen oder unbefriedigende Ergebnisse liefern. Deshalb sollte der Anwender mit den in den Systemen vordefinierten Numerikfunktionen experimentieren und Erfahrungen sammeln, um für seine Aufgabenstellungen eine effektive Lösungsmethode auswählen zu können.

♦

Um leistungsfähige Computerprogramme für numerische Methoden der nichtlinearen Optimierung schreiben zu können, muß tiefer in diese Problematik eingedrungen werden. Dies ist nicht Aufgabe des vorliegenden Buches und wir verweisen auf die Literatur [29, 34, 36, 75].

Die im Buch gegebenen Hinweise sollen dazu dienen, dem Leser die Auswahl einer numerischen Methode bei der Berechnung mittels der Systeme MAPLE, MATHEMATICA, MATHCAD, MATLAB und EXCEL zu erleichtern und Antworten auf eventuelle Mißerfolge bei ihren Rechnungen zu finden.

11.6.1 Eindimensionale Suche

Im Abschn.11.4.1 haben wir die exakte Lösung von Optimierungsaufgaben für Funktionen $f(x)$ einer Variablen x über einem abgeschlossenen Intervall [a,b] diskutiert und darauf hingewiesen, daß eindimensionale Optimierungsaufgaben meistens als Hilfsaufgaben bei der numerischen Lösung höherdimensionaler Aufgaben auftreten.

Da die exakte Lösung schon bei eindimensionalen Optimierungsaufgaben schnell an Grenzen stößt, stellen wir in diesem Abschnitt *Suchmethoden* als eine Klasse numerischer Lösungsmethoden vor, die beim praktischen Einsatz Anwendung findet.

Eine weitere Klasse von Lösungsmethoden (z.B. Newton-Methoden − siehe Abschn.6.4) beruht auf der numerischen Lösung der Gleichung

$$f'(x) = 0$$

der notwendigen Optimalitätsbedingung.

Die betrachteten Suchmethoden haben den Vorteil, daß die Funktion $f(x)$

* nicht differenzierbar sein muß.

* nicht analytisch gegeben sein muß. Es genügt die Kenntnis von Funktionswerten. Diese Eigenschaft wird z.B. bei der Berechnung von Schrittweiten für Methoden der zulässigen Richtungen (siehe Abschn. 11.6.3) benötigt.

Es gibt auch Suchmethoden, die die Ableitungen der Funktion $f(x)$ verwenden. Wir verweisen hierzu auf die Literatur [8].

♦

Unter der Bezeichnung eindimensionale Suche werden eine Reihe von *Suchmethoden* zur *Lösung eindimensionaler Optimierungsaufgaben* geführt, von denen wir im folgenden wichtige aufzählen. Die Idee dieser Methoden liegt darin, Strategien zu entwickeln, um für eine im Intervall [a,b] gegebene Funktion $f(x)$ eine Näherung für ein globales Minimum bzw. Maximum durch Berechnung möglichst weniger Funktionswerte zu bestimmen. Bei dieser Vorgehensweise gibt es *zwei Möglichkeiten:*

Die im Intervall [a,b] betrachteten Punkte

* sind von vornherein festgelegt. Der Punkt mit dem kleinsten (bzw. größten) Funktionswert wird als Näherungslösung verwandt. Man spricht hier von *simultanen Suchmethoden.*

* werden erst im Laufe der Rechnungen bestimmt. Hier spricht man von *sequentiellen Suchmethoden.* Da diese Methoden effektiver sind, werden sie in Anwendungen bevorzugt.

♦

Für die weiteren Betrachtungen benötigen wir folgende Begriffe

* *Unbestimmtheitsintervall*

    Ein gegebenes Intervall, in dem das gesuchte Minimum (Maximum) der Funktion $f(x)$ liegt, wird als Unbestimmtheitsintervall bezeichnet. Das Prinzip der Suchmethoden besteht darin, im Laufe ihrer Rechnungen dieses Unbestimmtheitsintervall zu verkleinern.

* *unimodale Funktion*

    Unimodale Funktionen sind allgemeiner als konvexe Funktionen (siehe Abschn.3.6), besitzen aber bzgl. der Minimierung ähnliche Eigenschaften. Eine *Funktion* $f(x)$ heißt auf dem Intervall [a,b] (nach unten) *unimodal,* wenn sie

    * genau einen Minimalpunkt x^0 besitzt.

    * auf dem Intervall

        $[a, x^0]$

        streng monoton fällt und auf dem Intervall

        $[x^0, b]$

        streng monoton wächst.

    Man kann beweisen, daß streng konvexe Funktionen unimodal sind. Die Umkehrung gilt nicht. Wir empfehlen dem Leser, sich den Begriff der Unimodalität von Funktionen $f(x)$ grafisch zu veranschaulichen.

Sequentielle Suchmethoden sind Iterationsmethoden, deren *Grundprinzip* darin besteht, das anfängliche Unbestimmtheitsintervall [a,b] für das Minimum der Funktion $f(x)$ unter Verwendung möglichst weniger Funktionswerte so zu verkleinern, bis eine vorgegebene Genauigkeit für den Minimalpunkt erreicht ist.

Im folgenden zählen wir drei bekannte *sequentielle Methoden* der *eindimensionalen Suche* zur näherungsweisen Bestimmung des Minimalpunktes

$$x^0$$

einer unimodalen Funktion $f(x)$ über dem Intervall [a,b] auf, wobei wir nur eine Methode näher erläutern, um das zugrundeliegende Prinzip zu illustrieren:

* *Dichotomische Suche*

   Hat man das Intervall [a,b] mittels eines Punktes $c \in (a,b)$ geteilt und berechnet den Funktionswert $f(c)$, so kann man aufgrund der drei Funktionswerte

   $$f(a), \ f(b) \ und \ f(c)$$

   noch nichts darüber aussagen, ob der minimale Funktionswert

   $$f(x^0)$$

   zwischen a und c oder c und b liegt. Hat man aber vier Funktionswerte im Intervall [a,b] berechnet, wie z.B.

   $$f(a), \ f(b), \ f(c-\varepsilon) \ und \ f(c+\varepsilon) \qquad\qquad (\ mit \ \varepsilon > 0 \ )$$

   so ergibt sich für den Minimalpunkt x^0 unter Berücksichtigung der Unimodalität

   $$x^0 < c + \varepsilon \qquad\qquad falls \qquad\qquad f(c-\varepsilon) < f(c+\varepsilon)$$

   oder

   $$x^0 > c - \varepsilon \qquad\qquad falls \qquad\qquad f(c-\varepsilon) > f(c+\varepsilon)$$

Damit kann das *Ausgangsunbestimmtheitsintervall* [a,b] durch das kleinere *Unbestimmtheitsintervall*

$$[\,a\,,\,c+\varepsilon\,] \ bzw. \ [\,c-\varepsilon\,,\,b\,]$$

ersetzt werden, das nur noch "halb" so groß ist, falls

$$c = \frac{a+b}{2} \ und \ \varepsilon > 0 \ klein.$$

Führt man diese Vorgehensweise erneut aus, so hat man nach einer endlichen Anzahl von Schritten den Minimalpunkt mit einer vorgegebenen Genauigkeit erreicht. Dies ist allerdings nur für unimodale Funktionen gewährleistet, wie man sich leicht überlegen kann. Für beliebige Funktionen wird man mit dieser Methode entweder einen lokalen Minimalpunkt oder einen Randpunkt berechnen.

Wir empfehlen dem Leser hierfür ein kleines Programm im Rahmen der Computeralgebrasysteme zu schreiben. Falls hierbei Schwierigkeiten auftreten, kann Abschn.D4 herangezogen werden, wo für die dichotomische Suche mittels der Systeme MAPLE, MATHEMATICA, MATHCAD und MATLAB jeweils eine Programmvariante erstellt wird.

* *Methode des goldenen Schnitts*

  Die Idee besteht hier darin, daß man im Gegensatz zur dichotomischen Suche pro Rechenschritt mit einem neuen Punkt auskommt. Eine ausführliche Behandlung dieser Methode findet man in [8].

* *Fibonacci-Suche*

  Hier benötigt man ebenso wie bei der Methode des goldenen Schnitts nur einen neuen Punkt pro Rechenschritt. Die Anzahl n der Punkte des Intervalls ist allerdings vorgegeben. Diese Suche basiert auf den Fibonacci-Zahlen, wie der Name erkennen läßt. Eine ausführliche Behandlung findet man in [8].

11.6.2 Straf- und Barrieremethoden

Straf- und Barrieremethoden sind dadurch charakterisiert, daß sie Optimierungsaufgaben mit Nebenbedingungen durch Addition von Straffunktionen zur Zielfunktion auf Aufgaben ohne Nebenbedingung zurückführen. Die entstehenden Aufgaben werden als *Ersatzaufgaben* bezeichnet. Sie besitzen den Vorteil, daß man die gesamte Palette von Lösungsmethoden für Optimierungsaufgaben ohne Nebenbedingungen heranziehen kann (siehe Abschn.8.3).
Eine erste Begegnung mit Strafmethoden hatten wir bereits im Abschn.9.3.1, wo Extremalaufgaben mit Gleichungsnebenbedingungen auf Aufgaben ohne Nebenbedingungen zurückgeführt werden.
Für Aufgaben der nichtlinearen Optimierung (in Vektorschreibweise)

$$f(\mathbf{x}) \;\to\; \underset{\mathbf{x} \in B}{\text{Minimum}}$$

mit dem zulässigen Bereich $B = \{ \mathbf{x} \in R^n : \mathbf{g}(\mathbf{x}) \le \mathbf{0} \} \subset R^n$

unterscheidet man *zwei Klassen* von *Methoden:*

* *Strafmethoden (Penaltymethoden)*

  sind dadurch gekennzeichnet, daß in den entstehenden Ersatzaufgaben ohne Nebenbedingungen auch Punkte zugelassen sind, die nicht zum zulässigen Bereich gehören, d.h. außerhalb des zulässigen Bereichs liegen. Deshalb werden diese Methoden als *äußere Strafmethoden* bezeichnet. Ihr Prinzip besteht darin, die gegebene Aufgabe durch die *Ersatzaufgabe*

$$f_\mu(\mathbf{x}) \;=\; f(\mathbf{x}) \;+\; \mu \cdot p(\mathbf{x}) \;\rightarrow\; \underset{\mathbf{x} \in R^n}{\text{Minimum}}$$

zu ersetzen, in der über dem gesamten Raum R^n zu minimieren ist, d.h., die so gebildete Ersatzaufgabe ist eine Minimierungsaufgabe für die Funktion

$$f_\mu(\mathbf{x})$$

ohne Nebenbedingungen. In dieser Ersatzaufgabe bedeuten

* $p(\mathbf{x})$

    die *Straffunktion* (*Penaltyfunktion*), die Null ist, wenn $\mathbf{x}$ zum zulässigen Bereich B gehört und ansonsten größer Null, d.h.

$$p(\mathbf{x}) \quad \begin{cases} = 0 & \text{wenn} \quad \mathbf{x} \in B \\[2mm] > 0 & \text{wenn} \quad \mathbf{x} \notin B \end{cases}$$

    Eine häufig verwendete konkrete Straffunktion besitzt die Gestalt

$$p(\mathbf{x}) = \sum_{i=1}^{m} (\, g_i^+(\mathbf{x})\,)^2$$

    mit $\quad g_i^+(\mathbf{x}) = \text{Maximum}\,(\,0\,,\,g_i(\mathbf{x})\,)$

    Diese spezielle Form mit dem Quadrat wird gewählt, um die Differenzierbarkeit zu erhalten, wenn die Funktionen $\mathbf{g}(\mathbf{x})$ differenzierbar sind

* $\mu\;(\,>0\,)$

    den *Strafparameter*.

- *Barrieremethoden*

sind dadurch gekennzeichnet, daß in der entstehenden *Ersatzaufgabe* nur Punkte zugelassen sind, die zum *Inneren* int B des zulässigen Bereichs B gehören. Deshalb werden diese Methoden unter der Bezeichnung *innere Strafmethoden* geführt.
Ihr Prinzip besteht darin, die gegebene Aufgabe durch die *Ersatzaufgabe*

$$f_\mu(\mathbf{x}) \;=\; f(\mathbf{x}) \;+\; \frac{1}{\mu} \cdot h(\mathbf{x}) \;\rightarrow\; \underset{\mathbf{x} \in \text{int} B}{\text{Minimum}}$$

zu ersetzen, in der die Funktion

$$f_\mu(\mathbf{x})$$

über das Innere int B des zulässigen Bereichs B zu minimieren ist. In dieser Ersatzaufgabe bedeuten

* $h(\mathbf{x})$

    die *Barrierefunktion*, die folgende *Eigenschaften* besitzen muß:

    1. $h(\mathbf{x})$ ist stetig auf int B.

    2.   Es gilt $h(\mathbf{x}) \to \infty$, wenn sich $\mathbf{x}$ dem Rand von B nähert.

    Zwei häufig verwendete konkrete Barrierefunktionen haben die Gestalt

$$h(\mathbf{x}) = -\sum_{i=1}^{m} \ln(-g_i(\mathbf{x})) \qquad \text{bzw.} \qquad h(\mathbf{x}) = -\sum_{i=1}^{m} \frac{1}{g_i(\mathbf{x})}$$

* $\mu \ (>0)$

    den *Strafparameter*.

Man könnte annehmen, daß Barrieremethoden keine Aufgaben ohne Nebenbedingungen liefern, da die Ersatzaufgabe über das Innere int B des zulässigen Bereichs B zu minimieren ist. Man benötigt aber zur Lösung der Ersatzaufgaben mittels der Iterationsmethoden aus Abschn.8.3 nur einen Startpunkt aus int B. Die weiteren berechneten Punkte liegen dann aufgrund der Eigenschaften der Barrierefunktionen automatisch in int B.
Deshalb zählt man die durch Barrieremethoden gelieferten Ersatzaufgaben ebenfalls zu Optimierungsaufgaben ohne Nebenbedingungen.

♦

Bei der *praktischen Anwendung* von *Straf-* und *Barrieremethoden* kann man folgendermaßen vorgehen:

I.   Zuerst berechnet man für einen vorgegebenen Wert des Strafparameters mit einer numerischen Methode (Iterationsmethode) für Optimierungsaufgaben ohne Nebenbedingungen (siehe Abschn.8.3) einen Näherungswert für einen Minimalpunkt der zugehörigen Ersatzaufgabe. Als Startpunkt für diese numerischen Methoden benötigt man bei Barriermethoden einen Punkt aus int B, während man bei Strafmethoden einen beliebigen Punkt benutzen kann.

II. Danach vergrößert man den Strafparameter so lange, bis eine "Konvergenz" der berechneten Minimalpunkte zu erkennen ist, d.h., man berechnet je einen Minimalpunkt der Ersatzaufgabe für eine monoton wachsende Folge

$$0 < \mu_1 < \mu_2 < \dots \quad \text{mit} \quad \mu_n \to \infty \quad \text{für} \quad n \to \infty$$

von Strafparametern.

Unter gewissen Voraussetzungen läßt sich zeigen, daß ein Häufungspunkt der berechneten Minimalpunkte einen Minimalpunkt für die ursprüngliche Aufgabe liefert (siehe [35, 57]).

♦

Zusammenfassend ist folgendes zu *bemerken:*

- *Straf-* und *Barrieremethoden* sind dadurch charakterisiert, daß die gegebene nichtlineare Optimierungsaufgabe durch die Minimierung der Funktionen

$$f_\mu(\mathbf{x})$$

  ersetzt wird, d.h., die *Ersatzaufgabe*

$$f_\mu(\mathbf{x}) \to \underset{\mathbf{x}}{\text{Minimum}}$$

  zu lösen ist, die einer *Aufgabe ohne Nebenbedingungen* äquivalent ist und zu deren Lösung die numerischen Methoden aus Kap.8 herangezogen werden können.

- Wir haben nur zwei klassische Vertreter der Straf- und Barrieremethoden kennengelernt, für die es inzwischen zahlreiche Verbesserungen gibt. Vertreter dieser neuen Methoden sind:

  * *Zentrenmethoden*

    Diese sind Vertreter parameterfreier Straf- und Barrieremethoden (siehe [36])

  * *exakte Strafmethoden*

    Hierunter versteht man Strafmethoden, für die für einen endlichen Strafparameter Ersatzaufgabe und ursprüngliche nichtlineare Optimierungsaufgabe einen gemeinsamen (lokalen) Minimalpunkt besitzen. Bei Kenntnis eines derartigen Strafparameters hat man den Vorteil, daß die Ersatzaufgabe nur einmal gelöst werden muß (siehe [29, 35, 75]).

* *Multiplikatormethode* von *Rockafellar*

  Dies ist eine Verallgemeinerung der Multiplikatormethode von Hestenes und Powel (siehe Abschn.9.3.1) auf nichtlineare Optimierungsaufgaben.

- *Straf-* und *Barrieremethoden* besitzen nicht nur Vorteile. *Nachteile* bestehen darin, daß

  * sich bei ungünstiger Wahl der Strafparameter *Rundungsfehler* in den numerischen Rechnungen verstärken können.

  * mittels Strafmethoden häufig Näherungen erhalten werden, die nicht zulässig sind.

  * bei Barrieremethoden Probleme entstehen, wenn der Minimalpunkt auf dem Rand des zulässigen Bereichs liegt, da die Barrierefunktionen hier eine Singularität besitzen.

  ◆

Wir empfehlen dem Leser, numerische Experimente mit den gegebenen Straf- und Barrieremethoden für verschieden große Strafparameter durchzuführen.

Abschließend illustrieren wir die gegebenen Straf- und Barrieremethoden an einem Beispiel.

Beispiel 11.4:

Überführen wir die Aufgabe aus Beisp.11.2.b

$$f(x_1, x_2) = (x_1 - 1)^2 + (x_2 - 1)^2 \to \underset{x_1, x_2}{\text{Minimum}}$$

$$x_1^2 + x_2^2 - 1 \leq 0$$

mittels einer Straf- bzw. Barrierefunktion in eine Ersatzaufgabe.

a) Mit der Straffunktion

$$p(x_1, x_2) = \left(\text{Maximum}(0, x_1^2 + x_2^2 - 1)\right)^2$$

ergibt sich folgende Ersatzaufgabe ohne Nebenbedingungen:

$$f_\mu(x_1, x_2) =$$

$$(x_1 - 1)^2 + (x_2 - 1)^2 + \mu \cdot \left(\text{Maximum}(0, x_1^2 + x_2^2 - 1)\right)^2$$

$$\to \underset{x_1, x_2}{\text{Minimum}}$$

b) Mit der Barrierefunktion

$$h(x_1, x_2) = \frac{1}{1 - x_1^2 - x_2^2}$$

ergibt sich folgende Ersatzaufgabe ohne Nebenbedingungen:

$$f_\mu(x_1, x_2) =$$

$$(x_1 - 1)^2 + (x_2 - 1)^2 + \frac{1}{\mu} \cdot \frac{1}{1 - x_1^2 - x_2^2}$$

$$\rightarrow \underset{x_1, x_2}{\text{Minimum}}$$

♦

11.6.3 Methoden der zulässigen Richtungen

Methoden der zulässigen Richtungen bilden eine Klasse numerischer Methoden (*Iterationsmethoden*), bei denen das Prinzip der Abstiegsmethoden für Aufgaben ohne Nebenbedingungen (siehe Abschn.8.3.2) auf Aufgaben mit Nebenbedingungen übertragen wird:

I. Von einem zulässigen Startpunkt

$$\mathbf{x}^1 = \mathbf{x}^s \in B$$

ausgehend werden weitere zulässige Punkte berechnet, indem man sich längs *zulässiger Abstiegsrichtungen* bewegt, d.h. die Richtung muß die beiden Bedingungen zulässig und Abstiegsrichtung erfüllen, die folgendermaßen definiert sind:

* Ein Vektor

$$\mathbf{d} \in R^n$$

heißt in einem Punkt $\mathbf{x} \in B$ *zulässige Richtung* bzgl. des Bereichs B, wenn es eine Zahl a>0 derart gibt, daß

$$\mathbf{x} + \alpha \cdot \mathbf{d} \in B \qquad \forall \alpha \in (0, a]$$

gilt, d.h., eine zulässige Richtung ist dadurch charakterisiert, daß in ihrer Richtung weitere Punkte aus dem zulässigen Bereich B liegen.

* Ein Vektor $\mathbf{d} \in R^n$ heißt *Abstiegsrichtung* der Funktion $f(\mathbf{x})$ im Punkt $\mathbf{x}$, wenn es eine Zahl b>0 derart gibt, daß

$$f(\mathbf{x} + \beta \cdot \mathbf{d}) < f(\mathbf{x}) \qquad \forall \beta \in (0, b]$$

gilt, d.h., eine Abstiegsrichtung ist dadurch charakterisiert, daß die Funktionswerte in ihrer Richtung abnehmen (siehe Abschn.8.3.2).

Es ist sofort einzusehen, daß eine Abstiegsrichtung nicht immer eine zulässige Richtung sein muß. Dieses Problem tritt in den Randpunkten des zulässigen Bereichs auf, wo nur solche Abstiegsrichtungen zulässig sind, die den Bereich B nicht verlassen.

II. Hat man in einem zulässigen Punkt

$$\mathbf{x}^k \in B$$

eine zulässige Abstiegsrichtung $\qquad\qquad\qquad$ ($k = 1, 2, ...$)

$$\mathbf{d}^k$$

ermittelt, so wird ein weiterer zulässiger Punkt

$$\mathbf{x}^{k+1} = \mathbf{x}^k + \beta_k \cdot \mathbf{d}^k \in B$$

mittels der *Schrittweite*

$$\beta_k \in (0 , c] \qquad\qquad \text{mit } c = \text{Minimum} \{ a , b \}$$

so bestimmt, daß

$$f (\mathbf{x}^{k+1}) = f (\mathbf{x}^k + \beta_k \cdot \mathbf{d}^k) < f (\mathbf{x}^k)$$

gilt. Damit wird eine monoton fallende Folge von Funktionswerten

$$f (\mathbf{x}^1) > ... > f (\mathbf{x}^k) > f (\mathbf{x}^{k+1}) > ...$$

erzeugt.

III. Die Iterationen aus Schritt II. brechen i.allg. nicht nach endlich vielen Schritten ab, so daß eine *Abbruchschranke* benötigt wird. Hierfür gibt es mehrere Möglichkeiten, wie z.B.

$$* \quad \left| \mathbf{x}^{k+1} - \mathbf{x}^k \right| \le \varepsilon$$

$$* \quad \left| f (\mathbf{x}^{k+1}) - f (\mathbf{x}^k) \right| \le \varepsilon$$

deren Interpretation wir dem Anwender überlassen.

☞

Zur *Bestimmung* der *Schrittweite* im Schritt II. existiert eine Reihe von Methoden. Eine Möglichkeit besteht in der Lösung der eindimensionalen Minimierungsaufgabe

$$\underset{\beta \in (0,c]}{\text{Minimum}} \ f (\mathbf{x}^k + \beta \cdot \mathbf{d}^k) = f (\mathbf{x}^k + \beta_k \cdot \mathbf{d}^k) = f (\mathbf{x}^{k+1})$$

längs einer zulässigen Abstiegsrichtung. Da man hiermit eine zusätzliche Optimierungsaufgabe erhält, die nicht problemlos zu lösen ist (siehe Abschn.11.4.1 und 11.6.1), existieren weitere Strategien zur Schrittweitenwahl. Eine einfache Methode besteht in der Vorgabe einer festen Schrittweite. Wird hierfür der Funktionswert nicht kleiner, so halbiert man diese usw. Für ausführlichere Informationen verweisen wir auf die Literatur [29].

◆

☞

Zu *Methoden der zulässigen Richtungen* ist folgendes zu *bemerken:*

- Ohne weitere Voraussetzungen ist die *Konvergenz* der erzeugten Folge

  $$\{ \mathbf{x}^k \}$$

  zulässiger Punkte gegen einen Minimalpunkt nicht gesichert. Nur unter zusätzlichen Bedingungen (wie z.B. Konvexität der Zielfunktion) läßt sich die Konvergenz gegen einen stationären Punkt bzw. Minimalpunkt der Funktion beweisen. Dazu verweisen wir auf die Literatur [29, 75].

- Die speziellen Methoden der zulässigen Richtungen unterscheiden sich hauptsächlich durch die Wahl der zulässigen Abstiegsrichtungen. Bekannte Methoden, die zur Klasse der zulässigen Richtungen gehören sind:

  * *Methode der zulässigen Richtungen* von Zoutendijk

    Diese von Zoutendijk 1960 entwickelte Methode muß nicht immer konvergieren. Deshalb wurde von Topkis und Veinott 1967 eine Modifikation vorgestellt, die bessere Konvergenzeigenschaften besitzt.

  * *Methode des reduzierten Gradienten*

    Diese 1962 von Wolfe vorgestellte Methode für Aufgaben mit linearen Nebenbedingungen stellt eine Erweiterung der Simplexmethode dar.

  * *Methode des projizierten Gradienten*

    Die Idee besteht hier darin, den Gradienten in einem Randpunkt des zulässigen Bereichs B auf B zu projizieren, um eine zulässige Abstiegsrichtung zu erhalten. Ein erstes Verfahren dieser Art wurde 1960 von Rosen vorgestellt.

  * *Methode des bedingten Gradienten*

    Eine erste Methode dieser Art wurde 1956 von Frank und Wolfe vorgestellt. Bei diesen Methoden wird eine zulässige Abstiegsrichtung durch Minimierung der linearisierten Zielfunktion erhalten.

  Ausführlicher werden diese Methoden in [29, 34, 75] beschrieben. Hier findet man auch Verallgemeinerungen dieser Methoden für den Fall, daß die Zielfunktion und die Funktionen der Nebenbedingungen nicht differenzierbar sondern nur subdifferenzierbar sind.

♦

11.6.4 Schnittebenenmethoden

Schnittebenenmethoden können erfolgreich angewandt werden, wenn eine *lineare Zielfunktion* unter *nichtlinearen Nebenbedingungen* zu minimieren ist, d.h.

$$\mathbf{c}^{T} \cdot \mathbf{x} \quad \rightarrow \quad \underset{\mathbf{x} \in B}{\text{Minimum}}$$

mit dem zulässigen Bereich $\quad B \;=\; \{\; \mathbf{x} \in R^{n} \;:\; \mathbf{g}(\mathbf{x}) \leq \mathbf{0} \;\} \;\subset\; R^{n}$

Da Schnittebenenmethoden die nichtlinearen Nebenbedingungen durch lineare annähern, entsteht eine Aufgabe der *linearen Optimierung*, für die man effektive Lösungsmethoden wie die Simplexmethode einsetzen kann.

Die Forderung einer linearen Zielfunktion bedeutet keine Einschränkung der Allgemeinheit, da man jede nichtlineare Zielfunktion durch Aufnahme einer zusätzlichen nichtlinearen Nebenbedingung in eine lineare überführen kann, wie die folgende Vorgehensweise zeigt: Man kann

- die gegebene Aufgabe

  * mit nichtlinearer Zielfunktion

    $$f(\mathbf{x}) \quad \rightarrow \quad \underset{\mathbf{x}}{\text{Minimum}}$$

  * und nichtlinearen Nebenbedingungen

    $$\mathbf{g}(\mathbf{x}) \leq \mathbf{0}$$

- in die äquivalente Aufgabe

  * mit linearer Zielfunktion
    $$x_{n+1} \quad \rightarrow \quad \underset{\mathbf{x},\, x_{n+1}}{\text{Minimum}}$$

  * und den gegebenen nichtlinearen Nebenbedingungen

    $$\mathbf{g}(\mathbf{x}) \leq \mathbf{0}$$

  * und der zusätzlichen nichtlinearen Nebenbedingung

    $$f(\mathbf{x}) - x_{n+1} \leq 0$$

zurückführen. ♦

Im folgenden skizzieren wir die *prinzipielle Vorgehensweisen* von *Schnitt-ebenenmethoden* für die nichtlineare Optimierungsaufgabe mit linearer Zielfunktion

$$\mathbf{c}^T \cdot \mathbf{x} \quad \rightarrow \quad \underset{\mathbf{x} \in B}{\text{Minimum}}$$

und dem zulässigen Bereich $\quad B \;=\; \{\; \mathbf{x} \in R^n \;:\; \mathbf{g}(\mathbf{x}) \leq \mathbf{0}\;\} \;\subset\; R^n$

unter der Annahme, daß der zulässige Bereich B nichtleer, beschränkt (und konvex) ist:

I. Zuerst wird der durch die vorliegenden (nichtlinearen) Ungleichungsnebenbedingungen bestimmte zulässige Bereich B durch ein konvexes Polyeder P_1 ersetzt, das B umfaßt, d.h., es muß gelten

$$P_1 \supset B$$

II. Anschließend wird für die entstandene lineare Optimierungsaufgabe

$$\mathbf{c}^T \cdot \mathbf{x} \quad \rightarrow \quad \underset{\mathbf{x} \in P_1}{\text{Minimum}}$$

mit dem zulässigen Bereich P_1

z.B. mittels Simplexmethode ein Minimalpunkt $\mathbf{x}^1$ bestimmt. Falls dieser Minimalpunkt zum zulässigen Bereich B gehört, hat man die ursprünglich gegebene Aufgabe gelöst und die Methode wird beendet.

III. Falls der im Schritt II. berechnete Minimalpunkt $\mathbf{x}^1$ nicht zum zulässigen Bereich B gehört, wird von dem konvexen Polyeder P_1 durch eine Hyperebene H_1 ein Teil abgeschnitten, wobei für das neu entstandene konvexe Polyeder P_2 gelten muß, daß der Punkt $\mathbf{x}^1$ nicht mehr dazugehört, d.h. abgeschnitten wurde, und B wieder umfaßt wird, d.h., es muß gelten

$$\mathbf{x}^1 \notin P_2 \quad \text{und} \quad P_2 \supset B$$

Eine Möglichkeit den Punkt $\mathbf{x}^1$ mittels einer Hyperebene abzuschneiden besteht in der Hinzunahme der zusätzlichen Nebenbedingung

$$g_k(\mathbf{x}^1) + \mathbf{grad}\, g_k(\mathbf{x}^1) \cdot (\mathbf{x} - \mathbf{x}^1) \leq 0$$

wobei k ein Index ist, für den

$$g_k(\mathbf{x}^1) > 0$$

gilt. Dies ist jedoch nur möglich, wenn die Funktionen $\mathbf{g}(\mathbf{x})$ stetig differenzierbar sind.

Danach führt man mit dem neu entstandenen Polyeder P_2 wieder die Optimierung von Schritt II. durch und erhält einen Minimalpunkt $\mathbf{x}^2$ usw.

Zu *Schnittebenenmethoden* ist folgendes zu *bemerken:*

- Die Vorgehensweise ist hier ähnlich wie bei den Schnittebenenmethoden von *Gomory* der ganzzahligen linearen Optimierung (siehe Abschn. 14.2.1).

- Die einzelnen Varianten der Schnittebenenmethoden unterscheiden sich hauptsächlich durch die Wahl der Hyperebenen, mit deren Hilfe Teile der Polyeder weggeschnitten werden.

- Nachteile dieser Methoden bestehen darin, daß

  * die Bestimmung eines Anfangspolyeders nicht immer einfach ist.

  * die in jedem Schritt berechneten Lösungen nicht zulässig sein müssen.

  * die Konvergenz nicht besonders schnell ist.

Für weitere Details der Schnittebenenmethoden wird auf die Literatur [57] verwiesen.

♦

11.6.5 SQP-Methoden

Methoden der *sequentiellen quadratischen Optimierung* (englisch: *sequential quadratic programming methods*) oder kurz *SQP-Methoden* haben sich zu einer wichtigen Klasse numerischer Lösungsmethoden für nichtlineare Optimierungsaufgaben entwickelt. Es existiert hiervon eine große Anzahl von Varianten.

Die *wesentlichen Merkmale* der *SQP-Methoden* sind folgende:

- Sie sind Iterationsmethoden.

- Sie unterteilen sich in

  * lokal konvergente Varianten

    die sich durch Erweiterung der Lagrange-Newton-Methode auf die Lösung der Kuhn-Tucker-Bedingungen gewinnen lassen.

  * global konvergente Varianten

    die sich durch Anwendung exakter Strafmethoden gewinnen lassen.

- In jedem Iterationsschritt entsteht als Hilfsaufgabe eine quadratische Optimierungsaufgabe, die zu lösen ist. Dies bedeutet, daß in jedem Schritt die nichtlineare Optimierungsaufgabe lokal durch eine quadratische Optimierungsaufgabe approximiert (angenähert) wird. Hieraus resultiert die Bezeichnung sequentielle quadratische Optimierungsmethoden.

♦

Eine ausführlichere Behandlung dieser Problematik findet man in [29, 75].

11.6.6 Globale Optimierung

Die meisten Standardmethoden der nichtlinearen Optimierung haben lokalen Charakter, d.h., sie konvergieren im Idealfall gegen einen lokalen Minimalpunkt. Dies ist aber nur bei konvexen Optimierungsaufgaben befriedigend, da hier lokale und globale Minimalpunkte zusammenfallen. Bei allgemeinen Aufgaben trifft dies nicht zu, wobei die Funktionswerte in lokalen Minimalpunkten beträchtlich von den in globalen Minimalpunkten abweichen können. Deshalb hat sich in den letzten Jahrzehnten eine Forschungsrichtung entwickelt, die sich mit der Entwicklung numerischer Methoden zur Bestimmung globaler Minimalpunkte befaßt. Dieses Gebiet der mathematischen Optimierung wird als *globale Optimierung* bezeichnet. Bei diesen Methoden zeichnen sich zwei Klassen ab:

* *Deterministische Methoden* für spezielle Aufgabenklassen:

   Hierzu gehören Schnittebenenmethoden.

* *Stochastische Methoden:*

   Hier besteht eine einfache Methode darin, eine Anzahl n von Punkten aus dem zulässigen Bereich zufällig auszuwählen und den Punkt mit dem kleinsten Zielfunktionswert als Näherung für den globalen Minimalpunkt zu verwenden (siehe auch Abschn.8.3.3).

Bezüglich der globalen Optimierung verweisen wir den interessierten Leser auf die Literatur [39].

Wir empfehlen dem Leser, innerhalb der Systeme ein kleines Programm zur einfachen stochastischen Lösungsmethode zu erstellen, in dem die Koordinaten der einzelnen Punkte durch Zufallszahlen erzeugt werden, die einer gewissen Verteilung (z.B. Gleichverteilung) genügen. Die Erzeugung von Zufallszahlen ist in den Systemen einfach möglich. Die dazu erforderliche Vorgehensweise erfährt man aus ihren Hilfen (unter dem englischen Stichwort: random numbers).

11.6.7 Anwendung von Computeralgebrasystemen

Im folgenden beschreiben wir in den Computeralgebrasystemen vordefinierte Funktionen zur numerischen Berechnung von Lösungen nichtlinearer Optimierungsaufgaben. Diese Funktionen lassen bei MATHEMATICA,

MATHCAD und MATLAB neben Ungleichungsnebenbedingungen auch Gleichungsnebenbedingungen zu:

In MAPLE findet man nur vordefinierte Funktionen zur numerischen (näherungsweisen) Lösung von nichtlinearen Optimierungsaufgaben, wenn das Power Tool **Nonlinear Programming** installiert ist (siehe Anhang A.2). **Nonlinear Programming** benötigt die Zusatzpakete zur linearen Algebra, so daß der Aufruf folgendermaßen geschehen muß:

> **with** (LinearAlgebra) ;

> **with** (linalg) ;

> libname := " C : / MAPLE_8 / NLP " , libname ;

> **with** (NonlinearProgramming) ;

Danach stehen für nichtlineare Optimierungsaufgaben die folgenden vordefinierten Funktionen zur Verfügung:

* > **Optimize** (f , min , var , { } , ' free ' , start) ;

  Dies ist eine universelle Funktion, die für alle Optimierungsaufgaben anwendbar ist. Anhand der Zielfunktion und der Nebenbedingungen sucht diese Funktion die passende in MAPLE vordefinierte Lösungsfunktion.

  Die Argumente bedeuten folgendes:

  * f

    den Funktionsausdruck $f(\mathbf{x})$ der Zielfunktion bzw. den Funktionsnamen, falls die Funktion vorher definiert wurde.

  * min

    die Zielfunktion ist zu minimieren. Bei Maximierung ist max zu schreiben.

  * var

    die Anzahl der unabhängigen Variablen.

  * { }

    In diese Klammern müssen die gegebenen Ungleichungsnebenbedingungen durch Komma getrennt eingetragen werden.

* ' free'

  bedeutet, daß für die unabhängigen Variablen keine Vorzeichenbedingungen vorliegen. Liegen Nicht-Negativitätsbedingungen vor, so ist ' nonnegative ' zu schreiben.

* start

  den Startpunkt für die Methode. Falls man keine Näherungswerte für die Lösung kennt, empfiehlt es sich, die Rechnung für verschiedene Startpunkte durchzuführen.

- > **PrimalDualLogBarrier** (f , var , { } , ' free ' , start , ' convex ') **;**

  Diese Funktion wendet eine Barrieremethode an, um Minimierungsaufgaben mit beliebigen Ungleichungsnebenbedingungen näherungsweise zu lösen. Die Argumente haben die gleiche Bedeutung wie bei **Optimize.** Zusätzlich kann der Konvexitätsparameter 'convex' geschrieben werden, falls Zielfunktion und Nebenbedingungen konvex sind.

Die Anwendung der beiden Funktionen wird im Beisp.11.5 illustriert.

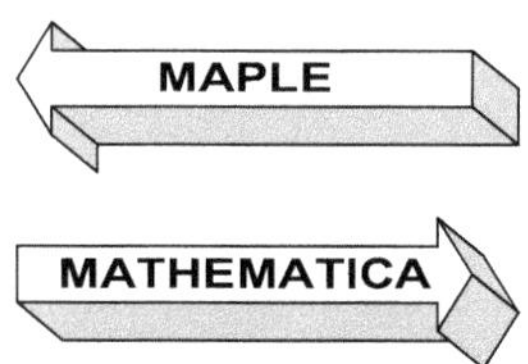

Wenn das Zusatzpaket **Global Optimization** installiert ist (siehe Anhang A.2), muß es folgendermaßen aufgerufen werden:

<< **GO42.MX**

Danach stehen zur Lösung von nichtlinearen Optimierungsaufgaben folgende vordefinierten Funktionen zur Verfügung:

- **GlobalMinima** [f , NB , VAR , GRID , TOL , CON , IND , Optionen]

  Diese Funktion wendet die AGR-Methode an und eignet sich zur Berechnung von Minima für Aufgaben mit weniger als 14 Variablen und einer großen Anzahl lokaler Minima. Die Differenzierbarkeit der Zielfunktion wird nicht benötigt. Ihre Argumente bedeuten folgendes:

  * f

    den Funktionsausdruck der Zielfunktion bzw. den Funktionsnamen f ($\mathbf{x}$) , falls die Funktion vorher definiert wurde.

  * NB

die Nebenbedingungen in Listenform. Falls keine vorliegen, ist hier
ein Leerzeichen oder { } einzugeben.

* VAR

die Variablen mit unterer und oberer Grenze in Listenform der folgenden Gestalt:

{ { x1 , a1 , b1 } , { x2 , a2 , b2 } , ... , { xn , an , bn } }

* GRID

Anfangszahl von Gitterpunkten in jeder Variablenrichtung im bei VAR
festgelegten Bereich, d.h., es wird ein Anfangsgitter festgelegt.

* TOL

Genauigkeitsschranke.

* CON

Grad der Verkleinerung des Gitters in jedem Iterationsschritt.

* IND

Gibt man hier 0. ein, so wird die im letzten Iterationsschritt berechnete Näherung ausgegeben. Gibt man hierfür einen (kleinen) positiven
Wert ein, so werden auch die Werte in der hierdurch bestimmten
Umgebung der berechneten Näherung ausgegeben.

* Optionen

hier können zahlreiche Optionen verwendet werden, die man in der
Datei GOMANUAL.NB findet (siehe Anhang A.2).

- **GlobalSearch** [f , UGL , GL , VAR , TOL , Optionen]

Diese Funktion wendet mehrere Methoden an und berechnet Näherungen für Minima.

Ihre Argumente bedeuten folgendes:

* f

den Funktionsausdruck der Zielfunktion bzw. den Funktionsnamen
f ($\mathbf{x}$) , falls die Funktion vorher definiert wurde.

* UGL

die Ungleichungsnebenbedingungen in Listenform. Falls keine vorliegen, ist hier ein Leerzeichen oder { } einzugeben.

* GL

die Gleichungsnebenbedingungen in Listenform. Falls keine vorliegen, ist hier ein Leerzeichen oder { } einzugeben.

* VAR

  die Variablen mit unterer und oberer Grenze in Listenform der folgenden Gestalt

  { { x1 , a1 , b1 } , { x2 , a2 , b2 } , ... , { xn , an , bn } }

* TOL

  Genauigkeitsschranke.

* Optionen

  hier können zahlreiche Optionen verwendet werden, die man in der Datei GOMANUAL.NB findet (siehe Anhang A.2).

• **GlobalPenaltyFn** [f , UGL , GL , VAR , TOL , Optionen]

  Diese Funktion wendet u.a. Strafmethoden an und berechnet Näherungen für Minima. Die *Argumente* haben die gleiche Bedeutung wie bei **GlobalSearch**.

Die betrachteten Funktionen verwenden verschiedene numerische Methoden. Details hierüber findet man im Benutzerhandbuch GOMANUAL.NB (siehe Anhang A.2). Ihre Anwendung wird im Beisp.11.5 illustriert.

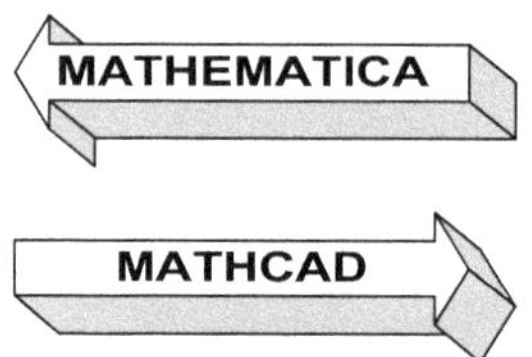

In MATHCAD können die beiden vordefinierten Funktionen **minimize** bzw. **maximize** zur numerischen (näherungsweisen) Lösung von Minimierungs- bzw. Maximierungsaufgaben mit Nebenbedingungen herangezogen werden. **minimize** und **maximize** sind universell einsetzbar sowohl für Optimierungsaufgaben ohne als auch mit Gleichungs- und/oder Ungleichungsnebenbedingungen. Wir haben sie bereits in den Kap.8, 9 und 10 bei Extremalaufgaben ohne und mit Gleichungsnebenbedingungen und linearen Optimierungsaufgaben kennengelernt.

Die Anwendung dieser Funktionen vollzieht sich in folgenden Schritten:

I.   Definition der Zielfunktion:

     f (x1 , x2 , ... , xn) :=

II. Zuordnung von Startwerten an die Variablen:

x1 :=   x2:=   ..... xn :=

Falls man keine Näherungswerte für die Lösung kennt, empfiehlt es sich,
die Rechnung für verschiedene Startwerte durchzuführen.

III. Darunter beginnt der Lösungsblock mit **given**. Unterhalb werden die
Nebenbedingungen geschrieben. Den Abschluß des Lösungsblocks bildet der Aufruf von **minimize** bzw. **maximize**, die als Argumente den
Zielfunktionsnamen und die Variablenbezeichnungen haben. Die Rechnung wird durch Eingabe des numerischen Gleichheitszeichens = und
abschließender Betätigung der Eingabetaste ⏎ ausgelöst, d.h., der *Lösungsblock* hat folgende *Form:*

given

Unter given werden die *Nebenbedingungen* eingegeben. Danach wird
eine der Funktionen in folgender Form eingetragen

minimize bzw. **maximize** (f , x1 , x2 , ... , xn) =

und die Eingabetaste ⏎ gedrückt.

Wir illustrieren die gegebene Vorgehensweise im Beisp.11.5.

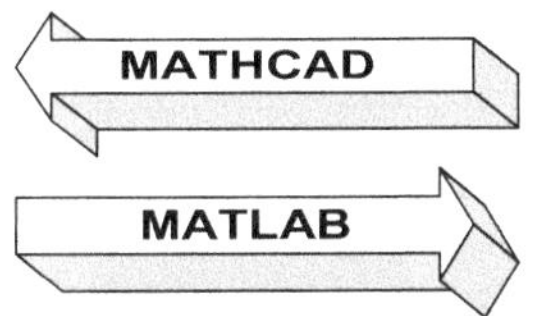

Wenn die Toolbox **Optimization** von MATLAB installiert ist, kann die vordefinierte Funktion

- $\gg$ [x , fw] = **fminbnd** (' F ' , x1 , x2)

  zur Berechnung des Minimums der Funktion F(x) einer Variablen im
  Intervall [x1,x2] verwendet werden, wobei F(x) wie bei **fmincon** als
  Funktionsdatei F.M zu schreiben ist.

- **fmincon** zur Lösung allgemeiner Aufgaben der nichtlinearen Optimierung angewandt werden:

  $\gg$ **fmincon** (' F ' **,** SW , A , b , B , d , u , v , ' NB ')

  löst die allgemeine Aufgabe der nichtlinearen Optimierung

  $$F(\mathbf{x}) \rightarrow \underset{\mathbf{x}}{\text{Minimum}}$$

  mit den Nebenbedingungen (in Vektorschreibweise)

  $$\mathbf{g}(\mathbf{x}) \leq \mathbf{0} \quad , \qquad \mathbf{h}(\mathbf{x}) = \mathbf{0}$$

$$\mathbf{A} \cdot \mathbf{x} \leq \mathbf{b} \quad , \quad \mathbf{B} \cdot \mathbf{x} = \mathbf{d} \quad , \quad \mathbf{u} \leq \mathbf{x} \leq \mathbf{v}$$

wobei

* die Zielfunktion F und die Nebenbedingungen NB

$$\mathbf{g}(\mathbf{x}) \leq 0 \, , \mathbf{h}(\mathbf{x}) = 0$$

als Funktionsdateien F.M bzw. NB.M zu schreiben und abzuspeichern sind und MATLAB ihr Pfad mitzuteilen ist (siehe Anhang B.2). Die Vektorfunktionen $\mathbf{g}(\mathbf{x})$ und $\mathbf{h}(\mathbf{x})$ sind dabei als Spaltenvektoren einzugeben:

$\Rightarrow$ Funktionsdatei F.M für die Zielfunktion $F(\mathbf{x})$:

   function z = F(x)

   z = Funktionsausdruck von $F(\mathbf{x})$;

$\Rightarrow$ Funktionsdatei NB.M für die Nebenbedingungen

   $\mathbf{g}(\mathbf{x}) \leq 0$, $\mathbf{h}(\mathbf{x}) = 0$:

   function [iq , eq] = NB (x)

   iq = [Komponenten von $\mathbf{g}(\mathbf{x})$] ;
   eq = [Komponenten von $\mathbf{h}(\mathbf{x})$] ;

Falls eine der beiden Funktionen $\mathbf{g}(\mathbf{x})$ oder $\mathbf{h}(\mathbf{x})$ aus den Nebenbedingungen in einer gegebenen Aufgabenstellung nicht vorkommt, muß in der Funktionsdatei NB.M eine Leerzuweisung [ ] erfolgen. So z.B.

eq = [ ] ;

wenn die Nebenbedingungen $\mathbf{h}(\mathbf{x}) = 0$ fehlen (siehe Beisp.11.5).

* SW die Startwerte für das Verfahren darstellen, die als Spaltenvektor einzugeben sind.

* $\mathbf{A}$ und $\mathbf{B}$ Matrizen und $\mathbf{b}$, $\mathbf{d}$, $\mathbf{u}$, $\mathbf{v}$ Spaltenvektoren darstellen.

Weiterhin ist zu beachten, daß die Komponenten von $\mathbf{x}$ in der Form x(1) , x(2) , ... , x(n) zu schreiben sind.

Wir illustrieren die gegebene Vorgehensweise im Beisp.11.5.

Beispiel 11.5:

Illustrieren wir die Anwendung der Systeme, indem wir die Aufgabe b) aus Beisp.11.2

$$f(x_1, x_2) = (x_1 - 1)^2 + (x_2 - 1)^2 \rightarrow \underset{x_1, x_2}{\text{Minimum}}$$

$$x_1^2 + x_2^2 - 1 \leq 0$$

mit den zusätzlichen Nicht-Negativitätsbedingungen

$$x_1 \geq 0 \quad , \quad x_2 \geq 0$$

lösen. Der globale Minimalpunkt liegt auf dem Rand des Einheitskreises und hat die Koordinaten

$$x_1 = \frac{\sqrt{2}}{2} \quad , \quad x_2 = \frac{\sqrt{2}}{2}$$

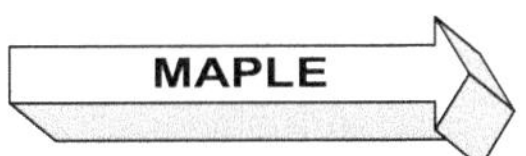

Nach dem Laden des Power Tool **Nonlinear Programming** mittels:

> **with** (LinearAlgebra) **;**

> **with** (linalg) **;**

> libname := " C : / MAPLE_8 / NLP " , libname **;**

> **with** (NonlinearProgramming) **;**

liefern die vordefinierten Funktionen **Optimize** und **PrimalDualLogBarrier** folgendes:

* Anwendung von **Optimize**:

   > **Optimize** ((x[1] − 1)^2 + (x[2] − 1)^2 , min , 2 , { x[1]^2 + x[2]^2

           <= 1 } , 'nonnegative' , < 0 , 0 >) **;**

   $\{ x_1 = 0.707099475992819194 \ , \ x_2 = 0.707099475992819194 \}$

* Anwendung von **PrimalDualLogBarrier**:

   > **PrimalDualLogBarrier** ((x[1] − 1)^2 + (x[2] − 1)^2 , 2 ,

           { x[1]^2 + x[2]^2 <= 1 } , 'nonnegative' , < 0 , 0 > ,

           'convex') **;**

$\{\, x_1 = 0.707099475992819194 \, , \quad x_2 = 0.707099475992819194 \,\}$

Da die Aufgabe konvex ist, haben wir den Konvexitätsparameter 'convex' gesetzt.

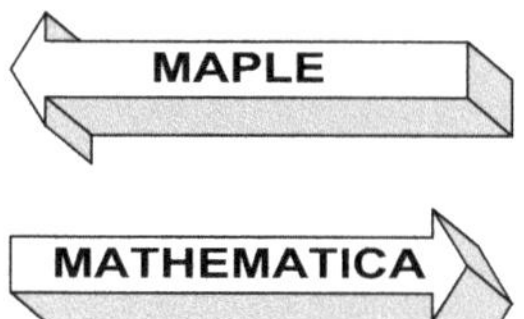

Nach dem Laden des Zusatzpakets **Global Optimization** mittels

$\ll$ **GO42.MX**

berechnet MATHEMATICA für die Vorgabe der Intervalle [0,2] und [0,2] für die Variablen x1 bzw. x2 mittels der vordefinierten Funktionen **Global-Search** bzw. **GlobalPenaltyFn** folgende Ergebnisse:

- Anwendung von **GlobalSearch**:

  GlobalSearch [(x1 − 1)^2 + (x2 − 1)^2 , { x1^2 + x2^2 − 1 , −x1 ,

  −x2 } , { } , { { x1 , 0 , 2 } , { x2 , 0 ,2 } } , 0.0001] // **Timing**

```
{0.203 Second, {{{x1 → 0.708536, x2 → 0.705675}, 0.171579},
    {{x1 → 0.763532, x2 → 0.64577}, 0.181396},
    {{x1 → 0.707231, x2 → 0.706983}, 0.171573}}}
```
- Anwendung von **GlobalPenaltyFn**:

  GlobalPenaltyFn [(x1 − 1)^2 + (x2 − 1)^2 , { x1^2 + x2^2 − 1 , −x1 ,

  −x2 } , { } , { { x1 , 0 , 2 } , { x2 , 0 , 2 } } , 0.0001]//**Timing**

```
{0.532 Second, {{{x1 → 0.712173, x2 → 0.701976}, 0.171663},
    {{x1 → 0.706583, x2 → 0.707628}, 0.171575},
    {{x1 → 0.696133, x2 → 0.71747}, 0.172158}}}
```

Nach Definition der Zielfunktion

$$f(x1,x2) := (x1 - 1)^2 + (x2 - 1)^2$$

und Vorgabe der Startwerte

$\quad$ x1 := 0 $\quad$ x2 := 0

liefert MATHCAD mit dem Lösungsblock

given

$$x1^2 + x2^2 \leq 1$$

$$x1 \geq 0 \quad x2 \geq 0$$

$$\text{minimize}(f, x1, x2) = \begin{pmatrix} 0.707 \\ 0.707 \end{pmatrix} \blacksquare$$

die angezeigte Lösung.

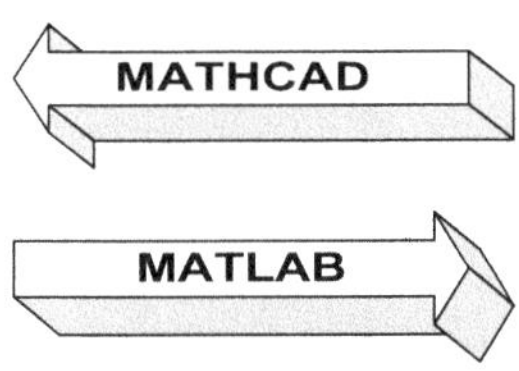

Mit der vordefinierten Funktion **fmincon** aus der Toolbox **Optimization** berechnet MATLAB für die Startwerte x1=0, x2=0 mittels

\>\> **fmincon** (' F ' , [0 , 0] , [ ] , [ ] , [ ] , [ ] , [0 ; 0] , [ ] , ' NB ')

ans =

$\quad$ 0.7071 $\quad$ 0.7071

die angezeigte Lösung, wobei die beiden erforderlichen Funktionsdateien F.M und NB.M für die Zielfunktion bzw. die Ungleichungsnebenbedingung in folgender Form zu schreiben und abzuspeichern sind:

* Funktionsdatei F.M

$\quad$ **function** z = F(x)

$\quad$ z = (x(1) − 1)^2 + (x(2) − 1)^2 ;

* Funktionsdatei NB.M

$\quad$ **function** [iq , eq] = NB(x)

$\quad$ iq = [x(1)^2 + x(2)^2 − 1] ;

$\quad$ eq = [ ] ;

Wir haben beide Funktionsdateien im Hauptverzeichnis MATLAB auf der Festplatte C gespeichert, so daß vor ihrer Anwendung

>> **cd** C:\MATLAB

in das Arbeitsfenster von MATLAB einzugeben ist.

♦

11.6.8 Anwendung von EXCEL

Die Anwendung von EXCEL zur numerischen Lösung nichtlinearer Optimierungsaufgaben vollzieht sich analog zur Lösung linearer Optimierungsaufgaben, man hat nur in die Dialogbox des SOLVERS statt linearer Zielfunktion und linearen Nebenbedingungen nichtlineare Zielfunktion und nichtlineare Nebenbedingungen einzutragen. Da wir im Abschn.10.6 die Anwendung von EXCEL zur Lösung lineare Optimierungsaufgaben ausführlich mit Abbildungen beschrieben haben, skizzieren wir im folgenden nur die Vorgehensweise:

I. Zuerst tragen wir in nebeneinanderliegende freie Zellen einer Zeile der aktuellen Tabelle die Namen der Variablen ein und darunter ihre Startwerte für die von EXCEL verwendete numerische Methode. Anschließend markieren wir diese Zellen durch Überstreichen mit gedrückter Maustaste, aktivieren die Menüfolge

Einfügen ⇒ Namen ⇒ Erstellen...

und klicken in der erscheinenden Dialogbox

Namen erstellen aus oberster Zeile

an. Damit erhalten die Variablen die in den Zellen stehenden Bezeichnungen und ihnen werden die Startwerte zugewiesen.

II. Danach wählen wir eine freie Zelle der aktuellen Tabelle als *Zielzelle* und tragen hier die Zielfunktion als Formel ein. Analog werden in weitere leere Zellen der aktuellen Tabelle die linken Seiten der Nebenbedingungen als Formeln eingetragen.

III. Anschließend wird der SOLVER mittels der Menüfolge

Extras ⇒ Solver...

aufgerufen und die erscheinende Dialogbox wie folgt ausgefüllt:

1. Bei *Zielzelle* wird die Zelle mit der Zielfunktion durch Mausklick eingetragen.

2. Bei *Zielwert* wird *Max* oder *Min* angeklickt, jenachdem ob die Zielfunktion maximiert oder minimiert werden soll.

3. In *veränderbare Zellen* werden die Zellen der Startwerte für die Variablen eingetragen. Dies kann durch Überstreichen der entsprechenden Zellen mit gedrückter Maustaste geschehen.

4. In *Nebenbedingungen* werden die Zellen der Nebenbedingungen der Aufgabe durch Anklicken des Knopfes (Buttons) *Hinzufügen* eingetragen.

IV. Abschließend berechnet der SOLVER durch *Anklicken* von *Lösen* ein *Ergebnis*, das im *Antwortbericht* angesehen werden kann.

Beispiel 11.6:

Illustrieren wir an der Aufgabe b) aus Beisp.11.2

$$f(x_1, x_2) = (x_1 - 1)^2 + (x_2 - 1)^2 \;\to\; \underset{x_1, x_2}{\text{Minimum}}$$

$$x_1^2 + x_2^2 - 1 \le 0 \;,\; x_1 \ge 0 \;,\; x_2 \ge 0$$

die Anwendung von EXCEL zur Lösung nichtlinearer Optimierungsaufgaben:

Für die Anwendung von EXCEL wählen wir als Variablen x und y, da in EXCEL Variablenbezeichnungen der Form x1 und x2 nicht verwendet werden sollten, weil sie mit Zelladressen verwechselt werden können. Lösen wir im folgenden die Aufgabe nach der gegebenen Vorgehensweise:

I. Zuerst tragen wir in zusammenhängende freie Zellen (A1:B1) der Zeile 1 der aktuellen Tabelle die Namen der Variablen x und y ein und darunter ihre Startwerte (A2:B2) für das von EXCEL verwendete numerische Verfahren. Falls man Näherungswerte für die Lösung kennt, verwendet man natürlich diese als Startwerte. Wir haben

$x = 0 \,,\, y = 0$

gewählt. Anschließend markieren wir diese Zellen (A1:B1,A2:B2), aktivieren die Menüfolge

Einfügen $\Rightarrow$ Namen $\Rightarrow$ Erstellen...

und klicken in der erscheinenden Dialogbox

Namen erstellen aus oberster Zeile

an. Damit erhalten die Variablen die in den Zellen A1 und B1 stehenden Bezeichnungen x bzw. y und ihnen werden die Startwerte der darunterliegenden Zellen zugewiesen.

II. Wir wählen eine freie Zelle A4 der aktuellen Tabelle als Zielzelle und tragen hier die Zielfunktion als Formel ein, d.h.

$$= (x - 1)^2 + (y - 1)^2$$

Analog werden in weitere leere Zellen (A5:A7) die linken Seiten der Nebenbedingung und der Nicht-Negativitätsbedingungen als Formel eingetragen, d.h.

$$= x^2 + y^2 - 1$$

$$= x$$

$$= y$$

Da wir als Startwerte für die Variablen Null eingegeben haben, erscheinen in den Zellen (A4:A7) die entsprechenden Werte

2

-1

0

0

für Zielfunktion, Nebenbedingung bzw. Nicht-Negativitätsbedingungen.
III. Abschließend wird der SOLVER mittels der Menüfolge

Extras $\Rightarrow$ Solver...

aufgerufen und die erscheinende Dialogbox wie folgt ausgefüllt:

1. Bei *Zielzelle* wird die Zelle $A$4 mit der Zielfunktion eingetragen.

2. Bei *Zielwert* wird *Min* angeklickt, da die Zielfunktion minimiert werden soll.

3. In *veränderbare Zellen* werden die Zellen ($A$2:$B$2) der Startwerte eingetragen.

4. In *Nebenbedingungen* werden die

   * Ungleichungsnebenbedingung in der Form

     $A$5 <=0

   * Nicht-Negativitätsbedingungen in der Form

     $A$6 >=0

$A$7 >=0

durch Anklicken des Knopfes (Buttons) *OK* eingetragen, indem man
für jede Nebenbedingung die erscheinende Dialogbox ausfüllt, so
z.B. für die Nebenbedingung aus Zelle A5 wie folgt:

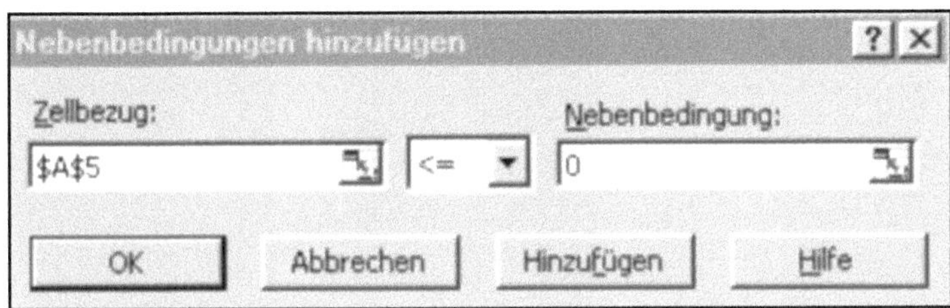

5. Abschließend wird das vom SOLVER durch Anklicken von *Lösen* berechnete Ergebnis

   x = 0,70710686 und y = 0,70710686

   in den Zellen A2 bzw. B2

   und der zugehörige Zielfunktionswert

   0,17157278

   in der Zelle A4

   angezeigt, wie aus der folgenden Abbildung ersichtlich ist:

	A	B	C
1	x	y	
2	0,70710686	0,70710686	
3			
4	0,17157278		
5	2,2525E-07		
6	0,70710686		
7	0,70710686		

Zusätzlich kann man den *Antwortbericht* ansehen.

12 Quadratische Optimierungsaufgaben

12.1 Einführung

Quadratische Optimierungsaufgaben haben wir bereits im Abschn.11.4.4 kennengelernt. Sie besitzen nach linearen Optimierungsaufgaben die einfachste Struktur von Aufgaben mit Ungleichungsnebenbedingungen, so daß sich effektive Lösungsmethoden entwickeln lassen.

☞

Quadratische Optimierungsaufgaben stellen einen wichtigen Spezialfall nichtlinearer Optimierungsaufgaben dar, da sie

* bei praktischen Aufgabenstellungen öfters auftreten,

* als Hilfsaufgaben bei numerischen Methoden für allgemeine nichtlineare Optimierungsaufgaben benötigt werden. Ein Beispiel hierfür bilden die SQP-Methoden (siehe Abschn.11.6.5).

   ♦

Bei quadratischen Optimierungsaufgaben ist die Zielfunktion quadratisch, während die Nebenbedingungen linear sind und die gleiche Form wie bei linearen Optimierungsaufgaben besitzen.

Quadratische Optimierungsaufgaben haben in Matrixschreibweise folgende *Struktur:*

* Eine *quadratische Zielfunktion* ist zu *minimieren*, d.h.

$$z = f(\mathbf{x}) = \mathbf{x}^T \cdot \mathbf{D} \cdot \mathbf{x} + \mathbf{c}^T \cdot \mathbf{x} \quad \rightarrow \quad \underset{\mathbf{x}}{\text{Minimum}}$$

Ihren quadratischen Teil

$$\mathbf{x}^T \cdot \mathbf{D} \cdot \mathbf{x}$$

mit der n-reihigen Matrix $\mathbf{D}$ bezeichnet man als *quadratische Form.*

* Die Variablen $\mathbf{x}$ müssen zusätzlich *Nebenbedingungen* in Form *linearer Ungleichungen* (*lineare Ungleichungsnebenbedingungen*) erfüllen, d.h.

$$\mathbf{A} \cdot \mathbf{x} \leq \mathbf{b}$$

wobei man meistens die *Nicht-Negativitätsbedingungen*

$$\mathbf{x} \geq \mathbf{0}$$

extra schreibt.

Der durch die Nebenbedingungen bestimmte *zulässige Bereich* B

$$B = \{ \mathbf{x} \in R^n : \mathbf{A} \cdot \mathbf{x} \leq \mathbf{b} , \mathbf{x} \geq \mathbf{0} \} \subset R^n$$

ist der gleiche wie bei linearen Optimierungsaufgaben und beschreibt eine *konvexe Menge*, die die Gestalt eines *konvexen Polyeders* hat (siehe Kap.2). Im folgenden setzen wir den zulässigen Bereich als nicht leer voraus.

Die Vektoren $\mathbf{x} \in R^n$, $\mathbf{c} \in R^n$ und $\mathbf{b} \in R^m$ und die Matrizen $\mathbf{A}$ und $\mathbf{D}$ vom Typ (m,n) bzw. (n,n) haben folgende Gestalt:

$$\mathbf{x} = \begin{pmatrix} x_1 \\ x_2 \\ \vdots \\ x_n \end{pmatrix} \quad , \quad \mathbf{c} = \begin{pmatrix} c_1 \\ c_2 \\ \vdots \\ c_n \end{pmatrix} \quad , \quad \mathbf{b} = \begin{pmatrix} b_1 \\ b_2 \\ \vdots \\ b_m \end{pmatrix}$$

$$\mathbf{A} = \begin{pmatrix} a_{11} & a_{12} & \dots & a_{1n} \\ a_{21} & a_{22} & \dots & a_{2n} \\ \vdots & \vdots & \dots & \vdots \\ a_{m1} & a_{m2} & \dots & a_{mn} \end{pmatrix} \quad , \quad \mathbf{D} = \begin{pmatrix} d_{11} & d_{12} & \dots & d_{1n} \\ d_{21} & d_{22} & \dots & d_{2n} \\ \vdots & \vdots & \dots & \vdots \\ d_{n1} & d_{n2} & \dots & d_{nn} \end{pmatrix}$$

☞

Zu *quadratischen Optimierungsaufgaben* ist folgendes zu bemerken:

* Man sieht unmittelbar, daß sie bis auf die *quadratische Form*

$$\mathbf{x}^T \cdot \mathbf{D} \cdot \mathbf{x}$$

in der *Zielfunktion* die gleiche Gestalt wie *lineare Optimierungsaufgaben* haben (siehe Kap.10).

* Man könnte zur Zielfunktion noch eine additive Konstante e hinzufügen, d.h.

$$f(\mathbf{x}) = \mathbf{x}^T \cdot \mathbf{D} \cdot \mathbf{x} + \mathbf{c}^T \cdot \mathbf{x} + e$$

Diese hat aber ebenso wie in der linearen Optimierung offensichtlich keinen Einfluß auf das Ergebnis, so daß wir sie weglassen.

* Eine *beliebige quadratische Funktion*

$$f(x_1, x_2, \ldots, x_n) = \sum_{i=1}^{n} \sum_{k=1}^{n} a_{ik} \cdot x_i \cdot x_k + \sum_{i=1}^{n} c_i \cdot x_i + e$$

läßt sich stets in der von uns gegebenen Matrixschreibweise mit einer *symmetrischen Matrix* $\mathbf{D}$ darstellen, indem man

$$d_{ik} = \frac{1}{2} \cdot (a_{ik} + a_{ki})$$

setzt (siehe Beisp.12.1).
Deshalb werden wir die Symmetrie der Matrix $\mathbf{D}$ im folgenden immer voraussetzen.

* Ist die Matrix $\mathbf{D}$ zusätzlich (streng) *positiv definit*, d.h. gilt

$$\mathbf{x}^T \cdot \mathbf{D} \cdot \mathbf{x} \geq (>) \, 0 \quad \text{für alle } \mathbf{x} \neq \mathbf{0}$$

so ist die *Zielfunktion* $f(\mathbf{x})$ (streng) *konvex* (siehe Abschn.3.6.3). Ein hinreichendes Kriterium hierfür ist, daß die Eigenwerte von $\mathbf{D}$ nicht negativ (bzw. positiv) sind (siehe Beisp.12.1).

* Bei *konvexer Zielfunktion* bilden quadratische Optimierungsaufgaben einen Spezialfall *konvexer Optimierungsaufgaben* (siehe Abschn.11.4.5), da der zulässige Bereich B immer konvex ist. Hierfür liefert die Lösungstheorie weitreichende Aussagen, wie im folgenden Abschn.12.2 illustriert wird.

* Falls keine Nebenbedingungen vorliegen und nur eine quadratische Funktion zu minimieren ist, spricht man von unrestringierten quadratischen Optimierungsaufgaben.

♦

Beispiel 12.1:

a) Für die quadratische Funktion

$$f(\mathbf{x}) = x_1^2 + 2 \cdot x_2^2 + 4 \cdot x_1 + 3 \cdot x_2 + 5$$

ergibt sich die Matrix $\mathbf{D}$ zu

$$\mathbf{D} = \begin{pmatrix} 1 & 0 \\ 0 & 2 \end{pmatrix}$$

da keine gemischt-quadratischen Glieder auftreten. Die symmetrische Matrix $\mathbf{D}$ ist offensichtlich streng positiv definit, so daß $f(\mathbf{x})$ eine streng konvexe Funktion ist. Diesen Nachweis überlassen wir dem Leser.

b) Für die quadratische Funktion mit einem gemischt-quadratischen Glied

$$f(\mathbf{x}) = 3 \cdot x_1^2 + 6 \cdot x_2^2 + 2 \cdot x_1 \cdot x_2 + 7 \cdot x_1 + 4 \cdot x_2 + 8$$

ergibt sich die Matrix $\mathbf{D}$ nach dem gegebenen Bildungsgesetz zu

$$\mathbf{D} = \begin{pmatrix} 3 & 1 \\ 1 & 6 \end{pmatrix}$$

Die positive Definitheit von $\mathbf{D}$ ist hier nicht offensichtlich. Durch Berechnung der Eigenwerte von $\mathbf{D}$, die beide positiv sind, erhält man aus dem hinreichenden Kriterium die strenge positive Definitheit von $\mathbf{D}$ und damit die strenge Konvexität der Funktion $f(\mathbf{x})$.

♦

12.2 Lösungsmethoden

Die *Kuhn-Tucker-Funktion* lautet für die gegebene Aufgabe der quadratischen Optimierung

$$L(\mathbf{x};\lambda) = \mathbf{x}^T \cdot \mathbf{D} \cdot \mathbf{x} + \mathbf{c}^T \cdot \mathbf{x} + \lambda^T \cdot (\mathbf{A} \cdot \mathbf{x} - \mathbf{b}) - \mu^T \cdot \mathbf{x}$$

Da zu den linearen Ungleichungsnebenbedingungen zusätzlich Nicht-Negativitätsbedingungen für $\mathbf{x}$ explizit in die Aufgabenstellung aufgenommen wurden, stehen in der Kuhn-Tucker-Funktion neben den Multiplikatoren λ noch zusätzliche Multiplikatoren μ.

Die (lokalen) *Kuhn-Tucker-Bedingungen* ergeben sich für quadratische Optimierungsaufgaben in der Form (in Matrixschreibweise)

$$2 \cdot \mathbf{D} \cdot \mathbf{x} + \mathbf{c} + \mathbf{A}^T \cdot \lambda - \mu = 0$$

$$\lambda^T \cdot (\mathbf{A} \cdot \mathbf{x} - \mathbf{b}) = 0 \ , \ \mathbf{x}^T \cdot \mu = 0 \quad (\textit{komplementäre Schlupfbedingungen})$$

$$\mathbf{A} \cdot \mathbf{x} - \mathbf{b} \leq 0 \ , \ \mathbf{x} \geq 0 \ , \ \lambda \geq 0 \ , \ \mu \geq 0$$

deren Herleitung wir dem Leser überlassen. Durch Elimination der Multiplikatoren

μ

lassen sich diese Gleichungen und Ungleichungen der Kuhn-Tucker-Bedingungen in der Form

$$2 \cdot \mathbf{D} \cdot \mathbf{x} + \mathbf{c} + \mathbf{A}^T \cdot \lambda \geq 0 \ , \ \mathbf{x}^T \cdot (2 \cdot \mathbf{D} \cdot \mathbf{x} + \mathbf{c} + \mathbf{A}^T \cdot \lambda) = 0$$

$$\lambda^T \cdot (\mathbf{A} \cdot \mathbf{x} - \mathbf{b}) = 0 \ , \ \mathbf{A} \cdot \mathbf{x} - \mathbf{b} \leq 0 \ , \ \mathbf{x} \geq 0 \ , \ \lambda \geq 0$$

schreiben, die häufig in der Literatur verwandt wird.

☞

Die Gleichungen und Ungleichungen der *Kuhn-Tucker-Bedingungen* sind bis auf die Gleichungen des komplementären Schlupfs linear.

* sind *notwendig* und *hinreichend*, wenn die Zielfunktion konvex d.h. die Matrix $\mathbf{D}$ positiv definit ist. Damit können sie zur Bestimmung einer Lösung herangezogen werden.

* lassen sich in eine *lineare Komplementaritätsaufgabe* der Form

$$\mathbf{u} - \mathbf{M} \cdot \mathbf{v} = \mathbf{w}$$

$$\mathbf{u}^{\mathrm{T}} \cdot \mathbf{v} = 0 \ , \ \mathbf{u} \geq \mathbf{0} \ , \ \mathbf{v} \geq \mathbf{0}$$

mit entsprechend gewählter Matrix $\mathbf{M}$ und Vektoren $\mathbf{u}$, $\mathbf{v}$, $\mathbf{w}$ überführen. Dies überlassen wir dem Leser.

Damit können die Lösungsmethoden der *Komplementaritätstheorie* angewandt werden, wie z.B. die Methode von Lemke (siehe [8]).

◆

Beispiel 12.2:

Für die im Beisp.16.4c erhaltene quadratische Optimierungsaufgabe

$$(2 \cdot x_1 + 3 \cdot x_2 - 16)^2 + (x_1 + x_2 - 6)^2 \rightarrow \underset{x_1, x_2}{\text{Minimum}}$$

$$x_1 + 2 \cdot x_2 \leq 10$$

$$x_1 \geq 0 \ , \ x_2 \geq 0$$

$$x_1 + x_2 \leq 6$$

lautet die Kuhn-Tucker-Funktion

$$L(x_1, x_2 ; \lambda_1, \lambda_2, \mu_1, \mu_2) =$$

$$(2 \cdot x_1 + 3 \cdot x_2 - 16)^2 + (x_1 + x_2 - 6)^2$$

$$+ \lambda_1 \cdot (x_1 + 2 \cdot x_2 - 10) + \lambda_2 \cdot (x_1 + x_2 - 6) - \mu_1 \cdot x_1 - \mu_2 \cdot x_2$$

so daß die Kuhn-Tucker-Bedingungen folgende Gestalt haben:

$$4 \cdot (2 \cdot x_1 + 3 \cdot x_2 - 16) + 2 \cdot (x_1 + x_2 - 6) + \lambda_1 + \lambda_2 - \mu_1 = 0$$

$$6 \cdot (2 \cdot x_1 + 3 \cdot x_2 - 16) + 2 \cdot (x_1 + x_2 - 6) + 2 \cdot \lambda_1 + \lambda_2 - \mu_2 = 0$$

$$\lambda_1 \cdot (x_1 + 2 \cdot x_2 - 10) = 0 \ , \ \lambda_2 \cdot (x_1 + x_2 - 6) = 0$$

$$x_1 + 2 \cdot x_2 \leq 10$$

$$x_1 \geq 0 \ , \ x_2 \geq 0 \ , \ \lambda_1 \geq 0 \ , \ \lambda_2 \geq 0 \ , \ \mu_1 \geq 0 \ , \ \mu_2 \geq 0$$

$$x_1 + x_2 \leq 6$$

d.h., sie sind bis auf die komplementären Schlupfbedingungen in der 3. Zeile linear. Im Beisp.12.3 werden wir diese Aufgabe mit MATLAB lösen.

◆

Da quadratische Optimierungsaufgaben einen Spezialfall nichtlinearer Optimierungsaufgaben bilden, können alle Lösungsmethoden der nichtlinearen Optimierung (speziell: konvexen Optimierung) herangezogen werden (siehe Abschn.11.6). Die spezielle Struktur quadratischer Optimierungsaufgaben bietet Möglichkeiten, *effektivere Lösungsmethoden* zu entwickeln. So existieren Methoden, die die Gleichungen und Ungleichungen aus den Kuhn-Tucker-Bedingungen lösen und die Vorgehensweise der Simplexmethode aus der linearen Optimierung anwenden. Die bekanntesten sind die Methoden von

* Wolfe (siehe [5])

* Dantzig und Cottle (siehe [7])

* Beale (siehe [7])

* Lemke (siehe [27])

Des weiteren lassen sich Methoden der konjugierten Richtungen für unrestringierte Aufgaben effektiv einsetzen, da diese im konvexen Fall nach endlich vielen Schritten eine Lösung liefern.
Die ausführliche Beschreibung der einzelnen Methoden würde den Rahmen des Buches sprengen, so daß wir den interessierten Leser auf die Literatur verweisen.

♦

12.3 Anwendung von Computeralgebrasystemen

Zur Berechnung von Lösungen für quadratische Optimierungsaufgaben mittels der Computeralgebrasysteme bieten sich folgende Möglichkeiten:

* Eine erste Lösungsmöglichkeit besteht darin, die Gleichungen und Ungleichungen der Kuhn-Tucker-Bedingungen exakt zu lösen (siehe Beisp.11.2a).

* Es können alle in den Systemen vordefinierten Funktionen zur Lösung nichtlinearer Optimierungsaufgaben aus Abschn.11.6 herangezogen werden.

* MATLAB stellt speziell für quadratische Optimierungsaufgaben eine vordefinierte Funktion zur Verfügung:

Die in der Toolbox **Optimization** vordefinierte Funktion

quadprog (D , c , A , b , B , d , xu , xo , xs)

löst die quadratische Minimierungsaufgabe

$$z = f(\mathbf{x}) = \mathbf{x}^T \cdot \mathbf{D} \cdot \mathbf{x} + \mathbf{c}^T \cdot \mathbf{x} \;\rightarrow\; \underset{\mathbf{x}}{\text{Minimum}}$$

$$\mathbf{A} \cdot \mathbf{x} \;\le\; \mathbf{b}$$

$$\mathbf{B} \cdot \mathbf{x} \;=\; \mathbf{d}$$

$$\mathbf{xu} \le \mathbf{x} \le \mathbf{xo}$$

wobei die Vektoren als Spaltenvektoren einzugeben sind. Falls eine Nebenbedingung nicht vorkommt, so ist [ ] zu schreiben.

Im folgenden Beispiel illustrieren wir die Anwendung der in MATLAB vordefinierten Funktion zur Lösung quadratischer Optimierungsaufgaben.

Beispiel 12.3:

Lösen wir mittels MATLAB die quadratische Optimierungsaufgabe

$$f(\mathbf{x}) = f(x_1, x_2) = (2 \cdot x_1 + 3 \cdot x_2 - 16)^2 + (x_1 + x_2 - 6)^2 \rightarrow \underset{x_1, x_2}{\text{Minimum}}$$

$$x_1 + 2 \cdot x_2 \le 10$$
$$x_1 \ge 0 \;,\;\; x_2 \ge 0$$
$$x_1 + x_2 \;\; \le 6$$

aus Beisp.12.2, die die Lösung (2,4) besitzt.

Um die vordefinierte Funktion **quadprog** zur Lösung quadratischer Optimierungsaufgaben anwenden zu können, müssen wir die Zielfunktion in der Form

$$f(\mathbf{x}) = \mathbf{x}^T \cdot \mathbf{D} \cdot \mathbf{x} + \mathbf{c}^T \cdot \mathbf{x}$$

schreiben. Dies erreichen wir durch Ausmultiplizieren der quadratischen Ausdrücke der Zielfunktion und anschließender Addition. Dies können wir ebenfalls mit MATLAB durchführen:

>> **syms** x1 x2 ; **expand** ((2 * x1 + 3 * x2 − 16)^2)

ans =

4 * x1^2 + 12 * x1 * x2 – 64 * x1 + 9 * x2^2 – 96 * x2 + 256

>> **syms** x1 x2 ; ans1 = **expand** ((x1 + x2 – 6)^2)

ans1 =

x1^2 + 2 * x1 * x2 – 12 * x1 + x2^2 – 12 * x2 + 36

>> ans + ans1

ans =

5 * x1^2 + 14 * x1 * x2 – 76 * x1 + 10 * x2^2 – 108 * x2 + 292

Damit hat die Zielfunktion die Form

$$f(\mathbf{x}) = 5 \cdot x_1^2 + 14 \cdot x_1 \cdot x_2 + 10 \cdot x_2^2 - 76 \cdot x_1 - 108 \cdot x_2 + 292$$

so daß sich die Matrix $\mathbf{D}$ und der Vektor $\mathbf{c}$ folgendermaßen ergeben

$$\mathbf{D} = \begin{pmatrix} 5 & 7 \\ 7 & 10 \end{pmatrix} \qquad \mathbf{c} = \begin{pmatrix} -76 \\ -108 \end{pmatrix}$$

Die Matrix $\mathbf{A}$ und der Vektor $\mathbf{b}$ aus den Nebenbedingungen ergeben sich zu

$$\mathbf{A} = \begin{pmatrix} 1 & 2 \\ 1 & 1 \end{pmatrix} \qquad \mathbf{b} = \begin{pmatrix} 10 \\ 6 \end{pmatrix}$$

Nun können wir die Funktion **quadprog** zur Lösung folgendermaßen aufrufen:

>> **quadprog** ([5 7 ; 7 10] , [–76 ; –108] , [1 2 ; 1 1] , [10 ; 6] , [ ] , [ ],

         [0 ; 0])

ans =

     2

     4

♦

12.4 Anwendung von EXCEL

In EXCEL gibt es für quadratische Optimierungsaufgaben keine speziellen Lösungsmöglichkeiten, so daß die allgemeine Vorgehensweise zur Lösung nichtlinearer Optimierungsaufgaben aus Abschn.11.6.8 anzuwenden ist.

Beispiel 12.4:

Für die Aufgabe aus Beisp.12.2 liefert EXCEL nach der im Abschn.11.6.8 gegebenen Vorgehensweise die Lösung (2,4), wie aus folgendem Tabellenausschnitt zu erkennen ist, in dem die Lösung in den Zellen A2 und B2, die Zielfunktion in der Zelle A4, die beiden Ungleichungsnebenbedingungen in den Zellen A5 und A6 und die Nicht-Negativitätsbedingungen in den Zellen A7 und A8 als Formeln stehen:

	A	B	C
1	x	y	
2	2	4	
3			
4	0		
5	0		
6	0		
7	-2		
8	-4		
9			

13 Ausgleichsaufgaben - Quadratmittelaufgaben

13.1 Einführung

Ausgleichsaufgaben werden auch als *Quadratmittelaufgaben* bezeichnet, so
daß wir in der Überschrift beide Bezeichnungen angeben. Man untersucht
derartige Aufgaben in der *Ausgleichsrechnung* und spricht auch von *Quad-*
ratmittelapproximation oder *Kleinste-Quadrate-Approximation*. Im Englischen heißen diese Aufgaben *least squares problems*.
Ausgleichsaufgaben sind spezielle Optimierungsaufgaben, werden aber zur
Klasse der Approximationsaufgaben gezählt, die man in der Approximationstheorie untersucht.

Geben wir eine kurze Charakterisierung der *Approximationstheorie*. Sie beschäftigt sich damit, ein bekanntes Element

$$\mathbf{a} \quad (\notin M)$$

eines metrischen (normierten) Raumes E durch Elemente

$$\mathbf{s} \in M \subset E$$

einer Menge M aus E möglichst gut zu approximieren (anzunähern). Bei der
Bildung des Abstandes $d(\mathbf{a}, \mathbf{s})$ zwischen zwei Elementen $\mathbf{a}$ und $\mathbf{s}$ mittels
einer Norm, d.h.

$$d(\mathbf{a}, \mathbf{s}) = \|\mathbf{a} - \mathbf{s}\|$$

führt dies zur *Minimierungsaufgabe*

$$\|\mathbf{a} - \mathbf{s}\| \to \underset{\mathbf{s} \in M \subset E}{\text{Minimum}}$$

Da die Norm und damit der Abstand immer größer oder gleich Null sind,
kann man das Quadrat verwenden, d.h. die Minimierungsaufgabe

$$\|\mathbf{a} - \mathbf{s}\|^2 \to \underset{\mathbf{s} \in M \subset E}{\text{Minimum}}$$

betrachten. Durch die konkrete Wahl der Norm, der verwendeten Menge M
und des zugrundeliegenden Raumes E ergeben sich unterschiedliche Approximationsaufgaben, die in den einzelnen Gebiete der Approximations-

theorie untersucht werden (siehe [45, 61]). Obwohl in der Approximationstheorie ebenfalls Optimierungsaufgaben zu lösen sind, hat sie sich zu einem
eigenständigen Gebiet der Mathematik entwickelt, wobei allerdings zwischen *Approximations-* und *Optimierungstheorie* enge Beziehungen bestehen (siehe [45]).

Ein großes Gebiet der Approximationstheorie befaßt sich mit der Approximation von Funktionen, d.h., der Raum E wird durch gewisse Funktionen-
räume (z.B. Raum C der stetigen Funktionen) und die Norm durch gewisse
Funktionennormen dargestellt.

In diesem Kapitel befassen wir uns im Rahmen der Ausgleichsrechnung mit
einer Aufgabe der Approximation von Funktionen für den diskreten Fall, in
dem die Werte einer anzunähernden Funktion nur in endlich vielen Punkten bekannt sind.

◆

Eine allgemeine *Ausgleichsaufgabe* hat folgende *Struktur:*

- Eine Funktion g ($\mathbf{s}$) der Form

$$g(\mathbf{s}) = \sum_{i=1}^{m} G_i^2(\mathbf{s}) = \left\| \mathbf{G}(\mathbf{s}) \right\|^2$$

ist bzgl. der Variablen

$$\mathbf{s} = \begin{pmatrix} s_0 \\ s_1 \\ \vdots \\ s_n \end{pmatrix}$$

zu minimieren, d.h.

$$g(\mathbf{s}) = \left\| \mathbf{G}(\mathbf{s}) \right\|^2 \rightarrow \underset{\mathbf{s} \in R^{n+1}}{\text{Minimum}}$$

wobei

* $\left\| \cdots \right\|$

die Euklidische Norm

$$* \quad \mathbf{G}(\mathbf{s}) = \begin{pmatrix} G_1(\mathbf{s}) \\ G_2(\mathbf{s}) \\ \vdots \\ G_m(\mathbf{s}) \end{pmatrix}$$

einen Funktionenvektor mit m Komponenten

bezeichnen.

- Für die Variablen **s** sind zusätzliche Nebenbedingungen möglich, so daß man in diesem Fall von Ausgleichsaufgaben mit Nebenbedingungen bzw. restringierten Ausgleichsaufgaben spricht. Fehlen Nebenbedingungen, so spricht man von Ausgleichsaufgaben ohne Nebenbedingungen bzw. unrestringierten Ausgleichsaufgaben.

Aufgrund der Struktur der formulierten Ausgleichsaufgabe, daß über eine Summe von Quadraten von Funktionen zu minimieren ist, bezeichnet man ihre Lösungsmethode als *Methode der kleinsten Quadrate* (englisch: *least squares method*). Gauß begründete diese Methode und wandte sie zuerst bei der Auswertung von Messungen an. Die Methode der kleinsten Quadrate hat zahlreiche Anwendungen, wobei dies häufig im Rahmen der Korrelations- und Regressionsanalyse geschieht (siehe [103]).

♦

Ausgleichsaufgaben enthalten u.a. folgende Aufgaben:

- Wenn

  * $G(s) = a - s$

    und m=n gesetzt und für **s** eine Menge $M \subset R^n$ vorgeben werden, so wird die Approximationsaufgabe geliefert, den Punkt $a \in R^n$ durch Punkte der Menge M zu approximieren (anzunähern).

  * $G(s) = b - A \cdot s$

    gesetzt wird, liefert die Ausgleichsaufgabe eine Lösung des linearen Gleichungssystems

    $$A \cdot s = b$$

    (**A** Matrix vom Typ (m,n), **b** Vektor mit m Komponenten)

    Da die Norm immer größer oder gleich Null ist und nur für eine Lösung des Gleichungssystems Null wird, ist diese Aussage einleuchtend. Besitzt das lineare Gleichungssystem keine Lösung, so liegt eine echte Approximationsaufgabe vor, da der Vektor **b** durch Vektoren der Menge **A · s** approximiert wird. Die erhaltene Lösung wird als *verallgemeinerte Lösung* des (unlösbaren) linearen Gleichungssystems bezeichnet.

- Falls eine Lösung s^0 des allgemeinen nichtlinearen Gleichungssystems

$$G_1(\mathbf{s}) = 0$$

$$G_2(\mathbf{s}) = 0$$

$$\vdots$$

$$G_m(\mathbf{s}) = 0$$

existiert, so ist diese Lösung offensichtlich auch Lösung der gegebenen Ausgleichsaufgabe mit dem Funktionswert

$$g(\mathbf{s}^0) = 0$$

Dies führt zum Begriff der *verallgemeinerten Lösung* für allgemeine (nichtlösbare) Gleichungssysteme, indem man die Ausgleichsaufgabe als Ersatzaufgabe heranzieht und deren Lösung als verallgemeinerte Lösung des Gleichungssystems verwendet.

♦

Im folgenden Abschn.13.2 diskutieren wir die Anwendung der *Methode der kleinsten Quadrate* zur *Approximation* von *Funktionen* für den *diskreten Fall* und beschränken uns auf Funktionen einer Variablen. Bei Funktionen mehrerer Variablen ist die Vorgehensweise analog.

Im diskreten Fall sind von der zu approximierenden Funktion

$$y = f(x)$$

einer Variablen x nur m Punkte (Zahlenpaare)

$$(x_1, y_1), (x_2, y_2), \ldots, (x_m, y_m)$$

bekannt, die häufig durch Messungen gewonnen werden.
Diese durch Punkte vorliegende Funktion $f(x)$ soll durch eine analytisch gegebene *Ausgleichsfunktion* (z.B. Ausgleichspolynom)

$$F(x; \mathbf{s})$$

approximiert (angenähert) werden, indem man die frei wählbaren Parameter $\mathbf{s}$ der Funktion $F(x; \mathbf{s})$ passend wählt. Die durch die Ausgleichsfunktion $F(x; \mathbf{s})$ bestimmte Kurve wird als *Ausgleichskurve* bezeichnet.
Man spricht hier von *diskreter Ausgleichsrechnung* oder *diskreter Quadratmittelapproximation*.

Bei der eben beschriebenen Approximation einer Funktion muß man zwei Fälle unterscheiden:

I. Die durch Punkte gegebene Funktion $f(x)$ ist prinzipiell als Funktionsausdruck bekannt und soll durch eine Funktion $F(x; \mathbf{s})$ approximiert (angenähert) werden, indem man die Parameter $\mathbf{s}$ der Funktion F passend wählt. Diesen Fall betrachten wir im weiteren.

II. Man vermutet nur einen funktionellen Zusammenhang zwischen zwei Größen x und y und hat die vorliegenden Punkte beispielsweise durch

Messungen erhalten. In diesem Fall benötigt man die Wahrscheinlichkeitsrechnung und mathematische Statistik, um anhand der vorliegenden Punkte Aussagen über einen funktionellen Zusammenhang $y = f(x)$ mit einer gewissen Wahrscheinlichkeit zu gewinnen. Diese Problematik wird im Rahmen der Statistik in der Korrelations- und Regressionsanalyse untersucht, so daß wir den interessierten Leser auf die Literatur verweisen (siehe [103]).

♦

13.2 Lösungsmethoden

Bei der Anwendung der *Methode der kleinsten Quadrate* zur *Approximation von Funktionen* für den *diskreten Fall* werden die frei wählbaren Parameter

$$\mathbf{s} = \begin{pmatrix} s_0 \\ s_1 \\ \vdots \\ s_n \end{pmatrix}$$

der Ausgleichsfunktion $F(x; \mathbf{s})$ so bestimmt, daß die Summe der Abweichungsquadrate

$$\sum_{i=1}^{m} (y_i - F(x_i; \mathbf{s}))^2$$

zwischen den y-Werten der vorliegenden m Punkte

$$(x_1, y_1), (x_2, y_2), \ldots, (x_m, y_m)$$

und den Werten der Funktion $F(x; \mathbf{s})$ in den x-Werten dieser Punkte minimal ist, d.h., es ist die Minimierungsaufgabe

$$g(s_0, s_1, \ldots, s_n) = g(\mathbf{s}) = \sum_{i=1}^{m} G_i^2(\mathbf{s}) =$$

$$= \sum_{i=1}^{m} (y_i - F(x_i; \mathbf{s}))^2 \rightarrow \underset{\mathbf{s} \in R^{n+1}}{\text{Minimum}}$$

zu lösen. Wenn man die Euklidische Norm verwendet, so hat die Minimierungsaufgabe die gegebene Form einer Ausgleichsaufgabe.

Je nach Wahl der Ausgleichsfunktion $F(x; \mathbf{s})$ unterscheidet man zwischen *linearen* und *nichtlinearen diskreten Ausgleichsaufgaben*, die wir in den folgenden Abschn. 13.2.1 bzw. 13.2.2 betrachten.

Die angewandte Methode der kleinsten Quadrate (Kleinste-Quadrate-Metho-de) ist nicht die einzig mögliche Approxiationsmethode. Es gibt weitere Approximationsmethoden zur Lösung der gegebenen Aufgabe, wie z.B. Interpolation oder Tschebyscheff-Approximation (siehe [45, 113]).
Wenn es sich bei den vorliegenden Punkten um Meßwerte handelt, die fehlerbehaftet sind, liefert die Methode der kleinsten Quadrate eine effektive Approximationsmethode.

♦

13.2.1 Lineare Aufgaben

Man spricht von einer *linearen diskreten Ausgleichsaufgabe* oder *linearen diskreten Quadratmittelaufgabe*, wenn die zur Approximation verwendete Ausgleichsfunktion $F(x; s)$ linear von den Parametern s abhängt, d.h., die Form

$$F(x;s_0,s_1,...,s_n) = F(x;s) = s_0 \cdot F_0(x) + s_1 \cdot F_1(x) + ... + s_n \cdot F_n(x)$$

hat, wobei die gegebenen (unabhängigen) Ansatzfunktionen

$$F_0(x), F_1(x), ... , F_n(x)$$

beliebig sein können.

Wählt man für die Ansatzfunktionen

* Potenzfunktionen der Form

$$F_i(x) = x^i \qquad (i = 0, 1, ... , n)$$

so bezeichnet man

$$y = F(x;s_0,s_1,...,s_n) = F(x;s) = s_0 + s_1 \cdot x + ... + s_n \cdot x^n$$

als *Ausgleichspolynom*.

* Potenzfunktionen für den Spezialfall n=1, so erhält man die Annäherung durch eine Gerade, d.h.

$$y = F(x;s_0,s_1) = F(x;s) = s_0 + s_1 \cdot x$$

die als *Ausgleichsgerade* bezeichnet wird.

♦

Für allgemeine lineare diskrete Ausgleichsaufgaben hat die zu lösende Minimierungsaufgabe die Form

$$g(s_0,s_1,...,s_n) =$$

$$\sum_{i=1}^{m} (\, y_i - s_0 \cdot F_0(x_i) - s_1 \cdot F_1(x_i) - \ldots - s_n \cdot F_n(x_i)\,)^2 \;\;\to\;\; \underset{s_0,s_1,\ldots,s_n}{\text{Minimum}}$$

Diese Optimierungsaufgabe ohne Nebenbedingungen kann mittels der notwendigen Optimalitätsbedingungen aus Abschn.8.2 gelöst werden, d.h., es sind alle partiellen Ableitungen erster Ordnung der Funktion

$$g(s_0,s_1,\ldots,s_n)$$

zu berechnen und gleich Null zu setzen. Die entstehenden Gleichungen werden *Normalgleichungen* genannt. Die Herleitung dieser Normalgleichungen überlassen wir dem Leser. Man kann nachweisen, daß eine Lösung dieser Gleichungen optimal ist.

Man sieht sofort, daß die Normalgleichungen linear sind, so daß die exakte Lösung mit den Systemen bei nicht zu hoher Dimension problemlos möglich ist.

Die Normalgleichungen können jedoch schlecht konditioniert sein, so daß bei einer numerischen Lösung das Ergebnis durch Rundungsfehlereinfluß unbrauchbar werden kann. Deshalb existieren weitere numerische Methoden, die auf die Normalgleichungen verzichten (siehe [75]).

♦

13.2.2 Nichtlineare Aufgaben

Bei *nichtlinearen Ausgleichsaufgaben* gehen die frei wählbaren Parameter **s** nichtlinear in die Ausgleichsfunktion

$$F(\,x\,;s_0,s_1,\ldots,s_n\,) = F(\,x\,;\mathbf{s}\,)$$

ein, so daß bei der gleichen Vorgehensweise wie im Abschn.13.2.1 die notwendigen Optimalitätsbedingungen ein nichtlineares Gleichungssystem liefern, dessen Lösung sich i.allg. nicht exakt ermitteln läßt. Deshalb ist man meistens auf Näherungsmethoden (z.B. Gauß-Newton-Methode) angewiesen. Hierauf gehen wir nicht weiter ein und verweisen den interessierten Leser auf die Literatur [75].

In gewissen Fällen läßt sich eine nichtlineare diskrete Ausgleichsaufgabe durch Transformation in eine lineare diskrete Ausgleichsaufgabe überführen, wie das folgende Beispiel zeigt:

Die *nichtlineare Ausgleichsfunktion* (Exponentialfunktion)

$$y = F(\,x\,;s_0,s_1\,) = s_0 \cdot e^{s_1 \cdot x}$$

mit zwei Parametern kann mittels Logarithmieren in eine *lineare Ausgleichsfunktion*

$$\ln y = \ln s_0 + s_1 \cdot x$$

überführt werden. Wenn man die y-Werte der gegebenen Punkte logarithmiert, kann man die Parameter durch eine lineare Ausgleichsaufgabe bestimmen.

Es gibt weitere nichtlineare Ausgleichsfunktionen mit zwei Parametern, die sich in lineare Ausgleichsfunktionen transformieren lassen.

♦

13.3 Anwendung von Computeralgebrasystemen

Alle Systeme besitzen vordefinierte Funktionen zur Lösung linearer Ausgleichsaufgaben, während für nichtlineare Aufgaben nur MATHEMATICA und MATLAB eine Lösungsfunktion anbieten. Falls eine nichtlineare Aufgabe zu lösen ist, kann man auch numerische Methoden zur Lösung von Optimierungsaufgaben ohne Nebenbedingungen aus Abschn.8.3 heranziehen.

MAPLE fordert nach dem Laden des Zusatzpakets zur Statistik mittels

> **with** (stats) ;

für die lineare Ausgleichsrechnung mittels der Ausgleichsfunktion

$$F(x;\mathbf{s}) = s_0 \cdot F_0(x) + s_1 \cdot F_1(x) + ... + s_n \cdot F_n(x)$$

folgende Vorgehensweise

* Zuerst werden die vorliegenden m Punkte

  $$(x_1, y_1), (x_2, y_2), ..., (x_m, y_m)$$

  den Listen X und Y zugewiesen, d.h.

  > X := [x1, x2, ... , xm] **:** Y := [y1, y2, ... , ym] **;**

* Danach liefern die Funktionen **fit** und **leastsquare** mittels

  > **fit** [**leastsquare** [[x , y] , y=F(x ; **s**)]] ([X , Y]) **;**

  die Ausgleichsfunktion (siehe Beisp.13.1).

MATHEMATICA fordert bei vorliegenden m Punkten

$$(x_1, y_1), (x_2, y_2), \ldots, (x_m, y_m)$$

folgende Vorgehensweise:

* Die Punkte werden mittels

   $$XY := \{\{x1, y1\}, \{x2, y2\}, \ldots, \{xm, ym\}\}$$

   einer Liste XY zugewiesen.

* Die lineare Ausgleichsfunktion

   $$F(x; \mathbf{s}) = s_0 \cdot F_0(x) + s_1 \cdot F_1(x) + \ldots + s_n \cdot F_n(x)$$

   wird mittels der Funktion **Fit** in der Form

   $$y[x\_] := \mathbf{Fit}[XY, \{F_0(x), F_1(x), \ldots, F_n(x)\}, x]$$

   berechnet und der Funktion y(x) zugewiesen.

* Nach dem Laden der Funktion **NonlinearFit** aus dem Zusatzpaket zur Statistik mittels

   << Statistics`NonlinearFit`

   kann diese folgendermaßen zur Berechnung nichtlinearer Ausgleichsfunktionen $F(x; \mathbf{s})$ angewandt werden:

   $$y[x\_] := \mathbf{NonlinearFit}[XY, F(x; \mathbf{s}), x, \{s_0, s_1, \ldots, s_n\}]$$

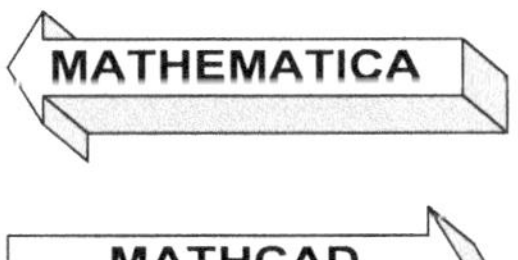

Nach der Eingabe der gegebenen m Punkte

$$(x_1, y_1), (x_2, y_2), \ldots, (x_m, y_m)$$

als Spaltenvektoren

$$X := \begin{pmatrix} x_1 \\ \vdots \\ x_m \end{pmatrix} \quad Y := \begin{pmatrix} y_1 \\ \vdots \\ y_m \end{pmatrix}$$

können in MATHCAD für die lineare Ausgleichsrechnung folgende vordefinierten Funktionen angewandt werden:

* Berechnung der Ausgleichsgeraden

    * **slope** (X , Y)
      (deutsche Version: **neigung**)

      berechnet die Steigung a der Ausgleichsgeraden $y = a \cdot x + b$

    * **intercept** (X , Y)
      (deutsche Version: **achsenabschn**)

      berechnet den Abschnitt b der Ausgleichsgeraden $y = a \cdot x + b$ auf der y-Achse.

* Berechnung allgemeiner lineare Ausgleichsfunktionen mittels
  linfit (X , Y , F)
  (deutsche Version: **linanp**)

  die einen Vektor mit den Werten für die berechneten Parameter

  $s_0 , s_1 , \dots , s_n$

  liefert.

  Im Argument der vordefinierten Funktion **linfit** bezeichnet F einen Spaltenvektor, dem die gegebenen Ansatzfunktionen

  $F_0(x) , F_1(x) , \dots , F_n(x)$

  aus der verwendeten Ausgleichsfunktion in der folgenden Form zugewiesen werden müssen:

  $$F(x) := \begin{pmatrix} F_0(x) \\ F_1(x) \\ \vdots \\ F_n(x) \end{pmatrix}$$

  Die Vektoren X und Y im Argument haben die gleiche Bedeutung wie bei der linearen Regression, d.h., sie enthalten die x- bzw. y-Koordinaten der gegebenen Punkte.

Wenn man nach der Eingabe der entsprechenden Funktion das numerische Gleichheitszeichen = eingibt und abschließend die Eingabetaste ⏎ drückt, wird die Berechnung ausgelöst.

Die Funktion **linfit** ist nur anwendbar, wenn die Anzahl m der Punkte größer als die Anzahl n der Parameter ist. ♦

MATHCAD besitzt noch die vordefinierte Funktion

V := **regress** (X , Y , n)

zur Berechnung von Ausgleichspolynomen vom Grade n, in derem Argument die Vektoren X und Y die gleiche Bedeutung wie bei der linearen Regression haben, d.h., sie enthalten die x- bzw. y-Koordinaten der gegebenen Punkte.

Diese Funktion liefert einen Vektor, den wir mit V bezeichnen und den die Interpolationsfunktion

interp (V , X , Y , x)

benötigt, um das Ausgleichspolynom an der Stelle x zu berechnen.

Mit dieser Funktion kann man auch die Ausgleichsgerade berechnen, wenn man n = 1 setzt.

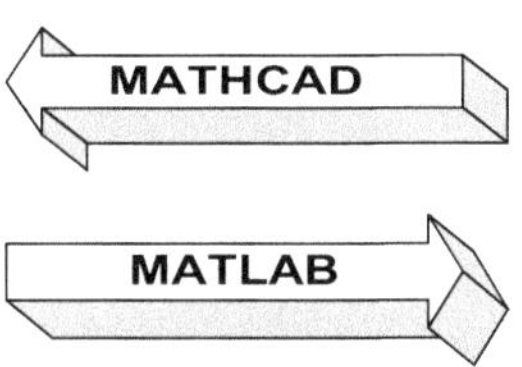

MATLAB bietet folgende Vorgehensweise zur Berechnung von Ausgleichspolynomen an, wenn die Toolbox **Statistics** installiert ist:

* Zuerst werden die Koordinaten der vorliegenden m Punkte

$$(x_1 , y_1) , (x_2 , y_2) , \dots , (x_m , y_m)$$

  den Zeilenvektoren X und Y zugewiesen bzw. eingelesen, d.h.

  >> X = [x1, x2, ... , xm]

  >> Y = [y1, y2, ... , ym]

* Danach liefert die vordefinierte Funktion

  >> **polyfit** (X , Y , n)

  das durch die Punkte bestimmte Ausgleichspolynom n-ten Grades.

MATLAB bietet noch weitere Möglichkeiten zur Ausgleichsrechnung, wenn die Toolbox **Curve Fitting** bzw. **Optimization** installiert sind. Hier findet man z.B. die Funktion **lsqnonlin** zur *nichtlinearen Ausgleichsrechnung*.

Beispiel 13.1:

Berechnen wir für die Punkte

$$(1 , 2) , (2 , 4) , (3 , 3) , (4 , 6) , (5 , 5)$$

das Ausgleichspolynom zweiten Grades (Ausgleichsparabel)

$$F(x;a,b,c) = a \cdot x^2 + b \cdot x + c$$

mit den frei wählbaren Parametern a, b und c, indem wir die vordefinierten Funktionen der einzelnen Systeme heranziehen. Die grafische Darstellung der Punkte und der zugehörigen Ausgleichsparabel ist in Abb.13.1 zu sehen:

Nach dem Laden des Zusatzpakets zur Statistik liefern die vordefinierten Funktionen **fit** und **leastsquare** die Ausgleichsparabel folgendermaßen:

> **with** (stats) ;

> X := [1 , 2 , 3 , 4 , 5] : Y := [2 , 4 , 3 , 6 , 5] ;

> **fit** [**leastsquare** [[x , y] , y = a*x^2 + b*x + c]] ([X , Y]) ;

$$y = -\frac{1}{7}x^2 + \frac{58}{35}x + \frac{3}{5}$$

Die vordefinierte Funktion **Fit** liefert die Ausgleichsparabel folgendermaßen:

XY := { { 1 , 2 } , { 2 , 4 } , { 3 , 3 } , { 4 , 6 } , { 5 , 5 } }

y [x_] = **Fit** [XY , { 1 , x , x^2 } , x]

$$0.6 + 1.65714 \, x - 0.142857 \, x^2$$

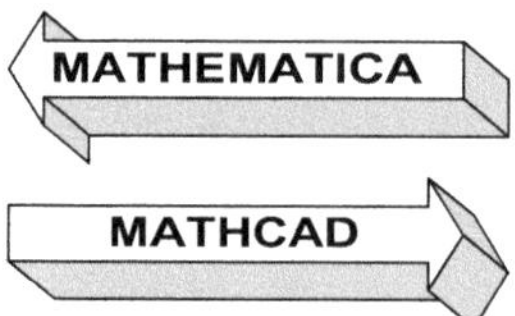

Die vordefinierte Funktion **linfit** liefert die Ausgleichsparabel folgendermaßen:

$$X := \begin{pmatrix} 1 \\ 2 \\ 3 \\ 4 \\ 5 \end{pmatrix} \qquad Y := \begin{pmatrix} 2 \\ 4 \\ 3 \\ 6 \\ 5 \end{pmatrix}$$

$$F(x) := \begin{pmatrix} 1 \\ x \\ x^2 \end{pmatrix} \qquad \text{linfit}(X, Y, F) = \begin{pmatrix} 0.6 \\ 1.657 \\ -0.143 \end{pmatrix}$$

Man sieht, daß die Funktion **linfit** einen Vektor liefert, der die berechneten Werte für die Parameter in der Reihenfolge c , b und a enthält.

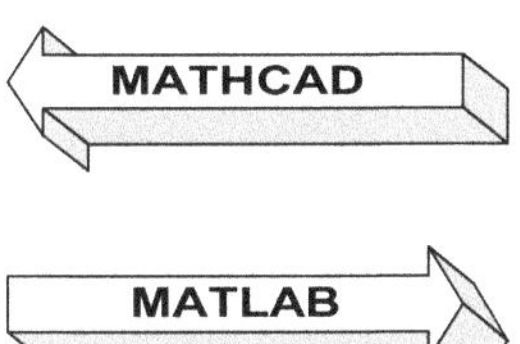

Die vordefinierte Funktion **polyfit** liefert die Ausgleichsparabel folgendermaßen:

```
>> X = [ 1 2 3 4 5 ] ; Y = [ 2 4 3 6 5 ] ;

>> polyfit ( X , Y , 2 )

ans =

   -0.1429    1.6571    0.6000
```


♦

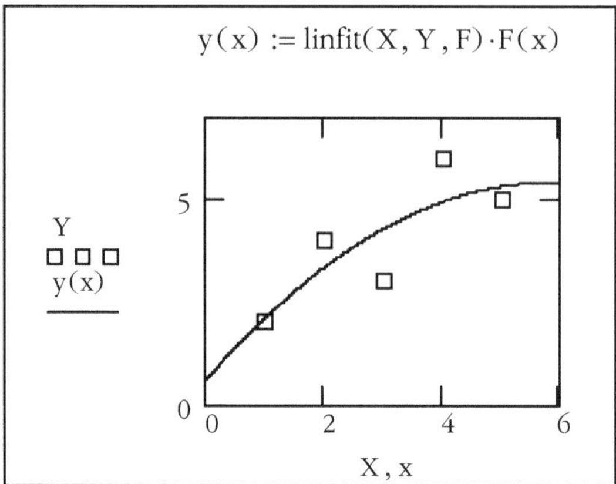

Abb.13.1. Grafische Darstellung der Punkte und Ausgleichsparabel aus Beisp.13.1 mittels MATHCAD

13.4 Anwendung von EXCEL

EXCEL gestattet die Berechnung von Ausgleichsgeraden, die wir im folgenden beschreiben. Des weiteren gestattet EXCEL die Berechnung einer nichtlinearen Ausgleichsfunktion mit zwei Parametern in Exponentialform, die im
Abschn.13.2.2 zu finden ist.

Mittels EXCEL kann man *Ausgleichsgeraden* folgendermaßen berechnen:

* Man gibt zuerst die x- und y-Werte der m Punkte

$$(x_1, y_1), (x_2, y_2), \ldots, (x_m, y_m)$$

in zusammenhängende Zellen der aktuellen Tabelle ein (siehe Beisp.
13.2), die wir mit *x-Bereich* bzw. *y-Bereich* bezeichnen und die durch
Überstreichen der entsprechenden Zellen mit gedrückter Maustaste in
die folgenden Funktionen eingegeben werden.

* Die Steigung a der Ausgleichsgeraden

$$y = a \cdot x + b$$

berechnet man mittels der vordefinierten Funktion

STEIGUNG (*y-Bereich* ; *x-Bereich*)

* Den Achsenabschnitt b der Ausgleichsgeraden

$$y = a \cdot x + b$$

berechnet man mittels der vordefinierten Funktion

ACHSENABSCHNITT (*y-Bereich* ; *x-Bereich*)

Beispiel 13.2:

Berechnen wir für die im Beisp.13.1 gegebenen Punkte

$(1 , 2) , (2 , 4) , (3 , 3) , (4 , 6) , (5 , 5)$

die Ausgleichsgerade mittels EXCEL:

Zuerst geben wir die x- und y-Koordinaten der gegebenen Punkte in zusammenhängende Zellen (A2:A6) bzw. (B2:B6) der aktuellen Tabelle ein. Danach tragen wir in die freie Zelle A8 die Funktion **STEIGUNG** und in die freie Zelle A9 die Funktion **ACHSENABSCHNITT** als Formeln ein. Die Argumente *y-Bereich* und *x-Bereich* geben wir durch Überstreichen der entsprechenden Zellen (B2:B6) bzw. (A2:A6) mit gedrückter Maustaste ein.

Das Ergebnis ist aus folgendem Tabellenausschnitt ersichtlich:

	A	B	C
1			
2	1	2	
3	2	4	
4	3	3	
5	4	6	
6	5	5	
7			
8	0,8		
9	1,6		
10			

14 Ganzzahlige und kombinatorische Optimierungsaufgaben

14.1 Einführung

Die ganzzahlige Optimierung besitzt neben der linearen und nichtlinearen Optimierung große Bedeutung für Anwendungen in der Praxis. Der Grund hierfür ist, daß bei vielen praktischen Aufgaben nur ganzzahlige Anzahlen möglich sind. Dies ist z.B. der Fall, wenn Gegenstände (z.B. Maschinen, Tiere) betrachtet werden, die nicht teilbar sind. Ein wichtiger *Spezialfall* tritt häufig auf, wenn nur zwei Entscheidungen *nein* oder *ja* möglich sind (siehe Abschn.14.3).

Ganzzahlige Optimierung findet man in der Literatur auch unter dem Namen *diskrete Optimierung*.

Einen ersten Einblick in die Problematik der ganzzahligen und kombinatorischen Optimierung (mit einfachen Beispielen) haben wir bereits im Abschn. 7.5 erhalten.

Unter Aufgaben der *ganzzahligen Optimierung* versteht man in der mathematischen Optimierung Aufgaben der *linearen* und *nichtlinearen Optimierung* mit folgender *Struktur:*

* Eine gegebene *Zielfunktion* $f(x_1, x_2, \ldots, x_n)$ ist bezüglich der n Variablen

$$\mathbf{x} = \begin{pmatrix} x_1 \\ x_2 \\ \vdots \\ x_n \end{pmatrix}$$

zu minimieren, d.h.

$$z = f(\mathbf{x}) = f(x_1, x_2, \ldots, x_n) \to \underset{x_1, x_2, \ldots, x_n}{\text{Minimum}}$$

* Die Variablen müssen zusätzlich *Nebenbedingungen* in Form von m *Ungleichungen* (*Ungleichungsnebenbedingungen*) erfüllen, d.h.

$$g_i(\mathbf{x}) = g_i(x_1, x_2, \ldots, x_n) \leq 0 \qquad\qquad (i = 1, 2, \ldots, m)$$

wobei die Funktionen g_i beliebig sein können.

* *Zusätzlich* wird noch gefordert, daß einige oder alle *Variablen*

$$x_1, x_2, \ldots, x_n$$

nur *ganzzahlige Werte* annehmen dürfen.

Wenn alle Variablen der Optimierungsaufgabe nur ganzzahlige Werte annehmen können, spricht man von *rein-ganzzahliger Optimierung*. Wenn nicht alle Variablen ganzzahlige Werte annehmen, nennt man die *Optimierungsaufgabe gemischt-ganzzahlig*.

◆

Man könnte zunächst annehmen, daß sich die Lösung ganzzahliger Optimierungsaufgaben ergibt, wenn man die Aufgabe als nichtganzzahlige Optimierungsaufgabe löst und anschließend die erhaltenen Variablenwerte auf ganzzahlige Werte abrundet bzw. aufrundet. Dies führt aber i.allg. nicht zur optimalen Lösung der ganzzahligen Aufgabe. Es können große Unterschiede auftreten, wie schon das Beisp.14.1 zeigt.
Besonders problematisch ist das Runden beim Spezialfall der 0-1-Optimierung.
Deshalb existiert eine *Theorie* zur Lösung *ganzzahliger Optimierungsaufgaben*, die inzwischen für lineare Aufgaben weit fortgeschritten ist, so daß wir im Rahmen des Buches nicht näher hierauf eingehen können und auf die Literatur [9, 10, 11, 65, 66] verweisen.

◆

Wir werden in den folgenden Abschnitten nur einige wesentliche Lösungsmethoden kurz skizzieren, um dem Anwender einen Einblick in die Problematik zu geben. Es existieren spezielle Programmsysteme zur linearen ganzzahligen Optimierung (siehe [9]). Eigene Programme hierfür zu erstellen, dürfte aufgrund der Komplexität der Lösungsmethoden nur dem fortgeschrittenen Anwender gelingen.
Die im vorliegenden Buch verwendeten Systeme enthalten bis auf MATHE-MATICA und MATHCAD keine Funktionen zur Lösung ganzzahliger Optimierungsaufgaben (siehe Abschn.14.4). Dies sollte in den Systemen bei zukünftigen Versionen der Zusatzpakete zur Optimierung geändert werden.

◆

Beispiel 14.1:

Wenn bei der Aufgabe a) aus Beisp.7.3 für die Gewinnmaximierung die hergestellten Produkte A und B z.B. Maschinen sind, d.h. nur in ganzzahligen Stückzahlen produzierbar sind, ergibt sich die folgende Aufgabe der ganzzahligen linearen Optimierung:

$$f(x_1, x_2) = 2 \cdot x_1 + 3 \cdot x_2 \;\rightarrow\; \underset{x_1, x_2}{\text{Maximum}}$$

$$x_1 + 2 \cdot x_2 \leq 10$$

$$2 \cdot x_1 + x_2 \leq 10$$

$$x_1 \geq 0 \; , \; x_2 \geq 0 \quad \textit{ganzzahlig}$$

Für *ganzzahlige Werte* der Variablen erhält man die *optimale Lösung*

$$x_1 = 2 \; , \; x_2 = 4$$

mit dem Zielfunktionswert

16

während die *nichtganzzahlige optimale Lösung*

$$x_1 = 10/3 \; , \; x_2 = 10/3$$

den Zielfunktionswert

16,66...

besitzt.
Die *Rundung* der *nichtganzzahligen optimalen Lösung* ergibt die zulässige ganzzahlige Lösung

$$x_1 = 3 \; , \; x_2 = 3$$

mit dem Zielfunktionswert

15

der sich offensichtlich von der ganzzahligen optimalen Lösung unterscheidet.

♦

14.2 Lösungsmethoden

Ganzzahlige Optimierungsaufgaben erfordern für ihre Lösung einen *hohen Rechenaufwand*, obwohl bei den meisten praktisch anfallenden Aufgaben der zulässige Bereich nur aus endlich vielen Punkten besteht. So lassen sich z.B. lineare Optimierungsaufgaben ohne Ganzzahligkeitsforderungen wesentlich einfacher lösen (z.B. mittels Simplexmethoden) als entsprechende Aufgaben mit Ganzzahligkeitsforderungen.

☞

Man könnte annehmen, daß die einfachste und effektivste Lösungsmethode darin besteht, für die endlich vielen zulässigen Punkte des zulässigen Bereichs die Werte der Zielfunktion zu berechnen und vergleichen, so daß man zum Schluß den Maximal- oder Minimalpunkt erhält. Dies ist aber nur für Aufgaben mit wenigen Variablen mit einem vertretbaren Rechenaufwand durchführbar. So gibt es z.B. bei einer Aufgabe der Booleschen Optimierung (0-1-Optimierung – siehe Abschn.14.3) mit 50 Variablen bereits 2^{50} ($\approx$ 10^{15}) zulässige Punkte, so daß die Rechnung auf einem schnellen Computer Jahre dauert. Bei Zuordnungsproblemen beträgt die Anzahl der zulässigen Lösungen n!, so daß für großes n ebenfalls ein hoher Rechenaufwand entsteht.

♦

Wie nicht anders zu erwarten, gibt es eine entwickelte *Lösungstheorie* nur für lineare Aufgaben der ganzzahligen Optimierung. Die bisher entwickelten Lösungsmethoden gehören aber häufig nicht zu den polynomialen (siehe Abschn.10.9).

Man unterscheidet bei den Lösungsmethoden zwischen *exakten Methoden*, die eine gegebene Aufgabe in endlich vielen Schritten exakt lösen, und *heuristischen Methoden*, die nur Näherungslösungen ermitteln. Viele dieser Methoden verwenden innerhalb ihres Algorithmus die Simplexmethode zur Lösung von Hilfsaufgaben.

Zu den *exakten Lösungsmethoden* gehören die *Schnittebenenmethoden* und *Branch and Bound-Methoden* (siehe Abschn.14.2.1 und 14.2.2). Der Rechenaufwand dieser Methoden ist meistens sehr hoch. Eine Ausnahme bildet hier die ungarische Methode zur Lösung von Zuordnungsproblemen, die einen polynomialen Aufwand besitzt.

Deshalb werden häufig *heuristische Methoden* (siehe Abschn.14.2.3) herangezogen, die weniger rechenintensiv sind. Bei der vorhandenen Stoffülle können wir nicht auf Details dieser Methoden eingehen, sondern skizzieren nur die zugrundeliegenden Prinzipien.

14.2.1 Schnittebenenmethoden

Der *Grundgedanke* der *Schnittebenenmethoden* (englisch: *cutting plane methods*) besteht bei linearen Optimierungsaufgaben darin, durch Aufnahme zusätzlicher Nebenbedingungen (linearer Ungleichungen) den *zulässigen Bereich einzuschränken* (d.h. zu verkleinern), wobei folgendes zu *beachten* ist:

* Die zulässigen ganzzahligen Punkte müssen erhalten, d.h. zulässig bleiben.

* Ein zulässiger ganzzahliger Optimalpunkt muß Eckpunkt des verkleinerten zulässigen Bereichs werden.

Als Begründer der Schnittebenenmethoden kann der amerikanische Mathematiker *Gomory* angesehen werden, der 1958–1963 erste anwendbare Methoden dieser Art aufstellte. Man spricht deshalb von *Gomory-Schnitten*. In der Folgezeit wurden diese Methoden von zahlreichen Mathematikern weiterentwickelt (siehe [10, 11]).

Die *Schnittebenenmethoden* lassen sich in *zwei Klassen* aufteilen:

I. Es wird ein zulässiger Optimalpunkt ohne Ganzzahligkeitsforderungen berechnet, z.B. mit der Simplexmethode. Erfüllt dieser Optimalpunkt nicht alle Ganzzahligkeitsforderungen, wird eine neue Nebenbedingung (lineare Ungleichung) erzeugt, die den berechneten nichtganzzahligen Optimalpunkt abschneidet (*Gomory-Schnitt*).

So nähert man sich auf iterative Weise durch Hinzunahme weiterer Nebenbedingungen (d.h. durch Abschneiden weiterer nichtganzzahliger Optimalpunkte) dem ganzzahligen Optimalpunkt. Vertreter dieser Methoden sind die Gomory-Algorithmen.

II. Man ermittelt zuerst einen zulässigen ganzzahligen Punkt. Falls dieser nicht optimal ist, werden weitere ganzzahligen zulässigen Punkte durch Schnitte mittels einer erweiterten Simplexmethode erzeugt. Damit nähert man sich iterativ dem ganzzahligen Optimalpunkt. Eine bekannte Methode mit dieser Vorgehensweise ist der Algorithmus von Young.

Der Vorteil der Methoden II. liegt darin, daß man immer ganzzahlige Punkte erhält, so daß man im Falle eines Abbruchs Näherungslösungen hat. Für eine exakte Beschreibung von Schnittebenenmethoden verweisen wir auf die Literatur [9, 10, 57].

14.2.2 Branch and Bound-Methoden

Branch and Bound-Methode ist die englische Bezeichnung für *Methode* des *Verzweigens* und *Begrenzens*. Branch and Bound-Methoden gehören zu den *Entscheidungsbaum-Methoden* und erfordern i.allg. einen exponentiellen Rechenaufwand:

* *Branch*

    ist das englische Wort für *Verzweigen* und bezieht sich auf das Verzweigen eines Suchbaums, d.h., die zu lösende Aufgabe wird durch sukzessive Partition des zulässigen Bereichs in Teilaufgaben zerlegt (verzweigt).

* *Bound*

    ist das englische Wort für *Schranke* und bezieht sich auf die Verwendung unterer und oberer Schranken für den Wert der Zielfunktion, mit deren Hilfe man entscheiden kann, ob die Teilaufgaben weiter zerlegt (verzweigt) werden müssen.

Eine *mögliche Vorgehensweise* bei diesen Methoden zur Lösung *linearer ganzzahliger Maximierungsaufgaben* läßt sich folgendermaßen skizzieren:

I. Man löst die gegebene Aufgabe *ohne Ganzzahligkeitsforderungen* mittels der *Simplexmethode*. Ist die erhaltene Lösung bereits ganzzahlig, so ist die Aufgabe gelöst und die Methode wird beendet. Ansonsten liefert die gefundene Lösung eine obere Schranke für die Zielfunktion der ganzzahligen Aufgabe (bei Maximierung). Eine untere Schranke erhält man, wenn man den Zielfunktionswert für einen beliebigen ganzzahligen zulässigen Punkt berechnet. Danach geht man zum Schritt II. über.

II. Die Aufgabe aus I. wird durch Hinzunahme je einer zusätzlichen Nebenbedingungen für eine Variable in zwei neue Aufgaben verzweigt, die wieder ohne Ganzzahligkeitsforderungen gelöst werden:

Ist die Variable

$$x_i^0$$

im berechneten stetigen Optimalpunkt nicht ganzzahlig, so ergeben sich die beiden neuen Aufgaben durch Hinzunahme der Nebenbedingung

$$x_i \leq [\, x_i^0 \,] \quad \text{bzw.} \quad x_i \geq [\, x_i^0 \,] + 1$$

Die Verzweigung wird solange fortgesetzt, bis man zu einer ganzzahligen Lösung gelangt bzw. die Werte der Zielfunktion kleiner werden als für bereits bekannte ganzzahlige Punkte (siehe [24]).

Wenn die Anzahl der Variablen nicht zu groß ist, sind Branch and Bound-Methoden den Schnittebenenmethoden vorzuziehen, da man sie rechentechnisch einfacher realisieren kann. Diese wurden zuerst beim Rundreiseproblem (Problem des Handlungsreisenden) erfolgreich angewandt.

♦

14.2.3 Heuristische Methoden

Bei hochdimensionalen ganzzahligen Optimierungsaufgaben ist der Rechenaufwand für *exakte Methoden* (Schnittebenenmethoden und Branch and Bound-Methoden) trotz der modernen Rechentechnik meistens zu hoch. Deshalb werden hier bevorzugt heuristische Lösungsmethoden eingesetzt, die allerdings nur Näherungslösungen (suboptimale Lösungen) liefern. Bei *heuristischen Methoden* werden i.allg. nur Teilbereiche des zulässigen Bereichs untersucht. Sie unterteilen sich in

* *Eröffnungsmethoden*

    Diese bestimmen eine zulässige Lösung (Startlösung) und haben häufig die Gestalt eines *Greedy-Algorithmus.*

* *Verbesserungsmethoden*

    Diese verbessern die berechnete Startlösung.

Heuristische Methoden werden meistens auf die spezielle Struktur der zu lösenden Aufgabe zugeschnitten. Es gibt auch heuristische Modifikationen für

Branch and Bound-Methoden. Für eine ausführlichere Diskussion dieser Problematik verweisen wir auf die Literatur [57].

14.3 Kombinatorische Optimierung

Kombinatorische Optimierungsaufgaben sind *spezielle ganzzahlige Optimierungsaufgaben*, bei denen der *zulässige Bereich* nur *endlich viele Punkte* enthält. Bei linearen kombinatorischen Optimierungsaufgaben besteht der zulässige Bereich im Falle der Beschränktheit aus den endlich vielen ganzzahligen Gitterpunkten des durch die linearen Ungleichungsnebenbedingungen bestimmten konvexen Polyeders (Polytops).

Die *Kombinatorik* beschäftigt sich mit der Anordnung endlich vieler Objekte. Wenn man diese Anordnung mittels einer Zielfunktion bewertet, so erhält man eine Optimierungsaufgabe, die man folgerichtig als *kombinatorische Optimierungsaufgabe* bezeichnet.

Ein wichtiger *Spezialfall* kombinatorischer Optimierungsaufgaben liegt vor, wenn die Variablen nur zwei Werte annehmen können (z.B. bei nein/ja Entscheidungen). In diesem Fall

* bezeichnet man die Variablen als *binäre Variablen.*

* verwendet man für die Variablen meistens die Werte 0 (für nein) und 1 (für ja).

* spricht man von *0-1-Optimierung, binärer Optimierung* oder *Boolescher Optimierung.*

Analog zur ganzzahligen Optimierung spricht man von *rein-Boolescher* oder *gemischt-Boolescher Optimierung*, wenn alle Variablen bzw. nicht alle Variablen nur die Werte 0 und 1 annehmen können.

♦

Zahlreiche Aufgaben aus der Praxis können als Aufgaben der *0-1-Optimierung* gelöst werden:

* Alle Aufgaben, bei denen nur die Entscheidungen *nein* oder *ja* auftreten können.

* Allgemeine Aufgaben der ganzzahligen Optimierung lassen sich in Aufgaben der 0-1-Optimierung überführen (siehe [57]), wenn die ganzzahligen Variablen nur Werte aus einem beschränkten Intervall annehmen können.

  Nimmt die ganzzahlige Variable x nur m ganzzahlige Werte an, die wir mit

  $$\alpha_1, \alpha_2, \ldots, \alpha_m$$

  bezeichnen, so kann x durch 0-1-Variablen

$$x_1, x_2, \ldots, x_m$$

folgendermaßen ersetzt werden:

$$x = \alpha_1 \cdot x_1 + \alpha_2 \cdot x_2 + \ldots + \alpha_m \cdot x_m$$

mit

$$x_1 + x_2 + \ldots + x_m = 1$$

Ein nicht zu vernachlässigender Nachteil dieser Vorgehensweise besteht darin, daß sich die Anzahl der Variablen wesentlich erhöht.

♦

Zu Aufgaben der *0-1-Optimierung* ist folgendes zu bemerken:

I. Es existieren *spezielle Lösungsmethoden*, die effektiver arbeiten als die gegebenen Methoden der ganzzahligen Optimierung. So benötigt die von *Balas* entwickelte Methode nicht die Simplexmethode (siehe [24]).

II. Sie lassen sich in *nichtlineare Optimierungsaufgaben überführen*. Dies geschieht für eine 0-1-Variable x, indem man die Gleichung

$$x = x^2$$

zu den Nebenbedingungen der Optimierungsaufgabe hinzufügt und die 0-1-Forderung wegläßt. Dies ist aber mehr von theoretischem Interesse, da nichtlineare Optimierungsaufgaben i.allg. nicht einfacher lösbar sind.

III. Da allgemeine ganzzahlige Optimierungsaufgaben auf 0-1-Optimierungsaufgaben zurückführbar sind, gelingt mit der Vorgehensweise II. auch die Überführung ganzzahliger in nichtlineare Optimierungsaufgaben. Hier kommt zu der Bemerkung aus II. noch hinzu, daß sich die Anzahl der Variablen vergrößert.

♦

14.4 Anwendung von Computeralgebrasystemen und EXCEL

In den im Buch verwendeten Systemen MAPLE, MATHEMATICA, MATHCAD, MATLAB und EXCEL wurden nur in MATHEMATICA und MATHCAD vordefinierte Funktionen zur Lösung ganzzahliger Optimierungsaufgaben gefunden. Das müßte aber für die nächsten Versionen der anderen Systeme geändert werden, da ganzzahlige Optimierungsaufgaben praktisch an Bedeutung gewinnen. Gegenwärtig muß der Anwender bei Anwendung der Systeme eigene Programme schreiben, wobei die vordefinierten Funktionen zur Simplexmethode die Programmierung erleichtern.

Betrachten wir die Möglichkeiten von MATHEMATICA und MATHCAD zur Lösung ganzzahliger Optimierungsaufgaben. Die Anwendung der gegebenen vordefinierten Funktionen überlassen wir dem Leser:

MATHEMATICA gestattet mit der im Zusatzpaket **GlobalOptimization** vordefinierten Funktion **MultiStartMin** die Lösung ganzzahliger Optimierungsaufgaben. Im Handbuch wird als Beispiel ein *Knapsack-* oder *Rucksackproblem* (siehe Abschn.7.5) verwendet.

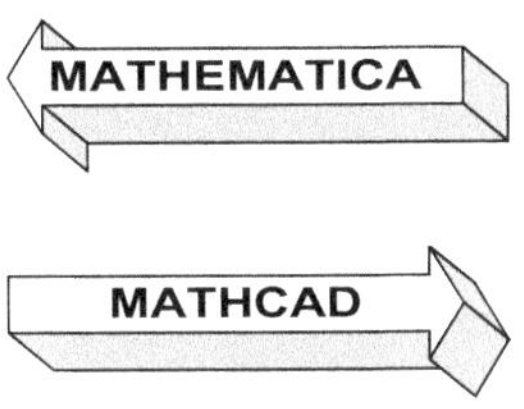

Im Elektronischen Buch **Numerical Recipes** findet man im Abschn.8.7 eine vordefinierte Funktion zur Lösung des Problems des Handlungsreisenden (Rundreiseproblem). Im folgenden geben wir den Ausschnitt aus diesem Elektronischen Buch an:

CHAPTER 8 MINIMIZATION OR MAXIMIZATION OF FUNCTIONS

8.7 Simulated Annealing Methods

anneal 

solves the traveling salesman problem using simulated annealing
Its arguments are

• vectors X and Y of the same length containing the coordinates of the cities

The function returns the order in which to traverse the cities that minimizes the total distance traveled

$$X := \begin{pmatrix} 4.5 \\ -4.2 \\ .6 \\ 11.3 \\ -5.5 \\ 3 \end{pmatrix} \qquad Y := \begin{pmatrix} .6 \\ .21 \\ 7.5 \\ -1.1 \\ -4.22 \\ 5 \end{pmatrix} \qquad i := 0 \,.\, .\, 6$$

$$\text{Order} := \text{anneal}(X, Y) \qquad \text{Order} = \begin{pmatrix} 5 \\ 2 \\ 3 \\ 6 \\ 4 \\ 1 \end{pmatrix}$$

$$\text{Order}_{\text{rows}(X)} := \text{Order}_0$$

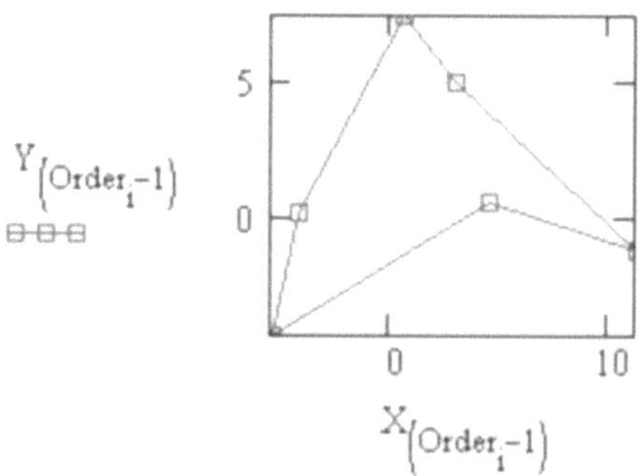

Im Elektronischen Buch **Solving and Optimization** findet man ein mit MATHCAD berechnetes Beispiel zum folgenden Zuordnungsproblem:

Assignment Problem

The **assignment problem** is a special type of binary programming problem where resources are being allocated to activities on a one-to-one basis. Thus each resource or **assignee** (e g., an employee, machine, or time slot) is to be assigned uniquely to a particular activity or **assignment** (e g., a task, site, or event) There is a cost $c_{i,j}$ associated with assignee i ($i = 0, 1, \ldots, n-1$)

performing assignment j ($j = 0, 1, \ldots, n-1$), so that the objective is to determine how all the assignments should be made in order to minimize the total costs.

The precise formulation of the assignment problem is:

$$\text{Minimize} \quad \sum_{i=0}^{n-1} \sum_{j=0}^{n-1} c_{i,j} \, x_{i,j}$$

subject to

$$\sum_{j=0}^{n-1} x_{i,j} = 1 \qquad i = 0, 1, \ldots, n-1$$

$$\sum_{i=0}^{n-1} x_{i,j} = 1 \qquad j = 0, 1, \ldots, n-1$$

$$x_{i,j} = 0 \ \text{ or } 1 \qquad \text{for all i and j}$$

MATHCAD

15 Parametrische Optimierungsaufgaben

15.1 Einführung

Bei den bisher betrachteten Optimierungsaufgaben (Kap.8–14) sind bis auf die zu bestimmenden Variablen alle Größen (Koeffizienten) fest vorgegeben. In praktischen Aufgabenstellungen kommen jedoch Fälle vor, bei denen frei wählbare *Parameter* auftreten, so daß die optimale Lösung von diesen Parametern abhängt. Dabei können sowohl in die Zielfunktion als auch in die Nebenbedingungen Parameter eingehen, die in vorgegebenen Intervallen variieren.

☞

Die Untersuchung der optimalen Lösung einer Optimierungsaufgabe auf Reaktionen gegenüber Änderungen in Zielfunktion und/oder Nebenbedingungen bezeichnet man als *Sensitivitätsanalyse*. Wenn man hierfür in die Zielfunktion und/oder Nebenbedingungen *Parameter* einführt, spricht man von *parametrischer Sensitivitätsanalyse* oder *parametrischer Optimierung*. Listen wir wesentliche *Gründe* auf, um *Optimierungsaufgaben* mit *Parametern* zu betrachten:

- Man möchte die *Abhängigkeit* der *Lösung* von gewissen *Koeffizienten* der *Zielfunktion* und/oder der *Nebenbedingungen* studieren. Dies dient u.a. zur Untersuchung des Einflusses

  * von unvermeidbaren Rundungsfehlern in den Rechnungen bei linearen und nichtlinearen Optimierungsaufgaben,

  * von Meßfehlern, die bei der praktischen Bestimmung der Koeffizienten in Zielfunktion und/oder Nebenbedingungen auftreten,

  * von Preisschwankungen, falls die Zielfunktion eine Gewinnfunktion ist.

- Man kennt gewisse *Koeffizienten* der Zielfunktion und/oder der Nebenbedingungen nur *näherungsweise* und möchte die *Auswirkung* von *Änderungen* studieren.

- Aufgaben der *Vektoroptimierung* lassen sich durch *Skalarisierung* auf parametrische Optimierungsaufgaben zurückführen, wie im Abschn.16.2.3 illustriert wird.

♦

Die parametrische Optimierung hat sich zu einem eigenständigen Gebiet der mathematischen Optimierung entwickelt und gehört zu den Forschungsschwerpunkten. Einen ersten Einblick in die Problematik der parametrischen Optimierung haben wir bereits im Abschn.7.6 erhalten.

Eine allgemeine *Aufgabenstellung* der *parametrischen nichtlinearen Optimierung* hat folgende *Struktur:*

- Eine von einem *Parameter* λ abhängende *Zielfunktion* f ($\mathbf{x}$; λ) ist bzgl. der n Variablen

$$\mathbf{x} = \begin{pmatrix} x_1 \\ x_2 \\ \vdots \\ x_n \end{pmatrix}$$

zu *minimieren/maximieren,* d.h.

$$z = f (\mathbf{x} ; \lambda) = f (x_1, x_2, \dots, x_n ; \lambda) \to \underset{x_1, x_2, \dots, x_n}{\text{Minimum} / \text{Maximum}}$$

- Die Variablen müssen zusätzlich *Nebenbedingungen* in Form von m *Ungleichungen* (*Ungleichungsnebenbedingungen*) erfüllen, wobei die Funktionen

$$g_i \qquad\qquad (i = 1, 2, \dots, m)$$

der Ungleichungen jeweils von einem *Parameter*

$$\mu_i \qquad\qquad (i = 1, 2, \dots, m)$$

abhängen können, d.h., es gilt

$$g_i (\mathbf{x} ; \mu_i) = g_i (x_1, x_2, \dots, x_n ; \mu_i) \leq 0 \qquad (i = 1, 2, \dots, m)$$

Aus der gegebenen Aufgabenstellung ist ersichtlich, daß bei der parametrischen Optimierung frei wählbare Parameter auftreten, so daß ein Optimalpunkt

$$\mathbf{x}^0$$

von diesen Parametern abhängen kann, d.h., es gilt

$$\mathbf{x}^0 = \mathbf{x}^0 (\lambda, \mu_1, \mu_2, \dots, \mu_m)$$

Eine aussagekräftige Theorie der parametrischen Optimierung gibt es für lineare Aufgaben (siehe [13, 26, 52, 60]). Im folgenden Abschnitt betrachten wir eine allgemeine Aufgabenstellung der parametrischen linearen Optimierung.

15.2 Lineare Aufgaben

Betrachten wir typische Aufgabenstellungen der *parametrischen linearen Optimierung:*

I. Es tritt nur ein *Parameter* λ in der *Zielfunktion* auf:

$$z = f(\mathbf{x};\lambda) = (\mathbf{c} + \lambda \cdot \mathbf{d})^T \cdot \mathbf{x} \;\rightarrow\; \underset{\mathbf{x}}{\text{Maximum}}$$

$$\mathbf{A} \cdot \mathbf{x} \leq \mathbf{b}, \quad \mathbf{x} \geq \mathbf{0}$$

II. Es tritt nur ein *Parameter* μ in den *Nebenbedingungen* auf:

$$z = f(\mathbf{x}) = \mathbf{c}^T \cdot \mathbf{x} \;\rightarrow\; \underset{\mathbf{x}}{\text{Maximum}}$$

$$\mathbf{A} \cdot \mathbf{x} \leq \mathbf{b} + \mu \cdot \mathbf{e}, \quad \mathbf{x} \geq \mathbf{0}$$

Diese Aufgabe kann durch Übergang zur dualen Aufgabe (siehe Abschn.10.7) in eine Aufgabe der Form I. überführt werden.

III. Es treten ein *Parameter* λ in der *Zielfunktion* und ein *Parameter* μ in den *Nebenbedingungen* auf:

$$z = f(\mathbf{x};\lambda) = (\mathbf{c} + \lambda \cdot \mathbf{d})^T \cdot \mathbf{x} \;\rightarrow\; \underset{\mathbf{x}}{\text{Maximum}}$$

$$\mathbf{A} \cdot \mathbf{x} \leq \mathbf{b} + \mu \cdot \mathbf{e}, \quad \mathbf{x} \geq \mathbf{0}$$

In den Aufgabenstellungen I. III. sind λ und μ frei wählbare *Parameter,* während

$$\mathbf{c}, \mathbf{d}, \mathbf{A}, \mathbf{b} \text{ und } \mathbf{e}$$

gegeben sind, d.h., Parameter können entweder in der Zielfunktion (Aufgabe I.) oder den Nebenbedingungen (Aufgabe II.) oder in beiden (Aufgabe III.) auftreten. In den Aufgabenstellungen I.–III. haben wir jeweils nur einen Parameter in Zielfunktion und/oder Nebenbedingungen verwendet, um die Problematik zu illustrieren. Es sind mehrere Parameter möglich.

In der *Theorie* der *parametrischen linearen Optimierung* wird u.a. folgendes untersucht:

* Für welche Parameterwerte ist eine Aufgabe unbeschränkt und besitzt keine Lösung.

* Bestimmung von Intervallen für die Parameter, in denen sich eine optimale Lösung nicht ändert. Derartige Intervalle bezeichnet man als *charakteristische Intervalle* oder *Bereiche*.

* Bestimmung der Abhängigkeiten des Optimalpunktes und des optimalen Zielfunktionswertes von den Parametern.

Die Theorie für Aufgaben der parametrischen linearen Optimierung ist schon weit fortgeschritten, so daß wir im Rahmen des Buch nicht näher darauf eingehen können. Wir verweisen auf die Literatur [52, 60].
Ein einfaches praktisches Beispiel haben wir im Abschn.7.6 (Beisp.7.7) kennengelernt. Dieses werden wir im Beisp.15.1 für eine Reihe von Parameterwerten mit den Systemen berechnen.

15.3 Anwendung von Computeralgebrasystemen und EXCEL

Aufgaben der parametrischen linearen und nichtlinearen Optimierung kann man mit den Systemen MAPLE, MATHEMATICA, MATHCAD, MATLAB und EXCEL nur für konkrete Parameterwerte untersuchen. Man kann mit ihnen für eine Reihe von Parameterwerten die Lösungen berechnen, um einen Überblick über die Abhängigkeit von Parametern zu erhalten. Wir illustrieren dies im Beisp.15.1, in dem wir MATHCAD heranziehen, um Lösungen einer parametrischen linearen Optimierungsaufgabe für verschiedene Parameterwerte zu berechnen. Mit den anderen Systemen erfolgt die Berechnung analog.

Beispiel 15.1:

a) Betrachten wir die Aufgabe der parametrischen linearen Optimierung aus Beisp.7.7

$$f(x_1, x_2; \lambda) = (2 + \lambda) \cdot x_1 + (3 + \lambda) \cdot x_2 \quad \rightarrow \quad \underset{x_1, x_2}{\text{Maximum}}$$

$$x_1 + 2 \cdot x_2 \leq 10$$

$$2 \cdot x_1 + x_2 \leq 10$$

$$x_1 \geq 0, \quad x_2 \geq 0$$

um die Auswirkung von Preisänderungen auf den Gewinn zu studieren.

Für den Parameterwert

$$\lambda = 0$$

haben wir im Beisp.10.5 den Maximalpunkt

$$(x_1, x_2) = \left(\frac{10}{3}, \frac{10}{3} \right)$$

per Hand mit der Simplexmethode und im Beisp.10.6 mit den Systemen berechnet.

Mittels MATHCAD wurde die Aufgabe für verschiedene positive Werte des Parameters λ berechnet und immer die gleiche Lösung erhalten, so daß man annehmen könnte, daß diese Aufgabe für $\lambda \geq 0$ nicht vom Parameter λ abhängt. Diese Annahme muß natürlich noch bewiesen oder widerlegt werden. Dies überlassen wir dem Leser.

Für die negativen Parameterwerte

$\lambda = -1$ und $\lambda = -2$

wird die Lösung

$$(x_1, x_2) = \left(0, 5 \right)$$

erhalten.

Die Vorgehensweise für die Berechnung mittels MATHCAD wird im folgenden für $\lambda = 1000000$ gezeigt:

$\lambda := 1000000$

$f(x1, x2) := (2 + \lambda) \cdot x1 + (3 + \lambda) \cdot x2$

$x1 := 0 \quad x2 := 0$

given

$x1 + 2 \cdot x2 \leq 10$

$2 \cdot x1 + x2 \leq 10$

$x1 \geq 0 \quad x2 \geq 0$

$$\text{maximize}(f, x1, x2) = \begin{pmatrix} 3.333 \\ 3.333 \end{pmatrix}$$

b) Betrachten wir die Aufgabe der parametrischen linearen Optimierung aus Beisp.a), in die wir den Parameter λ folgendermaßen in die Zielfunktion einführen:

$$f(x_1, x_2 ; \lambda) = (2 - \lambda) \cdot x_1 + (3 + \lambda) \cdot x_2 \ \underset{x_1, x_2}{\rightarrow} \ \text{Maximum}$$

$$x_1 + 2 \cdot x_2 \leq 10$$

$$2 \cdot x_1 + x_2 \leq 10$$

$$x_1 \geq 0 \ , \ x_2 \geq 0$$

Da die Koeffizienten der Zielfunktion Preise darstellen, müssen sie ≥ 0 bleiben. Damit ergibt sich für den Parameter λ das zulässige Intervall $[-3,2]$.

MATHCAD berechnet für die ganzzahligen Parameterwerte dieses Intervalls folgendes:

Parameterwert für λ	zugehöriger Maximalpunkt
-3	$\begin{pmatrix} 5 \\ 0 \end{pmatrix}$
-2	$\begin{pmatrix} 5 \\ 0 \end{pmatrix}$
-1	$\begin{pmatrix} 3.333 \\ 3.333 \end{pmatrix}$
0	$\begin{pmatrix} 3.333 \\ 3.333 \end{pmatrix}$
1	$\begin{pmatrix} 0 \\ 5 \end{pmatrix}$
2	$\begin{pmatrix} 0 \\ 5 \end{pmatrix}$

c) Betrachten wir die Aufgabe aus Beisp.a), in die wir nicht in der Zielfunktion, sondern in die rechten Seiten der Nebenbedingungen einen Parameter μ einführen. Dies bedeutet, daß wir die zur Verfügung stehenden Rohstoffmengen als variabel betrachten:

$$f(x_1, x_2) = 2 \cdot x_1 + 3 \cdot x_2 \quad \rightarrow \quad \underset{x_1, x_2}{\text{Maximum}}$$

$$x_1 + 2 \cdot x_2 \leq 10 + 4 \cdot \mu$$

$$2 \cdot x_1 + x_2 \leq 10 + 2 \cdot \mu$$

$$x_1 \geq 0 \ , \ x_2 \geq 0$$

Die rechten Seiten der Nebenbedingungen müssen für diese Aufgabe ≥ 0 bleiben, damit der zulässige Bereich nicht leer ist. Damit ergibt sich für den Parameter μ das zulässige Intervall $[-2.5, \infty)$.
MATHCAD liefert mittels der Vorgehensweise aus Beisp.a) folgende Maximalpunkte für verschiedene ganzzahlige Parameterwerte μ aus dem verwendeten Intervall:

Parameterwert für μ	zugehöriger Maximalpunkt
-2	$\begin{pmatrix} 2 \\ 0 \end{pmatrix}$
-1	$\begin{pmatrix} 3.333 \\ 1.333 \end{pmatrix}$
0	$\begin{pmatrix} 3.333 \\ 3.333 \end{pmatrix}$
1	$\begin{pmatrix} 3.333 \\ 5.333 \end{pmatrix}$
2	$\begin{pmatrix} 3.333 \\ 7.333 \end{pmatrix}$
3	$\begin{pmatrix} 3.333 \\ 9.333 \end{pmatrix}$
4	$\begin{pmatrix} 3.333 \\ 11.333 \end{pmatrix}$

16 Vektoroptimierungsaufgaben

16.1 Einführung

Bei den bisher betrachteten Optimierungsaufgaben tritt immer nur eine Zielfunktion auf, die zu minimieren oder maximieren ist. Eine Reihe praktischer Anwendungen führt jedoch auf *Optimierungsaufgaben* mit *mehreren Zielfunktionen*. Man spricht hier von Aufgaben der *Vektoroptimierung* (*Vektoroptimierungsaufgaben*). Mehrere Zielfunktionen können verschiedene Ursachen haben:

* Bei der Warenproduktion möchte man den Gewinn maximieren und gleichzeitig auch die Menge der hergestellten Waren. Des weiteren soll die für die Produktion benötigte Menge an Rohstoffen und Material minimiert werden. In diesem Fall treten bereits drei Zielfunktionen auf, wobei zwei zu maximieren und eine zu minimieren sind.

* Wenn mehrere Personen an Entscheidungen beteiligt sind, können auch mehrere Zielvorstellungen auftreten, d.h. mathematisch gesprochen mehrere Zielfunktionen.

Vektoroptimierungsaufgaben wurden bereits im 19. Jahrhundert betrachtet. So veröffentlichte der Ökonom *Pareto* 1896 eine Arbeit, in der Aufgaben dieser Art untersucht werden. Deshalb bezeichnet man Vektoroptimierungsaufgaben auch als Aufgaben der *Pareto-Optimierung*.
Mit der Entwicklung der linearen und nichtlinearen Optimierung seit den vierziger Jahren des 20. Jahrhunderts hat auch die Vektoroptimierung große Fortschritte erzielt. Sie stellt gegenwärtig einen Forschungsschwerpunkt der mathematischen Optimierung dar.

☞

Vektoroptimierungsaufgaben zeichnen sich dadurch aus, daß mehrere Zielfunktionen zu minimieren/maximieren sind, wobei analog wie bei den bisher betrachteten Optimierungsaufgaben gewisse Nebenbedingungen vorliegen können. Anstatt der Bezeichnung *Vektoroptimierung* findet man noch folgende Bezeichnungen:

* vektorielle Optimierung

* Polyoptimierung

* Optimierung bei mehrfacher Zielsetzung (unter mehreren Zielen)

* Pareto-Optimierung

* multikriterielle Optimierung

In der *englischsprachigen Literatur* bezeichnet man die Vektoroptimierung als

* multicriteria optimization

* multiobjective optimization

* multiple criteria optimization

* optimization with multiple criteria

* vector optimization

* multiobjective programming

♦

Man spricht von einer *Aufgabe* der

* *Vektorminimierung* (*Vektorminimierungsaufgabe*)

* *Vektormaximierung* (*Vektormaximierungsaufgabe*)

wenn *alle Zielfunktionen* einer Aufgabe zu *minimieren* bzw. *maximieren* sind.

Ohne Beschränkung der Allgemeinheit kann man sich auf *Vektorminimierungsaufgaben* beschränken, da sich jede Aufgabe in diese Form transformieren läßt (durch Multiplikation einer zu maximierenden Zielfunktion mit −1).

♦

Vektoroptimierungsaufgaben treten nicht nur bei Aufgaben der linearen und nichtlinearen Optimierung auf, sondern auch bei Aufgaben in Funktionenräumen wie z.B. in der optimalen Steuerung (siehe [71]).

Vektoroptimierungsaufgaben sind schwieriger zu lösen, da es i.allg. keinen zulässigen Punkt (Optimalpunkt) gibt, für den alle Zielfunktionen ihre Optimalwerte annehmen.

♦

Für die *nichtlineare Optimierung* hat eine allgemeine Aufgabe der *Vektorminimierung* folgende *Form:*

* p gegebene *Zielfunktionen* sind bzgl. der Variablen

$$\mathbf{x} = \begin{pmatrix} x_1 \\ x_2 \\ \vdots \\ x_n \end{pmatrix}$$

zu *minimieren*, d.h.

$$f_1(\mathbf{x}) = f_1(x_1, x_2, \ldots, x_n) \rightarrow \underset{x_1, x_2, \ldots, x_n}{\text{Minimum}}$$

$$f_2(\mathbf{x}) = f_2(x_1, x_2, \ldots, x_n) \rightarrow \underset{x_1, x_2, \ldots, x_n}{\text{Minimum}}$$

$$\vdots$$

$$f_p(\mathbf{x}) = f_p(x_1, x_2, \ldots, x_n) \rightarrow \underset{x_1, x_2, \ldots, x_n}{\text{Minimum}}$$

- Die Variablen müssen zusätzlich *Nebenbedingungen* in Form von m *Ungleichungen* (*Ungleichungsnebenbedingungen*) erfüllen, d.h.

$$g_i(\mathbf{x}) = g_i(x_1, x_2, \ldots, x_n) \leq 0 \qquad (i = 1, 2, \ldots, m)$$

wobei die Funktionen g_i beliebig sein können.

☞

In *Matrixschreibweise* lautet die gegebene *Aufgabe* der *Vektorminimierung* folgendermaßen:

$$\mathbf{f}(\mathbf{x}) \rightarrow \underset{\mathbf{x} \in B}{\text{Vektorminimum}}$$

mit dem zulässigen Bereich:

$$B = \{ \mathbf{x} \in R^n : \mathbf{g}(\mathbf{x}) \leq \mathbf{0} \} \subset R^n$$

Einen Punkt aus dem zulässigen Bereich B bezeichnet man ebenso wie in der linearen und nichtlinearen Optimierung als *zulässigen Punkt*.

Dabei bedeuten:

* $\mathbf{f}(\mathbf{x}) \in R^p$ die *Vektorzielfunktion* (den *Zielfunktionenvektor*), d.h.

$$\mathbf{f}(\mathbf{x}) = \begin{pmatrix} f_1(\mathbf{x}) \\ f_2(\mathbf{x}) \\ \vdots \\ f_p(\mathbf{x}) \end{pmatrix}$$

* $\mathbf{g}(\mathbf{x}) \in R^m$ die *Vektorfunktion* der *Nebenbedingungen*, d.h.

$$\mathbf{g}(\mathbf{x}) = \begin{pmatrix} g_1(\mathbf{x}) \\ g_2(\mathbf{x}) \\ \vdots \\ g_m(\mathbf{x}) \end{pmatrix}$$

♦

Einen ersten Eindruck von der Vektoroptimierung haben wir bereits im Kap.7.7 und Beisp.7.8 gewonnen. Illustrieren wir die Problematik an einer weiteren Aufgabe.

Beispiel 16.1:

Eine Firma stellt auf zwei Maschinen I und II zwei Produkte A und B her, wobei für eine produzierte Einheit vom Produkt A die Maschine I 6 Minuten und die Maschine II 10 Minuten benötigt. Analog werden für eine produzierte Einheit vom Produkt B von der Maschine I 12 Minuten und der Maschine II 10 Minuten benötigt. Der bei dieser Produktion erzielte Gewinn betrage 2 Euro für eine Mengeneinheit vom Produkt A und 3 Euro für eine Mengeneinheit vom Produkt B.

Gesucht ist der maximale Gewinn für die Produktion in einer Stunde.

Bezeichnet man die pro Stunde (60 Minuten) produzierten Mengen vom Produkt A und B mit den Variablen

x_1 bzw. x_2

so erhält man die zu maximierende Gewinnfunktion $f_1(x_1, x_2)$ in der Form

$$f_1(x_1, x_2) = 2 \cdot x_1 + 3 \cdot x_2 \quad \rightarrow \quad \underset{x_1, x_2}{\text{Maximum}}$$

Die Nebenbedingungen für die beiden Variablen ergeben sich aus den benötigten Zeiten für die Benutzung der beiden Maschinen I und II zu

$$6 \cdot x_1 + 12 \cdot x_2 \leq 60$$

$$10 \cdot x_1 + 10 \cdot x_2 \leq 60$$

Zusätzlich sind für die beiden Variablen Nicht-Negativitätsbedingungen (Vorzeichenbedingungen) zu erfüllen, da nur nichtnegative Mengen herstellbar sind, d.h.

$$x_1 \geq 0 \ , \quad x_2 \geq 0$$

Damit haben wir eine Aufgabe der linearen Optimierung (siehe Kap.10) erhalten.

Wenn man bei dieser Produktion nicht nur den Gewinn maximieren möchte, sondern auch die Gesamtmenge der hergestellten beiden Produkte, so ist eine weitere Zielfunktionen $f_2(x_1,x_2)$ zu maximieren, d.h.

$$f_2(x_1,x_2) = x_1 + x_2 \qquad \rightarrow \qquad \underset{x_1,x_2}{\text{Maximum}}$$

Damit erhält man die folgende Aufgabe der linearen Vektormaximierung (lineare Vektormaximierungsaufgabe), wenn man in den Nebenbedingungen noch mögliche Vereinfachungen durch Kürzen vornimmt:

$$f_1(x_1,x_2) = 2 \cdot x_1 + 3 \cdot x_2 \quad \rightarrow \qquad \underset{x_1,x_2}{\text{Maximum}}$$

$$f_2(x_1,x_2) = x_1 + x_2 \qquad \rightarrow \qquad \underset{x_1,x_2}{\text{Maximum}}$$

mit den Nebenbedingungen:

$$x_1 + 2 \cdot x_2 \leq 10$$

$$x_1 + x_2 \leq 6$$

und den Nicht-Negativitätsbedingungen (Vorzeichenbedingungen)

$$x_1 \geq 0 \ , \quad x_2 \geq 0$$

♦

Wir können im Rahmen dieses Buches nicht auf die mathematisch anspruchsvolle Theorie der Vektoroptimierung eingehen und verweisen den interessierten Leser auf die Literatur [17, 27, 32]. Im folgenden

* illustrieren wir im Abschn.16.2 Lösungsbegriffe der Vektoroptimierung, da der bisher benutzte Begriff des Optimalpunktes nicht mehr anwendbar ist. Des weiteren skizzieren wir hier häufig angewandte Lösungsmethoden.

* besprechen abschließend im Abschn.16.3 Lösungsmöglichkeiten mittels der Systeme MAPLE, MATHEMATICA, MATHCAD und MATLAB.

Mit den gegebenen Hinweisen ist der Leser in der Lage, anfallende Vektoroptimierungsaufgaben mittels der Systeme zu lösen.

16.2 Lösungsbegriffe und Lösungsmethoden

16.2.1 Effiziente Punkte

Falls ein Punkt existiert, für den alle Zielfunktionen einer Vektorminimierungsaufgabe ihren Minimalwert annehmen, spricht man von einer *perfekten Lösung* (siehe Beisp.16.2b). Dieser Fall tritt bei praktischen Anwendungen selten auf, da meistens konkurrierende Zielfunktionen vorliegen, so daß *Zielkonflikte* entstehen. Die Minimalpunkte bzgl. jeder einzelnen Zielfunktion bezeichnet man als *individuelle Minimalpunkte*. Falls es eine perfekte Lösung gibt, muß folglich ein Punkt existieren, der für alle Zielfunktionen individueller Minimalpunkt ist.

Ein einfacher Fall mit *Konflikten* tritt schon bei zwei Zielfunktionen auf, wenn z.B. eine Firma den Gewinn maximieren und die Kosten minimieren möchte. In derartigen Fällen mit Konflikten wird es meistens keinen Optimalpunkt geben, der alle Zielfunktionen gleichzeitig optimiert.

Deshalb ist ein *neues Konzept* der *Optimalität* erforderlich. Man muß einen *optimalen Kompromiß* finden, d.h., der Anwender kann aus einer Reihe von Möglichkeiten die für ihn geeignete aussuchen.

Um einen Kompromiß zu finden, stellt die mathematische Theorie der Vektoroptimierung anstelle von Optimalpunkten *effiziente Punkte* (*Paretooptimale Punkte*) zur Verfügung, die wir im folgenden definieren (Def.16.1).

☞

Aus mathematischer Sicht stellt sich die Problematik beim Übergang von einer Zielfunktion zu *mehreren Zielfunktionen* folgendermaßen dar:

- Bei *einer Zielfunktion* f ($\mathbf{x}$) sind die Funktionswerte reelle Zahlen. Der *Raum* R der *reellen Zahlen* ist *total geordnet*, d.h., für je zwei reelle Zahlen a und b gilt stets eine der Relationen (Ungleichungen)

  a $\leq$ b oder b $\leq$ a

  so daß zwei reelle Zahlen immer vergleichbar sind, d.h., der Raum R besitzt eine *totale Ordnung*. Damit kann man für Optimierungsaufgaben mit einer Zielfunktion globale *Optimalpunkte* (*Minimal-* oder *Maximalpunkte*)

  $$\mathbf{x}^0$$

  bestimmen, die folgendermaßen definiert sind (siehe Abschn.3.5): Für einen globalen

  * *Minimalpunkt* gilt

    $$f(\mathbf{x}^0) \leq f(\mathbf{x})$$

    für alle $\mathbf{x}$ aus dem zulässigen Bereich.

    * *Maximalpunkt* gilt

$$f(\mathbf{x}) \le f(\mathbf{x}^0)$$

für alle $\mathbf{x}$ aus dem zulässigen Bereich.

- Liegen mehrere Zielfunktionen vor (d.h. $p \ge 2$), so kann man diese zu einer Vektorfunktion zusammenfassen, die man als *Vektorzielfunktion* oder *Zielfunktionenvektor* bezeichnet. Die *Werte* dieser *Vektorzielfunktion* liegen jetzt nicht mehr im Raum R der reellen Zahlen, sondern im Raum R^P der p-Tupel reeller Zahlen. In diesem Raum gibt es *keine totale Ordnung*, d.h., hier existieren nur *schwächere Ordnungsrelationen* (sogenannte *Halbordnungen*), da zwischen zwei Punkten (Vektoren) nicht immer eine der Relationen $\le$ oder $\ge$ gelten muß (siehe Beisp.16.2a). Die Relationen (Ungleichungen)

$$\mathbf{z}^1 \le \mathbf{z}^2 \quad \text{oder} \quad \mathbf{z}^1 \ge \mathbf{z}^2$$

kann man zwischen zwei Punkten (Vektoren)

$$\mathbf{z}^1 \quad \text{und} \quad \mathbf{z}^2$$

aus dem Raum R^P ($p \ge 2$) in der Form definieren, daß alle Koordinaten des Punktes $\mathbf{z}^1$ kleiner bzw. größer oder gleich den entsprechenden Koordinaten des Punktes $\mathbf{z}^2$ sein müssen. Man spricht hier von der *natürlichen Halbordnung* des Raumes R^P. Die Bezeichnung *Halbordnung* wird deswegen gewählt, weil nicht alle Punkte vergleichbar sind (siehe Beisp. 16.2a).
Aus den geschilderten Gründen werden Optimalpunkte in der Vektoroptimierung durch *effiziente Punkte* ersetzt (siehe Def.16.1).

Beispiel 16.2:

a) Illustrieren wir die *natürliche Halbordnung* des *Raumes* R^P an zwei Beispielen aus dem Raum R^2:

a1) Zwischen den beiden Punkten (Vektoren) aus dem Raum R^2

$$\begin{pmatrix} 1 \\ 2 \end{pmatrix}, \begin{pmatrix} 2 \\ 1 \end{pmatrix}$$

besteht keine der Relationen $\le$ oder $\ge$, da nicht alle Koordinaten eines Punktes kleiner bzw. größer gleich der Koordinaten des anderen Punktes sind, d.h., diese beiden Punkte sind *nicht vergleichbar*.

a2) Zwischen den beiden Punkten (Vektoren)

$$\begin{pmatrix} 1 \\ 2 \end{pmatrix}, \begin{pmatrix} 2 \\ 5 \end{pmatrix}$$

aus dem Raum R^2 bestehen die Relationen (Ungleichungen)

$$\begin{pmatrix} 1 \\ 2 \end{pmatrix} \leq \begin{pmatrix} 2 \\ 5 \end{pmatrix} \qquad \text{bzw.} \qquad \begin{pmatrix} 2 \\ 5 \end{pmatrix} \geq \begin{pmatrix} 1 \\ 2 \end{pmatrix}$$

da alle Koordinaten des ersten Punktes kleiner als die Koordinaten des zweiten Punktes sind, d.h., diese beiden Punkte sind *vergleichbar*.

b) Für die im Beisp.16.1 gegebene Aufgabe der linearen Vektormaximierung läßt sich einfach nachweisen, daß eine *perfekte Lösung* existiert. Dazu muß man die Aufgabe nur mit jeweils einer der gegebenen zwei Zielfunktionen bzgl. der Nebenbedingungen

$$x_1 + 2 \cdot x_2 \leq 10$$
$$x_1 \geq 0 \ , \quad x_2 \geq 0$$
$$x_1 + x_2 \ \leq 6$$

per Hand (z.B. grafisch) oder mittels der Systeme lösen. Man erhält für die Aufgabe

$$f_1(x_1, x_2) = 2 \cdot x_1 + 3 \cdot x_2 \quad \rightarrow \quad \underset{x_1, x_2}{\text{Maximum}}$$

die eindeutige Lösung (Maximalpunkt)

$$\begin{pmatrix} 2 \\ 4 \end{pmatrix}$$

die auch Lösung der Aufgabe

$$f_2(x_1, x_2) = x_1 + x_2 \quad \rightarrow \quad \underset{x_1, x_2}{\text{Maximum}}$$

ist. Somit liefert dieser Maximalpunkt eine *perfekte Lösung* für diese Vektormaximierungsaufgabe, wobei die erste Zielfunktion den maximalen Funktionswert

16

und die zweite Zielfunktion den maximalen Funktionswert

6

annehmen.

Die zweite Aufgabe besitzt noch weitere Lösungen. Man kann sich leicht grafisch veranschaulichen (siehe Abschn.10.3), daß alle Punkte des Geradenstücks

$$x_1 + x_2 = 6 \ , \quad 2 \leq x_1 \leq 6$$

ebenfalls Maximalpunkte sind.

Da die Effizienzmenge aus weiteren effizienten Punkten besteht (siehe Beisp.16.4), werden wir diese Aufgabe auch weiterhin verwenden, obwohl sie eine perfekte Lösung besitzt.

♦

☞

Effiziente Punkte einer Vektoroptimierungsaufgabe sind *anschaulich* dadurch gekennzeichnet, daß keine weiteren zulässigen Punkte existieren, für die eine Zielfunktion besser und die anderen nicht schlechter sind. Eine mathematische Definition für Vektorminimierungsaufgaben findet man in der folgenden Definition. Für Vektormaximierungsaufgaben gestaltet sich diese Definition analog.

♦

Definition 16.1:

Ein zulässiger Punkt $\mathbf{xeff}$ heißt für eine Vektorminimierungsaufgabe:

* *schwacheffizienter Punkt*:

   Wenn es keinen zulässigen Punkt $\mathbf{x}$ gibt, für den für die Vektorzielfunktion gilt

   $$\mathbf{f}(\mathbf{x}) < \mathbf{f}(\mathbf{xeff})$$

* *effizienter Punkt*:

   Wenn es keinen zulässigen Punkt $\mathbf{x}$ gibt, für den für die Vektorzielfunktion gilt

   $$\mathbf{f}(\mathbf{x}) \leq \mathbf{f}(\mathbf{xeff})$$

   wobei mindestens eine Zielfunktion existiert mit

   $$f_j(\mathbf{x}) < f_j(\mathbf{xeff})$$

Dabei sind die vektoriellen Ungleichungen so zu verstehen, daß sie für jede Komponente der entsprechenden Vektoren gelten müssen.

☞

Zu *effizienten Punkten* ist folgendes zu bemerken:

* Der Begriff effizienter Punkt wird in der Literatur *nicht einheitlich* gehandhabt. Anstatt $\mathbf{xeff}$ wird auch der Vektor $\mathbf{f}(\mathbf{xeff})$ der Zielfunktionswerte als effizienter Punkt bezeichnet.

* Die Gesamtheit der effizienten Punkte, die für eine gegebene Vektorminimierungsaufgabe existiert, wird als *Effizienzmenge* bezeichnet.

* Man kann sich überlegen, daß ein *individueller Optimalpunkt* einer Vektoroptimierungsaufgabe, d.h. ein Optimalpunkt bzgl. einer Zielfunktion, einen *schwach effizienten* und wenn eindeutig einen *effizienten Punkt* liefert.

* Eine nichtleere Effizienzmenge enthält die effizienten Punkte, aus denen der Anwender eine Kompromißlösung auswählen kann. Er wird denjenigen effizienten Punkt als Kompromißlösung nehmen, dessen Werte der Vektorzielfunktion seinen Vorstellungen am besten gerecht wird.

* Analog wie in der linearen und nichtlinearen Optimierung kann es in der Vektoroptimierung vorkommen, daß keine effizienten Punkte existieren, d.h., die Effizienzmenge ist leer. Da dieser Fall nicht häufig auftritt, verweisen wir den interessierten Leser auf die Literatur [57].

♦

16.2.2 Lösungsmethoden

Die *Bestimmung aller effizienten Punkte* einer Vektorminimierungsaufgabe, d.h. die Bestimmung der Effizienzmenge, ist eine schwierige Aufgabe. Man versucht deshalb, einzelne effiziente Punkte zu berechnen. Dies gelingt, indem man Vektorminimierungsaufgaben so auf Minimierungsaufgaben mit einer Zielfunktion zurückführt (skalare Minimierungsaufgabe), daß deren Lösungen effiziente Punkte liefern. Für die entstehenden skalaren Minimierungsaufgaben sind die Lösungsmethoden weit entwickelt, wie man aus den bisherigen Kapiteln ersieht.

Verschiedene *Lösungsmethoden* dieser Art lassen sich für die im Abschn. 16.1 gegebene Vektorminimierungsaufgabe durch unterschiedliche Vorgehensweisen gewinnen. Im folgenden zählen wir einige *Standardmethoden* auf:

I. Man kann die Optimierungsziele (Zielfunktionen) der Wichtigkeit nach ordnen und berechnet zuerst das Minimum für die wichtigste Zielfunktion (*Hauptzielfunktion*). Wenn nur eine Lösung existiert, beendet man die Rechnung und berücksichtigt die restlichen Zielfunktionen nicht mehr. Gibt es mehrere Lösungen, so bestimmt man daraus diejenige, die die zweitwichtigste Zielfunktion minimiert usw. Wir illustrieren diese Methode im Beisp.16.3a.

II. Weniger wichtige Zielfunktionen werden in Form von Ungleichungen in die Nebenbedingungen aufgenommen. Das kann bei Vektorminimierungsaufgaben so geschehen, indem man fordert, daß die entsprechende Zielfunktion eine gegebene obere Schranke nicht überschreitet.
Als Optimierungskriterium bleibt nur die wichtigste Zielfunktion (*Hauptzielfunktion*) übrig, so daß eine Aufgabe mit einer einzigen Zielfunktion entsteht. Wir illustrieren diese Methode im Beisp.16.3b.

III. Falls die Werte der einzelnen Zielfunktionen vergleichbar sind, so z.B. wenn alle in Geldeinheiten gemessen werden, kann man die *individuellen Minimalpunkte*

$$\mathbf{x}^j \qquad\qquad (\,j = 1\,,\,2\,,\,\dots\,,\,p\,)$$

der einzelnen Zielfunktionen

$$f_j(\,\mathbf{x}\,) \qquad\qquad (\,j = 1\,,\,2\,,\,\dots\,,\,p\,)$$

berechnen und anschließend den Minimalwert

$$z_0 \;=\; \text{Minimum}\,\left\{f_1(\,\mathbf{x}^1\,)\,,\,f_2(\,\mathbf{x}^2\,)\,,\,\dots\,,\,f_p(\,\mathbf{x}^p\,)\right\}$$

aller minimalen Zielfunktionswerte, wobei wir die Existenz aller Minimalpunkte voraussetzen.

Danach kann man die Zielfunktionen in die Nebenbedingungen aufnehmen und erhält folgende Aufgabe der skalaren nichtlinearen Minimierung:

$$s \;\to\; \underset{s,\mathbf{x}}{\text{Minimum}}$$

mit den Nebenbedingungen

$$f_j(\,\mathbf{x}\,)\,-\,s\;\le\;z_0 \quad,\quad s\,\ge\,0 \qquad (\,j = 1\,,\,2\,,\,\dots\,,\,p\,)$$

$$g_i(\mathbf{x})\;\le\;0 \qquad\qquad (\,i = 1,\,2,\,\dots\,,\,m\,)$$

IV. Man überführt die p gegebenen Zielfunktionen einer Vektoroptimierungsaufgabe in eine Zielfunktion, so daß eine *skalare Optimierungsaufgabe* mit nur einer Zielfunktion entsteht. Diese Überführung, die man als *Skalarisierung* bezeichnet, kann auf verschiedene Art und Weise geschehen, wie im folgenden Abschn.16.2.3 skizziert wird.

☞

Die gegebenen *Lösungsmethoden* führen alle zu *Optimierungsaufgaben* mit *einer Zielfunktion*, so daß klassische Aufgaben der linearen und nichtlinearen Optimierung entstehen, die man mit den im Kap.10 bzw. 11 besprochenen Methoden lösen kann. Bei diesen Methoden erhält man aber i.allg. nicht alle effizienten Punkte.

♦

Beispiel 16.3:

Lösen wir die lineare Vektormaximierungsaufgabe

$$f_1(x_1,x_2) = 2 \cdot x_1 + 3 \cdot x_2 \quad \to \quad \underset{x_1,x_2}{\text{Maximum}}$$

$$f_2(x_1,x_2) = x_1 + x_2 \quad \to \quad \underset{x_1,x_2}{\text{Maximum}}$$

$$x_1 + 2 \cdot x_2 \leq 10$$
$$x_1 \geq 0 \ , \quad x_2 \geq 0$$
$$x_1 + x_2 \leq 6$$

aus Beisp.16.1 mit den gegebenen Methoden I. und II.

a) Wenden wir die Methode I. an, indem wir den Gewinn (erste Zielfunktion) $f_1(x_1,x_2)$ als Hauptzielfunktion verwenden und die Gesamtproduktion (zweite Zielfunktion) als weniger wichtig einschätzen. Damit ergibt sich die Aufgabe der skalaren linearen Optimierung

$$f_1(x_1,x_2) = 2 \cdot x_1 + 3 \cdot x_2 \quad \to \quad \underset{x_1,x_2}{\text{Maximum}}$$

$$x_1 + 2 \cdot x_2 \leq 10$$
$$x_1 \geq 0 \ , \quad x_2 \geq 0$$
$$x_1 + x_2 \leq 6$$

die die einzige Lösung

$$\begin{pmatrix} 2 \\ 4 \end{pmatrix}$$

besitzt, so daß die Methode I. beendet wird.

b) Wenden wir die Methode II. an, indem wir die erste Zielfunktion (Gewinn) als Hauptzielfunktion verwenden und die zweite Zielfunktion (Gesamtproduktion) als Nebenbedingung hinzufügen. Da die zweite Zielfunktion zu maximieren ist, wird man fordern, daß die entsprechende Zielfunktion eine gegebene untere Schranke (z.B. 4) nicht unterschreitet. Damit ergibt sich die folgende Aufgabe der skalaren linearen Optimierung

$$f_1(x_1,x_2) = 2 \cdot x_1 + 3 \cdot x_2 \quad \to \quad \underset{x_1,x_2}{\text{Maximum}}$$

$$x_1 + 2 \cdot x_2 \le 10$$

$$x_1 + x_2 \le 6 \qquad x_1 \ge 0 \ , \quad x_2 \ge 0$$

$$4 \le x_1 + x_2$$

die nur die einzige Lösung

$$\begin{pmatrix} 2 \\ 4 \end{pmatrix}$$

besitzt.

♦

16.2.3 Skalarisierungsmethoden

Mittels Skalarisierungsmethoden werden Vektoroptimierungsaufgaben auf Optimierungsaufgaben mit nur einer Zielfunktion zurückgeführt (skalare Optimierungsaufgaben), indem man die gegebenen p Zielfunktionen in eine einzige Zielfunktion transformiert und die gegebenen Nebenbedingungen beibehält. Zur Lösung der entstandenen skalaren Optimierungsaufgabe kann man die bekannten Methoden der linearen bzw. nichtlinearen Optimierung heranziehen.

Je nach *Art* der *Skalarisierung* unterscheidet man bei *Skalarisierungsmethoden* verschiedene Varianten. Im folgenden zählen wir einige auf:

I. Die einzelnen Zielfunktionen werden mit Gewichten versehen und addiert, so daß eine einzige Zielfunktion entsteht. Diese Gewichte

$$\lambda_j > 0 \qquad\qquad (j = 1, 2, \dots , p)$$

bezeichnet man als *Skalarisierungsparameter*.
Auf diese Art wird die im Abschn.16.1 formulierte nichtlineare Vektorminimierungsaufgabe in die skalare nichtlineare Minimierungsaufgabe

$$\lambda_1 \cdot f_1(x_1 , x_2 ,\dots, x_n) + \lambda_2 \cdot f_2(x_1 , x_2 ,\dots, x_n) + \dots + \lambda_p \cdot f_p(x_1 , x_2 ,\dots, x_n)$$

$$\underset{x_1, x_2, \dots, x_n}{\longrightarrow \ \text{Minimum}}$$

mit einer Zielfunktion und den Nebenbedingungen

$$g_i(x_1 , x_2 ,\dots, x_n) \le 0 \qquad\qquad (i = 1, 2, \dots , m)$$

überführt. Meistens fordert man für die Skalarisierungsparameter noch die Bedingung

$$\sum_{j=1}^{p} \lambda_j = 1$$

Für diese Methode läßt sich beweisen, daß die Minimalpunkte der erhaltenen skalaren Optimierungsaufgabe *effiziente Punkte* für die zugehörige Vektorminimierungsaufgabe liefern (siehe [32]).

Wir illustrieren diese häufig angewandte Methode in den Beisp.16.4 und 16.5b.

II. Man kann die Vorgehensweise der Variante I. verallgemeinern, indem man eine reellwertige Funktion

$$\Phi(\mathbf{z}) = \Phi(z_1, z_2, ..., z_p)$$

von p Variablen

$$\mathbf{z} = \begin{pmatrix} z_1 \\ z_2 \\ \vdots \\ z_p \end{pmatrix}$$

verwendet, um die Vektorzielfunktionswerte

$$\mathbf{f}(\mathbf{x}) = \mathbf{f}(x_1, x_2, ..., x_n) = \begin{pmatrix} f_1(x_1, x_2, ..., x_n) \\ f_2(x_1, x_2, ..., x_n) \\ \vdots \\ f_p(x_1, x_2, ..., x_n) \end{pmatrix} = \begin{pmatrix} f_1(\mathbf{x}) \\ f_2(\mathbf{x}) \\ \vdots \\ f_p(\mathbf{x}) \end{pmatrix}$$

in den Raum R der reellen Zahlen abzubilden, d.h., die Funktion $\Phi(\mathbf{z})$ bildet den Raum R^p in den Raum R ab und wird als *Präferenzfunktion* (*Nutzensfunktion*) bezeichnet.

Die Abbildung der Vektorzielfunktionswerte mittels der Funktion $\Phi(\mathbf{z})$ geschieht, indem man anstelle der p Variablen $\mathbf{z}$ in der Funktion $\Phi(\mathbf{z})$ die p Zielfunktionswerte $\mathbf{f}(\mathbf{x})$ einsetzt, d.h. (in Vektorschreibweise)

$$\Phi(\mathbf{f}(\mathbf{x})) = \Phi(f_1(\mathbf{x}), f_2(\mathbf{x}), ..., f_p(\mathbf{x}))$$

Auf diese Art wird die im Abschn.16.1 formulierte nichtlineare Vektorminimierungsaufgabe in die folgende nichtlineare Minimierungsaufgabe mit einer Zielfunktion (skalare nichtlineare Minimierungsaufgabe)

$$\Phi(\mathbf{f}(\mathbf{x})) =$$

$$\Phi(f_1(x_1, x_2, ..., x_n), f_2(x_1, x_2, ..., x_n), ..., f_p(x_1, x_2, ..., x_n))$$

$$\rightarrow \underset{x_1, x_2, ..., x_n}{\text{Minimum}}$$

und den Nebenbedingungen

$$g_i(x_1, x_2, ..., x_n) \leq 0 \qquad\qquad (i = 1, 2, ..., m)$$

überführt.

Für diese Methode läßt sich beweisen (siehe [27]), daß die Minimalpunkte der erhaltenen skalaren Optimierungsaufgabe *effiziente Punkte* für die zugehörige Vektoroptimierungsaufgabe sind, falls die verwendete Funktion $\Phi(\mathbf{z})$ streng monoton wachsend ist (siehe [32]), d.h., für

$$\mathbf{z}^1 < \mathbf{z}^2$$

bzgl. der natürlichen Halbordnung des Raumes R^p folgt

$$\Phi(\mathbf{z}^1) < \Phi(\mathbf{z}^2)$$

Ist die Funktion Φ nur monoton wachsend, so ist mindestens ein Minimalpunkt ein effizienter Punkt. Existiert nur ein Minimalpunkt, so ist dieser auch effizienter Punkt. Bei mehreren Minimalpunkten müssen nicht alle effiziente Punkte sein.

Die Skalarisierungsmethode I. ist offensichtlich ein Spezialfall von Methode II. Man sieht dies sofort, wenn man die Funktion

$$\Phi(\mathbf{z}) = \Phi(z_1, z_2, ..., z_p)$$

in der speziellen Form

$$\Phi(z_1, z_2, ..., z_p) = \lambda_1 \cdot z_1 + \lambda_2 \cdot z_2 + ... + \lambda_p \cdot z_p$$

wählt, so daß

$$\Phi(\mathbf{f}(\mathbf{x})) = \Phi(f_1(\mathbf{x}), f_2(\mathbf{x}), ..., f_p(\mathbf{x}))$$

$$= \lambda_1 \cdot f_1(\mathbf{x}) + \lambda_2 \cdot f_2(\mathbf{x}) + ... + \lambda_p \cdot f_p(\mathbf{x})$$

folgt, wobei die Parameter

$$\lambda_j > 0 \qquad\qquad (j = 1, 2, ..., p)$$

frei wählbar sind.

III. Man optimiert die gewichtete Summe der Abweichungen der einzelnen Zielfunktionen von vorgegebenen Zielwerten. Dabei wendet man *zwei*

Vorgehensweisen an, die von der Auswahl der Zielwerte bestimmt werden:

1. Wie bei der Methode III. aus Abschn.16.2.2 werden die individuellen Minimalpunkte der einzelnen Zielfunktionen berechnet und die dazugehörigen Zielfunktionswerte als Zielwerte verwandt (siehe Beisp. 16.4c).

2. Im Unterschied zu 1. werden die Zielwerte vom Anwender vorgegeben. In der englischsprachigen Literatur bezeichnet man diese Vorgehensweise als *goal programming*.

Bei beiden Vorgehensweisen 1. und 2.

* lassen sich zur Bestimmung der Abweichungen verschiedene Abstände verwenden. Im Beisp.16.4c verwenden wir den Euklidischen Abstand.

* erhält man eine Optimierungsaufgabe mit einer einzigen Zielfunktion.

IV. Betrachten wir eine weitere Methode, die MATLAB zur Lösung von Vektorminimierungsaufgaben anwendet (siehe Abschn.16.3 und Beisp. 16.5a).

Für die nichtlineare Vektorminimierungsaufgabe (in Matrixschreibweise)

$$\mathbf{f}(\mathbf{x}) \underset{\mathbf{x}}{\rightarrow} \text{Vektorminimum}$$

mit den Nebenbedingungen

$$\mathbf{g}(\mathbf{x}) \leq \mathbf{0}, \quad \mathbf{h}(\mathbf{x}) = \mathbf{0}$$

$$\mathbf{A} \cdot \mathbf{x} \leq \mathbf{b}, \quad \mathbf{B} \cdot \mathbf{x} = \mathbf{d}, \quad \mathbf{u} \leq \mathbf{x} \leq \mathbf{v}$$

in der $\mathbf{f}(\mathbf{x})$, $\mathbf{g}(\mathbf{x})$, $\mathbf{h}(\mathbf{x})$ Vektorfunktionen, $\mathbf{A}$, $\mathbf{B}$ Matrizen und , $\mathbf{x}$, $\mathbf{b}$, $\mathbf{d}$, $\mathbf{u}$, $\mathbf{v}$ Spaltenvektoren sind, hat Gembicki eine *Goal-Attainment-Methode* entwickelt, die die nichtlineare Vektorminimierungsaufgabe in die folgende skalare Aufgabe der nichtlinearen Optimierung überführt:

$$s \underset{\mathbf{x},s}{\rightarrow} \text{Minimum}$$

mit den Nebenbedingungen

$$\mathbf{f}(\mathbf{x}) - \mathbf{w} \cdot s \leq \mathbf{z}$$

$$\mathbf{g}(\mathbf{x}) \leq \mathbf{0}, \quad \mathbf{h}(\mathbf{x}) = \mathbf{0}$$

$$\mathbf{A} \cdot \mathbf{x} \leq \mathbf{b}, \quad \mathbf{B} \cdot \mathbf{x} = \mathbf{d}, \quad \mathbf{u} \leq \mathbf{x} \leq \mathbf{v}$$

deren Lösung unter gewissen Voraussetzungen einen effizienten Punkt liefert. Dafür verwendet MATLAB eine Methode der sequentiellen quadratischen Optimierung (SQP-Methode – siehe Abschn.11.6.5). Bei dieser *Goal-Attainment-Methode* sind

* Suchrichtung/Suchvektor **w**

* Zielpunkt/Zielvektor **z**

vom Anwender als Spaltenvektoren vorzugeben, wobei solche Werte für die Komponenten des Zielvektors gewählt werden können, die die einzelnen Zielfunktionen erreichen können. Die einzelnen Komponenten des Suchvektors **w** sollten als Absolutwerte der entsprechenden Komponenten des Zielvektors **z** gewählt werden, falls diese ungleich Null sind. Man vergleiche diese Methode mit der im Abschn.16.2.2 gegebenen Methode III.

Beispiel 16.4:

Betrachten wir die lineare Vektormaximierungsaufgabe aus Beisp.16.1

$$f_1(x_1,x_2) = 2\cdot x_1 + 3\cdot x_2 \quad \rightarrow \quad \underset{x_1,x_2}{\text{Maximum}}$$

$$f_2(x_1,x_2) = x_1 + x_2 \quad \rightarrow \quad \underset{x_1,x_2}{\text{Maximum}}$$

$$x_1 + 2\cdot x_2 \leq 10$$

$$x_1 \geq 0 \;,\; x_2 \geq 0$$

$$x_1 + x_2 \;\leq 6$$

Die Gesamtheit der effizienten Punkte (Effizienzmenge) dieser Aufgabe wird durch alle Punkte der Geradenstücke

$$x_1 + 2\cdot x_2 = 10 \quad,\quad 0 \leq x_1 \leq 2$$

$$x_1 + x_2 = 6 \quad,\quad 2 \leq x_1 \leq 6$$

aus den Nebenbedingungen gebildet. Die Überprüfung dieser Behauptung überlassen wir dem Leser.

Da die Effizienzmenge aus mehreren Punkten besteht, werden wir diese Aufgabe auch weiterhin verwenden, obwohl sie die perfekte Lösung

$$\begin{pmatrix} 2 \\ 4 \end{pmatrix}$$

besitzt, wie im Beisp.16.2b festgestellt wird.

Im folgenden wenden wir auf diese Aufgabe die Skalarisierungsmethoden I., II. und III.1 an:

a) Durch die Skalarisierungsmethode I. wird die gegebene Aufgabe mit den beiden Skalarisierungsparametern

$$\lambda_1 > 0 \text{ und } \lambda_2 > 0$$

in die Aufgabe

$$\lambda_1 \cdot (2 \cdot x_1 + 3 \cdot x_2) + \lambda_2 \cdot (x_1 + x_2) \;\rightarrow\; \underset{x_1, x_2}{\text{Maximum}}$$

$$x_1 + 2 \cdot x_2 \leq 10$$
$$x_1 \geq 0 \;,\; x_2 \geq 0$$
$$x_1 + x_2 \leq 6$$

der skalaren linearen Optimierung überführt, die wir im Beisp.16.5b mit den Systemen lösen.

b) Wenden wir die Skalarisierungsmethode II. auf die gegebene Aufgabe an, indem wir die Präferenzfunktion

$$\Phi(z_1, z_2)$$

in der folgenden Form wählen

$$\Phi(z_1, z_2) = z_1$$

so daß sich

$$\Phi(f_1(x_1, x_2), f_2(x_1, x_2)) = f_1(x_1, x_2)$$

ergibt. Die so gewählte Präferenzfunktion ist monoton, wie man leicht nachprüfen kann. Damit wird die gegebene Aufgabe in die Aufgabe

$$f_1(x_1, x_2) = 2 \cdot x_1 + 3 \cdot x_2 \;\rightarrow\; \underset{x_1, x_2}{\text{Maximum}}$$

$$x_1 + 2 \cdot x_2 \leq 10$$
$$x_1 \geq 0 \;,\; x_2 \geq 0$$
$$x_1 + x_2 \leq 6$$

der skalaren linearen Optimierung überführt, die wir im Beisp.16.5c mit den Systemen lösen.

c) Wenden wir die Skalarisierungsmethode III.1 auf die gegebene Aufgabe an. Da eine Vektormaximierungsaufgabe vorliegt, benötigen wir die individuellen Maximalpunkte der beiden Zielfunktionen, die wir im Beisp.16.2b berechnet haben. Die zugehörigen maximalen Zielfunktionswerte betragen 16 bzw. 6, so daß sich bei Verwendung des Euklidischen Abstands folgende Aufgabe der skalaren Optimierung ergibt:

$$(2 \cdot x_1 + 3 \cdot x_2 - 16)^2 + (x_1 + x_2 - 6)^2 \; \to \; \underset{x_1,\,x_2}{\text{Minimum}}$$

$$x_1 + 2 \cdot x_2 \le 10$$

$$x_1 \ge 0 \;, \quad x_2 \ge 0$$

$$x_1 + x_2 \quad \le 6$$

Bei dieser Methode bleibt die Linearität der Optimierungsaufgabe nicht erhalten. Man erhält eine quadratische Optimierungsaufgabe, die wir im Beisp.12.3 mit den Systemen lösen. Man kann bei dieser Aufgabe die Lösung

$$\begin{pmatrix} 2 \\ 4 \end{pmatrix}$$

aber auch durch Überlegung gewinnen, da dies eine perfekte Lösung für die zugehörige Vektormaximierungsaufgabe ist.

◆

16.2.4 Lineare Aufgaben

Für Aufgaben der linearen Vektoroptimierung sind Theorie und Lösungsmethoden am weitesten entwickelt (siehe [17, 27, 32]). Zwei einfache Aufgaben hierfür haben wir in den Beisp.7.8 und 16.1 kennengelernt. Die Lösung mittels der Systeme werden wir im Beisp.16.5 betrachten.

Eine *Standardform* (*Grundform*) der *linearen Vektormaximierung* lautet folgendermaßen:

- p *lineare Zielfunktionen*

$$c_{j1} \cdot x_1 + c_{j2} \cdot x_2 + \ldots + c_{jn} \cdot x_n \qquad\qquad (j = 1 , 2 , \ldots , p)$$

sind bezüglich der n Variablen

$$x_1 , x_2 , \ldots , x_n$$

zu *maximieren*, d.h.

$$c_{11} \cdot x_1 + c_{12} \cdot x_2 + \ldots + c_{1n} \cdot x_n \; \to \; \underset{x_1,x_2,\ldots,x_n}{\text{Maximum}}$$

$$c_{21} \cdot x_1 + c_{22} \cdot x_2 + \ldots + c_{2n} \cdot x_n \; \to \; \underset{x_1,x_2,\ldots,x_n}{\text{Maximum}}$$

$$\vdots \qquad\qquad\qquad \vdots$$

$$c_{p1} \cdot x_1 + c_{p2} \cdot x_2 + \ldots + c_{pn} \cdot x_n \; \to \; \underset{x_1,x_2,\ldots,x_n}{\text{Maximum}}$$

- Die *Variablen* müssen zusätzlich *Nebenbedingungen* in Form von m *linearen Ungleichungen* (*lineare Ungleichungsnebenbedingungen*) erfüllen, d.h.

$$a_{11} \cdot x_1 + a_{12} \cdot x_2 + \ldots + a_{1n} \cdot x_n \leq b_1$$

$$a_{21} \cdot x_1 + a_{22} \cdot x_2 + \ldots + a_{2n} \cdot x_n \leq b_2$$

$$\vdots \qquad\qquad\qquad \vdots$$

$$a_{m1} \cdot x_1 + a_{m2} \cdot x_2 + \ldots + a_{mn} \cdot x_n \leq b_m$$

Des weiteren sind von den Variablen noch *Nicht-Negativitätsbedingungen* (*Vorzeichenbedingungen*) einzuhalten, d.h.

$$x_i \geq 0 \qquad\qquad (i = 1, \ldots, n)$$

☞

In *Matrixschreibweise* hat die gegebene *Standardform* der *linearen Vektormaximierung* folgende Gestalt:

$$\mathbf{C} \cdot \mathbf{x} \;\rightarrow\; \underset{\mathbf{x}}{\text{Vektormaximum}}$$

$$\mathbf{A} \cdot \mathbf{x} \leq \mathbf{b} \quad , \qquad \mathbf{x} \geq \mathbf{0}$$

wobei die Vektoren $\mathbf{x} \in R^n$ und $\mathbf{b} \in R^m$ und die Matrizen $\mathbf{C}$ und $\mathbf{A}$ folgende Form haben:

$$\mathbf{x} = \begin{pmatrix} x_1 \\ x_2 \\ \vdots \\ x_n \end{pmatrix} \qquad , \qquad \mathbf{b} = \begin{pmatrix} b_1 \\ b_2 \\ \vdots \\ b_m \end{pmatrix}$$

$$\mathbf{C} = \begin{pmatrix} c_{11} & c_{12} & \cdots & c_{1n} \\ c_{21} & c_{22} & \cdots & c_{2n} \\ \vdots & \vdots & \cdots & \vdots \\ c_{p1} & c_{p2} & \cdots & c_{pn} \end{pmatrix} \qquad , \qquad \mathbf{A} = \begin{pmatrix} a_{11} & a_{12} & \cdots & a_{1n} \\ a_{21} & a_{22} & \cdots & a_{2n} \\ \vdots & \vdots & \cdots & \vdots \\ a_{m1} & a_{m2} & \cdots & a_{mn} \end{pmatrix}$$

♦

16.3 Anwendung von Computeralgebrasystemen und EXCEL

Von den Systemen besitzt nur MATLAB eine vordefinierte Funktion zur numerischen Lösung von Vektorminimierungsaufgaben, falls man die Toolbox **Optimization** installiert hat. Die anderen Systeme können nur herangezogen werden, wenn die Aufgabe mittels der im Abschn.16.2 diskutierten Methoden in eine Aufgabe mit einer Zielfunktion (d.h. in eine skalare Optimierungsaufgabe) transformiert wurde. Wir illustrieren die Vorgehensweise im Beisp.16.5.

MATLAB kann effiziente Punkte für allgemeine nichtlineare Aufgaben der Vektoroptimierung (Vektorminimierungsaufgaben) der folgenden Form (in Matrixschreibweise) näherungsweise bestimmen:

$$\mathbf{f}\,(\,\mathbf{x}\,)\ \to\ \underset{\mathbf{x}}{\text{Vektorminimum}}$$

mit den Nebenbedingungen

$$\mathbf{g}\,(\mathbf{x})\ \leq\ \mathbf{0}\quad,\quad \mathbf{h}\,(\mathbf{x})\ =\ \mathbf{0}$$

$$\mathbf{A}\cdot\mathbf{x}\ \leq\ \mathbf{b}\quad,\quad \mathbf{B}\cdot\mathbf{x}\ =\ \mathbf{d}\quad,\quad \mathbf{u}\ \leq\ \mathbf{x}\ \leq\ \mathbf{v}$$

wobei $\mathbf{f}\,(\mathbf{x})$, $\mathbf{g}\,(\mathbf{x})$, $\mathbf{h}\,(\mathbf{x})$ Vektorfunktionen, $\mathbf{A}$, $\mathbf{B}$ Matrizen und $\mathbf{x}$, $\mathbf{b}$, $\mathbf{d}$, $\mathbf{u}$, $\mathbf{v}$ Spaltenvektoren darstellen.

MATLAB verwendet zur Lösung eine von Gembicki gegebene *Goal-Attainment-Methode* (siehe Abschn.16.2.3) mittels der vordefinierten Funktion

x = **fgoalattain** (' f ' , SW , z , w , A , b , B , d , u , v , ' nb ')

in der die Argumente die gleiche Bedeutung wie bei den Funktionen der nichtlinearen Optimierung von MATLAB haben (siehe Abschn.11.6.7). Zusätzlich sind für $\mathbf{z}$ und $\mathbf{w}$ der Ziel- bzw. Suchvektor einzusetzen. Diese müssen vom Anwender als Spaltenvektoren vorgegeben werden, wobei man solche Werte für die Komponenten des Zielvektors wählen kann, die für die einzelnen Zielfunktionen erreichbar sind. Die einzelnen Komponenten des Suchvektors $\mathbf{w}$ sollten als Absolutwerte der entsprechenden Komponenten des Zielvektors $\mathbf{z}$ gewählt werden, falls diese ungleich Null sind. Die Anwendung von **fgoalattain** illustrieren wir im folgenden Beisp.16.5a.

Beispiel 16.5:

Die Gesamtheit der effizienten Punkte (d.h. die Effizienzmenge) für die Aufgabe der linearen Vektoroptimierung (Vektormaximierung) aus Beisp. 16.1

$$f_1(x_1, x_2) = 2 \cdot x_1 + 3 \cdot x_2 \quad \to \quad \underset{x_1, x_2}{\text{Maximum}}$$

$$f_2(x_1, x_2) = x_1 + x_2 \quad \to \quad \underset{x_1, x_2}{\text{Maximum}}$$

mit den Nebenbedingungen:

$$x_1 + 2 \cdot x_2 \leq 10$$

$$x_1 + x_2 \leq 6$$

und den Nicht-Negativitätsbedingungen (Vorzeichenbedingungen)

$$x_1 \geq 0 \,, \quad x_2 \geq 0$$

wird durch alle Punkte der Geradenstücke

$$x_1 + 2 \cdot x_2 = 10 \quad, \quad 0 \leq x_1 \leq 2$$

$$x_1 + x_2 = 6 \quad, \quad 2 \leq x_1 \leq 6$$

aus den Nebenbedingungen gebildet.

Im folgenden berechnen wir effiziente Punkte für diese Aufgabe mittels der in MATLAB vordefinierten Funktion **fgoalattain** (im Beisp.a) und mittels der anderen Systeme (im Beisp.b und c), indem wir die Aufgabe skalarisieren:

a) Die Anwendung der in MATLAB vordefinierten Funktion **fgoalattain** geschieht folgendermaßen:

Bei der Anwendung von **fgoalattain** müssen die Zielfunktionen minimiert werden, so daß wir sie in folgender äquivalenter Form schreiben:

$$f1(x(1), x(2)) = -2 \cdot x(1) - 3 \cdot x(2) \quad \to \quad \underset{x_1, x_2}{\text{Minimum}}$$

$$f2(x(1), x(2)) = -x(1) - x(2) \quad \to \quad \underset{x_1, x_2}{\text{Minimum}}$$

MATLAB berechnet für die Startwerte

x(1)=0 , x(2)=0

den Zielvektor

$$\mathbf{z} = \begin{pmatrix} 10 \\ 10 \end{pmatrix}$$

und den Suchvektor

$$\mathbf{w} = \begin{pmatrix} 10 \\ 10 \end{pmatrix}$$

mit der vordefinierten Funktion **fgoalattain** das folgende Ergebnis:

x = **fgoalattain** (' [−2 ∗ x(1) − 3 ∗ x(2) ; −x(1) − x(2)] ' , [0 ; 0] ,

[10 ; 10] , [10 ; 10] , [1   2 ; 1   1] , [10 ; 6] , [ ] , [ ] , [0 ; 0])

x =

3.0000
3.0000

d.h., MATLAB berechnet den effizienten Punkt

x(1)=3 , x(2)=3

der auf der Geraden x(1) + x(2) = 6 liegt.

b) Wenden wir die Systeme an, um mittels der durch die Skalarisierungsmethode I. erhaltenen Aufgabe der (skalaren) linearen Optimierung (siehe Beisp.16.4)

$$\lambda_1 \cdot (2 \cdot x_1 + 3 \cdot x_2) + \lambda_2 \cdot (x_1 + x_2) \quad \rightarrow \quad \underset{x_1 , x_2}{\text{Maximum}}$$

$$x_1 + 2 \cdot x_2 \leq 10$$
$$x_1 \geq 0 \ , \quad x_2 \geq 0$$
$$x_1 + x_2 \quad \leq 6$$

effiziente Punkte der Vektormaximierungsaufgabe zu berechnen. Wir
führen dies mittels MATHCAD durch. Die Anwendung der anderen Systeme gestaltet sich analog:

Im folgenden ist die Berechnung für die Parameterwerte (1,1) und die Startwerte (0,0) zu sehen:

$$\lambda 1 := 1 \quad \lambda 2 := 1$$

$$f(x1, x2) := \lambda 1 \cdot (2 \cdot x1 + 3 \cdot x2) + \lambda 2 \cdot (x1 + x2)$$

$$x1 := 0 \quad x2 := 0$$

given

$$x1 + 2 \cdot x2 \le 10$$

$$x1 + x2 \le 6$$

$$\text{maximize}(f, x1, x2) = \begin{pmatrix} 2 \\ 4 \end{pmatrix}$$

Für weitere Parameterwerte kann man die berechneten effizienten Punkte aus der folgenden Tabelle entnehmen:

Parameterwerte $\begin{pmatrix} \lambda_1 \\ \lambda_2 \end{pmatrix}$	effiziente Punkte $\begin{pmatrix} x_1 \\ x_2 \end{pmatrix}$
$\begin{pmatrix} 1 \\ 1 \end{pmatrix}$	$\begin{pmatrix} 2 \\ 4 \end{pmatrix}$
$\begin{pmatrix} 1 \\ 10 \end{pmatrix}$	$\begin{pmatrix} 2 \\ 4 \end{pmatrix}$
$\begin{pmatrix} 10 \\ 1 \end{pmatrix}$	$\begin{pmatrix} 2 \\ 4 \end{pmatrix}$
$\begin{pmatrix} 1 \\ 1000000 \end{pmatrix}$	$\begin{pmatrix} 6 \\ 0 \end{pmatrix}$

♦

c) Wenden wir die Systeme an, um mittels der im Beisp.16.4b durch die Skalarisierungsmethode II. erhaltenen Aufgabe der (skalaren) linearen Optimierung

$$f_1(x_1, x_2) = 2 \cdot x_1 + 3 \cdot x_2 \rightarrow \underset{x_1, x_2}{\text{Maximum}}$$

$$x_1 + 2 \cdot x_2 \leq 10$$

$$x_1 \geq 0 \quad , \quad x_2 \geq 0$$

$$x_1 + x_2 \leq 6$$

einen effizienten Punkt der Vektormaximierungsaufgabe zu berechnen. Wir führen dies mittels MATHCAD durch. Die Anwendung der anderen Systeme gestaltet sich analog:

$f1(x1,x2) := 2 \cdot x1 + 3 \cdot x2$

$x1 := 0 \quad x2 := 0$

given

$x1 + 2 \cdot x2 \leq 10$

$x1 + x2 \leq 6$

$x1 \geq 0 \quad x2 \geq 0$

$$\textbf{maximize} \ (\ f1\ ,\ x1\ ,\ x2\ ) \ = \ \begin{pmatrix} 2 \\ 4 \end{pmatrix}$$

MATHCAD hat den effizienten Punkt

$$\begin{pmatrix} x_1 \\ x_2 \end{pmatrix} = \begin{pmatrix} 2 \\ 4 \end{pmatrix}$$

berechnet, der auch gleichzeitig die perfekte Lösung der Vektormaximierungsaufgabe realisiert.

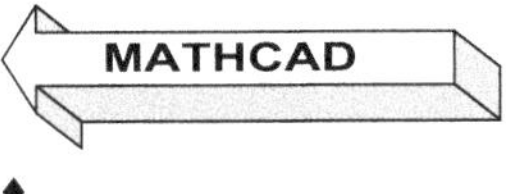

♦

17 Spieltheorie

17.1 Einführung

Die *Spieltheorie* kann ebenso wie die Optimierung als ein Gebiet der *Entscheidungstheorie* aufgefaßt werden.

Während bei den bisher behandelten Optimierungsaufgaben (bis auf die Vektoroptimierung) Entscheidungssituationen betrachtet werden, bei denen ein Akteur (z.B. Firma) ein Kriterium (z.B. Kosten oder Gewinn) unter gegebenen Nebenbedingungen minimieren oder maximieren möchte, werden in der *Spieltheorie* Entscheidungssituationen untersucht, an denen *mehrere Akteure* beteiligt sind.

Die Spieltheorie hat ihren Ursprung in der Untersuchung von Gesellschaftsspielen. Sie wurde 1928 von dem Mathematiker J. v. Neumann begründet. In seinem mit O. Morgenstern 1940 veröffentlichten Buch *"Spieltheorie und wirtschaftliches Verhalten"* werden die mathematische Theorie der Spieltheorie ausführlich dargestellt und Anwendungen in der Wirtschaft gegeben. Inzwischen hat sich die Spieltheorie weiterentwickelt und zu einem umfangreichen Gebiet herausgebildet.

Den *Ausgangspunkt* der *Spieltheorie* bilden *Konflikt-* und *Konkurrenzsituationen*, die zwischen mehreren Akteuren (Menschen, Gruppen von Menschen, Natur und Menschen) auftreten, die man in der Spieltheorie als *Spieler* (oder *Gegner*) bezeichnet. Bei diesen Situationen gibt es für alle Beteiligten (Spieler/Gegner) verschiedene *Handlungsmöglichkeiten* (*Strategien*) und unterschiedliche Interessen. Es werden nur solche Situationen betrachtet, die Entscheidungen erfordern, ohne daß das konkrete Verhalten der Spieler/Gegner bekannt ist. Man muß allerdings die Entscheidungsmöglichkeiten der Spieler/Gegner und die entsprechenden Auswirkungen auf die eigene Situation kennen.

Die Begriffe und anschaulichen Hintergründe der Spieltheorie werden von *strategischen Gesellschaftsspielen* geliefert, deren Ausgänge nicht nur vom Zufall, sondern wesentlich von den Strategien der Spieler/Gegner abhängen, wie z.B bei *Schach, Mühle, Dame.*

Dagegen sind *Würfeln, Losen* und *Knobeln* Beispiele für Spiele, die hauptsächlich vom *Zufall abhängen*, d.h. typische Vertreter von *Glücksspielen*.

Bei *Kartenspielen* haben sowohl die Strategien der Spieler als auch der Zufall (z.B. beim Geben) einen Einfluß.

Glücksspiele unterscheiden sich wesentlich von strategischen Spielen. Während die Untersuchung von Glücksspielen zur Entwicklung der Wahrscheinlichkeitsrechnung geführt hat, werden in der *Spieltheorie strategische Spiele* betrachtet. Bei strategischen Spielen kann der Spieler Einfluß auf das Ergebnis des Spiels nehmen.

♦

Ein *Spiel* wird als ein *Modell* für eine *Konflikt-* oder *Konkurrenzsituation* angesehen. An jedem Spiel sind *Spieler* beteiligt, die jedoch keine einzelnen Personen sein müssen, sondern Firmen, Organisationen, Länder usw. sein können. Je nach Anzahl der beteiligten Spieler unterscheidet man zwischen

* Zweipersonen-Spielen

* Mehr-Personen-Spielen (n-Personen-Spielen mit $n \geq 3$)

Die einzelne Realisierung eines Spiels bezeichnet man als *Partie*. In jeder Partie eines Spiels stehen den Spielern bestimmte Entscheidungen und Handlungsmöglichkeiten (*Züge*) zur Verfügung, um ihre Ziele zu erreichen. Dies bezeichnet man als *Strategien* der Spieler. Damit ist eine Partie des Spiels bestimmt, wenn alle beteiligten Spieler eine Strategie festgelegt haben.

♦

Die Aufgabe der *mathematischen Spieltheorie* besteht darin, Spiele mathematisch zu modellieren, um analytische Aussagen über das günstigste Verhalten (die günstigste Strategie) der Spieler treffen zu können, d.h., für die teilnehmenden Spieler *optimale Strategien* zu ermitteln. Dazu müssen die Spielergebnisse bewertet werden.
Als Möglichkeit zur Bewertung von Spielergebnissen kann die Zuordnung von Auszahlungen an die Spieler verwendet werden.

♦

In gegenwärtigen Anwendungen der Spieltheorie haben Gesellschaftsspiele eine untergeordnete Bedeutung. Die *Hauptanwendung* der *Spieltheorie* liegt in der Untersuchung von *Konflikt-* und *Konkurrenzsituationen* in *Politik, Wirtschaft, Militärwesen* und *technischen Wissenschaften.*
Wir können uns im Rahmen des vorliegenden Buches nicht ausführlich mit dem umfangreichen Gebiet der Spieltheorie befassen und verweisen den interessierten Leser auf die Literatur [4, 10, 58, 68, 78].
Einen ersten Einblick in die Spieltheorie haben wir bereits im Abschn.7.9 erhalten. Im folgenden geben wir eine ausführlichere Illustration der Problematik am Beispiel von *Matrixspielen* (siehe Abschn.17.2).

In der Spieltheorie werden außer Matrixspielen weitere Spiele betrachtet, wie z.B.

* n-Personen-Spiele (Mehr-Personen-Spiele),

* unendliche Spiele,

* Nichtnullsummenspiele.

♦

17.2 Matrixspiele

17.2.1 Einführung

Spiele zwischen *zwei Spielern* werden als *Matrixspiele* bezeichnet, wenn

- Konflikt- und Konkurrenzsituationen zwischen beiden Spielern auftreten.

- beide Spieler endlich viele Handlungsmöglichkeiten (Strategien) besitzen, von denen die Spielergebnisse (Gewinne bzw. Verluste) abhängen.

- alle Bedingungen des Spiels in Form einer Matrix gegeben werden können.

Derartige *Matrixspiele* heißen

* *Zweipersonen-Matrixspiele*, da zwei Spieler beteiligt sind.

* *Nullsummen-Matrixspiele*, falls der Gewinn eines Spielers gleich dem Verlust des anderen ist. Da nur zwei Spieler beteiligt sind, spricht man von *Zweipersonen-Nullsummen-Matrixspielen*.

Obwohl *Matrixspiele* zu den einfachen Spielen zählen, gibt es zahlreiche *praktische Anwendungen* (siehe [4, 10, 58, 68, 78] und Beisp.17.1b). Die Problematik bei der Modellierung von Matrixspielen liegt darin, die

* Handlungsmöglichkeiten (Strategien) der Spieler festzulegen.

* Elemente der Auszahlmatrix passend zu bestimmen.

* Lösungen des Spiels zu deuten.

♦

Allgemein läßt sich folgende Situation durch *Zweipersonen-Matrixspiele* beschreiben:

* Zwei Spieler (Firmen, Organisationen, Länder usw.) S1 und S2 stehen sich gegenüber.

* Beide Spieler S1 und S2 haben eine feste (endliche) Anzahl von Handlungsmöglichkeiten, die man mit ganzen Zahlen i bzw. k (beginnend mit 1) durchnumeriert.

* Beide Spieler S1 und S2 wählen gleichzeitig unabhängig voneinander je eine Handlung, d.h. je eine ganze Zahl i bzw. k. Diese Zahlen fast man zu einem Zahlenpaar zusammen, das man als Strategienpaar (i,k) bezeichnet.

* Für jedes Strategienpaar (i,k) wird eine Zahlung a_{ik} zwischen beiden Spielern S1 und S2 vereinbart. Diese Zahlungsbeträge a_{ik} kann man als Elemente einer Matrix **A** ansehen, die *Auszahlmatrix* heißt.

♦

Damit legt eine Matrix **A** , die man als *Auszahlmatrix* verwendet, ein *Matrixspiel* für *zwei Spieler* S1 und S2 folgendermaßen fest:

* Ein *Spielzug* des Matrixspiels besteht darin, daß die Spieler S1 und S2 gleichzeitig unabhängig voneinander eine Zeile bzw. Spalte der Auszahlmatrix **A** auswählen, indem sie eine ganze Zahl i bzw. k angeben, die als Zeilennummer i bzw. Spaltennummer k von **A** interpretiert werden.

* Wenn das durch die ausgewählte Zeile i und Spalte k erhaltene Element a_{ik}

   der Matrix **A** positiv ist, so erhält der Spieler S1 vom Spieler S2 diesen Betrag. Ist das ausgewählte Element negativ, so muß S1 an S2 diesen Betrag bezahlen. Diese benutzte Auszahlungsrichtung bei positiven und negativen Elementen der Matrix **A** ist willkürlich, d.h., es könnte auch die entgegengesetzte Richtung vereinbart werden.

Man sieht, daß ein Matrixspiel durch die Vorgabe der Auszahlmatrix **A** vollständig beschrieben ist.

Ein so definiertes Zweipersonen-Matrixspiel ist ein Nullsummenspiel, da die Summe der Gewinne und Verluste der beiden Spieler nach dem Spiel gleich Null sind, d.h., der Gewinn des einen Spielers ist gleich dem Verlust des anderen Spielers. Man spricht deshalb von *Zweipersonen-Nullsummen-Matrixspielen*, die wir im folgenden Beispiel illustrieren.

♦

Beispiel 17.1:

a) Verwenden wir die 2×3 Matrix

$$\mathbf{A} = \begin{pmatrix} 6 & -1 & 5 \\ -3 & 4 & 2 \end{pmatrix}$$

als *Auszahlmatrix* **A** eines *Zweipersonen-Nullsummen-Matrixspiels* zwischen den beiden Spielern S1 und S2:

In jeder *Partie* des *Spiels* wählen die Spieler S1 und S2 gleichzeitig und unabhängig voneinander eine der Zahlen 1 oder 2 bzw. 1, 2 oder 3, die Zeilen (für Spieler S1) bzw. Spalten (für Spieler S2) der Auszahlmatrix **A** bezeichnen. Ist das entsprechende Matrixelement positiv (d.h. 2, 4, 5 oder 6), so erhält S1 den entsprechenden Geldbetrag von S2. Bei negativem Matrixelement (d.h. −1 oder −3) ist es umgekehrt.

Damit haben bei diesem Spiel die Spieler S1 zwei und S2 drei *Strategien* für ihre *Züge* zur Verfügung. Es ist ein *Nullsummenspiel,* da die Summe der Gewinne und Verluste der Spieler S1 und S2 nach dem Spiel Null sind.

b) Viele Probleme der Ökonomie lassen sich als Aufgaben der Spieltheorie formulieren, wie bereits in dem Standardbuch der Spieltheorie von v.Neumann und Morgenstern [58] dargelegt wird. Eine Schwierigkeit besteht darin, den Nutzen der ökonomischen Handlungsweisen festzulegen, d.h., die Elemente der Auszahlmatrix vorzugeben.

Betrachten wir hierzu ein Anwendungsbeispiel:

In einer Firma soll eine neue Maschinen gekauft werden, deren Nutzen von den zukünftigen Preisen der zu verarbeitenden Rohstoffe abhängt. Für diese Maschine stehen zwei Typen I und II zur Verfügung. Die Auswahl des Maschinentyps kann als Handlungsmöglichkeiten eines Spielers S1 gedeutet werden. Der Nutzen der beiden Maschinentypen wird durch Fachexperten eingeschätzt. Er hängt von den Preisen der von dem Maschinentyp benötigten Rohstoffe ab. Die Nutzeffekte werden für niedrige, gleiche und hohe Preise eingeschätzt, die als Handlungsmöglichkeiten eines Spielers S2 gedeutet werden können.

Damit ergibt sich eine Auszahlmatrix **A** vom Typ (2,3), in der die zwei Zeilen für den Maschinentyp I und II und die drei Spalten für die Preise stehen, wie beispielsweise

$$\mathbf{A} = \begin{pmatrix} 6 & 7 & 5 \\ 8 & 3 & 4 \end{pmatrix}$$

Das hierdurch bestimmte Matrixspiel werden wir im Beisp.17.3b lösen.

♦

Bisher haben wir ein Zweipersonen-Nullsummen-Matrixspiel lediglich definiert und noch kein Lösungskonzept diskutiert. Die *Lösung* eines *Matrixspiels* beinhaltet die Bestimmung

* einer *optimalen Strategie*. Jeder Spieler möchte natürlich nach einer optimalen Strategie spielen, um seinen *Gewinn* zu *maximieren* bzw. *Verlust* zu *minimieren*.

* des *Wertes* eines *Spiels* (*Spielwert*).

Lösungsmöglichkeiten für Matrixspiele diskutieren wir in den folgenden Abschn.17.2.3 und 17.2.4. Dazu benötigen wir noch die mathematische Definition einer Strategie bzw. optimalen Strategie, die wir im folgenden Abschn.17.2.2 geben.

17.2.2 Strategien

Definieren wir den bereits öfters verwandten Begriff der *Strategie* für ein Spiel mit einer Matrix **A** vom Typ (m,n):

- Der Spieler S1 hat die m Zeilen der Matrix **A** als seine verschiedenen Handlungsmöglichkeiten

$$X_i \qquad\qquad (i = 1 , 2 , \ldots , m)$$

  Jeder Vektor

$$\mathbf{x} = \begin{pmatrix} x_1 \\ x_2 \\ \vdots \\ x_m \end{pmatrix}$$

  mit $\quad x_1 + x_2 + \ldots + x_m = 1 , \quad 0 \le x_i \le 1 \qquad (i = 1 , 2 , \ldots , m)$

  heißt eine *Strategie* des Spielers S1.

- Der Spieler S2 hat die n Spalten der Matrix **A** als seine verschiedenen Handlungsmöglichkeiten

$$Y_k \qquad\qquad (k = 1 , 2 , \ldots , n)$$

  Jeder Vektor

$$\mathbf{y} = \begin{pmatrix} y_1 \\ y_2 \\ \vdots \\ y_n \end{pmatrix}$$

  mit $\quad y_1 + y_2 + \ldots + y_n = 1 , \quad 0 \le y_k \le 1 \qquad (k = 1 , 2 , \ldots , n)$

  heißt eine *Strategie* des Spielers S2.

Die Komponenten

x_i und y_k

der Vektoren $\mathbf{x}$ bzw. $\mathbf{y}$ können als Wahrscheinlichkeiten aufgefaßt werden, mit denen die Spieler S1 bzw. S2 die Handlungsmöglichkeiten

$$X_i \quad \text{bzw.} \quad Y_k$$

während einer Partie des Spiels durchführen.

◆

Wenn nur je eine Komponente der Vektoren $\mathbf{x}$ bzw. $\mathbf{y}$ gleich 1 und die anderen Null sind, spricht man von *reinen Strategien* der Spieler S1 und S2. Wenn dies nicht der Fall ist, so heißen die *Strategien* der Spieler S1 und S2 *gemischt*.

◆

Der Begriff der *optimalen Strategien*

$$\mathbf{x}^0 \quad \text{und} \quad \mathbf{y}^0$$

für die Spieler S1 bzw. S2 ist folgendermaßen definiert:
Optimale Strategien sind Strategien, mit denen der Spieler S1 seinen *Gewinn maximiert* und der Spieler S2 seinen *Verlust minimiert*. Unter Verwendung der minimalen und maximalen Erwartungswerte für Gewinn von S1 bzw. Verlust von S2

$$\underset{k=1,2,\ldots,n}{\text{Minimum}} \sum_{i=1}^{m} x_i \cdot a_{ik} \qquad \text{bzw.} \qquad \underset{i=1,2,\ldots,m}{\text{Maximum}} \sum_{k=1}^{n} y_k \cdot a_{ik}$$

ergibt sich folgendes für die *optimalen Strategien*

$$\mathbf{x}^0 \quad \text{und} \quad \mathbf{y}^0$$

der Spieler S1 bzw. S2:

* Für den Spieler S1 bestimmt sich die *optimale Strategie* (d.h. der *maximale Gewinn*) aus

$$w1 = \underset{\mathbf{x}}{\text{Maximum}} \ \underset{k=1,2,\ldots,n}{\text{Minimum}} \sum_{i=1}^{m} x_i \cdot a_{ik}$$

* Für den Spieler S2 bestimmt sich die *optimale Strategie* (d.h. der *minimale Verlust*) aus

$$w2 = \underset{\mathbf{y}}{\text{Minimum}} \ \underset{i=1,2,\ldots,m}{\text{Maximum}} \sum_{k=1}^{n} y_k \cdot a_{ik}$$

Der von J.v.Neumann bewiesene *Hauptsatz* für *Matrixspiele* sagt aus, daß maximaler Gewinn w1 von S1 und minimaler Verlust w2 von S2 übereinstimmen, d.h., es gilt w1 = w2 = w

Der gemeinsame Wert w heißt *Wert* des *Spiels* (*Spielwert*), wobei das *Spiel* für w=0 als *fair* bezeichnet wird.

Dieses von J.v.Neumann begründete *Maxmin-Prinzip* (*Minmax-Prinzip*) hat folgenden anschaulichen Inhalt:

Jeder Spieler überlegt sich, welcher schlimmste Fall beim Spiel auftreten kann, und versucht daraus das beste Resultat zu erzielen.

Man kann dies auch unter dem Gesichtspunkt der Dualität interpretieren. Diesbezüglich verweisen wir den interessierten Leser auf die Literatur.

♦

Die *optimalen Strategien* beider Spieler und der *Wert* des Spiels werden als *Lösung* des *Matrixspiels* bezeichnet.

♦

17.2.3 Sattelpunktspiele

Betrachten den Spezialfall, daß nur *reine Strategien* zwischen den *Spielern* S1 und S2 gespielt werden:

Für diesen Fall erhält man aus den vorangehenden allgemeinen Beziehungen des Hauptsatzes für Matrixspiele für die

* *optimale Strategie* des Spielers S1

$$\underset{i=1,2,\dots,m}{\text{Maximum}} \; \underset{k=1,2,\dots,n}{\text{Minimum}} \; a_{ik}$$

* *optimale Strategie* des Spielers S2

$$\underset{k=1,2,\dots,n}{\text{Minimum}} \; \underset{i=1,2,\dots,m}{\text{Maximum}} \; a_{ik}$$

Hierfür gilt die Ungleichung

$$\underset{i=1,2,\dots,m}{\text{Maximum}} \; \underset{k=1,2,\dots,n}{\text{Minimum}} \; a_{ik} \; \leq \; \underset{k=1,2,\dots,n}{\text{Minimum}} \; \underset{i=1,2,\dots,m}{\text{Maximum}} \; a_{ik}$$

anstelle der Gleichung aus dem Hauptsatz für Matrixspiele, weil beide Spieler ihre Handlungsmöglichkeiten (Strategien) nicht voll ausnutzen.

Für weitere Untersuchungen benötigt man den Begriff des Sattelpunkts, der im folgenden definiert wird.

Definition 17.1:

Ein Element

$$a_{i'k'}$$

der Matrix **A** vom Typ (m,n) heißt *Sattelpunkt* dieser Matrix, wenn

$$a_{ik'} \; \leq \; a_{i'k'} \; \leq \; a_{i'k}$$

für alle $i = 1, 2, ..., m$ und $k = 1, 2, ..., n$ gilt.

♦

Für Sattelpunkte läßt sich folgender Satz beweisen.

Satz 17.1:

Eine Matrix **A** vom Typ (m,n) besitzt genau dann einen *Sattelpunkt*, wenn die Gleichung

$$\underset{i=1,2,...,m}{\text{Maximum}}\;\underset{k=1,2,...,n}{\text{Minimum}}\; a_{ik} = \underset{k=1,2,...,n}{\text{Minimum}}\;\underset{i=1,2,...,m}{\text{Maximum}}\; a_{ik} = w$$

erfüllt ist. Die Zahl w wird als *Wert* des *Spiels (Spielwert)* bezeichnet, falls **A** die *Auszahlmatrix* eines Spiels darstellt.

♦

Der Begriff des Sattelpunkts einer gegebenen Matrix **A** läßt sich folgendermaßen veranschaulichen: Ein *Sattelpunkt* bezeichnet ein Element

$$a_{i'k'}$$

von **A**, daß

* sowohl das kleinste Element der Zeile i' als auch das größte Element der Spalte k' ist, d.h., es ist gleichzeitig Zeilenminimum und Spaltenmaximum.

* sowohl das Maximum der Zeilenminima als auch das Minimum der Spaltenmaxima ist.

♦

Ein *Matrixspiel*, dessen *Auszahlmatrix* **A** mindestens einen *Sattelpunkt* besitzt, wird als

* *Sattelpunktspiel (Spiel* mit einem *Sattelpunkt)*

* *statisches Spiel*

* *streng determiniertes Spiel*

bezeichnet. Bei diesen Spielen wird nur eine *optimale reine Strategie* gespielt. Hieraus leitet sich die Bezeichnung statisches Spiel ab. Das optimale Spielergebnis wird durch Anwendung einer Strategie erreicht, die durch den Sattelpunkt

$$a_{i'k'}$$

bestimmt wird. Die Indizes (i',k') des Sattelpunkts bezeichnet man deshalb als *optimales Strategienpaar,* da die Lösung des Spiels hierdurch gegeben ist.

Wir illustrieren diese Problematik im folgenden Beispiel.

♦

Beispiel 17.2:

Untersuchen wir drei Spiele auf Sattelpunkte:

a) Verwenden wir die Matrix vom Typ (2,3)

$$\mathbf{A} = \begin{pmatrix} 6 & -1 & 5 \\ -3 & 4 & 2 \end{pmatrix}$$

aus Beisp.17.1a als Auszahlmatrix $\mathbf{A}$:

* Für den Spieler S1 ergibt sich bei *reiner Strategie*

$$\underset{i=1,2}{\text{Maximum}} \ \underset{k=1,2,3}{\text{Minimum}} \ a_{ik} = \text{Maximum} \, (-1, -3) = -1$$

* Für den Spieler S2 ergibt sich bei *reiner Strategie*

$$\underset{k=1,2,3}{\text{Minimum}} \ \underset{i=1,2}{\text{Maximum}} \ a_{ik} = \text{Minimum} \, (6, 4, 5) = 4$$

Hier gilt offensichtlich die Ungleichung

$$\underset{i=1,2}{\text{Maximum}} \ \underset{k=1,2,3}{\text{Minimum}} \ a_{ik} < \underset{k=1,2,3}{\text{Minimum}} \ \underset{i=1,2}{\text{Maximum}} \ a_{ik}$$

so daß dieses Matrixspiel *keinen Sattelpunkt* besitzt und somit keine optimale reine Strategie existiert.

b) Verwenden wir die Auszahlmatrix $\mathbf{A}$

$$\mathbf{A} = \begin{pmatrix} 6 & 7 & 5 \\ 8 & 3 & 4 \end{pmatrix}$$

vom Typ (2,3) aus Beisp.17.1b:

* Für den Spieler S1 ergibt sich bei *reiner Strategie*

$$\underset{i=1,2}{\text{Maximum}} \ \underset{k=1,2,3}{\text{Minimum}} \ a_{ik} = \text{Maximum} \, (5, 3) = 5$$

* Für den Spieler S2 ergibt sich bei *reiner Strategie*

$$\underset{k=1,2,3}{\text{Minimum}} \ \underset{i=1,2}{\text{Maximum}} \ a_{ik} = \text{Minimum} \, (8, 7, 5) = 5$$

Hier gilt offensichtlich die Gleichung

$$\underset{i=1,2}{\text{Maximum}} \ \underset{k=1,2,3}{\text{Minimum}} \ a_{ik} = \underset{k=1,2,3}{\text{Minimum}} \ \underset{i=1,2}{\text{Maximum}} \ a_{ik} = 5$$

so daß das Element

$$a_{13} = 5$$

einen *Sattelpunkt* der Auszahlmatrix **A** realisiert und der Spielwert w=5 beträgt. Damit ist dieses Spiel ein *Sattelpunktspiel*. Die *optimale reine Strategie* besteht für beide Spieler darin, das *optimale Strategienpaar* (i',k') = (1,3) zu wählen. Der praktische Hintergrund dieses Spiels wurde im Beisp.17.1b gegeben. Er besteht in der Auswahl aus zwei Maschinentypen. Die erhaltene Lösung des Spiels empfiehlt damit die Auswahl des Maschinentyps I.

c) Verwenden wir die Matrix vom Typ (2,2)

$$\mathbf{A} = \begin{pmatrix} 0 & 3 \\ -3 & 1 \end{pmatrix}$$

als Auszahlmatrix **A**:

* Für den Spieler S1 ergibt sich bei *reiner Strategie*

$$\underset{i=1,2}{\text{Maximum}} \; \underset{k=1,2}{\text{Minimum}} \; a_{ik} = \text{Maximum} \, (\, 0 \, , \, -3 \,) = 0$$

* Für den Spieler S2 ergibt sich bei *reiner Strategie*

$$\underset{k=1,2}{\text{Minimum}} \; \underset{i=1,2}{\text{Maximum}} \; a_{ik} = \text{Minimum} \, (\, 0 \, , \, 3 \,) = 0$$

Hier gilt offensichtlich die Gleichung

$$\underset{i=1,2}{\text{Maximum}} \; \underset{k=1,2}{\text{Minimum}} \; a_{ik} = \underset{k=1,2}{\text{Minimum}} \; \underset{i=1,2}{\text{Maximum}} \; a_{ik} = 0$$

so daß das Element

$$a_{11} = 0$$

einen Sattelpunkt der Auszahlmatrix **A** realisiert und der *Spielwert* w=0 beträgt. Damit ist dieses Spiel ein *Sattelpunktspiel*. Die *optimale reine Strategie* besteht für beide Spieler darin, das *optimale Strategienpaar* (i',k') = (1,1) zu wählen, so daß beide Spieler S1 und S2 weder Gewinn noch Verlust erzielen.

♦

17.2.4 Lösung mittels linearer Optimierung

Im vorangehenden Abschn.17.2.3 haben wir die Lösung von Sattelpunktspielen illustriert, d.h. von statischen Matrixspielen. Besitzt die Auszahlmatrix *keinen Sattelpunkt*, so müssen *optimale gemischte Strategien* gespielt werden, d.h., bei jeder Partie des Spiels wird eine neue Strategie gewählt. Damit liegt kein statisches Matrixspiel mehr vor und man spricht von einem

* dynamischen Spiel

* Spiel mit gemischter Strategie

* nicht-streng determinierten Spiel

Dynamische Matrixspiele lassen sich mit Methoden der *linearen Optimierung* lösen, wie wir im folgenden für eine Auszahlmatrix

$$\mathbf{A} = (a_{ik})$$

vom Typ (m,n) skizzieren und im Beisp.17.3 illustrieren:

* Dem *Matrixspiel* mit der Auszahlmatrix $\mathbf{A}$ werden die

    * *primale lineare Optimierungsaufgabe*

$$z_P = \mathbf{e}_n^T \cdot \mathbf{u} \rightarrow \underset{\mathbf{u} \in R^n}{\text{Maximum}} \quad , \quad \mathbf{A} \cdot \mathbf{u} \leq \mathbf{e}_m , \quad \mathbf{u} \geq \mathbf{0}$$

    * *duale lineare Optimierungsaufgabe*

$$z_D = \mathbf{e}_m^T \cdot \mathbf{v} \rightarrow \underset{\mathbf{v} \in R^m}{\text{Minimum}} \quad , \quad \mathbf{A}^T \cdot \mathbf{v} \geq \mathbf{e}_n \quad , \quad \mathbf{v} \geq \mathbf{0}$$

zugeordnet, wobei $\mathbf{e}_k$ Vektoren mit k Komponenten darstellen, deren Komponenten gleich 1 sind, d.h.

$$\mathbf{e}_k = \begin{pmatrix} 1 \\ 1 \\ \vdots \\ 1 \end{pmatrix}$$

Wir setzen voraus, daß die beiden zueinander dualen linearen Optimierungsaufgaben die *Lösungen*

$$\mathbf{u}^0 \quad \text{bzw.} \quad \mathbf{v}^0$$

mit dem *optimalen Zielfunktionswert*

$$z_P = z_D = z$$

besitzen.

Gilt z > 0, so berechnen sich die *optimalen Strategien*

$$\mathbf{x}^0 \quad \text{und} \quad \mathbf{y}^0$$

der beiden Spieler S1 und S2 aus

$$\mathbf{x}^0 = \frac{\mathbf{v}^0}{z} \quad \text{bzw.} \quad \mathbf{y}^0 = \frac{\mathbf{u}^0}{z}$$

und der *Wert* des *Spiels* zu $1/z$.

Falls $z = 0$ gilt , so kann man zu allen Elementen der Auszahlmatrix **A** eine hinreichend große positive Zahl addieren ohne die optimalen Strategien des Spiels zu verändern. Dies dient dazu, daß alle Elemente von **A** positiv werden und damit auch der optimale Zielfunktionswert z.

17.3 Anwendung von Computeralgebrasystemen und EXCEL

Man kann mit allen Systemen die Lösung von Matrixspielen berechnen, indem man die vordefinierten Funktionen zur Lösung linearer Optimierungsaufgaben verwendet, um die im Abschn.17.2.4 gegebene Lösungsmethode zu realisieren.

Im folgenden Beisp.17.3 illustrieren wir die Lösung von Matrixspielen mittels linearer Optimierung, indem wir die anfallenden linearen Optimierungsaufgaben unter Verwendung von MATHCAD lösen. Die Anwendung der anderen Systeme gestaltet sich analog. Wir benutzen MATHCAD wegen der übersichtlichen Darstellung der Rechnungen.

Beispiel 17.3:

a) Verwenden wir die *Matrix*

$$\mathbf{A} = \begin{pmatrix} 6 & 7 & 5 \\ 8 & 3 & 4 \end{pmatrix}$$

vom Typ $(2,3)$ aus Beisp.17.1b als Auszahlmatrix **A** für ein Matrixspiel. Dieses Spiel ist ein *Sattelpunktspiel* mit dem *Sattelpunkt*

$$a_{13} = 5$$

Die zugehörige primale und duale lineare Optimierungsaufgabe haben die folgende Form:

$$z_P = u_1 + u_2 + u_3 \to \underset{u_1,u_2,u_3}{\text{Maximum}}$$

$$6 \cdot u_1 + 7 \cdot u_2 + 5 \cdot u_3 \le 1$$

$$8 \cdot u_1 + 3 \cdot u_2 + 4 \cdot u_3 \le 1$$

$$u_1 \ge 0 \,, \ u_2 \ge 0 \,, \ u_3 \ge 0$$

bzw.

$$z_D = v_1 + v_2 \to \underset{v_1,v_2}{\text{Minimum}}$$

$$6 \cdot v_1 + 8 \cdot v_2 \ge 1$$

$$7 \cdot v_1 + 3 \cdot v_2 \ge 1$$

$$5 \cdot v_1 + 4 \cdot v_2 \ge 1$$

$$v_1 \ge 0 \,, \ v_2 \ge 0$$

Wenden wir MATHCAD zur Berechnung dieser linearen Optimierungsaufgaben an:

Lösung der primalen linearen Optimierungsaufgabe:

$$f(u1, u2, u3) := u1 + u2 + u3$$

$$u1 := 0 \quad u2 := 0 \quad u3 := 0$$

given

$$6 \cdot u1 + 7 \cdot u2 + 5 \cdot u3 \leq 1$$

$$8 \cdot u1 + 3 \cdot u2 + 4 \cdot u3 \leq 1$$

$$u1 \geq 0 \quad u2 \geq 0 \quad u3 \geq 0$$

$$\mathbf{maximize}(f, u1, u2, u3) = \begin{pmatrix} 0 \\ 0 \\ 0.2 \end{pmatrix}$$

Lösung der dualen linearen Optimierungsaufgabe:

$$g(v1, v2) := v1 + v2$$

$$v1 := 0 \quad v2 := 0$$

given

$$6 \cdot v1 + 8 \cdot v2 \geq 1$$

$$7 \cdot v1 + 3 \cdot v2 \geq 1$$

$$5 \cdot v1 + 4 \cdot v2 \geq 1$$

$$v1 \geq 0 \quad v2 \geq 0$$

$$\mathbf{minimize}(g, v1, v2) = \begin{pmatrix} 0.2 \\ 0 \end{pmatrix}$$

Die von MATHCAD berechneten Ergebnisse

$$z_P = z_D = 0.2$$

$$\mathbf{x}^0 = \begin{pmatrix} 1 \\ 0 \end{pmatrix} \quad , \quad \mathbf{y}^0 = \begin{pmatrix} 0 \\ 0 \\ 1 \end{pmatrix}$$

bestätigen die im Beisp.17.2b erhaltene Lösung für die optimalen Strategien.

b) Verwenden wir die Matrix

$$\mathbf{A} = \begin{pmatrix} 6 & -1 & 5 \\ -3 & 4 & 2 \end{pmatrix}$$

vom Typ (2,3) aus Beisp.17.2a als Auszahlmatrix $\mathbf{A}$ für ein Matrixspiel, das keinen Sattelpunkt besitzt.

Die zugehörige primale und duale lineare Optimierungsaufgabe haben die folgende Form:

$$z_P = u_1 + u_2 + u_3 \rightarrow \underset{u_1,u_2,u_3}{\text{Maximum}}$$

$$6 \cdot u_1 - u_2 + 5 \cdot u_3 \le 1$$

$$-3 \cdot u_1 + 4 \cdot u_2 + 2 \cdot u_3 \le 1 \qquad \text{bzw.}$$

$$u_1 \ge 0 \ , \ u_2 \ge 0 \ , \ u_3 \ge 0$$

$$z_D = v_1 + v_2 \rightarrow \underset{v_1,v_2}{\text{Minimum}}$$

$$6 \cdot v_1 - 3 \cdot v_2 \ge 1$$

$$-v_1 + 4 \cdot v_2 \ge 1$$

$$5 \cdot v_1 + 2 \cdot v_2 \ge 1$$

$$v_1 \ge 0 \ , \ v_2 \ge 0$$

Wenden wir MATHCAD zur Berechnung dieser linearen Optimierungsaufgaben an:

Lösung der primalen linearen Optimierungsaufgabe:

$$f(u1, u2, u3) := u1 + u2 + u3$$

$$u1 := 0.1 \quad u2 := 0 \quad u3 := 0$$

given

$$6 \cdot u1 - u2 + 5 \cdot u3 \le 1$$

$$-3 \cdot u1 + 4 \cdot u2 + 2 \cdot u3 \le 1$$

$$u1 \ge 0 \quad u2 \ge 0 \quad u3 \ge 0$$

$$\mathbf{maximize}\ (\,f\,,\,u1\,,\,u2\,,\,u3\,) \ = \ \begin{pmatrix} 0.238 \\ 0.429 \\ 0 \end{pmatrix}$$

Lösung der dualen linearen Optimierungsaufgabe:

$$g(v1\,,v2) := v1 + v2$$

$$v1 := 0 \quad v2 := 0$$

given

$$6 \cdot v1 - 3 \cdot v2 \geq 1$$

$$-1 \cdot v1 + 4 \cdot v2 \geq 1$$

$$5 \cdot v1 + 2 \cdot v2 \geq 1$$

$$v1 \geq 0 \quad v2 \geq 0$$

$$\mathbf{minimize}\ (\,g\,,\,v1\,,\,v2\,) \ = \begin{pmatrix} 0.333 \\ 0.333 \end{pmatrix}$$

MATHCAD berechnet

$$z_P = z_D = \frac{2}{3}$$

so daß sich folgende *optimale gemischte Strategien* ergeben:

$$\mathbf{x}^0 \ = \ \begin{pmatrix} 0.5 \\ 0.5 \end{pmatrix} \ , \ \mathbf{y}^0 \ = \ \begin{pmatrix} 0.357 \\ 0.644 \\ 0 \end{pmatrix}$$

♦

18 Dynamische Optimierung

18.1 Einführung

Die *dynamische Optimierung* ist keine Aufgabenstellung der Optimierung, wie man annehmen könnte, sondern sie stellt ein *Lösungsprinzip* für eine Reihe von Optimierungsaufgaben zur Verfügung, die sich in Teilaufgaben (Stufen) zerlegen lassen. Hierzu zählen u.a. zeitabhängige (dynamische) Aufgaben. Hieraus und aus dem stufenweisen Vorgehen resultiert die Bezeichnung dynamische Optimierung. In der englischsprachigen Literatur spricht man von *dynamic programming*, so daß im Deutschen auch die Bezeichnung *dynamische Programmierung* Anwendung findet.
Damit bilden diejenigen Optimierungsaufgaben den Gegenstand der dynamischen Optimierung, die sich in einzelne *Stufen* (Teilaufgaben) zerlegen lassen, so daß die gesamte Aufgabe in eine Reihe voneinander abhängiger Teiloptimierungsaufgaben für einzelne Variablen zerfällt. Derartige Aufgaben können

* zeitabhängig sein (dynamische Modelle – dynamische Prozesse/Systeme). Diese Modelle bilden das Hauptanwendungsgebiet der dynamischen Optimierung.

* nichtzeitabhängig sein (statische Modelle). Diese Modelle müssen sich als sequentielle oder mehrstufige (N-stufige) Modelle darstellen lassen, wie zum Beispiel das Rucksackproblem (siehe Kap.14) aus der ganzzahligen Optimierung (siehe [8]).

Da Methoden der dynamischen Optimierung nicht nur auf zeitabhängige Aufgabenstellungen anwendbar sind, wären folgende Bezeichnungen besser

* Stufen-Optimierung

* stufenweise Optimierung

* sequentielle Optimierung

Diese Bezeichnungen bringen den Sachverhalt konkreter zum Ausdruck, daß Lösungsmethoden zur Optimierung mehrstufiger Aufgaben gegeben werden.

☞

Im Gegensatz zu den bisher betrachteten Optimierungsmethoden liefert die dynamische Optimierung keine unmittelbare Lösungsmethode, sondern nur ein *Prinzip* zur *Lösung* von *Optimierungsaufgaben,* die sich als N-stufige Aufgaben darstellen. Auf der Grundlage dieses Prinzips lassen sich für konkrete Aufgabenstellungen Lösungsmethoden ableiten.
Ein allgemeines Lösungsprinzip der dynamischen Optimierung wurde 1955 von Bellman formuliert, das *Bellmansches Optimalitätsprinzip* heißt (siehe Abschn.18.3). Dieses zählt neben dem Maximumprinzip von Pontrjagin zu den Grundlagen der Optimierung dynamischer Prozesse/Systeme.

♦

Die dynamische Optimierung hat sich seit ihrer Begründung im Jahre 1955 durch Bellman und seine Mitarbeiter bei der RAND Corporation (USA) zu einem umfangreichen Gebiet mit vielen Anwendungen entwickelt (siehe [3, 23, 30, 49, 55, 56, 64, 73]). Deshalb ist es im vorliegenden Buch nicht möglich, dieses Gebiet umfassend zu behandeln.
Einen ersten Einblick in die dynamische Optimierung haben wir bereits im Abschn.7.10 erhalten. In den folgenden Abschn.18.2 und 18.3 illustrieren wir die Problematik an einem diskreten N-stufigen Optimierungsmodell, so daß der Anwender einen Einblick in das Prinzip der dynamischen Optimierung erhält. Abschließend geben wir im Abschn.18.4 Hinweise, wie man die Systeme MAPLE, MATHEMATICA, MATHCAD, MATLAB und EXCEL zur Lösung von Aufgaben mittels dynamischer Optimierung heranziehen kann.

18.2 N-stufige Optimierungsaufgaben

Im folgenden betrachten wir eine typische Aufgabenstellung für die
N-stufige Optimierung:

* Die i-te Stufe ($i = 1 , \ldots , N$) hat den

  * Eingang

    x_{i-1}

  * Ausgang

    $x_i = g_i (x_{i-1} , u_i)$

wobei der Ausgang der i-ten Stufe den Eingang für die (i+1)-te Stufe bildet und der Eingang für die erste Stufe

x_0

bekannt sein muß und die Funktionen
$g_i (x_{i-1} , u_i)$

gegeben sind, die die Abhängigkeit des Ausgangs vom Eingang und einer Entscheidungsgröße beschreiben.

- Jede Stufe ist durch eine *Entscheidung* beeinflußbar, die für die i-te Stufe mit

  $$u_i \qquad\qquad (i = 1 , \dots , N)$$

  bezeichnet wird.

- Des weiteren besitzt jede Stufe eine *Zielfunktion* (Nutzensfunktion)

  $$f_i (x_{i-1} , u_i) \qquad\qquad (i = 1 , \dots , N)$$

- Der Endwert

  $$x_N$$

  wird ebenfalls mittels einer Zielfunktion (Nutzensfunktion) f bewertet, falls dieser nicht fest vorgegeben ist, wie bei Aufgaben mit festem Endwert (Endpunkt).

- Damit läßt sich für den maximalen Gesamtzielfunktionswert (Gesamtnutzen) die folgende *N-stufige Optimierungsaufgabe* formulieren:

$$f_1 (x_0 , u_1) + f_2 (x_1 , u_2) + \dots + f_N (x_{N-1} , u_N) + f (x_N) \ \rightarrow\ \underset{u_1 , u_2 , \dots , u_N}{\text{Maximum}}$$

$$x_i = g_i (x_{i-1} , u_i) \qquad (i = 1 , \dots , N)$$

$$x_0 \text{ gegeben}$$

Zusätzlich können noch Beschränkungen für die x- und u-Werte vorliegen.

Wir haben die Zielfunktion maximiert. Analog lassen sich auch Minimierungsaufgaben betrachten, wenn es sich z.B. um Kosten handelt.

Die folgende grafische Darstellung illustriert die *Struktur* von *N-stufigen Optimierungsaufgaben:*

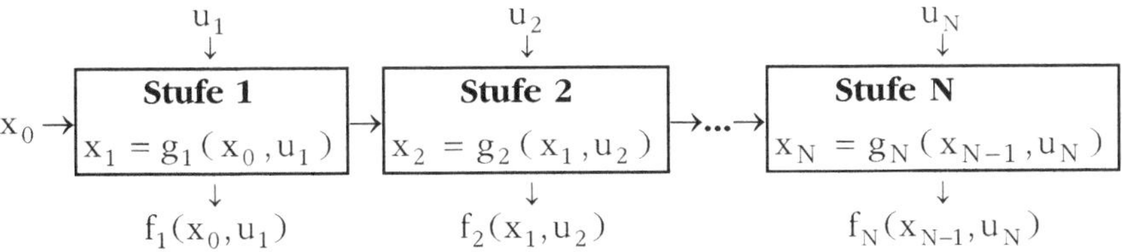

Man sieht, daß in jeder Stufe aus dem Eingangszustand und der gewählten Entscheidung der Ausgangszustand berechnet wird, der für die nächste Stufe den Eingangszustand bildet. Des weiteren gibt es für jede Stufe eine Zielfunktion (Nutzensfunktion), die additiv in die Gesamtzielfunktion (Gesamtnutzen) eingeht, die zu maximieren ist.

Durch die Zerlegung der Optimierungsaufgabe mit N Variablen in eine N-stufige Aufgabe der gegebenen Form kann ihre Lösung auf die Lösung von N Optimierungsaufgaben mit jeweils einer Variablen zurückgeführt werden.

♦

Wenn man eine Optimierungsaufgabe in eine N-stufige Form transformieren kann, so ist zur ihrer Lösung das Optimalitätsprinzip der dynamischen Optimierung anwendbar, wie wir im Abschn.18.3 illustrieren.

♦

Dynamische (zeitabhängige) Modelle werden in diskreten Zeitpunkten oder kontinuierlichen Zeitabschnitten betrachtet. Man spricht deshalb von diskreten bzw. kontinuierlichen (stetigen) dynamischen Modellen. In der Anwendung bezeichnet man diese als diskrete bzw. kontinuierliche *Prozesse* oder diskrete bzw. kontinuierliche *dynamische Systeme*.

Die gegebene Aufgabenstellung kann als ein typisches mathematisches Modell für diskrete Prozesse/Systeme angesehen werden, wenn man die Stufen als Zeitpunkte interpretiert. Derartige Prozesse/Systeme bilden den Gegenstand der *diskreten optimalen Steuerung* (siehe [23, 62, 73]), wobei man in der Steuerungstheorie folgende Bezeichnungen bevorzugt, denen wir uns im weiteren anschließen:

* *Zustand*

  Eingang und Ausgang

  x_{i-1} bzw. x_i (i = 1 , ... , N)

  werden als Eingangs- bzw. Ausgangszustand bezeichnet. Allgemein spricht man von Zustandsgrößen oder kurz Zuständen eines Prozesses oder Systems. Allgemein kann der Zustand jeder Stufe durch einen Vektor gegeben sein.

* *Steuerung*

  Die Entscheidungsgrößen

  u_i (i = 1 , ... , N)

  in den einzelnen Stufen bezeichnet man als Steuerungsgrößen oder kurz Steuerungen. Allgemein kann die Steuerung jeder Stufe durch einen Vektor gegeben sein.

* *Zustandsgleichung*

  Die Gleichungen

$$x_i = g_i(x_{i-1}, u_i) \qquad (i = 1, \ldots, N)$$

die den Ausgangszustand als Funktion des Eingangszustands und der Steuerung berechnen, heißen Zustandsgleichungen. Diese müssen neben den Nutzensfunktionen für die einzelnen Stufen bekannt sein. Hierin besteht die Aufgabe der Modellierung für eine zu untersuchende praktische Aufgabenstellung.

Um darauf hinzuweisen, daß es sich um zeitabhängige Aufgaben handelt, werden statt i und N auch die Bezeichnungen t bzw. T verwandt.

♦

Gleiche Bezeichnungen werden bei Aufgaben der *stetigen optimalen Steuerung* angewandt, in der Steuerung und Zustandsgrößen durch Funktionen, die Zustandsgleichungen durch Differentialgleichungen und die Zielfunktionen durch Integrale dargestellt werden (siehe [23, 24, 62] und Abschn.7.12). Bei stetigen Steuerungsaufgaben spielt das *Bellmansche Optimalitätsprinzip* neben dem *Maximumprinzip* von *Pontrjagin* ebenfalls eine wichtige Rolle.

♦

Illustrieren wir die gegebene N-stufige Optimierungsaufgabe an einer einfachen praktischen Aufgabenstellung.

Beispiel 18.1:

Betrachten wir ein Beispiel aus der Lagerhaltung, das in einer Reihe von Büchern zur dynamischen Optimierung als Standardaufgabe verwendet wird (siehe [24]):

In dem Lager für die Produkte einer Firma können zu den Zeitpunkten

$$t = 1, 2, \ldots, T$$

Produkte entnommen oder eingelagert werden. Mit den Bezeichnungen

* Lagerbestand im Zeitraum [t,t+1]

    x_t

* Produzierte Menge im Zeitraum [t,t+1]

    u_t

* Entnommene Menge im Zeitraum [t,t+1]

    e_t

lauten die *Zustandsgleichungen* für das Lager

$$x_t = x_{t-1} + u_t - e_t \qquad (t = 1, 2, \ldots, T)$$

mit einem gegebenen Anfangslagerbestand x_0 für den Zeitraum [0,1].

Dabei wird angenommen, daß lediglich die in den Zeiträumen produzierten Mengen

$$u_t \qquad\qquad (t = 1 , 2 , \dots , T)$$

veränderbar sind, d.h., als Steuerungen in Frage kommen. Die entnommenen Mengen

$$e_t$$

sind i.allg. vorgegeben, da sie z.B. durch Abnahmeverträge gebunden sind. Mit den von den produzierten Mengen abhängigen Produktionskosten

$$P_t (u_t)$$

und den Lagerkosten

$$L_t (x_t)$$

pro Zeitraum ergibt sich folgende zu minimierende Zielfunktion

$$\sum_{t=1}^{T} (P_t (u_t) + L_t (x_t)) \quad\rightarrow\quad \underset{u_1,\dots,u_T}{\text{Minimum}}$$

Damit liegt eine T-stufige Optimierungsaufgabe vor, wobei für die enthaltenen Größen noch Beschränkungen wie Positivität bzw. untere und obere Grenzen hinzukommen. Eine Aufgabe dieser Art kann mit dem im Abschn. 18.3 skizzierten Optimalitätsprinzip gelöst werden.

18.3 Bellmansches Optimalitätsprinzip

Im Gegensatz zu den bisher behandelten Optimierungsmethoden liefert die dynamische Optimierung keine unmittelbare Lösungsmethode, sondern nur ein *Lösungsprinzip*, das von Bellman erstmalig 1955 formuliert wurde und deshalb als *Bellmansches Optimalitätsprinzip* bezeichnet wird. Zur Lösung konkreter Aufgaben können dann Lösungsmethoden unter Anwendung des Bellmanschen Optimalitätsprinzips abgeleitet werden, wie wir abschließend in diesem Abschnitt illustrieren.

Eine weitere Möglichkeit zur Lösung N-stufiger Optimierungsaufgaben liefern *Maximumprinzipien*, die analog wie für stetige Aufgaben der optimalen Steuerung abgeleitet wurden (siehe [23, 62]). Diese haben aber bei diskreten Aufgaben nicht die Bedeutung erlangt wie das Bellmansche Optimalitätsprinzip.

♦

Bevor wir das Bellmansche Optimalitätsprinzip erörtern, benötigen wir noch den Begriff der Politik:

Eine Auswahl

$$(u_1, u_2, ..., u_N)$$

von N Entscheidungsgrößen (Steuerungen) bezeichnet man als *Politik* oder *Steuervektor*. Eine *Politik*

$$(u_1^0, u_2^0, ..., u_N^0)$$

die die gesamte Nutzensfunktion *optimiert* (maximiert), heißt *optimale Politik* (maximale Politik) oder *optimaler* (maximaler) *Steuervektor*.

Geben wir zuerst eine anschauliche Beschreibung des Bellmanschen Optimalitätsprinzips für N-stufige Optimierungsaufgaben, die unmittelbar einleuchtend und einfach zu beweisen ist:

Jeder *Teil* einer *optimalen Politik* ist wieder eine *optimale Politik* bzgl. der zugehörigen Teilaufgabe und des vorliegenden (optimalen) Anfangszustands, d.h., falls

$$(u_1^0, u_2^0, ..., u_k^0, u_{k+1}^0, ..., u_N^0)$$

eine optimale Politik (optimaler Steuervektor) mit den sich aus den Zustandsgleichungen ergebenden optimalen Zuständen (optimaler Zustandsvektor)

$$(x_1^0, x_2^0, ..., x_k^0, x_{k+1}^0, ..., x_N^0)$$

für die gesamte N-stufige Optimierungsaufgabe ist, so ist die

*   Teilpolitik

    $$(u_1^0, u_2^0, ..., u_k^0)$$

    eine optimale Politik für die ersten k Stufen mit dem gegebenen Anfangszustand

    $$x_0$$

*   Teilpolitik

    $$(u_{k+1}^0, ..., u_N^0)$$

    eine optimale Politik für die Stufen k+1 bis N für den Anfangszustand

    $$x_k^0$$

    Der hier benötigte Anfangszustand ergibt sich aus dem gesamten optimalen Zustandsvektor, d.h., er ist der optimale Ausgangszustand der k-ten Stufe der gesamten N-stufigen Aufgabe.

    ♦

Das *Bellmansche Optimalitätsprinzip* kann man mathematisch folgendermaßen formulieren:

- Man definiert eine *Wertfunktion* W mittels

$$W_{k+1}(x_k) = \underset{u_{k+1},\ldots,u_N}{\text{Maximum}} (f_{k+1}(x_k,u_{k+1}) + \ldots + f_N(x_{N-1},u_N) + f(x_N))$$

die den Beitrag der Nutzensfunktion für die optimierten Stufen k+1 bis N angibt. Diese Wertfunktion ist offensichtlich vom Eingangszustand

$$x_k$$

in die k+1-te Stufe abhängig.

- Zwischen den Wertfunktionen aufeinanderfolgender Stufen bestehen offensichtlich aufgrund des Bellmanschen Optimalitätsprinzips die folgenden rekursiven Gleichungen:

$$W_1(x_0) = \underset{u_1}{\text{Maximum}} (f_1(x_0,u_1) + W_2(x_1))$$

$$W_2(x_1) = \underset{u_2}{\text{Maximum}} (f_2(x_1,u_2) + W_3(x_2))$$

$$\vdots$$

$$W_k(x_{k-1}) = \underset{u_k}{\text{Maximum}} (f_k(x_{k-1},u_k) + W_{k+1}(x_k))$$

$$\vdots$$

$$W_N(x_{N-1}) = \underset{u_N}{\text{Maximum}} (f_N(x_{N-1},u_N) + W_{N+1}(x_N))$$

$$W_{N+1}(x_N) = f(x_N)$$

- Die allgemeine Form

$$W_k(x_{k-1}) = \underset{u_k}{\text{Maximum}} (f_k(x_{k-1},u_k) + W_{k+1}(x_k))$$

der rekursiven Gleichungen wird als *Bellmansche Gleichung* (*Funktionalgleichung*) bezeichnet.

Die Bellmansche Gleichung liefert die Grundlage der im folgenden skizzierten *rekursiven Lösungsmethode:*

I. Man beginnt mit der Optimierung der letzten Stufe, indem man für verschiedene (mögliche) Werte des Eingangszustands

$$x_{N-1}$$

die Maximierungsaufgabe bzgl. der Variablen (Steuerung)

$$u_N$$

löst und die erhaltenen Werte speichert.

II. Danach wird die gleiche Prozedur wie bei I. mit der vorhergehenden Stufe durchgeführt usw. Dies bezeichnet man als *Rückwärtsrechnung*.

III. Wenn man mit dieser Vorgehensweise I. bis II. bei der ersten Stufe angekommen ist, werden die Rückwärtsrechnung beendet und für den vorgegebenen Anfangszustand

$$x_0$$

anschließend für die einzelnen Stufen vorwärts bis zur Stufe N die optimalen Werte aus den gespeicherten Werten anhand der konkreten Eingangszustände ausgewählt. Dies bezeichnet man als *Vorwärtsrechnung*. Gegebenenfalls muß bei der Vorwärtsrechnung interpoliert werden, falls ein Eingangszustand nicht unter den gespeicherten Werten vorkommt.

☞

Die gegebene rekursive Lösungsmethode kann sehr rechenintensiv werden und deshalb trotz des gegenwärtigen Stands der Computer nicht praktikabel sein. Der hohe Rechenaufwand wird dadurch hervorgerufen, daß man bei der Rückwärtsrechnung die Optimierung der einzelnen Stufen für sehr viele Werte der Eingangszustände durchführen muß, falls diese in einem großen Bereich liegen. Dieser hohe Rechenaufwand ist auch ein wesentlicher Grund dafür, daß die Lösungsmethoden der dynamischen Optimierung noch nicht für alle praktischen Aufgabenstellungen anwendbar sind. Dies sollte den Leser aber nicht davon abhalten, die Anwendung der dynamischen Optimierung zu versuchen, um erste Erfahrungen zu gewinnen.

♦

18.4 Anwendung von Computeralgebrasystemen und EXCEL

Die Systeme besitzen keine Funktionen zur Anwendung des Bellmanschen Optimalitätsprinzips. Dies ist nicht anders zu erwarten, da dieses Prinzip keine allgemein anwendbare Lösungsmethode liefert wie beispielsweise die Simplexmethode für die lineare Optimierung.

☞

Es ist Aufgabe des Anwenders, für konkrete Aufgabenstellungen eine auf dem Bellmanschen Optimalitätsprinzip basierende Lösungsmethode zu erstellen, wobei er die im Abschn.18.3 gegebenen Lösungshinweise als Grundlage heranziehen kann. Dabei lassen sich neben den Programmiermöglichkeiten in den einzelnen Systemen auch die vordefinierten Funktionen zur Optimierung anwenden, um die Optimierung der einzelnen Stufen der N-stufigen Aufgabe durchzuführen.

♦

Die gegebenen Hinweise zur dynamischen Optimierung sollen den Leser anregen,

*   anfallende Optimierungsaufgaben in die Form N-stufiger Aufgaben zu überführen, wenn dies möglich ist.

*   Lösungsmethoden für N-stufige Aufgaben auf der Grundlage des Bellmanschen Optimalitätsprinzips zu entwickeln und diese Methoden mittels der Systeme zu realisieren.

19 Zusammenfassung

Das vorliegende Buch gibt eine *Einführung* in die *mathematische Optimierung* für Ingenieure, Natur- und Wirtschaftswissenschaftler. Da praktisch anfallende Optimierungsaufgaben nur unter Verwendung von Computern lösbar sind, besteht ein zweiter Schwerpunkt des Buches in der Anwendung der Computeralgebrasysteme MAPLE, MATHEMATICA, MATHCAD und MATLAB und des Tabellenkalkulationsprogramms EXCEL zur Lösung von Optimierungsaufgaben.

Das umfangreiche Gebiet der mathematischen Optimierung kann natürlich nicht im Rahmen eines Buches komplett behandelt werden. Das vorliegende Buch gibt eine Einführung in die lineare, nichtlineare und vektorielle Optimierung, wobei auch Spezialfälle wie quadratische, parametrische und diskrete Optimierung betrachtet werden. Des weiteren wird die Problematik der Spieltheorie und dynamischen Optimierung skizziert.

Wir illustrieren typische Vorgehensweisen an Grundaufgaben der Optimierung. Dabei wird auf Beweise verzichtet und dafür die Problematik an Beispielen erläutert und illustriert, die mittels der Systeme MAPLE, MATHEMATICA, MATHCAD, MATLAB und EXCEL berechnet werden. Diese Beispiele zeigen dem Anwender, wie er die Systeme zur Lösung anfallender Optimierungsaufgaben einsetzen kann und welche Vor- und Nachteile sie besitzen.

Zusammenfassend kann über die im Buch behandelte Problematik der *Optimierung* folgendes gesagt werden:

- Die *Lösung praktischer Optimierungsaufgabe* vollzieht sich in zwei Schritten:

  I. Zuerst muß für eine praktische Optimierungsaufgabe ein *mathematisches Modell* aufgestellt werden. Dies ist die Aufgabe von Spezialisten des entsprechenden Fachgebiets, die die Variablen und die Zielfunktion festlegen und die Gleichungen und Ungleichungen der Nebenbedingungen aufstellen.

     Hier können erste Schwierigkeiten auftreten. Deshalb sollte mit einfachen Modellen mit möglichst wenigen Variablen begonnen werden, deren Lösungen auf ihre praktische Verwendbarkeit zu überprüfen sind.

     Im Rahmen des Buches werden konkrete Optimierungsmodelle für einfache praktische Aufgabenstellungen gegeben. Weitere Hinweise zur Aufstellung von Optimierungsmodellen für komplexere praktische Aufgabenstellungen findet man in der Literatur, wobei besonders auf die Bücher [5, 14, 23, 37, 46, 47, 52, 76, 79, 80, 86] verwiesen wird.

II. Wenn das mathematische Optimierungsmodell vorliegt, tritt die *mathematische Optimierung* in Aktion.

Mit der im Buch gegebenen Einführung in die mathematische Optimierung ist ein Anwender in der Lage, vorliegende Optimierungsaufgaben zu verstehen und mittels der Systeme MAPLE, MATHEMATICA, MATHCAD, MATLAB bzw. EXCEL zu lösen.

- Die Vielzahl der im Buch skizzierten Methoden zur Lösung von Optimierungsaufgaben läßt schon ahnen, daß es keine beste Methode gibt. Alle Methoden haben Vor- und Nachteile, so daß sie für eine Aufgabe effektiv sein können, während sie bei einer anderen versagen oder unbefriedigende Ergebnisse liefern. Deshalb sollte der Anwender mit den in den Systemen integrierten Methoden experimentieren und Erfahrungen sammeln, um für seine Aufgabenstellungen eine effektive Lösungsmethode auswählen zu können.

- Falls ein Anwender zu einem Gebiet der mathematischen Optimierung detailliertere Informationen benötigt, kann er die angegebenen Lehrbücher konsultieren. Einen zusätzlichen Überblick über die Gebiete der Optimierung und die hier verwendeten Begriffe, Definitionen und Sätze erhält man im *Lexikon der Optimierung* [61] und im *Handbook of Applied Optimization* [37].

Des weiteren können viele hilfreiche Informationen aus dem Internet bezogen werden. So stellen viele Arbeits- und Forschungsgruppen auf dem Gebiet der Optimierung ihre Ergebnisse auf Internetseiten vor. Wenn man z.B. in der *Suchmaschine* GOOGLE den *Suchbegriff* Optimierung ein, so erhält man zahlreiche Adressen dieser Gruppen angezeigt. Des weiteren sei noch auf folgende Adressen hingewiesen:

* Zur globalen Optimierung findet man Hinweise unter

   www.mat.univie.ac.at./~neum/glopt.html

* www.minet.uni-jena.de/~alt

- Die Systeme MAPLE, MATHEMATICA, MATHCAD, MATLAB und EXCEL sind auch geeignet, Grundaufgaben der mathematischen Optimierung mittels Computer zu lösen. Ehe man sich in spezielle Optimierungs-Programmsysteme einarbeitet, kann man im vertrauten Rahmen der Systeme anfallende Optimierungsaufgaben mit den im Buch gegebenen Hinweisen lösen. Wenn ein Problem bei der Arbeit mit den Systemen auftritt, das im Buch nicht behandelt ist, lassen sich die umfangreichen Hilfefunktionen und die Internetseiten der Systeme heranziehen (siehe Anhang).

- Obwohl die verwendeten System weitentwickelt sind, darf man nie vergessen, daß auch Fehler bei den Rechnungen auftreten können. Deshalb muß man die von einem System gelieferten Ergebnisse kritisch betrachten. Man sollte eine vorliegende Aufgabe mit verschiedenen vordefinierten Funktionen eines Systems und verschiedenen Startwerten (bei Iterationsverfahren) und falls die Möglichkeit besteht, mit mehreren Systemen lösen.

- Es wird nicht immer gelingen, praktisch anfallende Optimierungsaufgaben mit den Systemen zu lösen. Dies ist vor allem bei hochdimensionalen Aufgaben (mit zahlreichen Variablen und Nebenbedingungen) der Fall. In den Büchern [1, 37, 47] findet der Leser ausführlichere Hinweise zu *spezieller Optimierungssoftware*, die er in diesem Fall heranziehen kann. Des weiteren kann er hierüber aus dem Internet Hinweise bekommen, so z.B. über die Adressen:

  * www.lindo.com

  * www.ilog.com

  * www-rocq.inria.fr/scilab

  * plato.la.asu.edu/guide.html

  * www.uni-bayreuth.de/departments/math

    Hier kann man auf der Homepage von K. Schittkowski Informationen zur Optimierungssoftware EASY-OPT erhalten.

- Mit dem im Buch gegebenen Hinweisen ist ein Anwender auch in der Lage, Optimierungsaufgaben mit zukünftigen Versionen der Systeme und von Zusatzpaketen zur Optimierung zu lösen, da die enthaltenen Neuerungen ausführlich in den Hilfeseiten der Systeme erklärt werden.

Anhang A : MAPLE und MATHEMATICA

MAPLE und MATHEMATICA sind die bekanntesten Computeralgebrasysteme, um mathematische Aufgaben mittels Computer zu lösen. Sie wurden von ursprünglich reinen Systemen der Computeralgebra für exakte Rechnungen durch Aufnahme zahlreicher numerischer Methoden zu universellen Systemen umgewandelt.

MAPLE und MATHEMATICA gelten als die am weitesten entwickelten Systeme. Sie finden sowohl in Technik und Naturwissenschaften als auch Wirtschaftswissenschaften Anwendung.

☞

Wir benutzen im vorliegenden Buch die aktuellen Versionen 8 von MAPLE und 4.2 von MATHEMATICA, die unter WINDOWS laufen.

Während MAPLE nur in englischer Sprache vorliegt, gibt es von MATHEMATICA eine deutschsprachige Benutzeroberfläche, die zusätzlich gekauft werden muß.

♦

A.1 Aufbau und Benutzeroberfläche

Wie alle Computeralgebra- und Mathematikprogrammsysteme besitzen MATHEMATICA und MAPLE folgende typische *Struktur:*

- *Benutzeroberfläche/Bedieneroberfläche* (siehe Abb.A.1 und A.2)

  Sie erscheint nach dem Programmstart auf dem Bildschirm des Computers und dient der interaktiven Arbeit zwischen Nutzer und MAPLE bzw. MATHEMATICA.

- Aufteilung in *Kern* und *Zusatzprogramme:*

  * Der *Kern*

    ⇒ enthält die Grundoperationen von MAPLE bzw. MATHEMATICA.

    ⇒ wird bei jedem Aufruf geladen, da MAPLE und MATHEMATICA ihn für alle Arbeiten benötigen.

    ⇒ kann vom Nutzer nicht verändert werden.

  * Mittels der *Zusatzprogramme* können weiterführende Aufgaben aus Mathematik, Technik, Natur- und Wirtschaftswissenschaften gelöst werden. Die Zusatzprogramme sind in MAPLE und MATHEMATICA

für eine Reihe von Gebieten in sogenannten *Power Tools* bzw. *Packages* zusammengefaßt, die man für MAPLE kostenlos aus dem Internet herunterladen kann und bei MATHEMATICA extra kaufen muß.

A.1.1 MAPLE

Nach dem Starten von MAPLE unter WINDOWS erscheint die in Abb.A.1 zu sehende Benutzeroberfläche auf dem Bildschirm, wobei die vier Paletten eingeblendet sind.

Wer schon mit WINDOWS-Programmen gearbeitet hat, wird keine großen Schwierigkeiten mit der *Benutzeroberfläche* von MAPLE haben, da sie den typischen Aufbau in

* Menüleiste

* Symbolleiste

* Arbeitsfenster (als Worksheet bezeichnet)

hat. Hinzu kommen noch

* *4 Paletten*

  ⇒ Expression Palette (Ausdruckpalette)

  Hiermit kann man zahlreiche mathematische Operationen durchführen.

  ⇒ Matrix Palette (Matrixpalette)

  Hiermit lassen sich Matrizen erzeugen.

  ⇒ Vector Palette (Vektorpalette)

  Hiermit lassen sich Vektoren erzeugen.

  ⇒ Symbol Palette (Symbolpalette)

  Hiermit lassen sich griechische Buchstaben erzeugen.

  die mittels

  View ⇒ Palettes

  ein- oder ausgeblendet werden können.
  Diese Paletten werden häufig bei der Arbeit mit MAPLE eingesetzt, da man sie für alle mathematischen Operationen anwenden kann.

Die Durchführung von *Berechnungen* vollzieht sich in MAPLE folgendermaßen:

* Zuerst muß die zu berechnende Aufgabe in die aktuelle Zeile des Arbeitsfensters von MAPLE nach dem Eingabeprompt > eingegeben wer-

den. Im allgemeinen ist sie die nächste (leere) Zeile nach der zuletzt ausgeführten Operation.

* Berechnungen geschehen mittels Funktionen, und Programmierelementen/Befehlen, wobei die Paletten verwendet werden können.

* Als *Besonderheit* ist in MAPLE zu beachten, daß nach jeder Funktion oder jedem zu berechnenden Ausdruck ein *Semikolon* zu schreiben ist.

* die Berechnung eines eingegebenen Ausdrucks bzw. die Aktivierung von eingegebenen Funktionen/Befehlen wird durch Drücken der Eingabetaste ⏎ ausgelöst.

Die berechneten Ergebnisse erscheinen unterhalb der Eingabezeile.

Weitere Einzelheiten zu speziellen Rechnungen findet man in den entsprechenden Kapiteln des Buches.

♦

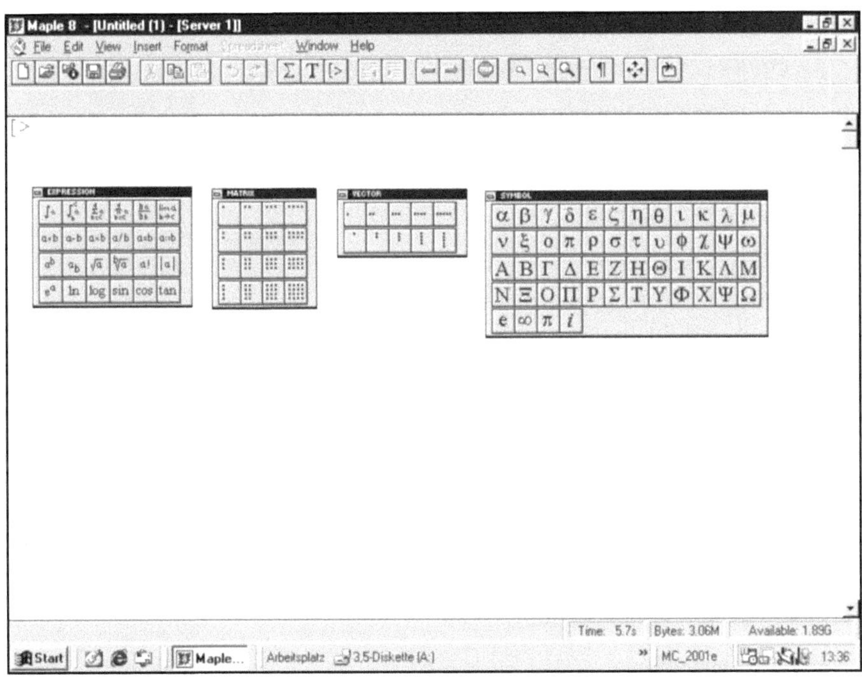

Abb.A.1. Benutzeroberfläche von MAPLE_8 mit eingeblendeten Paletten

Falls weitere Fragen zur Arbeit mit MAPLE auftreten, so kann man

* die integrierten Hilfen heranziehen. Das *Hilfesystem* von MAPLE wird durch Anklicken des Menüs **Help** in der Menüleiste aufgerufen.

* Informationen aus dem *Internet* unter der Adresse

www.mapleapps.com

erhalten.

♦

A.1.2 MATHEMATICA

Nach dem Starten von MATHEMATICA unter WINDOWS erscheint die in
Abb.A.2 zu sehende Benutzeroberfläche auf dem Bildschirm, wobei die englischsprachige Version mit eingeblendeten Paletten abgebildet ist.
Die *Benutzeroberfläche* von MATHEMATICA hat den typischen Aufbau von
WINDOWS-Programmen in

* Menüleiste

* Arbeitsfenster (als Notebook bezeichnet)

Hinzu kommen noch

* *7 Paletten*, von denen die folgenden 4 wichtig sind:

    ⇒ AlgebraicManipulation

    Hiermit kann man zahlreiche algebraische Umformungen wie z.B.
    Vereinfachen, Kürzen, Entwickeln, Faktorisieren, Partialbruchzerlegung durchführen.

    ⇒ BasicCalculations

    Hiermit kann man u.a. die Grundrechenarten, Lösen von Gleichungen und Rechnungen mit Matrizen durchführen.

    ⇒ BasicInput

    Hiermit lassen sich Aufgaben der Differential- und Integralrechnung
    und grundlegende mathematische Symbole eingeben.

    ⇒ BasicTypesetting

    Hiermit lassen sich u.a. griechische Buchstaben, Matrizen und weitere
    mathematischen Symbole erzeugen.

Die Paletten können mittels

File ⇒ Palettes

eingeblendet werden.

Diese Paletten werden häufig bei der Arbeit mit MATHEMATICA eingesetzt, da man sie für alle mathematischen Operationen anwenden kann.

☞

Die Durchführung von *Berechnungen* vollzieht sich in MATHEMATICA folgendermaßen:

* Zuerst muß die zu berechnende Aufgabe in die aktuelle Zeile des Arbeitsfensters von MATHEMATICA eingegeben werden. Im allgemeinen ist sie die nächste (leere) Zeile nach der zuletzt ausgeführten Operation.

* Berechnungen geschehen mittels Funktionen und Programmierelementen/Befehlen, wobei die Paletten verwendet werden können.

* Als *Besonderheit* ist in MATHEMATICA zu beachten, daß

  ⇒ jeder Funktionsname mit einem Großbuchstaben beginnen muß.

  ⇒ die Argumente der Funktionen in eckige Klammern einzuschließen sind.

  ⇒ Ein- und Ausgaben fortlaufend numeriert werden.

* Die Berechnung eines eingegebenen Ausdrucks bzw. die Aktivierung von eingegebenen Funktionen/Befehlen wird durch Drücken der Tastenkombination ⇧ ↵ ausgelöst.

  Die berechneten Ergebnisse erscheinen unterhalb der Eingabezeile.

Weitere Einzelheiten zu speziellen Rechnungen findet man in den entsprechenden Kapiteln des Buches.

◆

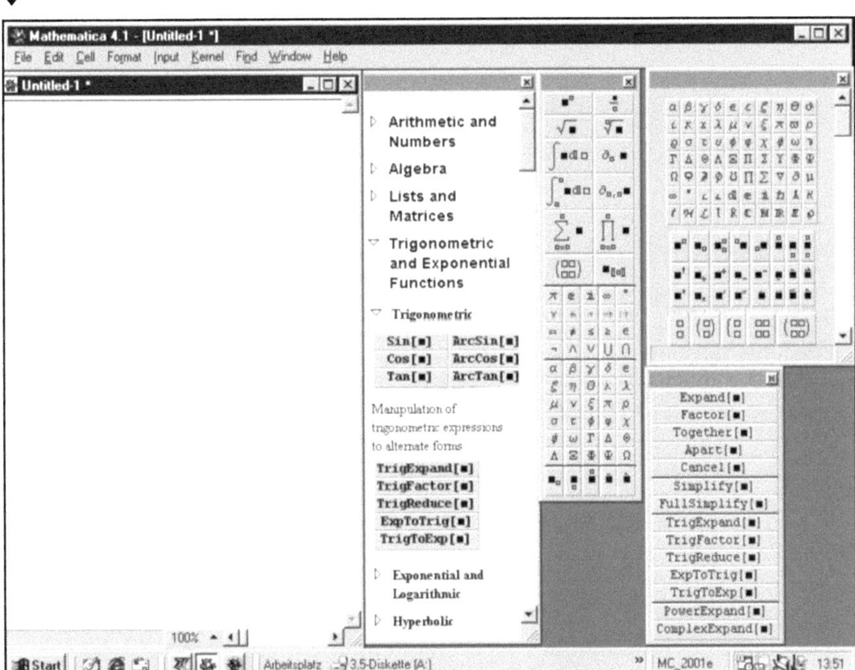

Abb.A.2. Benutzeroberfläche von MATHEMATICA_4.2 mit eingeblendeten Paletten

Falls weitere Fragen zur Arbeit mit MATHEMATICA auftreten, so kann man

* die integrierten Hilfen heranziehen. Das *Hilfesystem* von MATHEMATICA wird durch Anklicken des Menüs **Help** in der Menüleiste aufgerufen.

* Informationen aus dem *Internet* unter der Adresse

www.wolfram.com

erhalten.

♦

A.2 Zusatzprogramme zur Optimierung

MAPLE und MATHEMATICA besitzen beide ein *Zusatzpaket* zur *Optimierung:*

- Für MAPLE wurde von J.Schattman das Power Tool **Nonlinear Programming** in einer ersten Version (Beta-Version) geschrieben und für das vorliegende Buch zur Verfügung gestellt. Es besteht aus den drei Dateien MAPLE.IND, MAPLE.LIB und MAPLE.REP.

  Zur *Installation* muß man die drei Dateien in ein Unterverzeichnis (z.B. NLP) des Verzeichnisses von MAPLE (z.B. MAPLE_8) kopieren.
  Das *Laden* des Power Tool **Nonlinear Programming**, das die Zusatzpakete zur linearen Algebra benötigt, geschieht folgendermaßen:

  > **with** (LinearAlgebra) ;

  > **with** (linalg) ;

  > libname := " C : / MAPLE_8 / NLP " , libname ;

  > **with** (NonlinearProgramming) ;

  Anschließend kann mit den in diesem Paket vordefinierten Numerikfunktionen zur Optimierung gearbeitet werden, wie in den entsprechenden Kapiteln des Buchs ausgeführt wird.
  Zur Zeit wird ein umfangreicheres Paket zur Optimierung erstellt, daß für die nächsten Versionen von MAPLE zur Verfügung steht.

- Für MATHEMATICA existiert das Package **Global Optimization**, das gegenwärtig in der Version 4.2 vorliegt. Dieses Package wird von Loehle Enterprises USA erstellt und muß extra gekauft werden.
  Zur *Installation* muß man die Datei GO42.MX von **Global Optimization** in das Hauptverzeichnis von MATHEMATICA kopieren.
  Das *Laden* von **Global Optimization** geschieht folgendermaßen:

  << **GO42.MX**

Anschließend kann mit den in diesem Paket vordefinierten Numerikfunktionen zur Optimierung gearbeitet werden, wie in den entsprechenden Kapiteln des Buchs ausgeführt wird.

Für beide Zusatzpakete gibt es eine ausführliche *Beschreibung* in Dateiform:

* MAPLE

  Die beiden Dateien

  $\Rightarrow$ NLPCODE.MWS (als MAPLE-Worksheet)

  $\Rightarrow$ NLPDEMO.HTML (als HTML-Datei)

  enthalten Beispiele und die Installationsanleitung.

* MATHEMATICA

  Im Zusatzpaket ist die *Datei* GOMANUAL.NB enthalten, die das Benutzerhandbuch als Notebook enthält.

Im Buch haben wir wichtige Funktionen der Zusatzpakete zur Optimierung angewandt, so daß wir an dieser Stelle auf weitere Ausführungen verzichten können.
Wir empfehlen dem Leser, bei der Lösung anfallender Optimierungsaufgaben mit den Funktionen dieser Zusatzpakete zu experimentieren.

Anhang B : MATHCAD und MATLAB

MATHCAD und MATLAB sind bevorzugte Programmsysteme für Ingenieure und Naturwissenschaftler, um anfallende mathematische Berechnungen mit dem Computer durchzuführen. Die neueren Versionen werden auch von Wirtschaftswissenschaftlern eingesetzt, da Zusatzpakete zur Statistik, Wirtschafts- und Finanzmathematik erstellt wurden.
MATHCAD und MATLAB waren ursprünglich keine Computeralgebrasysteme:

* MATHCAD wurde zur Durchführung *numerischer* (näherungsweiser) *Rechnungen* entwickelt.

* MATLAB war ursprünglich ein Programmpaket zur *Matrizenrechnung* unter einer einheitlichen Benutzeroberfläche.

☞

In die neueren Versionen von MATLAB und MATHCAD wurde eine abge-
rüstete Variante des *Symbolprozessors* von MAPLE aufgenommen, so daß
beide auch exakte (symbolische) Rechnungen durchführen können.
Wir benutzen im vorliegenden Buch die aktuellen Versionen 2001i Professi-
onal von MATHCAD und 6.5 (Release 13) von MATLAB, die unter WIN-
DOWS laufen.
Während MATLAB nur in englischer Sprache vorliegt, gibt es von MATH-
CAD neben der englischsprachigen auch eine deutschsprachige Version,
wobei wir die englischsprachige Version bevorzugen, da deren vordefinierte
Funktionen auch von der deutschsprachigen Version verstanden werden.
♦

B.1 Aufbau und Benutzeroberfläche

Wie alle Computeralgebra- und Mathematikprogrammsysteme besitzen
MATHCAD und MATLAB folgende *Struktur:*

- *Benutzeroberfläche/Bedieneroberfläche* (siehe Abb.B.1 und B.2)

  Sie erscheint nach dem Programmstart auf dem Bildschirm des Computers und dient der interaktiven Arbeit zwischen Nutzer und MATHCAD
  bzw. MATLAB.

- Aufteilung in *Kern* und *Zusatzprogramme:*

  * Der *Kern*

    ⇒ enthält die Grundoperationen von MATHCAD und MATLAB.

    ⇒ wird bei jedem Aufruf geladen, da MATHCAD und MATLAB ihn
      für alle Arbeiten benötigen.

    ⇒ kann vom Nutzer nicht verändert werden.

  * Mittels der *Zusatzprogramme* können weiterführende Aufgaben aus
    Mathematik und Technik, Natur- und Wirtschaftswissenschaften ge-
    löst werden. Die Zusatzprogramme sind in MATHCAD und MATLAB
    für eine Reihe von Gebieten in sogenannten Elektronischen Büchern
    (Electronic Books) bzw. Toolboxen zusammengefaßt, die man extra
    kaufen muß.

B.1.1 MATHCAD

Nach dem Starten von MATHCAD unter WINDOWS erscheint die in Abb.B.1
zu sehende Benutzeroberfläche auf dem Bildschirm, wobei die englisch-

sprachige Version mit eingeblendeter Symbol- und Formatleiste und Rechenpalette/Rechensymbolleiste abgebildet ist.

Wer schon mit WINDOWS-Programmen gearbeitet hat, wird keine großen Schwierigkeiten mit der *Benutzeroberfläche* von MATHCAD haben, da sie den typischen *Aufbau* in

* Menüleiste

* Symbolleiste

* Formatleiste

* Arbeitsfenster (als Worksheet bezeichnet)

* Nachrichtenleiste

hat. Hinzu kommt noch die

* Rechenpalette/Rechensymbolleiste

die häufig bei der Arbeit mit MATHCAD eingesetzt wird, da man sie für alle mathematischen Operationen, zur Erzeugung von Grafiken und zur Programmierung benötigt.

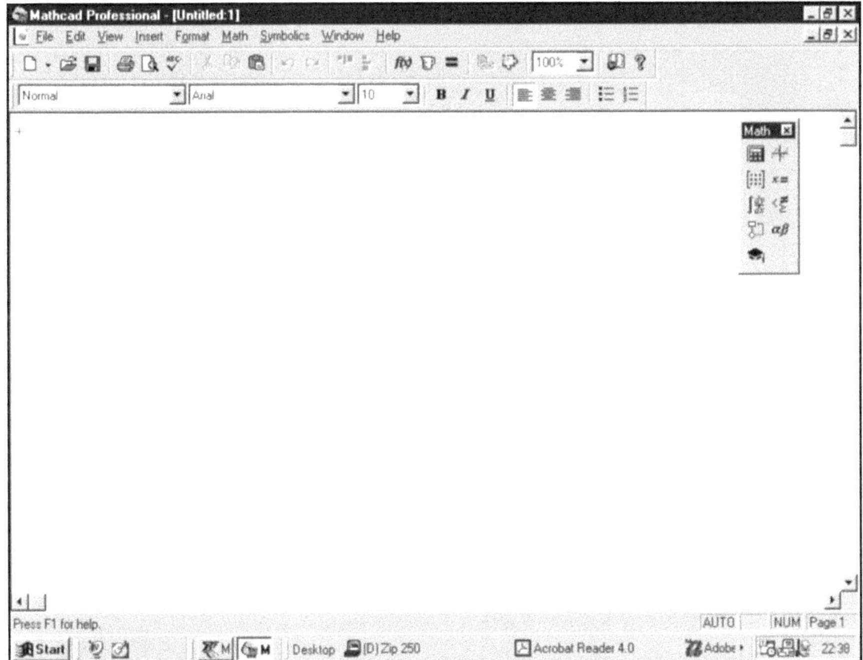

Abb.B.1. Benutzeroberfläche von MATHCAD_2001i Professional mit eingeblendeter Rechenpalette

Die *Rechenpalette/Rechensymbolleiste* (englisch: *Math Toolbar*)

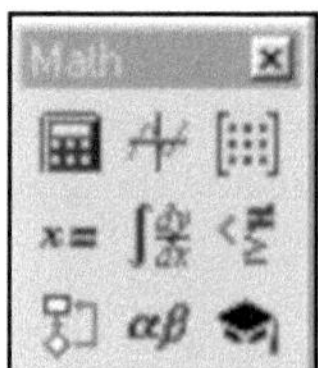

wird am häufigsten bei der Arbeit mit MATHCAD eingesetzt, da man sie

* für alle mathematischen Operationen

* zur Erzeugung von Grafiken

* zur Programmierung

benutzen kann. Weitere Möglichkeiten zur Durchführung von Rechnungen bestehen in der Anwendung von vordefinierten Funktionen oder Menüfolgen.
Die Rechenpalette kann mittels der Menüfolge

View ⇒ Toolbars ⇒ Math
(deutsche Version: **Ansicht ⇒ Symbolleisten ⇒ Rechnen**)

ein- oder ausgeblendet werden.
Die *Rechenpalette* von MATHCAD enthält die Symbole von neun Paletten/Symbolleisten, mittels der diese durch Mausklick geöffnet werden. Im folgenden zeigen wir die Symbole dieser Paletten/Symbolleisten, wobei der Palettenname/Symbolleistenname mit angegeben wird:

1. *Calculator Toolbar* (deutsche Version: *Symbolleiste "Taschenrechner"*)

2. *Graph Toolbar* (deutsche Version: *Symbolleiste "Diagramm"*)

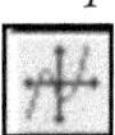

3. *Vector and Matrix Toolbar* (deutsche Version: *Symbolleiste "Matrix"*)

4. *Evaluation Toolbar* (deutsche Version: *Symbolleiste "Auswertung"*)

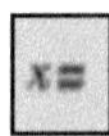

5. *Calculus Toolbar* (deutsche Version: *Symbolleiste "Differential/Integral"*)

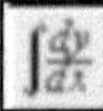

6. *Boolean Toolbar*
   (deutsche Version: *Symbolleiste "Boolesche Operatoren"*)

7. *Programming Toolbar*
   (deutsche Version: *Symbolleiste "Programmierung"*)

8. *Greek Symbol Toolbar*
   (deutsche Version: *Symbolleiste "Griechisch"*)

9. *Symbolic Keyword Toolbar*
   (deutsche Version: *Symbolleiste "Symbolische Operatoren"*)

Im Rahmen dieses Buches werden wir die Operatorpaletten unter der angegebenen Numerierung zitieren.

In MATHCAD gibt es verschiedene Formen des *Kursors*, der für Eingabe
und Korrektur benötigt wird:

- *Einfügekreuz (Fadenkreuz)* +

  Das Einfügekreuz erscheint beim Start von MATHCAD oder wenn man
  mit der Maus auf eine beliebige freie Stelle im Arbeitsfenster klickt.
  Mit ihm kann man die Position im Arbeitsfenster festlegen, an der die
  Eingabe im Text-, Rechen- oder Grafikmodus stattfinden soll. Dies bedeutet, daß man an der durch das Einfügekreuz markierten Stelle einen

  * *Textbereich (Textfeld)*

    öffnet, indem man die Texteingabe durch vorangestellte Eingabe von
    " beginnt.

  * *Rechenbereich (Rechenfeld)*

    öffnet, indem man mathematische Ausdrücke eingibt.

  * *Grafikbereich (Grafikfenster)*

    öffnet.

- *Einfügebalken* |

Der Einfügebalken erscheint im Textfeld, wenn man in den Textmodus umschaltet. Er ist schon aus Textverarbeitungssystemen bekannt und dient bei MATHCAD

* zur Kennzeichnung der aktuellen Position im Text.

* zum Einfügen oder Löschen von Zahlen oder Buchstaben.

• *Bearbeitungslinie*

Eine Bearbeitungslinie erscheint im Rechenfeld, wenn man in den Rechenmodus umschaltet und dient zum

* Markieren einzelner Ziffern, Konstanten oder Variablen für die Eingabe, für die Korrektur bzw. für die symbolische Berechnung und hat hier eine der Formen

  $\underline{y}|$ bzw. y

  d.h., sie kann davor oder dahinter gesetzt werden.

* Markieren eines ganzen Ausdrucks für die Eingabe, zum Kopieren oder für symbolische bzw. numerische Rechnungen und hat hier die Form

  $\underline{\mathsf{Ausdruck}}|$

Erzeugt wird eine Bearbeitungslinie durch Mausklick auf den entsprechenden Ausdruck und/oder Betätigung der

$\boxed{}$- bzw. $\boxed{\downarrow}\boxed{\uparrow}\boxed{\leftarrow}\boxed{\rightarrow}$-Tasten.

Da derartige Bearbeitungslinien bei anderen Systemen nicht vorkommen, empfehlen sich einige Übungen.

♦

Im Unterschied zum matrixorientierten MATLAB ist MATHCAD vektororientiert, d.h., alle Eingaben von Zahlen werden auf der Basis von Vektoren realisiert, wobei nur *Spaltenvektoren* als Vektoren akzeptiert werden. Damit wird von MATHCAD jede Variable als Vektor gedeutet, so daß eine einzelne eingegebene Zahl als Spaltenvektor mit einer Komponente interpretiert wird. Dies bringt für die Arbeit mit MATHCAD eine Reihe von Vorteilen, wie wir im vorliegenden Buch sehen.
MATHCAD verwendet außer vektorwertigen Variablen zusätzlich *Bereichsvariablen*, die folgendermaßen definiert sind:

v := a, a + Δv.. b

wobei die Punkte .. auf eine der folgenden Arten eingegeben werden müssen:

* Anklicken des Operators

in der Operatorpalette Nr.3.

* Eingabe des Semikolons mittels Tastatur.

Eine so definierte Bereichsvariable v nimmt alle Werte zwischen a (Anfangswert) und b (Endwert) mit der Schrittweite Δv an.
Fehlt die Schrittweite Δv, d.h., hat man eine Bereichsvariable v in der Form

v := a .. b

definiert, so werden von v die Werte zwischen a und b mit der Schrittweite 1 angenommen, d.h. für

* a < b

  gilt i = a , a+1 , a+2 , ... , b

* a > b

  gilt i = a , a−1 , a−2 , ... , b

  ♦

Für die *Eingabe* von Ausdrücken, Formeln und Gleichungen an einer beliebigen durch den Kursor markierten freien Stelle des Arbeitsfensters stehen verschiedene

* mathematische Operatoren

* mathematische Symbole

* griechische Buchstaben

aus den Operatorpaletten der Rechenpalette per Mausklick zur Verfügung. Diese Operatoren und Symbole erscheinen gegebenenfalls mit Platzhaltern für benötigte Werte. Nach der Eingabe der entsprechenden Werte in die Platzhalter und Markierung des gesamten Ausdrucks mit einer Bearbeitungslinie kann die symbolische (exakt) bzw. die numerische (näherungsweise) *Berechnung* mit der eingestellten Genauigkeit auf eine der folgenden Arten ausgelöst werden:

• Aktivierung des Menüs

  Symbolics
  (deutsche Version: **Symbolik**)

• Eingabe des

  * symbolischen Gleichheitszeichens → z.B. mittels der Tastenkombination [Strg][.] für symbolische Berechnungen.

  * numerischen Gleichheitszeichens = mittels Tastatur für numerische Berechnungen.

Als Abschluß ist die Eingabetaste ⏎ zu drücken.
Bei Rechnungen ist zu beachten, daß MATHCAD die Ergebnisse im Arbeitsfenster von oben nach unten und von links nach rechts berücksichtigt, d.h., benötigte Werte müssen oberhalb oder links definiert bzw. berechnet sein.

◆

MATHCAD besitzt gegenüber allen anderen Systemen einen großen *Vorteil* in Bezug auf die Gestaltung des Arbeitsfensters, die in druckreifer Form möglich ist. Dies resultiert aus den Eigenschaften, daß an jeder Stelle des Arbeitsfenster Text eingegeben, Rechnungen durchgeführt und Grafiken eingefügt werden können. Des weiteren können alle mathematischen Berechnungen in *mathematischer Standardnotation* durchgeführt werden.

◆

Falls weitere Fragen zur Arbeit mit MATHCAD auftreten, so kann man

* die integrierten Hilfen heranziehen. Das *Hilfesystem* von MATHCAD wird durch Anklicken des Menüs **Help** (deutsche Version: **Hilfe**) in der Menüleiste aufgerufen.

* Informationen aus dem *Internet* unter den Adressen

  www.mathcad.com   und   **www.mathsoft.com**

  erhalten.

◆

B.1.2 MATLAB

Beim Start von MATLAB unter WINDOWS erscheint die in Abb.B.2 zu sehende *Benutzeroberfläche* auf dem Bildschirm, die in MATLAB als Desktop bezeichnet wird. Der MATLAB-Desktop teilt sich von oben nach unten wie folgt auf:

* Menüleiste

* Symbolleiste

* Kommandofenster (englisch: *Command Window*)

  Es befindet sich auf der rechten Seite der Benutzeroberfläche unterhalb der Symbolleiste und beinhaltet das Arbeitsfenster, das als *Workspace* bezeichnet wird.

* Launch Pad

  Es befindet sich auf der linken Seite der Benutzeroberfläche unterhalb der Symbolleiste. Hier sieht man alle am verwendeten Computer installierten MATLAB-Produkte und kann auf sie zugreifen

*   Command History

Sie befindet sich auf der linken Seite der Benutzeroberfläche unterhalb
des Launch Pad. Hier werden alle bereits während der Arbeitssitzungen
ausgeführten Kommandos aufgelistet, so daß man diese bei einer erneu-
ten Anwendung in das Kommandofenster kopieren kann.

Kommandofenster, Launch Pad und Command History lassen sich mittels
des Menüs **View** ein- oder ausblenden, d.h. öffnen oder schließen. Da sich
die Hauptarbeit mit MATLAB im Kommandofenster vollzieht, empfiehlt es
sich, nur dieses geöffnet zu lassen und die anderen nur bei Bedarf einzu-
blenden.

◆

Bei der Weiterentwicklung von MATLAB wurde die ursprüngliche *Matrix-
orientierung* beibehalten, d.h., alle Eingaben von Zahlen werden auf der
Basis von Matrizen realisiert. Damit wird jede Variable als Matrix gedeutet,
so daß eine einzelne eingegebene Zahl als Matrix vom Typ (1,1) interpretiert wird. Dies bringt für die Arbeit mit MATLAB viele Vorteile.

◆

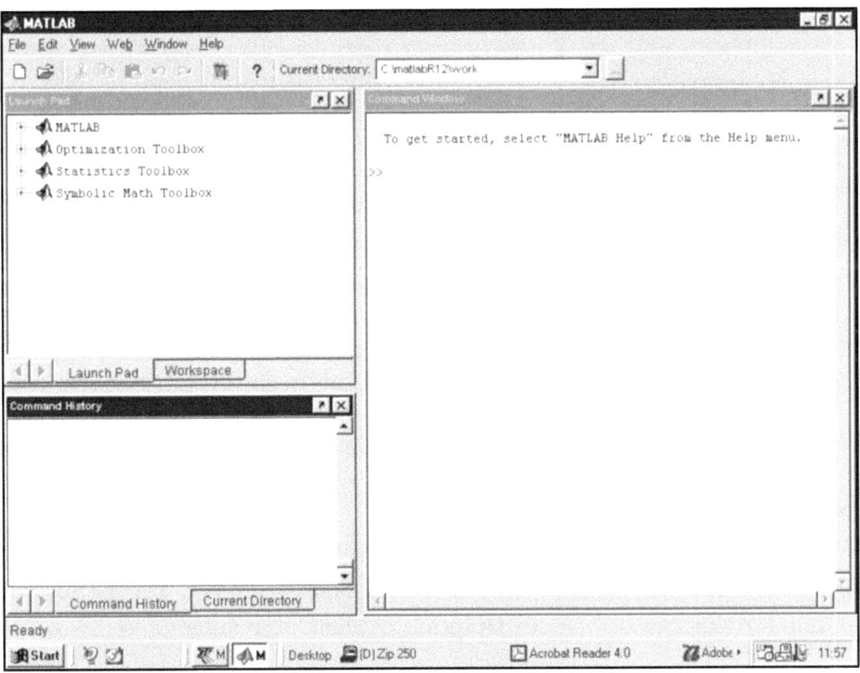

Abb.B.2. Benutzeroberfläche (Desktop) von MATLAB_6.5

Die Durchführung von *Berechnungen* vollzieht sich in MATLAB folgendermaßen:

* Zuerst muß die zu berechnende Aufgabe in die aktuellen Kommandozeile des Kommandofensters von MATLAB nach dem Eingabeprompt >> in MATLAB-Notation eingegeben werden.
  Die aktuelle Kommandozeile erkennt man am blinkenden Kursor

  |

  nach dem Eingabeprompt. Im allgemeinen ist sie die nächste (leere) Zeile nach der zuletzt ausgeführten Operation mit MATLAB

  In MATLAB geschieht die Berechnung eines Problems mittels Funktionen, Kommandos und Programmierelementen/Befehlen.

* die Berechnung eines eingegebenen Ausdrucks bzw. die Aktivierung von eingegebenen Befehlen/Funktionen/Kommandos wird durch Drücken der Eingabetaste ⏎ ausgelöst:

  ⇒ Die berechneten Ergebnisse erscheinen unterhalb der Eingabe, wobei vorher MATLAB noch die Zeile

  ans =

  einfügt, wenn das Ergebnis nicht einer Variablen zugewiesen wird. Mit dieser MATLAB-Variablen **ans** kann man anschließend rechnen.

  ⇒ Möchte man die Ergebnisausgabe im Kommandofenster unterdrücken oder mehrere Eingaben in eine Kommandozeile schreiben und nacheinander ausführen, so sind nach jeder Eingabe ein Semikolon einzugeben.

* Eine Besonderheit bei der *Korrektur* besteht in MATLAB darin, daß frühere Eingaben nur korrigiert und wieder ausgeführt/berechnet werden können, wenn sie in die aktuelle Kommandozeile mittels der Taste ⬆ kopiert werden. Dies gilt sowohl für Text als auch für Rechnungen. Die aktuelle Kommandozeile kann noch solange korrigiert werden, bis die Arbeit von MATLAB durch Drücken der Eingabetaste ⏎ ausgelöst wird.
  ◆

Falls weitere Fragen zur Arbeit mit MATLAB auftreten, so kann man

* die integrierten Hilfen heranziehen. Das *Hilfesystem* von MATLAB wird durch Anklicken des Menüs **Help** in der Menüleiste aufgerufen.

* Informationen aus dem *Internet* unter der Adresse
  www.mathworks.com
  erhalten. ◆

B.2 Funktionsdateien in MATLAB

Zur *Definition* von *Funktionen* benötigt man in MATLAB im Gegensatz zu anderen Systemen Funktionsdateien. Deshalb werden wir im folgenden kurz darauf eingehen.

Bei *Funktionsdateien* ist folgendes zu beachten:

- Funktionsdateien werden mit einem Texteditor geschrieben und abgespeichert. Im Kommandofenster von MATLAB kann ein Editor mittels

  >> edit

  aufgerufen werden.

- Funktionsdateien können im Dateikopf mit Textzeilen (Zeilen mit Kommentaren) beginnen, die der Beschreibung der Datei dienen. Danach muß als erstes das Kommando

  function

  stehen.

- Nach dem Kommando **function** steht der *Funktionsname*, der von Argumenten a , b , c , … (Variablen der Funktion) gefolgt wird, die durch Komma getrennt und in runde Klammern eingeschlossen werden. Für den Funktionsnamen sind folgende beide Schreibweisen möglich:

  I. **function** y = *Funktionsname* (a , b , c , …)

  II. **function** *Funktionsname* (a , b , c , …)

  Dabei kann für y auch ein Feld stehen, falls mehrere Werte zu berechnen sind. Wir verwenden im folgenden die Form I., da bei der Form II. Probleme auftreten können.
  Prinzipiell sind auch Funktionsdateien ohne Argumente möglich.

- Innerhalb der Datei erhält der *Funktionsname* meistens eine Wertzuweisung, die dann beim Aufruf der Funktion die Ausgabe der berechneten Werte veranlaßt. Diese Zuweisung geschieht je nach vorangehender Schreibweise in der Form

  I. y = ….

  II. *Funktionsname* = …

  wobei sie gegebenenfalls mit einem Semikolon abzuschließen ist (bei Form I.). Man sollte mit dem Setzen des Semikolons experimentieren, um das gewünschte Ergebnis zu erhalten.
  Falls für y ein Feld steht, müssen jedem einzelnen Feldelement Werte zugewiesen werden.
  Es sind auch Funktionsdateien ohne Ausgabe von Werten möglich.

- Eine Funktionsdatei muß als Dateinamen den *Funktionsnamen* erhalten, unter dem sie auch abgespeichert wird, wobei als Dateiendung .M zu verwenden ist.

☞

Der *Aufruf* geschieht bei Funktionsdateien über den *Funktionsnamen*, wobei nach dem Funktionsnamen konkrete Werte für die Argumente einzugeben sind. Dabei können weniger Argumente als bei der Definition eingegeben werden, es ist allerdings auf die richtige Reihenfolge zu achten.

Vor Verwendung einer Funktionsdatei muß MATLAB mitgeteilt werden, wo die Datei gespeichert ist. Befindet sich die Datei z.B. im Hauptverzeichnis MATLAB der Festplatte C, so ist folgendes einzugeben:

>> **cd** C:\ MATLAB

♦

Illustrieren wir die Vorgehensweise beim Erstellen von Funktionsdateien im folgenden Beispiel.

Beispiel B.1:

Möchte man bei numerischen Rechnungen Funktionen benutzen, die sich aus elementaren mathematischen Funktionen zusammensetzen, so sind diese ebenfalls als Funktionsdatei zu schreiben, wie z.B. die Funktion

$$F(x, y) = \ln x \cdot \sin y$$

für die MATLAB folgende *Funktionsdatei* benötigt:

function z = F(x, y)

z = log(x) * sin(y) ;

Diese Funktionsdatei ist mit einem Texteditor zu schreiben und als Datei F.M abzuspeichern.

♦

B.3 Zusatzprogramme zur Optimierung

MATHCAD und MATLAB besitzen beide *Zusatzpakete* zur *Optimierung,* die extra gekauft werden müssen:

* Für MATHCAD gibt es die *Extension Packs* **Numerical Recipes** und **Solve and Optimization.** Sie sind in Form Elektronischer Bücher erstellt, d.h., sie erklären sich selbst und enthalten anschauliche Beispiele, die als Muster dienen können.

* Für MATLAB gibt es die *Toolbox* **Optimization**, die gegenwärtig in der Version 2.2 vorliegt. Für diese Toolbox liegt ein ausführliches Handbuch als Datei und in gedruckter Form bei.

Elektronische Bücher können in MATHCAD mittels einer der Menüfolgen

* **File ⇒ Open...**
  (deutsche Version: **Datei ⇒ Öffnen...**)

* **Help ⇒ Open Book...**
  (deutsche Version: **? ⇒ Handbücher**)

geöffnet werden, indem man in die erscheinende Dialogbox den Pfad der Datei mit der Endung .HBK eingibt, mittels der das gesuchte Buch aufgerufen wird.

Nach dem Öffnen eines Elektronisches Buches erscheint ein Fenster (Titelseite) mit eigener Symbolleiste.

◆

Die Toolbox **Optimization** von MATLAB hat wie alle Toolboxen folgende *Struktur*:

* Sie besteht aus Sammlungen (Bibliotheken) von M-Dateien (MATLAB-Dateien).

* Die vorhandenen M-Dateien sind ASCII-Dateien, die mit einem beliebigen Texteditor geschrieben und betrachtet werden und aus Text, MATLAB-Funktionen/Kommandos und MATLAB-Programmierelementen bestehen. Im Kopf jeder M-Datei steht erläuternder Text für die enthaltenen Funktionen.

* Eine Zusammenstellung aller in der Toolbox enthaltenen Funktionen findet man in der M-Datei CONTENTS.M. Diese Datei wird bei Verwendung des Hilfekommandos **help** aufgerufen.

◆

Im vorliegenden Buch haben wir wichtige Funktionen der Zusatzpakete zur Optimierung in den entsprechenden Kapiteln angewandt, so daß wir an dieser Stelle auf weitere Ausführungen verzichten können.

Wir empfehlen dem Leser, zur Lösung anfallender Optimierungsaufgaben mit den Funktionen dieser Zusatzpakete zu experimentieren.

◆

Anhang C : EXCEL

Tabellenkalkulation kann als eine Verallgemeinerung des betriebswirtschaftlichen Rechnens unter Verwendung von Formularen angesehen werden.
Im folgenden betrachten wir das bekannte *Tabellenkalkulationsprogramm* EXCEL 2002 aus dem OFFICE-Paket XP von MICROSOFT. Wir gehen jedoch nicht tiefer auf die Problematik der Tabellenkalkulation ein, da wir im Rahmen des Buches nur die mathematischen Fähigkeiten von EXCEL anwenden.

C.1 Aufbau und Benutzeroberfläche

Die *Benutzeroberfläche* von EXCEL setzt sich wie die meisten WINDOWS-Programme aus Menüleiste, Symbolleiste und Arbeitsfenster zusammen:

- Die erste Zeile enthält das Menü und wird als *Menüleiste* bezeichnet:
  Die einzelnen Menüs enthalten viele bereits aus anderen WINDOWS-Programmen bekannte Operationen.

- Die zweite Zeile enthält eine Symbolleiste, die auch als *Standardsymbolleiste* bezeichnet wird. Der größere Teil dieser Symbolleiste besteht aus bekannten standardisierten Symbolen, die in vielen WINDOWS-Programmen vorkommen und immer die gleiche Bedeutung haben. Für *mathematische Rechnungen* benötigt man die in dieser Zeile befindlichen Symbole

  mit deren Hilfe man *Summen* berechnen und den *Funktionsassistenten* bzw. *Diagrammassistenten* aufrufen kann.

- Die dritte Zeile enthält eine Leiste, aus der man die Adresse der aktuellen Zelle (hier A1) und deren Inhalt (Formel oder Text) erkennt. In der gegebenen Abbildung wurde die Quadratwurzel von 2 als Formel eingegeben.

Hauptsächlich dient diese Leiste zur Bearbeitung (Korrektur/Veränderung) eines aktuellen Zelleninhalts. Nachdem der Ausdruck in dieser Leiste mit der Maus angeklickt wurde, kann er korrigiert/verändert werden.

Mit dem in dieser Leiste im Formelmodus befindlichen Symbol

kann man den Funktionsassistenten aufrufen, um eine Erläuterung zur eingegebenen Funktion zu erhalten

- Nach der dritten Zeile schließt sich das Arbeitsfenster an, das in EXCEL als *Arbeitsmappe* bezeichnet wird. Die *Arbeitsmappe* nimmt den größten Teil des Bildschirms ein und besteht aus mehreren Blättern. Da die Tabelle das wichtigste Blattformat darstellt, bezeichnet man die einzelnen Blätter als *Tabellenblätter* oder kurz als *Tabellen*. Eine Arbeitsmappe besteht aus maximal 16 Tabellenblättern, die unterschiedliches Format haben können. Der Name des gerade aktiven Tabellenblatts ist aus der vorletzten Bildschirmzeile ersichtlich.

- Unter der Arbeitsmappe befindet sich eine Leiste der folgenden Form

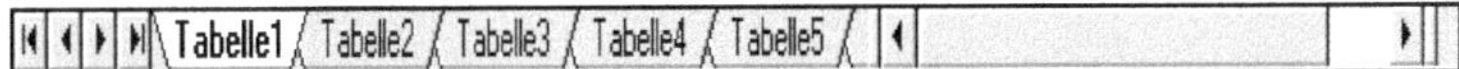

die die Nummern (1–16) der Tabellen der Arbeitsmappe enthält und zum Umschalten zwischen den einzelnen Tabellen dient. Die aktuelle Tabelle ist in dieser Leiste hervorgehoben.

Die Gestalt einer Tabelle ist aus Abb.C.1 ersichtlich. *Tabellen* besitzen folgende charakteristische *Eigenschaften:*

* Die Tabelle hat die Form einer Matrix, d.h. *Matrixstruktur*. Deshalb bezeichnet man sie als *Matrixtabelle*, deren Grundelemente *Zellen* heißen.

* Die *Zellen* werden durch Angabe der Spalte und Zeile angesprochen (adressiert), wobei die Spalten mit großen Buchstaben A, B, ... bezeichnet und die Zeilen mit natürlichen Zahlen 1,2,... numeriert sind. So bezeichnet z.B. die Adresse C6 die Zelle in der C-ten Spalte und 6. Zeile. Aus der Bearbeitungsleiste am oberen Rand einer Tabelle erkennt man die Adresse der aktuellen Zelle und ihren Inhalt (Zahl, Formel oder Text).

* Eine Zelle läßt sich *markieren*, in dem sie mit dem Mauszeiger bei gedrückter Maustaste überstrichen wird. Eine gesamte Zeile/Spalte läßt sich

markieren, indem man mit der Maus den Zeilenkopf/Spaltenkopf anklickt.

◆

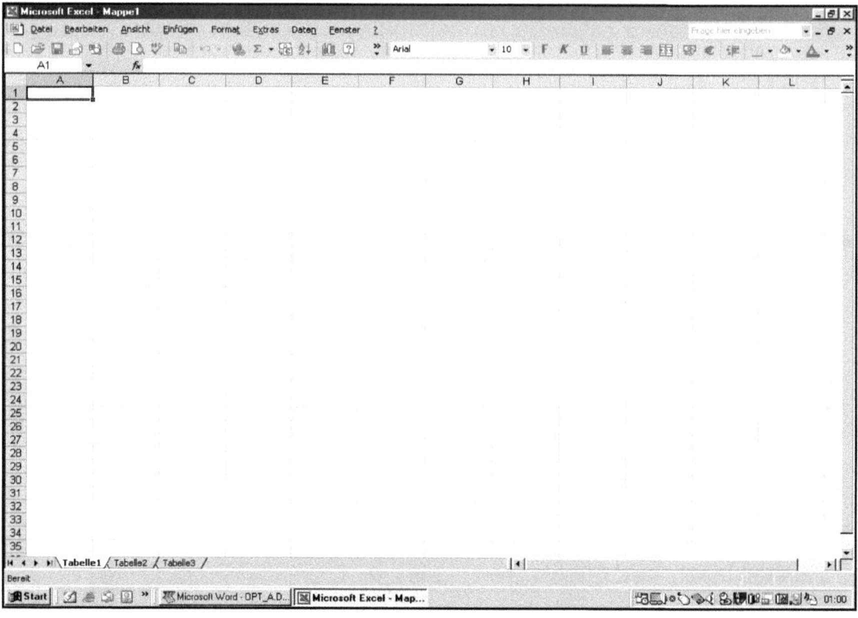

Abb.C.1. Benutzeroberfläche von EXCEL 2002

Das Tabellenkalkulationsprogramm EXCEL kennt eine Reihe *mathematischer Funktionen*, so u.a. alle elementaren Funktionen und bietet Lösungsmöglichkeiten für folgende *mathematischen Gebiete:*

*   Matrizenrechnung

*   lineare und nichtlineare Gleichungen

*   Finanzmathematik

*   lineare und nichtlineare Optimierung

*   Wahrscheinlichkeitsrechnung und Statistik

Zur Ausnutzung der mathematischen Fähigkeiten von EXCEL benötigt man
vor allem den SOLVER, den wir im Abschn.C.2 vorstellen und in den entsprechenden Kapitel des Buchs näher kennenlernen.

◆

Für die Durchführung mathematischer Rechnungen benötigt man die Zellen
der aktuellen Tabelle zur Eingabe von

*   Zahlen und Text im *Textmodus*

*   Formeln und Funktionen im *Formelmodus*

Diese Eingabe geschieht, indem man ein Gleichheitszeichen = voran-
stellt. Damit erkennt EXCEL, daß es sich nicht um Text, sondern um eine
mathematische Formel/Funktion handelt.

♦

Bei der Anwendung von EXCEL ist zu beachten, daß EXCEL im Gegensatz
zu Computeralgebrasystemen nicht symbolisch (exakt) sondern nur *numerisch* (näherungsweise)*rechnet,* d.h., nur Näherungswerte für die Lösung einer mathematischen Aufgabe liefert.
Weitere Einzelheiten zur Lösung mathematischer Aufgaben werden wir in
den entsprechenden Kapiteln des Buches kennenlernen.

♦

Falls weitere Fragen zur Arbeit mit EXCEL auftreten, kann man die integrierten Hilfen heranziehen.
Das *Hilfesystem* von EXCEL wird durch Anklicken des Symbols

in der Symbolleiste aufgerufen. Im Index der Hilfe erhält man auch ausführliche Hinweise zu mathematischen Funktionen. Unter dem Schlüsselwort
Funktion werden 414 Funktionen von EXCEL angezeigt, zu denen man
Erklärungen erhalten kann.
Über die Hilfefunktion *Office im Web* kann man sich über das Internet in
die WWW-Seiten von MICROSOFT einwählen, um zusätzliche Hilfen zu erhalten.

♦

C.2 SOLVER

Der SOLVER ist ein *Zusatzprogramm* für EXCEL und wird als *Add In* bezeichnet. Er stammt von der Firma FRONTLINE SYSTEMS und ist in seiner
Standardform auf der Installations-CD von EXCEL enthalten. Es gibt eine
Weiterentwicklung unter dem Namen PREMIUM-SOLVER, die man z.B. in
dem Buch [127] findet.

Bei der Installation von EXCEL muß man veranlassen, daß der SOLVER mit
installiert wird, da seine Installation nicht automatisch geschieht.

♦

Wenn der SOLVER installiert ist, lassen sich mit ihm Näherungslösungen für

* Gleichungen und Ungleichungen

* Aufgaben der linearen und nichtlinearen Optimierung

berechnen.

Die Benutzeroberfläche (Dialogbox) des SOLVERS ist aus Abb.C.2 zu ersehen. Die auftretenden Gleichungen und Ungleichungen sind in das Feld *Nebenbedingungen* einzutragen. Bei Optimierungsaufgaben ist zusätzlich in die *Zielzelle* die Zielfunktion einzutragen und *Max* bzw. *Min* zu markieren. Die genaue Vorgehensweise werden wir bei der Lösung der einzelnen Aufgaben kennenlernen.

◆

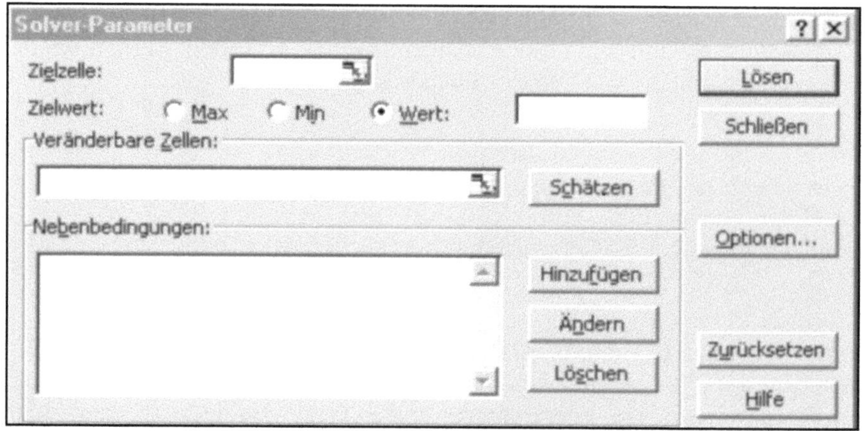

Abb.C.2. Benutzeroberfläche (Dialogbox) des Solvers von EXCEL 2002

Anhang D : Programmierung mit MAPLE, MATHEMATICA, MATHCAD und MATLAB

Bei der Lösung praktischer Aufgaben ist es manchmal erforderlich, eigene Programme zu schreiben, um Aufgaben lösen zu können, für die man keine Lösungsfunktion in den Systemen findet.

Deshalb geben wir im folgenden eine kurze Einführung in die *Programmiermöglichkeiten* im Rahmen der Computeralgebrasysteme MAPLE, MATHEMATICA, MATHCAD und MATLAB. Eine umfassende Behandlung der Problematik ist in unserer Einführung nicht möglich. Hierfür muß auf die Literatur verwiesen werden.

Für unsere Betrachtungen reicht die prozedurale Programmierung aus, die auch mittels der Programmiersprachen BASIC, C, FORTRAN und PASCAL realisierbar ist.

Die *prozedurale Programmierung* benötigt als Werkzeuge

* Zuweisungen (Zuordnungen)

* Schleifen

* Verzweigungen

Diese Programmiermöglichkeiten findet man in den Computeralgebrasystemen MAPLE, MATHEMATICA, MATHCAD und MATLAB, wobei in MATHCAD zu beachten ist, daß nur *Funktionsunterprogramme (Funktionsprozeduren)* möglich sind (siehe Abschn.D.4).

Die mit der prozeduralen Programmierung erstellten Programme reichen für viele Anwendungen aus.

Die Systeme (mit Einschränkungen bei MATHCAD) bieten neben der prozeduralen Programmierung *weiterführende Programmiermöglichkeiten*, wie

* rekursives bzw. regelbasiertes

* funktionales

* objektorientiertes

Programmieren. Dazu verweisen wir den interessierten Leser auf die Literatur.

◆

D.1 Zuweisungen

Zuweisungen spielen bei der Arbeit mit den Systemen eine wichtige Rolle, da man Zuweisungen von Zahlen, Konstanten oder Ausdrücken an Variable häufig bei durchzuführenden Rechnungen benötigt. Des weiteren braucht man Zuweisungen bei der Definition von Funktionen.

Zuweisungen in den einzelnen Systemen mittels folgender *Zuweisungsoperatoren* realisiert:

* :=

  in MAPLE, MATHEMATICA und MATHCAD

* =

  in MATHEMATICA und MATLAB

Man sieht, daß MATHEMATICA zwei Zuweisungsoperatoren besitzt. Der Unterschied zwischen den beiden Operatoren = und := besteht darin, daß der Operator = den zugewiesenen Ausdruck sofort berechnet und zuweist, während beim Operator := der Ausdruck nur formal zugewiesen und erst bei weiterer Verwendung berechnet wird (verzögerte Zuweisung).

♦

D.2 Verzweigungen

Verzweigungen liefern in Abhängigkeit von Bedingungen verschiedene Resultate (bedingte Anweisung).
Die vorkommenden Bedingungen bestehen aus *logischen Ausdrücken*, wie zum Beispiel

$x \leq y$, $x \neq y$, $x < a$ **and** $x > b$, $x \geq c$ **or** $x \leq d$

wobei

* **and** für das logische UND

* **or** für das logische ODER

* **not** für das logische NICHT

stehen.
Falls in den Systemen die Ungleichheitszeichen nicht in der Form $\leq$ und $\geq$ vorhanden sind, werden sie durch die Kombination <= bzw. >= eingegeben.

In den Systemen werden Verzweigungen analog zu den Programmiersprachen meistens mit dem Befehl/Operator **if** gebildet.

♦

Für *Verzweigungen* werden in den einzelnen *Systemen* folgende Befehle bereitgestellt:

MAPLE stellt für Verzweigungen folgende **if**-Befehle bereit, die alle mit **fi** abgeschlossen werden müssen:

* **if** *Bedingung* **then** *Anweisungen* **fi** ;

* **if** *Bedingung* **then** *Anweisungen_1* **else** *Anweisungen_2* **fi** ;

* **if** *Bedingung_1* **then** *Anweisungen_1* **elif** *Bedingung_2* **then** *Anweisungen_2* **fi** ;

* **if** *Bedingung_1* **then** *Anweisungen_1* **elif** *Bedingung_2* **then** *Anweisungen_2* **else** *Anweisungen_3* **fi** ;

Die Struktur der gegebenen Befehle ist leicht erkennbar:

* Wenn die *Bedingung* nach **if** wahr ist, werden die *Anweisungen* nach **then** ausgeführt.

* Falls **else** vorkommt, werden die danach folgenden *Anweisungen* ausgeführt, wenn die *Bedingung* nicht wahr ist.

* Der Befehl **elif** ist durch Zusammenziehen von **else** und **if** entstanden.

Mehrere Anweisungen sind durch Semikolon oder Doppelpunkt zu trennen.

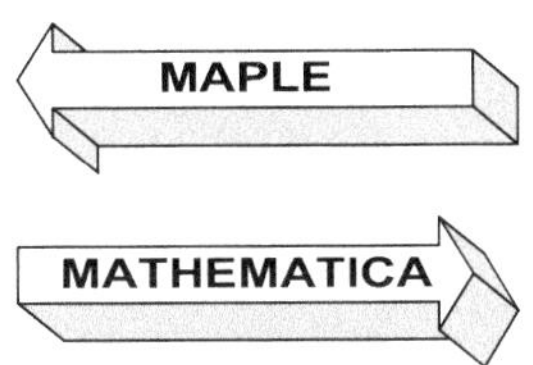

MATHEMATICA realisiert Verzweigungen mit folgenden Befehlen:

* **If** [*Bedingung* , *Anweisungen_1* , *Anweisungen_2*]

  Die *Anweisungen_1* werden ausgeführt, wenn die *Bedingung* wahr ist, ansonsten die *Anweisungen_2*.

* **Which** [*Bedingung_1* , *Anweisungen_1* , *Bedingung_2* , *Anweisungen_2* ,...]

  Die *Bedingungen_i* (i = 1 , 2 , ...) werden der Reihe nach überprüft, bis eine *Bedingung_k* wahr ist. Anschließend werden die hierauf folgenden *Anweisungen_k* ausgeführt.

Mehrere Anweisungen sind als Liste einzugeben, d.h., durch Kommas zu trennen und in { } einzuschließen.

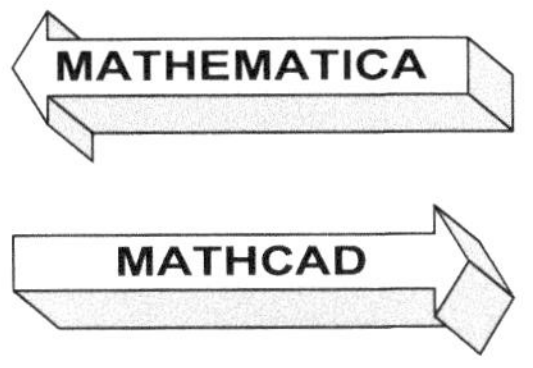

MATHCAD realisiert Verzweigungen mit einem der beiden Befehle **if** oder **until**. Wir betrachten nur **if**, das mittels des Operators

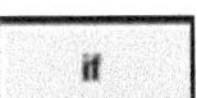

aus der Operatorpalette Nr.7 (Programmierungspalette)

eingegeben wird.

Durch Anklicken dieses Operators erscheint im Arbeitsfenster

▮ if ▮

Weiterhin kann man noch den Operator **otherwise** aus der gleichen Operatorpalette erfolgreich einsetzen.

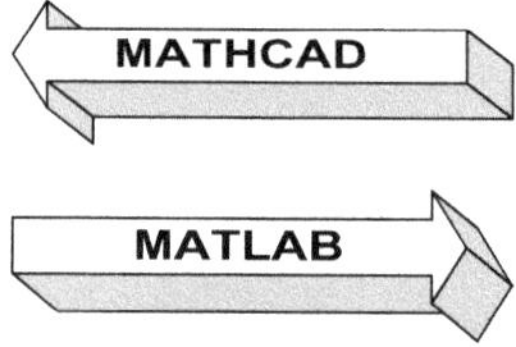

MATLAB stellt für *Verzweigungen* folgende **if** -*Befehle* bereit:

* **if** *Bedingung* ; *Anweisungen* ; **end**

* **if** *Bedingung* ; *Anweisungen_1* ; **else** *Anweisungen_2* ; **end**

* **if** *Bedingung_1* ; *Anweisungen_1* ; **elseif** *Bedingung_2* ; *Anweisungen_2* ; **end**

* **if** *Bedingung_1* ; *Anweisungen_1* ; **elseif** *Bedingung_2* ; *Anweisungen_2* ; **else** *Anweisungen_3* ; **end**

Die Struktur der gegebenen Befehle ist leicht erkennbar:

* Wenn die *Bedingung* nach **if** wahr ist, werden die *Anweisungen* ausgeführt.

* Falls **else** vorkommt, dann werden die danach folgenden *Anweisungen* ausgeführt, wenn die *Bedingung* nicht wahr ist.

* Der Befehl **elseif** ist durch Zusammenziehen von **else** und **if** entstanden.

Mehrere Anweisungen sind durch Kommas zu trennen. Man sieht, daß die Befehlsstruktur analog zu MAPLE ist.

D.3 Schleifen

Schleifen (Laufanweisungen) dienen zur Wiederholung von Befehlsfolgen und werden in den Programmiersprachen meistens mit den Befehlen/Operatoren

for oder **while**

gebildet, die man als

for- bzw. **while**-Schleifen

bezeichnet.

In der Programmierung unterscheidet man zwischen Schleifen mit

* bekannter Anzahl von Durchläufen (*Zählschleifen*).

* unbekannter (variabler) Anzahl von Durchläufen (*Iterationsschleifen, bedingte Schleifen*).

   Ein typisches Beispiel für die Anwendung von Schleifen mit unbekannter Anzahl von Durchläufen bilden die Iterationsmethoden, von denen wir im Buch einige kennenlernen.
   Eine variable Anzahl von Schleifendurchläufen in Iterationsschleifen läßt sich realisieren, indem man z.B. die Berechnung durch Prüfung einer vorgegebenen Genauigkeit mittels des relativen oder absoluten Fehlers zweier aufeinanderfolgender Ergebnisse beendet (siehe Abschn.D.4).
   ♦

Für *Schleifen* werden in den einzelnen *Systemen* folgende Befehle bereitgestellt:

Zur Schleifenbildung stehen zwei Befehle zur Verfügung:

* **for** *Index* **from** *Startwert* **by** *Schrittweite* **to** *Endwert*

   do *Anweisungen* **od** ;

   Hier werden die *Anweisungen* solange ausgeführt, bis der *Index* den *Endwert* erreicht hat. Falls man **by** (d.h. die Schrittweite) oder **from** (d.h. den Startwert) wegläßt, wird hierfür jeweils der Wert 1 verwendet.

* **while** *Bedingung* **do** *Anweisungen* **od** ;

Hier werden die *Anweisungen* solange ausgeführt, solange die *Bedingung* wahr ist.

Wenn mehrere Anweisungen nacheinander stehen, so sind diese durch Semikolon oder Doppelpunkt zu trennen.

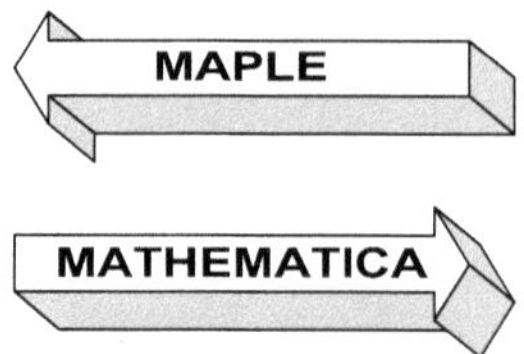

Zur Schleifenbildung dienen die folgenden drei Befehle:

* **Do** [*Anweisungen* , { *Index* , *Startwert* , *Endwert* , *Schrittweite* }]

   Die *Anweisungen* werden hier solange ausgeführt, bis der *Index* den *Endwert* erreicht hat.

* **While** [*Bedingung* , *Anweisungen*]

   Die *Anweisungen* werden hier ausgeführt, solange die *Bedingung* wahr ist.

* **For** [*Startanweisungen* , *Bedingung* , *Schrittweitenanweisung* , *Anweisungen*]

   Zuerst werden die *Startanweisungen* ausgeführt. Anschließend werden die *Anweisungen* solange ausgeführt, bis die *Bedingung* nicht mehr wahr ist, wobei bei jedem Durchlauf die *Schrittweitenanweisung* wirksam wird.

Für die Schrittweitenanweisung gibt es folgende Möglichkeiten zur Schrittweitenerhöhung:

* k ++   falls die Schrittweite 1 ist,

* k + = dk   falls die Schrittweite dk ist.

Mehrere Anweisungen sind als Liste einzugeben, d.h., durch Kommas zu trennen und in { } einzuschließen.

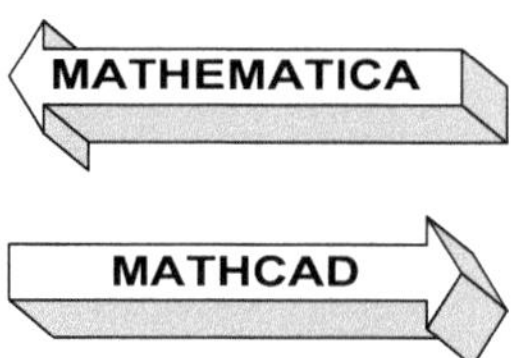

Schleifen lassen sich in MATHCAD durch die Operatoren

*   for

* 

aus der Operatorpalette Nr.7 (Programmierungspalette)

bilden.
Durch Anklicken dieser Operatoren erhält man **for**- bzw. **while**-Schleifen.
Im Arbeitsfenster erscheinen für

* **for**-Schleifen

    for $\blacksquare \in \blacksquare$

      $\blacksquare$

* **while**-Schleifen

    while $\blacksquare$

      $\blacksquare$

deren Platzhalter entsprechend auszufüllen sind.

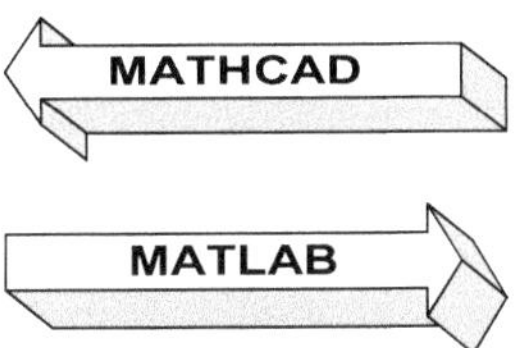

Zur Schleifenbildung stehen in MATLAB zwei Befehle zur Verfügung:

* **for** *Index = Startwert* **:** *Endwert* **;** *Anweisungen* **; end**

    Hier werden die *Anweisungen* solange ausgefuhrt, bis der *Index* mit der *Schrittweite* 1 den *Endwert* erreicht hat.

* **while** *Bedingung* **;** *Anweisungen* **; end**

    Hier werden die *Anweisungen* solange ausgeführt, solange die *Bedingung* wahr ist.

Wenn mehrere Anweisungen nacheinander stehen, so sind diese durch Kommas zu trennen.

D.4 Programmstruktur und Beispiel

Die *Programmstruktur* innerhalb der einzelnen Systeme werden wir an einem einfachen Beispiel illustrieren. Wir schreiben jeweils ein Programm mit den Computeralgebrasystemen MAPLE, MATHEMATICA, MATHCAD und MATLAB für die Methode der *dichotomischen Suche* zur näherungsweisen Bestimmung des Minimums einer unimodalen Funktion $f(x)$, die wir im Abschn.11.6.1 besprechen. Hieraus kann der Leser wesentliche Aspekte bei der Anwendung von Zuweisung, Schleifen und Verzweigungen innerhalb der einzelnen Systeme erkennen. Wir empfehlen dem Leser, die gegebenen Programmvarianten zu verändern bzw. zu verbessern und zur Lösung verschiedener Aufgaben anzuwenden und Gedanken über die Wahl der beiden Größen $\varepsilon 1$ und $\varepsilon 2$ anzustellen.

Eine mögliche Programmvariante hat in den einzelnen Systemen folgende Gestalt, wobei wir als *Testfunktion:*

$$f(x) = 3 \cdot x^2 + 2 \cdot x + 1$$

mit dem Graphen

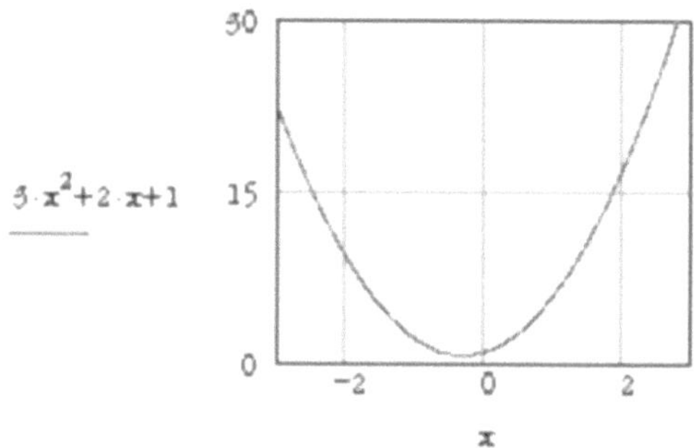

verwenden:

Nach Definition der Funktion

```
> f := x → 3 * x^2 + 2 * x + 1 ;
```

und Vorgabe der Eingabewerte

```
> a := −2 ; b := 3 ; eps1 := 10^(−5) ; eps2 := 10^(−7) ;
```

liefert das Programm

> **while abs** (a − b) > eps1 **do** c := (a + b)/2 **: if** f (c − eps2) >

    f (c + eps2) **then** a := c − eps2 **else** b := c + eps2 ; **fi** ; **od** ;

das folgende Ergebnis:

> **evalf** (a) ; **evalf** (b) ;

        −0.3333397578

        −0.3333300211

Nach Definition der Funktion

f [x_] = 3 * x^2 + 2 * x + 1

und Vorgabe der Eingabewerte

a = −2 ; b = 3 ; eps1 = 10^(−5) ; eps2 = 10^(−7) ;

liefert das Programm

While [**Abs** [a − b] > eps1 , { c − (a + b)/2 , **If** [f [c − eps2] >

    f [c + eps2] , a = c − eps2 , b = c + eps2] }]

das folgende Ergebnis:

a // **N**

−0.33334

b // **N**

−0.33333

Wir schreiben das folgende *Funktionsunterprogramm (Funktionsprozedur)* Suche:

$$\text{Suche}(f,a,b,\varepsilon 1,\varepsilon 2) := \begin{array}{|l} \text{while} \quad |a-b| > \varepsilon 1 \\ \quad \begin{array}{|l} c \leftarrow \dfrac{a+b}{2} \\ a \leftarrow c - \varepsilon 2 \quad \text{if} \quad f(c-\varepsilon 2) > f(c+\varepsilon 2) \\ b \leftarrow c + \varepsilon 2 \quad \text{if} \quad f(c-\varepsilon 2) < f(c+\varepsilon 2) \end{array} \\ (a \quad b) \end{array}$$

Nach der Definition der Funktion

$$f(x) := 3 \cdot x^2 + 2 \cdot x + 1$$

liefert der Aufruf des Programms Suche das folgende Ergebnis:

$$\text{Suche}\left(f,-2,3,10^{-5},10^{-7}\right) = (\,-0.333 \quad -0.333\,) \; \blacksquare$$

Wir schreiben die folgende *Funktionsdatei* SUCHE.M

function [a , b] = SUCHE (a , b , eps1 , eps2)

while abs (a − b) > eps1 ; c = (a + b)/2 ; **if** F (c - eps2) >F (c + eps2) ; a = c − eps2 ; **else** b = c + eps2 ; **end** ; **end** ;

die die *Funktionsdatei* F.M benötigt, in der die zu minimierende Funktion definiert wird:

function y = F (x)

y = 3 * x^2 + 2 * x + 1 ;

Der Aufruf der Funktion SUCHE geschieht folgendermaßen:

>> [a , b] = SUCHE (−2 , 3 , 10^(−5) , 10^(−7))

und liefert das folgende Ergebnis:

a =

  −0.3333

b =

  −0.3333

Literaturverzeichnis

Mathematische Optimierung

[1]   Alt: Nichtlineare Optimierung, Vieweg Verlag Braunschweig, Wiesbaden 2002,

[2]   Bellman: Dynamic Programming, Princeton University Press, New Jersey 1957,

[3]   Bellman: Dynamische Programmierung und selbstanpassende Regelprozesse, Oldenbourg Verlag, München, Wien 1967,

[4]   Berninghaus, Ehrhart, Güth: Strategische Spiele, Springer-Verlag, Berlin, Heidelberg, New York 2002,

[5]   Bialy, Olbrich: Optimierung, eine Einführung mit Anwendungsbeispielen, Fachbuchverlag Leipzig 1975,

[6]   Bertsekas: Constrained Optimization and Lagrange Multiplier Methods, Academic Press New York 1982,

[7]   Blum, Oettli: Mathematische Optimierung, Springer-Verlag, Berlin, Heidelberg, New York 1975,

[8]   Bomze, Grossmann: Optimierung - Theorie und Algorithmen, Wissenschaftsverlag, Mannheim, Leipzig, Wien, Zürich 1993,

[9]   Brink, Damhorst, Kramer, Zwehl: Lineare und ganzzahlige Optimierung mit impac, Verlag Vahlen, München 1991,

[10]   Borgwardt: Optimierung, Operations Research, Spieltheorie, Birkhäuser Verlag, Basel, Boston, Berlin 2001,

[11]   Burkard: Methoden der ganzzahligen Optimierung, Springer-Verlag, Wien, New York 1972,

[12]   Collatz, Wetterling: Optimierungsaufgaben, Springer-Verlag, Berlin, Heidelberg, New York 1966,

[13]   Dinkelbach: Sensitivitätsanalysen und parametrische Programmierung, Springer-Verlag, Berlin, Heidelberg, New York 1969,

[14]   Domschke, Drexl: Einführung in Operations Research, Springer-Verlag, Berlin, Heidelberg, New York 1998,

[15]   Domschke, Drexl: Übungen und Fallbeispiele zum Operations Research, Springer-Verlag, Berlin, Heidelberg, New York 2000,

[16] Dück: Diskrete Optimierung, Vieweg Verlag Braunschweig, Wiesbaden 1977,

[17] Dück: Optimierung unter mehreren Zielen, Vieweg Verlag Braunschweig, Wiesbaden 1979,

[18] Dürr, Kleibohm: Operations Research, Hanser Verlag München, Wien 1992,

[19] Ellinger, Beuermann, Leisten: Operations Research, Springer-Verlag, Berlin, Heidelberg, New York 2001,

[20] Elster: Nichtlineare Optimierung, Teubner-Verlag, Leipzig 1978,

[21] Elster, Reinhardt, Schäuble, Donath: Einführung in die nichtlineare Optimierung, Teubner-Verlag, Leipzig 1977,

[22] Fiacco, McCormick: Nonlinear Programming, Sequential Unconstrained Minimization, SIAM Philadelphia 1990,

[23] Feichtinger, Hartl: Optimale Kontrolle ökonomischer Prozesse, de Gruyter Berlin 1986,

[24] Fischer, Stepan: Betriebswirtschaftliche Optimierung, Oldenbourg Verlag, München, Wien 2001,

[25] Floudas, Pardalös: A Collection of Test Problems for Constrained Global Optimization Algorithms, Springer-Verlag, Berlin, Heidelberg, New York 1990,

[26] Gal: Betriebliche Entscheidungsprobleme, Sensitivitätsanalyse und parametrische Programmierung, Walter de Gruyter, Berlin, New York 1973,

[27] Gal (Hrsg.): Grundlagen des Operations Research Band 1-3, Springer-Verlag, Berlin, Heidelberg, New York 1991/1992,

[28] Geiger, Kanzow: Numerische Verfahren zur Lösung unrestringierter Optimierungsaufgaben, Springer-Verlag, Berlin, Heidelberg, New York 1999,

[29] Geiger, Kanzow: Theorie und Numerik restringierter Optimierungsaufgaben, Springer-Verlag, Berlin, Heidelberg, New York 2002,

[30] Gessner, Wacker: Dynamische Optimierung, Carl Hanser Verlag, München 1972,

[31] Glashoff, Gustafson: Einführung in die lineare Optimierung, Wissenschaftliche Buchgesellschaft, Darmstadt 1978,

[32] Göpfert, Nehse: Vektoroptimierung, Teubner-Verlag, Leipzig 1990,

[33] Gramlich, Werner: Numerische Mathematik mit Matlab, dpunkt.verlag, Heidelberg 2000,

[34] Großmann, Kleinmichel: Verfahren der nichtlinearen Optimierung, Teubner-Verlag, Leipzig 1976,

[35] Großmann, Kaplan: Strafmethoden und modifizierte Lagrangefunktionen in der nichtlinearen Optimierung, Teubner-Verlag, Leipzig 1979,

[36]   Großmann, Terno: Numerik der Optimierung, B.G. Teubner, Stuttgart 1993,

[37]   Handbook of Applied Optimization, Oxford University Press 2002,

[38]   Hofer, Lunderstädt: Numerische Methoden der Optimierung, Oldenbourg Verlag, München, Wien 1975,

[39]   Horst, Tuy: Global Optimization, Springer-Verlag, Berlin, Heidelberg, New York 1993,

[40]   Horst: Nichtlineare Optimierung, Carl Hanser Verlag, München 1979,

[41]   Jungnickel: Optimierungsmethoden, Springer-Verlag, Berlin, Heidelberg, New York 1999,

[42]   Kirsch, Warth, Werner: Notwendige Optimalitätsbedingungen und ihre Anwendungen, Springer-Verlag, Berlin, Heidelberg, New York 1978,

[43]   Kistner: Optimierungsmethoden, Physica-Verlag, Heidelberg 1993,

[44]   Kosmol: Methoden zur numerischen Behandlung nichtlinearer Gleichungen und Optimierungsaufgaben, B.G. Teubner, Stuttgart 1993,

[45]   Kosmol: Optimierung und Approximation, Walter de Gruyter, Berlin, New York 1991,

[46]   Krabs: Einführung in die lineare und nichtlineare Optimierung für Ingenieure, Teubner-Verlag, Leipzig 1983,

[47]   Kallrath: Gemischt-ganzzahlige Optimierung: Modellierung in der Praxis, Vieweg Verlag Braunschweig, Wiesbaden 2002,

[48]   Künzi, Krelle: Nichtlineare Programmierung, Springer-Verlag, Berlin, Göttingen, Heidelberg 1962,

[49]   Künzi, Müller, Nievergelt: Einführungskursus in die dynamische Programmierung, Springer-Verlag, Berlin, Göttingen, Heidelberg 1968,

[50]   Lehr- und Übungsbuch Mathematik IV, Fachbuchverlag Leipzig-Köln 1992,

[51]   Lipschutz: Finite Mathematik, McGraw-Hill Book Company, Düsseldorf... 1980,

[52]   Lorenzen: Parametrische Optimierung und einige Anwendungen, Oldenbourg Verlag, München, Wien 1974,

[53]   Lutz: Operations Research Verfahren, Fortis Verlag, Köln 1998,

[54]   Marti, Gröger: Einführung in die lineare und nichtlineare Optimierung, Physica-Verlag, Heidelberg 2000,

[55]   Nemhauser: Einführung in die Praxis der dynamischen Programmierung, Oldenbourg Verlag, München, Wien 1969,

[56]   Neumann: Dynamische Optimierung, Bibliographisches Institut, Mannheim 1969,

[57]   Neumann, Morlock: Operations Research, Carl Hanser Verlag, München, Wien 1993,

[58]   von Neumann, Morgenstern: Spieltheorie und wirtschaftliches Verhalten, Physica-Verlag, Würzburg 1961,

[59]   Nocedal, Wright: Numerical Optimization, Springer-Verlag, Berlin, Heidelberg, New York 1999,

[60]   Nozicka, Guddat, Hollatz, Bank: Theorie der linearen parametrischen Optimierung, Akademie-Verlag, Berlin 1974,

[61]   Optimierung und optimale Steuerung: Lexikon der Optimierung, Akademie-Verlag, Berlin 1986,

[62]   Papageorgiou: Optimierung, Oldenbourg Verlag, München, Wien 1991,

[63]   Piehler: Einführung in die lineare Optimierung, Teubner-Verlag, Leipzig 1962,

[64]   Piehler: Einführung in die dynamische Optimierung, Teubner-Verlag, Leipzig 1966,

[65]   Piehler: Ganzzahlige lineare Optimierung, Teubner-Verlag, Leipzig 1970,

[66]   Piehler: Algebraische Methoden der ganzzahligen Optimierung, Teubner-Verlag, Leipzig 1982,

[67]   Polak: Optimization, Springer-Verlag, Berlin, Heidelberg, New York 1997,

[68]   Rauhut, Schmitz, Zachow: Spieltheorie, Teubner-Verlag, Stuttgart 1979,

[69]   Richter: Optimierungsverfahren und BASIC-Programme, Akademie-Verlag, Berlin 1988,

[70]   Runzheimer: Operations Research, Verlag Gabler Wiesbaden 1999,

[71]   Salukvadze: Vector-valued optimization problems in control theory, Academic Press, New York 1979,

[72]   Schneeweiß: Dynamisches Programmieren, Physica-Verlag, Würzburg, Wien 1974,

[73]   Sebastian, Sieber: Diskrete Dynamische Optimierung, Akademische Verlagsgesellschaft, Leipzig 1981,

[74]   Seiffart, Manteufel: Lineare Optimierung, Teubner-Verlag, Leipzig 1974,

[75]   Spellucci: Numerische Verfahren der nichtlinearen Optimierung, Birkhäuser Verlag, Basel, Boston, Berlin 1993,

[76]   Stahlecker, Hauenschild, Klintworth: Optimierung und ökonomische Analyse, Springer-Verlag, Berlin, Heidelberg, New York 2002,

[77]   Terno: Numerische Verfahren der diskreten Optimierung, Teubner-Verlag, Leipzig 1981,

[78]   Vajda: Theorie der Spiele und Linearprogrammierung, Walter de Gruyter, Berlin 1962,

[79]   Varga: Angewandte Optimierung, Wissenschaftsverlag, Mannheim, Leipzig, Wien, Zürich 1991,

[80]   Warschat: Dynamische Optimierung technisch-ökonomischer Systeme, Springer-Verlag, Berlin, Heidelberg, New York 1981,

[81]   Weber: Dynamische Programmierung, Akademische Verlagsgesellschaft, Frankfurt 1974,

[82]   Werner: Numerische Mathematik 1 und 2, Vieweg Verlag Braunschweig, Wiesbaden 1992,

[83]   Winston: Introduction to Mathematical Programming, International Thomson Publishing, Duxbury Press Belmont 1995,

[84]   Winston: Operations Research, International Thomson Publishing, Duxbury Press Belmont 1994,

[85]   Zeleny: Linear Multiobjective Programming, Springer-Verlag, Berlin, Heidelberg, New York 1974,

[86]   Zimmermann, Stache: Operations Research, Oldenbourg Verlag, München, Wien 2001,

Optimierung mit dem Computer

[87]   Bhatti: Practical Optimization Methods with Mathematica Applications, Springer Verlag TELOS, New York 2000,

[88]   Brink, Damhorst, Kramer, Zwehl: Lineare und ganzzahlige Optimierung mit impac, Verlag Franz Vahlen, München 1991,

[89]   Huang, Crooke: Mathematics and Mathematica for Economists, Blackwell Publishers, Oxford 1997,

[90]   Buslenko, Schreider: Die Monte-Carlo-Methode und ihre Verwirklichung mit elektronischen Digitalrechnern, B.G. Teubner Verlagsgesellschaft Stuttgart, Leipzig 1964,

[91]   Parlar: Interactive Operations Research with MAPLE, Birkhäuser 2001,

[92]   Richter: Optimierungsverfahren und BASIC-Programme, Akademie-Verlag, Berlin 1988,

[93]   Schrage: Optimization Modeling with LINDO, Duxbury Press 1997,

[94]   Stinespring: Mathematica for Microeconomics, Academic Press, New York 2002,

[95]   Van Hentenryck: The OPL Optimization Programming Language, The MIT Press Cambridge 1999,

MATHEMATICA, MAPLE, MATHCAD und MATLAB

[96]   Benker: Mathematik mit dem PC, Vieweg Verlag Braunschweig, Wiesbaden 1994,

[97]   Benker: Mathematik mit MATHCAD, Springer-Verlag Berlin, Heidelberg, New York 1996,

[98]   Benker: Wirtschaftsmathematik mit dem Computer, Vieweg Verlag Braunschweig, Wiesbaden 1997,

[99]   Benker: Ingenieurmathematik mit Computeralgebra-Systemen, Vieweg Verlag Braunschweig, Wiesbaden 1998,

[100] Benker: Mathematik mit MATHCAD, 2. neubearbeitete Auflage, Springer-Verlag Berlin, Heidelberg, New York 1999,

[101] Benker: Practical Use of MATHCAD, Springer-Verlag London 1999,

[102] Benker: Mathematik mit MATLAB, Springer-Verlag Berlin, Heidelberg, New York 2000,

[103] Benker: Statistik mit MATHCAD und MATLAB, Springer-Verlag Berlin, Heidelberg, New York 2001,

[104] Beucher: MATLAB und SIMULINK lernen, Addison-Wesley München 2000,

[105] Biran, Breiner: Matlab 5 für Ingenieure, Addison-Wesley Bonn 1999,

[106] Borse: Numerical Methods with MATLAB, PWS Publishing Company Boston 1997,

[107] Desrues: Explorations in MATHCAD, Addison-Wesley New York 1997,

[108] Enander, Isaksson, Melin, Sjoberg: The MATLAB Handbook, Addison-Wesley 1996,

[109] Etter: Engineering Problem Solving with MATLAB, Prentice Hall 1997,

[110] Etter: Introduction to MATLAB for Engineers and Scientists, Prentice Hall 1997,

[111] Fausett: Applied numerical analysis using MATLAB, Prentice Hall 1999,

[112] Fink, Mathews: Numerical Methods with MATLAB, Prentice Hall 1999,

[113] Gramlich, Werner: Numerische Mathematik mit Matlab, dpunkt.verlag, Heidelberg 2000,

[114] Hanselman, Littlefield: Mastering MATLAB 6, Prentice Hall 2001,

[115] Higham, Higham: MATLAB Guide, SIAM Philadelphia 2000,

[116] Hoffmann: Matlab und Simulink, Addison Wesley Bonn 1998,

[117] Katzenbeisser, Überhuber: MATLAB 6, eine Einführung, Springer-Verlag Wien, New York 2000,

[118] Knight: Basics of MATLAB and Beyond, CRC Press 1999,

[119] Marchand: Graphics and GUIs with MATLAB, CRC Press 1999,

[120] Palm, Introduction to MATLAB for Engineers, Mc Graw Hill Boston 1998,

[121] Sigmon: MATLAB Primer, CRC Press 1998,

[122] Van Loan: Introduction to Scientific Computing: A Matrix Vector Approach Using MATLAB, Prentice Hall 1997,

[123] Wilson, Turcotte: Advanced Mathematics and Mechanics Applications using MATLAB, CRC Press 1998,

EXCEL

[124] Gäng: Excel 5 für Wissenschaft und Technik, DATA BECKER Düsseldorf 1994,

[125] Erben: Statistik mit Excel 5, Oldenbourg Verlag München 1995,

[126] Kronast: Excel 95 Lösungen für Naturwissenschaftler, Econ-Verlag 1996,

[127] Leiser: Angewandte Wirtschaftsmathematik - Modellierung und Bearbeitung von Fallstudien mit EXCEL, Schäffer-Poeschel Verlag Stuttgart 2000,

[128] Monka, Voß: Statistik am PC - Lösungen mit Excel -, Hanser Verlag München 1996.

Sachwortverzeichnis

(Kommandos, Befehle und Funktionen von MAPLE, MATHEMATICA, MATHCAD, MATLAB und EXCEL sind im Fettdruck dargestellt)

—A—

—N—

—Q—

—R—